名师名校新形态
大学数学精品系列

PROBABILITY
AND STATISTICS

概率论与数理统计

习题全解与学习指导

第2版 微课版

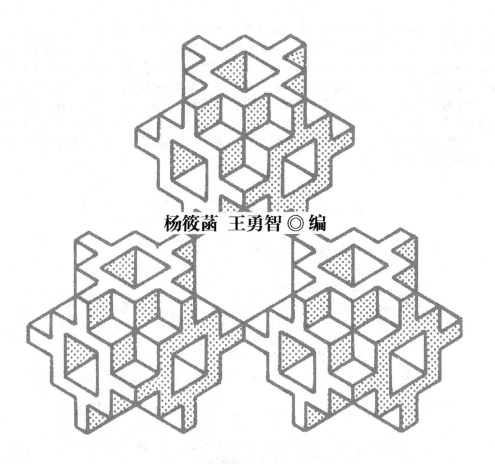

杨筱菡 王勇智◎编

人民邮电出版社

北 京

图书在版编目（ＣＩＰ）数据

概率论与数理统计习题全解与学习指导 / 杨筱菡,
王勇智编. -- 2版. -- 北京 : 人民邮电出版社,
2024.1（2024.5重印）
（名师名校新形态大学数学精品系列）
ISBN 978-7-115-62599-1

Ⅰ. ①概… Ⅱ. ①杨… ②王… Ⅲ. ①概率论－高等
学校－教学参考资料②数理统计－高等学校－教学参考资
料 Ⅳ. ①021

中国国家版本馆CIP数据核字(2023)第167176号

内 容 提 要

本书是与《概率论与数理统计（第 2 版 微课版）》配套的学习辅导书，是按照工科类本科"概率论与数理统计"课程教学基本要求，充分吸收优秀教材辅导书的精华，并结合编者在同济大学多年的教学实践经验，针对当今学生的知识结构和学习习惯编写而成的. 全书共 8 章，分别是随机事件与概率、随机变量及其分布、二维随机变量及其分布、随机变量的数字特征、大数定律及中心极限定理、统计量和抽样分布、参数估计、假设检验. 每章包含知识结构、归纳总结、概念辨析、典型例题、习题详解 5 个部分.

本书可作为高等院校非数学类专业"概率论与数理统计"课程的辅导书，也可作为硕士研究生入学考试的学习指导书.

◆ 编　　　杨筱菡　王勇智

　　责任编辑　许金霞

　　责任印制　王 郁　陈 犇

◆ 人民邮电出版社出版发行　　北京市丰台区成寿寺路 11 号

　　邮编　100164　　电子邮件　315@ptpress.com.cn

　　网址　https://www.ptpress.com.cn

　　北京九州迅驰传媒文化有限公司印刷

◆ 开本：787×1092　1/16

　　印张：15.75　　　　　　　　　2024 年 1 月第 2 版

　　字数：385 千字　　　　　　　2024 年 5 月北京第 2 次印刷

定价：46.00 元

读者服务热线：(010)81055256　印装质量热线：(010)81055316
反盗版热线：(010)81055315
广告经营许可证：京东市监广登字 20170147 号

前　言

　　概率论与数理统计是理工科学生必修的一门重要的基础课程，它的基本概念、基本理论和基本运算具有较强的逻辑性、抽象性. 为了帮助读者理解基本概念，掌握基本解题方法，巩固、提高和拓宽所学的知识，我们按照工科类本科"概率论与数理统计"课程教学基本要求，结合在同济大学多年的教学经验编写了本书，作为《概率论与数理统计（第 2 版微课版）》（以下简称"教材"）配套的学习辅导书.

　　本书经编者精心设计，具有以下 3 个特点.

一、内容分为 5 个模块

　　1. 知识结构. 每章通过思维导图的方式来梳理知识结构，帮助学生构建宏观脉络，了解本章的主要内容，也可以帮助学生在复习时对内容进行梳理和整合.

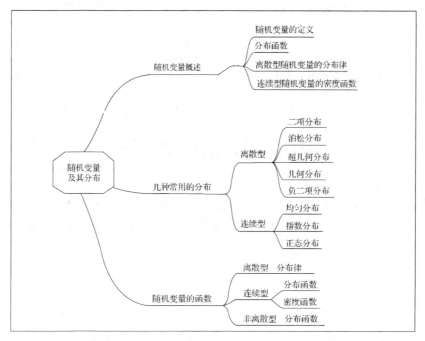

　　2. 归纳总结. 每章都配有对知识点的"归纳总结". 在这一部分，对本章的主要概念、主要结论及重要的性质都做了归纳，并全面梳理了各章的知识体系，可作为学生查找、巩固和复习时的提纲.

　　3. 概念辨析. 每章都配有"概念辨析". 在这一部分，针对本章的一些较难理解和容易产生歧义和混淆的知识点，设计了若干选择题和判断题等，以帮助学生通过强化练习更好地理解这些概念.

　　4. 典型例题. 每章都配有"典型例题". 在这一部分，编者根据多年的教学经验，结合学生在学习过程中的理解难点，有针对性地补充了大量的经典例题及详细的解题过程. 这些例题的题型与教材中的例题题型不同，是对教材例题的补充、加深和拓展. 这一部分例题中还精选了部分研究生入学考试的真题,以提高学生的综合性问题解题能力.

5. 习题详解. 每章对配套教材中所有课后习题的解题思路进行剖析并给出了详细的解答,以帮助学生学会解题,得出正确答案,也希望能通过详细的解题思路引导学生了解概率论与数理统计独有的思维方式,做到举一反三.

二、精选考研真题

本书在典型例题和课后习题中都选用了历年硕士研究生入学考试的部分真题,并在文中注明了真题的具体时间. 通过这些综合性的真题练习,学生可全面掌握知识点,寻找解题规律,理解和灵活运用重点内容.

三、配套微课视频

为帮助读者理解并掌握解题思路,我们精选了部分典型例题、难点题目和经典考研真题来录制解题视频,并对各章知识进行视频总结. 读者可以通过扫描二维码随时学习.

例 9 (考研真题 2018 年数学一第 14 题) 设随机事件 A 与 B 相互独立, A 与 C 相互独立, $BC = \varnothing$, $P(A) = P(B) = 0.5$, $P(AC|AB \cup C) = 0.25$, 求 $P(C)$.

解 这是一道综合性的考试真题,涉及事件的性质、事件的互斥与独立的定义和条件概率的求解.

由条件概率公式,可知

$$P(AC|AB \cup C) = \frac{P(AC \cap (AB \cup C))}{P(AB \cup C)}.$$

由事件的运算性质——分配律可知, $AC \cap (AB \cup C) = ABC \cup AC = AC$, 由 A 与 C 相互独立可知 $P(AC) = P(A)P(C)$.

由 $BC = \varnothing$ 可知, AB 与 C 互不相容,所以 $P(AB \cup C) = P(AB) + P(C)$, 由 A 与 B 相互独立可知, $P(AB) = P(A)P(B)$, 即

$$P(AC|AB \cup C) = \frac{P(A)P(C)}{P(A)P(B) + P(C)} = \frac{0.5P(C)}{0.5 \times 0.5 + P(C)} = 0.25,$$

经计算可得, $P(C) = 0.25$.

微课视频

本书第一、二、六~八章由杨筱菡编写,第三~五章由王勇智编写,全书由杨筱菡统稿. 本书的编写和出版得到了同济大学数学科学学院老师们的支持,殷俊锋教授做了大量的协调工作,在此一并表示感谢.

编 者

2023 年 12 月

目　　录

第一章 随机事件与概率

一、知识结构

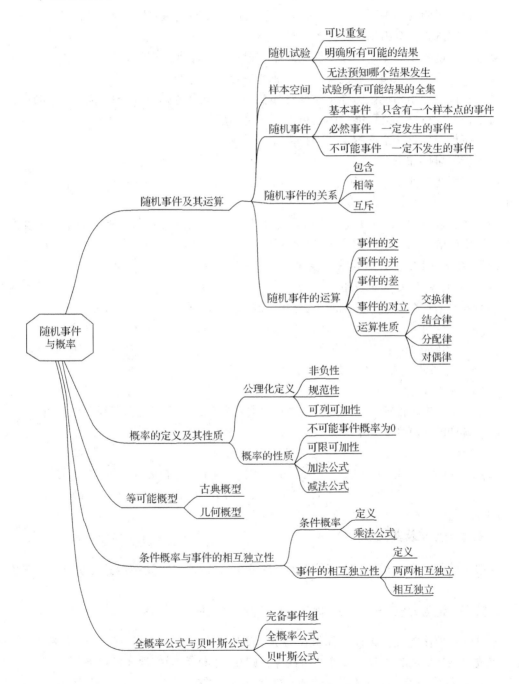

二、归纳总结

在本章中，有很多概率论中的基本概念，读者应重点理解这些概念和术语.

1. 随机事件及其运算

随机试验如下.

(1) 在相同的条件下试验可以重复进行.

(2) 每次试验的结果不止一种，但是试验之前必须明确试验所有可能的结果.

(3) 每次试验将会出现什么样的结果是事先无法预知的.

样本点：随机试验中每一个可能的结果都是一个样本点，记为 ω.

样本空间：随机试验所有的样本点组成的集合，记为 Ω.

随机事件：一个随机试验样本空间的子集. 即随机事件是由部分样本点组成的集合. 从直观来说，随机事件是可能发生也可能不发生的事件.

基本事件：仅含一个样本点的随机事件.

两个特殊事件如下.

(1) 不可能事件 $\varnothing$：由于 $\varnothing$ 中不包含任何元素，因此 $\varnothing$ 在每一次试验中一定不发生.

(2) 必然事件 Ω：由于 Ω 包含所有可能试验结果，因此 Ω 在每一次试验中一定发生.

随机事件的关系与运算如下.

(1) $A \subset B$：A 发生必然导致 B 发生.

(2) $A = B$：A 与 B 同时发生.

(3) $AB = \varnothing$：A 与 B 不可能同时发生，或称 A 与 B 互斥，或称 A 与 B 互不相容.

(4) $A \cup B$：A 与 B 至少有一个发生.

(5) $A \cap B$(或 AB)：A 与 B 都发生.

(6) $A - B$：A 发生并且 B 不发生.

(7) $\bar{A}$：A 不发生.

注 关于随机事件的关系与运算，借助集合的"Venn 图"能更直观地帮助理解.

随机事件的运算性质如下.

(1) 交换律：$A \cup B = B \cup A$，$A \cap B = B \cap A$.

(2) 结合律：$(A \cup B) \cup C = A \cup (B \cup C)$，$(A \cap B) \cap C = A \cap (B \cap C)$.

(3) 分配律：$(A \cup B) \cap C = AC \cup BC$，$(A \cap B) \cup C = (A \cup C) \cap (B \cup C)$.

(4) 对偶律：$\overline{A \cup B} = \bar{A} \cap \bar{B}$，$\overline{A \cap B} = \bar{A} \cup \bar{B}$.

2. 概率的定义及其性质

事件发生的频率：n 次试验中事件 A 出现了 n_A 次，则称比值 $\dfrac{n_A}{n}$ 为这 n 次试验中事件 A 出现的频率，记为 $f_n(A) = \dfrac{n_A}{n}$. n_A 称为事件 A 发生的频数.

概率的公理化定义：设任一随机试验 E，Ω 为相应的样本空间，若对任意事件 A，有唯一实数 $P(A)$ 与之对应，且满足下面条件，则数 $P(A)$ 称为事件 A 的概率.

(1)(非负性公理) 对于任意事件 A，总有 $P(A) \geqslant 0$.

(2)(规范性公理)$P(\Omega) = 1$.

（3）（可列可加性公理）若 $A_1, A_2, \cdots, A_n, \cdots$ 为两两互不相容的事件，则有

$$P\left(\bigcup_{i=1}^{\infty} A_i\right) = \sum_{i=1}^{\infty} P(A_i).$$

概率的性质如下.

（1）$P(\varnothing) = 0.$

（2）（有限可加性）设 $A_1, A_2, \cdots, A_n$ 为两两互不相容的事件，则有

$$P\left(\bigcup_{i=1}^{n} A_i\right) = \sum_{i=1}^{n} P(A_i).$$

（3）对任意事件 A，有 $P(\bar{A}) = 1 - P(A).$

（4）若事件 $A \subset B$，则 $P(B-A) = P(A\bar{B}) = P(B) - P(A).$

（5）（减法公式）设 A, B 为任意事件，则 $P(B-A) = P(B) - P(AB).$

（6）（加法公式）设 A, B 为任意事件，则 $P(A \cup B) = P(A) + P(B) - P(AB).$

3. 等可能概型

古典概型：

（1）随机试验的样本空间只有有限个样本点.

（2）每个基本事件发生的可能性相等. 事件 A 的概率为

$$P(A) = \frac{A \text{ 中所含样本点的个数}}{\Omega \text{ 中所有样本点的个数}}.$$

几何概型：

（1）随机试验的样本空间 Ω 是某个区域（可以是一维区间、二维平面区域或三维空间区域）.

（2）每个样本点等可能地出现. 事件 A 的概率为

$$P(A) = \frac{m(A)}{m(\Omega)}.$$

其中，$m(\cdot)$ 在一维情况下表示长度，在二维情况下表示面积，在三维情况下表示体积.

4. 条件概率与事件的相互独立性

条件概率：$P(B|A) = \dfrac{P(AB)}{P(A)}$ 为在事件 A 发生的条件下事件 B 发生的概率，称为**条件概率**，记为 $P(B|A)$，其中 $P(A) > 0.$

概率的乘法公式：设 A, B 为随机试验 E 上的两个事件，且 $P(A) > 0$，则有 $P(AB) = P(A)P(B|A)$. 类似可得，$P(AB) = P(B)P(A|B)$，其中 $P(B) > 0.$

事件的相互独立性：无论 A 是否发生，都不影响事件 B 发生的概率. 如 A, B 独立，有 $P(AB) = P(A)P(B).$

事件 A, B, C 两两独立：设 A, B, C 是随机试验 E 的 3 个事件，满足等式

$$P(AB) = P(A)P(B), \quad P(AC) = P(A)P(C), \quad P(BC) = P(B)P(C).$$

事件 A, B, C 相互独立：设 A, B, C 是随机试验 E 的 3 个事件，满足等式

$$P(AB) = P(A)P(B), \quad P(AC) = P(A)P(C),$$

$$P(BC) = P(B)P(C), \quad P(ABC) = P(A)P(B)P(C).$$

事件 $A_1, A_2, \cdots, A_n$ 两两独立：设 $A_1, A_2, \cdots, A_n$ 是随机试验 E 的 $n(n \geqslant 2)$ 个事件，其中任意两个事件的积事件的概率等于各事件概率的积.

事件 $A_1, A_2, \cdots, A_n$ 相互独立：其中任意 2 个事件，任意 3 个事件，……，任意 n 个事件的积事件的概率等于各事件概率的积.

5. 全概率公式与贝叶斯公式

完备事件组：设 E 是随机试验，Ω 是相应的样本空间，$A_1, A_2, \cdots, A_n$ 为 E 的一组事件，若满足条件：

(1) $A_i \cap A_j = \varnothing (i \neq j)$.

(2) $A_1 \cup A_2 \cup \cdots \cup A_n = \Omega$. 则称事件组 $A_1, A_2, \cdots, A_n$ 为样本空间的一个完备事件组.

全概率公式：设 $A_1, A_2, \cdots, A_n$ 为样本空间的一个完备事件组，且 $P(A_i) > 0 (i = 1, 2, \cdots, n)$，$B$ 为任一事件，则

$$P(B) = \sum_{i=1}^{n} P(A_i) P(B \mid A_i).$$

贝叶斯公式：设 $A_1, A_2, \cdots, A_n$ 为样本空间的一个完备事件组，$P(A_i) > 0 (i = 1, 2, \cdots, n)$，$B$ 为满足条件 $P(B) > 0$ 的任一事件，则

$$P(A_i \mid B) = \frac{P(A_i) P(B \mid A_i)}{\sum_{i=1}^{n} P(A_i) P(B \mid A_i)}.$$

三、概念辨析

1.【判断题】（　　）设 A, B 是任意两个事件，则 $P(B - A) = P(B) - P(AB)$.

解 正确，根据概率的减法公式可知正确.

2.【判断题】（　　）概率为 0 的事件一定是不可能事件.

解 错误，不可能事件的概率为 0，但是概率为 0 的事件不一定是不可能事件.

3.【判断题】（　　）设 A, B 是任意两个事件，$P(B) > 0$ 且 B 包含 A，则 $P(A) < P(A \mid B)$.

解 错误，已知 B 包含 A，当事件有包含关系时概率有大小关系，所以 $0 \leqslant P(A) \leqslant P(B)$，$P(A \mid B) = \dfrac{P(AB)}{P(B)} = \dfrac{P(A)}{P(B)} \geqslant P(A)$，当 $P(A) = 0$ 时等号成立.

4.【判断题】（　　）设 A, B 是任意两个事件，且 $P(B) > 0, P(A \mid B) = 1$，则 $P(A \cup B) = P(A)$.

解 正确，由条件概率的定义得 $P(A \mid B) = \dfrac{P(AB)}{P(B)} = 1$，因此 $P(AB) = P(B)$，由加法公式得 $P(A \cup B) = P(A) + P(B) - P(AB) = P(A)$.

5.【判断题】（　　）设 A, B 是任意两个事件，若满足 $P(AB) = P(A) + P(B)$，则称事件 A, B 相互独立.

解 错误，A, B 独立的等价命题是 $P(AB) = P(A) P(B)$.

6.【判断题】（　　）全概率公式成立的前提是事件 $A_1, A_2, \cdots, A_n$ 两两互不相容.

解 错误，全概率公式成立的前提是事件 $A_1, A_2, \cdots, A_n$ 两两互不相容，且 $A_1 \cup A_2 \cup \cdots \cup A_n$ 必须包含 B，大多数情况下取 $A_1 \cup A_2 \cup \cdots \cup A_n = \Omega$.

7.【单选题】设 A, B 是任意两个事件，下面结论正确的是（　　）.

A. 若 A 和 B 互不相容，则 $\bar{A}$ 和 $\bar{B}$ 互不相容

B. 若 A 和 B 相容，则 $\overline{A}$ 和 $\overline{B}$ 也相容

C. 若 $A-B=\varnothing$，则 A 和 B 互不相容

D. 若 A 和 B 为对立事件，则 $\overline{A}$ 和 $\overline{B}$ 互不相容

解　若 A 和 B 互不相容，$AB=\varnothing$，如图 1.1(a) 所示，$\overline{A}$ 与 $\overline{B}$ 是相容的，因此 A 错误. 若 A 和 B 相容，$AB\neq\varnothing$，则 $\overline{AB}=\overline{A}\cup\overline{B}$，如图 1.1(b) 所示，$\overline{A}\cap\overline{B}=\varnothing$，因此 B 错误. 若 $A\subset B$，则 $A-B=\varnothing$，如图 1.1(c) 所示，因此 C 错误. 若 A 和 B 为对立事件，$AB=\varnothing$，且 $A\cup B=\Omega$，所以 $\overline{A}=B,\overline{B}=A$，则 $\overline{A}$ 和 $\overline{B}$ 互不相容，因此 D 正确.

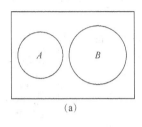 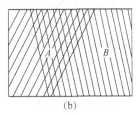 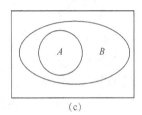

(a)　　　　　　　　(b)　　　　　　　　(c)

图 1.1

8.【单选题】设 A,B 是任意两个事件，且 $P(AB)=P(A)>0$，则必有(　　).

A. $P(A\cup B)=P(A)$　　　　　　B. A,B 独立

C. $A=B$　　　　　　D. $P(A)\leqslant P(B)$

解　$P(A\cup B)=P(A)+P(B)-P(AB)=P(B)$，因此 A 错误. A,B 独立等价于 $P(AB)=P(A)P(B)$，因此 B 错误. 概率相等并不能直接得事件相等的结论，因此 C 错误. $P(B)\geqslant P(AB)=P(A)>0$，因此 D 正确.

9.【单选题】设 A,B 是任意两个事件，且 $B\subset A$，则下列式子正确的是(　　).

A. $P(A\cup B)=P(A)$　　　　　　B. $P(AB)=P(A)$

C. $P(B\mid A)=P(B)$　　　　　　D. $P(B-A)=P(B)-P(A)$

解　A,B 的关系如图 1.2 所示，$P(A\cup B)=P(A)$，因此 A 正确. $P(AB)=P(B)$，因此 B 错误. $P(B\mid A)=\dfrac{P(AB)}{P(A)}=\dfrac{P(B)}{P(A)}$，因此 C 错误. $P(B-A)=P(B)-P(AB)=0$，因此 D 错误.

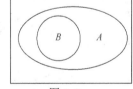

图 1.2

四、典型例题

例 1　(考研真题　2006 年数学一第 13 题)【单选题】设 A,B 为随机事件，且 $P(B)>0$，$P(A\mid B)=1$，则必有(　　).

A. $P(A\cup B)>P(A)$　　　　　　B. $P(A\cup B)>P(B)$

C. $P(A\cup B)=P(A)$　　　　　　D. $P(A\cup B)=P(B)$

解　由加法公式得 $P(A\cup B)=P(A)+P(B)-P(AB)$，由概率的乘法公式得 $P(AB)=P(B)P(A\mid B)=P(B)$，所以 $P(A\cup B)=P(A)$，即答案 C 正确.

例 2　(考研真题　2009 年数学三第 7 题)【单选题】设事件 A 与事件 B 互不相容，则(　　).

A. $P(\overline{A}\overline{B})=0$　　　　　　B. $P(AB)=P(A)P(B)$

C. $P(\overline{A}) = 1 - P(B)$ D. $P(\overline{A} \cup \overline{B}) = 1$

解 由事件 A 与事件 B 互不相容,可知 $P(AB) = 0$;由对偶律可得 $P(\overline{A} \cup \overline{B}) = P(\overline{AB}) = 1 - P(AB) = 1$,即正确答案为 D.

例 3 (**考研真题** 2015 年数学一第 7 题) 若 A, B 为任意两个随机事件,则( ).

A. $P(AB) \leqslant P(A)P(B)$ B. $P(AB) \geqslant P(A)P(B)$

C. $P(AB) \leqslant \dfrac{P(A) + P(B)}{2}$ D. $P(AB) \geqslant \dfrac{P(A) + P(B)}{2}$

解 由于 $AB \subset A$,$AB \subset B$,按概率的性质有 $P(AB) \leqslant P(A)$ 且 $P(AB) \leqslant P(B)$,因此 $P(AB) \leqslant \dfrac{P(A) + P(B)}{2}$,故正确答案为 C.

例 4 在 5 双不同的鞋子中任取 4 只,则这 4 只鞋子中至少有 2 只鞋子配成 1 对的概率是多少?

解 这是一个古典概型问题.

微课视频

设 $A = $ "所取的 4 只鞋子中至少有 2 只鞋子配成 1 对",则 $\overline{A} = $ "所取的 4 只鞋子中,没有 2 只能配成 1 对".

首先,在 10 只鞋子中随机取 4 只,因此样本点总数 $n = \dbinom{10}{4} = 210$. 又 $\overline{A}$ 可表现为先从 5 双中取 4 双,再从每双中各取 1 只,因此事件 $\overline{A}$ 的样本点个数 $n_{\overline{A}} = \dbinom{5}{4} \times \dbinom{2}{1} \times \dbinom{2}{1} \times \dbinom{2}{1} \times \dbinom{2}{1} = 80$,从而 $P(A) = 1 - P(\overline{A}) = 1 - \dfrac{80}{210} = \dfrac{13}{21}$.

注 1 古典概型的解题关键是计算样本空间的样本点总数 n 和随机事件 A 的样本点个数 n_A. 因此,应该先分析完成随机试验和随机事件的先后步骤,并正确计算每个步骤的结果数. 在计数过程中恰当地使用"排列"或"组合".

注 2 当求解一个较复杂的事件概率时,常常考虑求它的逆事件,可以简化问题求解.

例 5 (**考研真题** 1991 年数学一第 10(2) 题) 随机地向半圆 $0 < y < \sqrt{2ax - x^2}$ (a 为正常数) 内掷一点,点落在半圆内任何地方的概率与区域的面积成正比,则原点和该点的连线与 x 轴的夹角小于 $\dfrac{\pi}{4}$ 的概率为_____.

解 这是一个几何概型问题.

如图 1.3 所示,随机点与坐标原点的连线与 x 轴正向夹角不超过 $\dfrac{\pi}{4}$,当且仅当点落在由曲线 $y = \sqrt{2ax - x^2}$,$y = x$,$y = 0$ 所围成的一个扇形区域 D 内,其面积为四分之一圆面积与一个三角形面积之和,再记事件 $A = \{$原点和掷点的连线与 x 轴的夹角小于 $\dfrac{\pi}{4}\}$,则

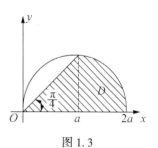
图 1.3

$$P(A) = \frac{\text{扇形 } D \text{ 的面积}}{\text{半圆的面积}} = \frac{\dfrac{1}{2}a^2 + \dfrac{1}{4}\pi a^2}{\dfrac{1}{2}\pi a^2} = \frac{1}{2} + \frac{1}{\pi}.$$

注　几何概型的解题关键是将样本空间和随机事件正确地用几何图形来表述.

例6　(**考研真题**　2012 年数学三第 14 题) 设 A,B,C 是随机事件, A 与 C 互不相容, $P(AB)=\dfrac{1}{2}$, $P(C)=\dfrac{1}{3}$, 求 $P(AB\,|\,\bar{C})$.

解　**方法一**　由条件概率公式, 可知

$$P(AB\,|\,\bar{C})=\frac{P(AB\bar{C})}{P(\bar{C})}=\frac{P(AB)-P(ABC)}{P(\bar{C})}.$$

其中, $P(AB)=\dfrac{1}{2}$. 由已知条件 A 与 C 互不相容, 可知 $P(ABC)=0$. 由 $P(C)=\dfrac{1}{3}$, 可知 $P(\bar{C})=\dfrac{2}{3}$, 综上计算可得

$$P(AB\,|\,\bar{C})=\frac{P(AB)-P(ABC)}{P(\bar{C})}=\frac{3}{4}.$$

方法二　因 A 与 C 互不相容, 所以 AB 与 C 互不相容, 即 $AB\subset\bar{C}$, 如图 1.4 所示.

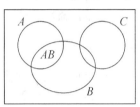

图 1.4

因此有 $P(AB\bar{C})=P(AB)=\dfrac{1}{2}$, 由 $P(C)=\dfrac{1}{3}$ 可知 $P(\bar{C})=\dfrac{2}{3}$, 由条件概率公式, 有

$$P(AB\,|\,\bar{C})=\frac{P(AB\bar{C})}{P(\bar{C})}=\frac{3}{4}.$$

例7　(**考研真题**　2017 年数学一第 7 题)【**单选题**】设 A,B 为任意两个随机事件, 若 $0<P(A)<1$, $0<P(B)<1$, 则 $P(A\,|\,B)>P(A\,|\,\bar{B})$ 的充分必要条件是(　　).

A. $P(B\,|\,A)>P(B\,|\,\bar{A})$ 　　　　　B. $P(B\,|\,A)<P(B\,|\,\bar{A})$

C. $P(\bar{B}\,|\,A)>P(B\,|\,\bar{A})$ 　　　　　D. $P(\bar{B}\,|\,A)<P(B\,|\,\bar{A})$

解　由条件概率公式, 可知

$$P(A\,|\,B)=\frac{P(AB)}{P(B)},$$

$$P(A\,|\,\bar{B})=\frac{P(A\bar{B})}{P(\bar{B})}=\frac{P(A)-P(AB)}{1-P(B)},$$

$$P(A\,|\,B)-P(A\,|\,\bar{B})=\frac{P(AB)}{P(B)}-\frac{P(A)-P(AB)}{1-P(B)}$$
$$=\frac{P(AB)[1-P(B)]-P(B)[P(A)-P(AB)]}{P(B)[1-P(B)]}=\frac{P(AB)-P(B)P(A)}{P(B)[1-P(B)]}.$$

若已知 $P(A\,|\,B)>P(A\,|\,\bar{B})$, 则可得

$$P(AB)-P(B)P(A)>0,$$

而

$$P(B\,|\,A)-P(B\,|\,\bar{A})=\frac{P(BA)}{P(A)}-\frac{P(B\bar{A})}{P(\bar{A})}=\frac{P(BA)-P(B)P(A)}{P(A)[1-P(A)]}>0,$$

故正确答案为 A.

例 8 (考研真题 2014 年数学一第 7 题)【单选题】设事件 A,B 相互独立，$P(B) = 0.5$，$P(A-B) = 0.3$，则 $P(B-A) = ($).

A. 0.1   B. 0.2   C. 0.3   D. 0.4

解 由减法公式和事件的独立性定义可得

$$P(A-B) = 0.3 = P(A) - P(AB) = P(A) - P(A)P(B) = P(A) - 0.5P(A) = 0.5P(A).$$

所以 $P(A) = 0.6$，$P(B-A) = P(B) - P(AB) = 0.5 - 0.5P(A) = 0.2$. 故正确答案为 B.

例 9 (考研真题 2018 年数学一第 14 题) 设随机事件 A 与 B 相互独立，A 与 C 相互独立，$BC = \varnothing$，$P(A) = P(B) = 0.5$，$P(AC|AB \cup C) = 0.25$，求 $P(C)$.

微课视频

解 这是一道综合性的考试真题，涉及事件的性质、事件的互斥与独立的定义和条件概率的求解.

由条件概率公式，可知

$$P(AC|AB \cup C) = \frac{P(AC \cap (AB \cup C))}{P(AB \cup C)}.$$

由事件的运算性质——分配律可知，$AC \cap (AB \cup C) = ABC \cup AC = AC$，由 A 与 C 相互独立可知 $P(AC) = P(A)P(C)$.

由 $BC = \varnothing$ 可知，AB 与 C 互不相容，所以 $P(AB \cup C) = P(AB) + P(C)$，由 A 与 B 相互独立可知，$P(AB) = P(A)P(B)$，即

$$P(AC|AB \cup C) = \frac{P(A)P(C)}{P(A)P(B) + P(C)} = \frac{0.5P(C)}{0.5 \times 0.5 + P(C)} = 0.25,$$

经计算可得，$P(C) = 0.25$.

例 10 (考研真题 2017 年数学三第 7 题)【单选题】设 A,B,C 是 3 个随机事件，且 A,C 相互独立，B,C 相互独立，则 $A \cup B$ 与 C 相互独立的充分必要条件是( ).

A. A,B 相互独立   B. A,B 互不相容

C. AB,C 相互独立   D. AB,C 互不相容

解 这是一道综合性的考试真题，涉及事件的性质、概率的性质和独立性的定义等.

首先，由事件的运算性质——分配律可知，

$$(A \cup B)C = AC \cup AB,$$

由概率的加法公式可展开为

$$P((A \cup B)C) = P(AC \cup BC) = P(AC) + P(BC) - P(ABC).$$

又因 A,C 相互独立，所以

$$P(AC) = P(A)P(C);$$

B,C 相互独立，所以

$$P(BC) = P(B)P(C).$$

可得 $P((A \cup B)C) = P(A)P(C) + P(B)P(C) - P(ABC)$. 另一方面，$P(A \cup B)P(C) = (P(A) + P(B) - P(AB))P(C) = P(A)P(C) + P(B)P(C) - P(AB)P(C)$.

显然，$A \cup B$ 与 C 相互独立的充分必要条件是 $P(ABC) = P(AB)P(C)$，故正确答案为 C.

例 11 (考研真题 2021 年数学一第 8 题)【单选题】设 A,B 为随机事件，且 $0 < P(B) < 1$，则下列命题中不成立的是( ).

A. 若 $P(A|B) = P(A)$，则 $P(A|\overline{B}) = P(A)$

B. 若 $P(A \mid B) > P(A)$，则 $P(\bar{A} \mid \bar{B}) > P(\bar{A})$

C. 若 $P(A \mid B) > P(A \mid \bar{B})$，则 $P(A \mid B) > P(A)$

D. 若 $P(A \mid A \cup B) > P(\bar{A} \mid A \cup B)$，则 $P(A) > P(B)$

解　若 $P(A \mid B) = P(A)$，则 $P(A \mid B) = \dfrac{P(AB)}{P(B)} = P(A)$，$P(AB) = P(A)P(B)$，故 A, B 相互独立. $P(A \mid \bar{B}) = P(A)$.

若 $P(A \mid B) > P(A)$，即 $P(AB) > P(A)P(B)$，则

$$P(\bar{A} \mid \bar{B}) = \frac{P(\bar{A}\bar{B})}{P(\bar{B})} = \frac{1 - [P(A) + P(B) - P(AB)]}{1 - P(B)} = \frac{[1 - P(B)] - [P(A) - P(AB)]}{1 - P(B)}$$

$$> \frac{[1 - P(B)] - [P(A) - P(A)P(B)]}{1 - P(B)} > 1 - P(A) = P(\bar{A}).$$

若 $P(A \mid B) > P(A \mid \bar{B})$，即 $\dfrac{P(AB)}{P(B)} > \dfrac{P(A\bar{B})}{P(\bar{B})} = \dfrac{P(A) - P(AB)}{1 - P(B)}$，整理可得 $P(AB) > P(A)P(B)$，因此 $P(A \mid B) > P(A)$.

$$P(A \mid A \cup B) = \frac{P(A \cap (A \cup B))}{P(A \cup B)} = \frac{P(A)}{P(A \cup B)}, P(\bar{A} \mid A \cup B) = \frac{P(\bar{A} \cap (A \cup B))}{P(A \cup B)} =$$

$\dfrac{P(\bar{A}B)}{P(A \cup B)} = \dfrac{P(\bar{A}B)}{P(A \cup B)} = \dfrac{P(B) - P(AB)}{P(A \cup B)}$，若 $P(A \mid A \cup B) > P(\bar{A} \mid A \cup B)$，即 $P(A) > P(B)$ $- P(AB)$，得不出 $P(A) > P(B)$，因此选 D.

例 12　（**考研真题**　2022 年数学一第 16 题）设事件 A, B, C 为三个随机事件，A 与 B 互不相容，A 与 C 互不相容，B 与 C 相互独立，且 $P(A) = P(B) = P(C) = \dfrac{1}{3}$，求 $P(B \cup C \mid A \cup B \cup C)$.

解　由已知条件可知 $AB = \varnothing$，$AC = \varnothing$，$ABC = \varnothing$，$P(BC) = P(B)P(C)$，

$$P(B \cup C) = P(B) + P(C) - P(BC) = P(B) + P(C) - P(B)P(C) = \frac{5}{9},$$

$$P(A \cup B \cup C) = P(A) + P(B) + P(C) - P(AB) - P(BC) - P(AC) + P(ABC)$$

$$= \frac{1}{3} + \frac{1}{3} + \frac{1}{3} - 0 - \frac{1}{3} \times \frac{1}{3} - 0 + 0 = \frac{8}{9},$$

$$P(B \cup C \mid A \cup B \cup C) = \frac{P(B \cup C)}{P(A \cup B \cup C)} = \frac{5}{8}.$$

五、习题详解

习题 1-1　随机事件及其运算

1. 写出下列随机试验的样本空间 Ω 与随机事件 A：

(1) 独立抛掷一枚均匀的硬币 3 次，事件 $A = $ "至少有两次是正面朝上".

(2) 对一密码进行破译，记录破译成功时总的破译次数，事件 $A = $ "总次数不超过 8".

(3) 从一批手机中随机选取一个，测试它的电池使用时间，事件 $A = $ "使用时间为 72 ~ 108h".

解 (1) 记正面为 T,反面为 F,

$\Omega = \{TTT, TTF, TFT, FTT, TFF, FTF, FFT, FFF\}$,$A = \{TTT, TTF, TFT, FTT\}$.

(2) $\Omega = \{1, 2, 3, \cdots\}$,$A = \{1, 2, \cdots, 8\}$.

(3) $\Omega = \{t \mid t \geq 0\}$,$A = \{t \mid 72 \leq t \leq 108\}$(单位:h).

2. 抛掷两枚均匀骰子,观察它们出现的点数.

(1) 试写出该试验的样本空间 Ω.

(2) 试写出下列事件所包含的样本点:$A =$ "两枚骰子上的点数相等",$B =$ "两枚骰子上的点数之和为 8".

解 (1)

$$\Omega = \begin{cases} (1,1),(1,2),(1,3),(1,4),(1,5),(1,6), \\ (2,1),(2,2),(2,3),(2,4),(2,5),(2,6), \\ (3,1),(3,2),(3,3),(3,4),(3,5),(3,6), \\ (4,1),(4,2),(4,3),(4,4),(4,5),(4,6), \\ (5,1),(5,2),(5,3),(5,4),(5,5),(5,6), \\ (6,1),(6,2),(6,3),(6,4),(6,5),(6,6) \end{cases}.$$

(2) $A = \{(1,1),(2,2),(3,3),(4,4),(5,5),(6,6)\}$,

$\quad B = \{(2,6),(3,5),(4,4),(5,3),(6,2)\}$.

3. 在以原点为圆心的一单位圆内随机取一点.

(1) 试描述该试验的样本空间 Ω.

(2) 试描述下列事件所包含的样本点:$A =$ "所取的点与圆心的距离小于 0.5",$B =$ "所取的点与圆心的距离小于 0.5 且大于 0.3".

解 (1) $\Omega = \{(x,y) \mid -1 < x < 1, x^2 + y^2 < 1\}$.

(2) $A = \{(x,y) \mid -0.5 < x < 0.5, x^2 + y^2 < 0.25\}$,

$\quad B = \{(x,y) \mid 0 \leq |x| < 0.5, 0.09 < x^2 + y^2 < 0.25\}$.

4. 袋中有 10 个球,分别编有号码 1~10,从中任取一球,设 $A =$ "取得的球的号码是偶数",$B =$ "取得的球的号码是奇数",$C =$ "取得的球的号码小于 5",指出下列运算表示什么事件:

(1) $A \cup B$. (2) AB. (3) AC. (4) $\overline{AC}$. (5) $\overline{A} \cap \overline{C}$. (6) $\overline{B \cup C}$. (7) $A - C$.

解 由题意可知,$\Omega = \{1,2,3,4,5,6,7,8,9,10\}$.

(1) $A \cup B = \Omega$.

(2) $AB = \varnothing$.

(3) $AC =$ "取得的球的号码是小于 5 的偶数" $= \{2,4\}$.

(4) $\overline{AC} =$ "取得的球的号码是奇数或是大于 5 的偶数" $= \{1,3,5,6,7,8,9,10\}$.

(5) $\overline{A} \cap \overline{C} =$ "取得的球的号码是大于等于 5 的奇数" $= \{5,7,9\}$.

(6) $\overline{B \cup C} =$ "取得的球的号码是大于 5 的偶数" $= \{6,8,10\}$.

(7) $A - C =$ "取得的球的号码是大于 5 的偶数" $= \{6,8,10\}$.

5. 在区间 $[0,10]$ 上任取一数,记 $A = \{x \mid 1 < x \leq 5\}$,$B = \{x \mid 2 \leq x \leq 6\}$,求下列事件的表达式:

(1) $A \cup B$. (2) $\overline{A}B$. (3) $A\overline{B}$. (4) $A \cup \overline{B}$.

解 由题意可知, $\Omega = \{x \mid 0 \leqslant x \leqslant 10\}$.

(1) $A \cup B = \{x \mid 1 < x \leqslant 6\}$.

(2) $\overline{A}B = \{x \mid 5 < x \leqslant 6\}$.

(3) $A\overline{B} = \{x \mid 1 < x < 2\}$.

(4) $A \cup \overline{B} = \{x \mid 0 \leqslant x \leqslant 5\} \cup \{x \mid 6 < x \leqslant 10\}$.

6. 一批产品中有合格品和次品, 从中有放回地抽取 3 个产品, 设事件 $A_i = $ "第 i 次抽到次品" $(i = 1,2,3)$, 试用 A_i 的运算表示下列各个事件:

(1) 第一次、第二次中至少有一次抽到次品.

(2) 只有第一次抽到次品.

(3) 3 次都抽到次品.

(4) 至少有一次抽到合格品.

(5) 只有两次抽到次品.

解 (1) $A_1 \cup A_2$. (2) $A_1 \overline{A_2} \overline{A_3}$. (3) $A_1 A_2 A_3$. (4) $\overline{A_1 A_2 A_3}$. (5) $A_1 A_2 \overline{A_3} \cup A_1 \overline{A_2} A_3 \cup \overline{A_1} A_2 A_3$.

7. 试给出下列事件的对立事件:

(1) 事件 $A = $ "3 门课程的考核成绩都为优秀".

(2) 事件 $B = $ "3 门课程的考核成绩至少一门为优秀".

解 (1) $\overline{A} = $ "3 门课程的考核成绩不都是优秀".

(2) $\overline{B} = $ "3 门课程的考核成绩都不是优秀".

8. 证明下列等式:

(1) $B = AB \cup \overline{A}B$.

(2) $A \cup B = A \cup \overline{A}B$.

证明 (1) $B = \Omega \cup B = (A \cup \overline{A}) \cup B = AB \cup \overline{A}B$.

(2) $A \cup B = A \cup (B-A) = A \cup \overline{A}B$.

习题 1-2 概率的定义及其性质

1. 已知事件 A, B 有包含关系, $P(A) = 0.4$, $P(B) = 0.6$, 试求:

(1) $P(\overline{A}), P(\overline{B})$. (2) $P(A \cup B)$. (3) $P(AB)$. (4) $P(\overline{B}A), P(\overline{A}B)$. (5) $P(\overline{A} \cap \overline{B})$.

解 (1) $P(\overline{A}) = 1 - P(A) = 0.6$, $P(\overline{B}) = 1 - P(B) = 0.4$.

(2) 由加法公式, 得 $P(A \cup B) = P(A) + P(B) - P(AB) = 0.6$.

(3) 当 A, B 有包含关系时, $P(A) = 0.4 < P(B) = 0.6$, 故可知 $A \subset B$, 因此有 $P(AB) = P(A) = 0.4$.

(4) $P(\overline{B}A) = P(A-B) = P(A) - P(AB) = 0$, $P(\overline{A}B) = P(B-A) = P(B) - P(AB) = 0.2$.

(5) $P(\overline{A} \cap \overline{B}) = P(\overline{A \cup B}) = 1 - P(A \cup B) = 0.4$.

2. 设 A, B 是两个事件, 已知 $P(A) = 0.5$, $P(B) = 0.7$, $P(A \cup B) = 0.8$, 试求:

(1) $P(AB)$. (2) $P(A-B)$. (3) $P(B-A)$.

解 (1) 由加法公式, 得 $P(AB) = P(A) + P(B) - P(A \cup B) = 0.4$.

(2) 由减法公式, 得 $P(A-B) = P(A) - P(AB) = 0.1$.

(3) 由减法公式, 得 $P(B-A) = P(B) - P(AB) = 0.3$.

3. 已知事件 $P(A) = 0.5$, $P(B) = 0.4$, $P(A-B) = 0.4$, 求: (1) $P(A \cup B)$. (2) $P(\overline{AB})$.

解 $P(A-B) = P(A) - P(AB) = 0.5 - P(AB) = 0.4$, $P(AB) = 0.1$.

$P(A \cup B) = P(A) + P(B) - P(AB) = 0.5 + 0.4 - 0.1 = 0.8.$

$P(\overline{AB}) = 1 - P(AB) = 1 - 0.1 = 0.9.$

4. 已知 $P(A) = P(B) = P(C) = 0.25$, $P(AB) = 0$, $P(AC) = P(BC) = 0.0625$, 试求:

(1) $P(A \cup B)$. (2) $P(A \cup B \cup C)$. (3) $P(\overline{B} \cap \overline{C})$.

解 (1) 由加法公式, 得 $P(A \cup B) = P(A) + P(B) - P(AB) = 0.5.$

(2) 由 $P(AB) = 0$, 得 $P(ABC) = 0$,

$P(A \cup B \cup C) = P(A) + P(B) + P(C) - P(AB) - P(AC) - P(BC) + P(ABC) = 0.625.$

(3) $P(\overline{B} \cap \overline{C}) = P(\overline{B \cup C}) = 1 - P(B \cup C) = 0.5625.$

5. 设随机事件 A, B, C 的概率都是 $\dfrac{1}{2}$, 且 $P(ABC) = P(\overline{A} \cap \overline{B} \cap \overline{C})$, $P(AB) = P(AC) = P(BC) = \dfrac{1}{3}$, 求 $P(ABC)$.

解 $P(ABC) = P(\overline{A} \cap \overline{B} \cap \overline{C}) = P(\overline{A \cup B \cup C}) = 1 - P(A \cup B \cup C)$

$$= 1 - [P(A) + P(B) + P(C) - P(AB) - P(AC) - P(BC) + P(ABC)],$$

整理, 易得 $P(ABC) = \dfrac{1}{4}$.

6. 设 A, B 是两个事件, 且 $P(A) = 0.6$, $P(B) = 0.7$, 求

(1) 在什么条件下, $P(AB)$ 取最大值, 最大值是多少?

(2) 在什么条件下, $P(AB)$ 取最小值, 最小值是多少?

解 (1) $P(AB) \le P(A)$, 且 $P(AB) \le P(B)$, 当 $P(AB) = P(A)$ 时, $P(AB)$ 最大, 最大值为 0.6.

(2) 根据加法公式, 可得 $P(AB) = P(A) + P(B) - P(A \cup B)$, 当 $P(A \cup B) = 1$ 时, $P(AB)$ 最小, 最小值为 0.3.

7. 对任意的随机事件 A, B, C, 证明:

(1) $P(AB) \ge P(A) + P(B) - 1.$

(2) $P(AB) + P(AC) + P(BC) \ge P(A) + P(B) + P(C) - 1.$

证明 (1) $P(AB) = P(A) + P(B) - P(A \cup B) \ge P(A) + P(B) - 1.$

(2) $P(AB) + P(AC) + P(BC) = P(A) + P(B) + P(C) + P(ABC) - P(A \cup B \cup C)$

$$\ge P(A) + P(B) + P(C) + 0 - 1 = P(A) + P(B) + P(C) - 1.$$

习题 1-3 等可能概型

1. 掷两枚骰子, 求下列事件的概率:

(1) 点数之和为 7. (2) 点数之和不超过 5. (3) 点数之和为偶数.

解 这是一个古典概型的问题. 由题意可知, 样本空间

$$\Omega = \left\{ \begin{matrix} (1,1),(1,2),(1,3),(1,4),(1,5),(1,6), \\ (2,1),(2,2),(2,3),(2,4),(2,5),(2,6), \\ (3,1),(3,2),(3,3),(3,4),(3,5),(3,6), \\ (4,1),(4,2),(4,3),(4,4),(4,5),(4,6), \\ (5,1),(5,2),(5,3),(5,4),(5,5),(5,6), \\ (6,1),(6,2),(6,3),(6,4),(6,5),(6,6) \end{matrix} \right\}.$$

(1) 记 A = "点数之和为 7" = $\{(1,6),(2,5),(3,4),(4,3),(5,2),(6,1)\}$，

$$P(A) = \frac{\text{事件 } A \text{ 中样本点的个数}}{\text{样本空间 } \Omega \text{ 中样本点的个数}} = \frac{6}{36} = \frac{1}{6}.$$

(2) 记 B = "点数之和不超过 5" = $\{(1,1),(1,2),(1,3),(1,4),(2,1),(2,2),(2,3),$

$(3,1),(3,2),(4,1)\}$，$P(B) = \frac{10}{36} = \frac{5}{18}.$

(3) 记 C = "点数之和为偶数" = $\begin{Bmatrix}(1,1),(1,3),(1,5),(2,2),(2,4),(2,6),\\(3,1),(3,3),(3,5),(4,2),(4,4),(4,6),\\(5,1),(5,3),(5,5),(6,2),(6,4),(6,6)\end{Bmatrix}$，

$P(C) = \frac{18}{36} = 0.5.$

2. 一袋中有 5 个红球及 2 个白球. 从袋中任取一球，看过它的颜色后放回袋中，然后，再从袋中任取一球. 设每次取球时袋中每个球被取到的可能性相同. 求：

(1) 第一次、第二次都取到红球的概率.

(2) 第一次取到红球、第二次取到白球的概率.

(3) 两次取得的球为红、白各为 1 的概率.

(4) 第二次取到红球的概率.

解　这是一个古典概型的问题. 需要注意的是根据题干的描述，确定抽样是有放回抽样还是不放回抽样，在不同的假设下，样本空间及事件 A 中样本点的个数值都有差异.

本题中是有放回抽样，因此，样本点总数 $n = 7^2$. 记 (1)(2)(3)(4) 求解的事件分别为 A,B,C,D，则

(1) 事件 A 的样本点个数 $n_A = 5^2$，$P(A) = \frac{5^2}{7^2} = \frac{25}{49}.$

(2) 事件 B 的样本点个数 $n_B = 5 \times 2$，$P(B) = \frac{5 \times 2}{7^2} = \frac{10}{49}.$

(3) 事件 C 的样本点个数 $n_C = 2 \times 5 \times 2$，$P(C) = \frac{20}{49}.$

(4) 事件 D 的样本点个数 $n_D = 7 \times 5$，$P(D) = \frac{7 \times 5}{7^2} = \frac{35}{49} = \frac{5}{7}.$

3. 一个盒子中装有 6 只杯子，其中有 2 只是不合格品，现在做不放回抽样；接连取 2 次，每次随机地取 1 只，试求下列事件的概率：

(1) 2 只都是合格品.

(2) 1 只是合格品，1 只是不合格品.

(3) 至少有 1 只是合格品.

解　本题中是不放回抽样，因此，从 6 只杯子中任取 2 只的样本点总数 $n = \binom{6}{2} = 15.$

记 (1)(2)(3) 求解的事件分别为 A,B,C，则

(1) 事件 A 的样本点个数 $n_A = \binom{4}{2} = 6$，$P(A) = \frac{6}{15} = \frac{2}{5}.$

（2）事件 B 的样本点个数 $n_B = \binom{4}{1} \times \binom{2}{1} = 8$，$P(B) = \dfrac{8}{15}$.

（3）由题意可得 $C = A \cup B$，且 A 与 B 互斥，根据概率的性质，得

$$P(C) = P(A) + P(B) = \frac{14}{15}.$$

4. 一个年级的 3 个班级分别派出 6 位、4 位和 3 位同学代表学校参加区速算比赛. 抽签决定首发 3 位同学的名单. 求：

（1）首发的 3 位同学来自同一个班级的概率.

（2）首发的 3 位同学来自不同班级的概率.

（3）首发的 3 位同学来自两个班级的概率.

解 本题中是不放回抽样，因此，样本点总数 $n = \binom{13}{3} = 286$.

记（1）（2）（3）求解的事件分别为 A, B, C，则：

（1）3 位同学来自同一个班级，即都来自第一个班级，或都来自第二个班级，或都来自第三个班级，因此，事件 A 的样本点个数 $n_A = \binom{6}{3} + \binom{4}{3} + \binom{3}{3} = 25$，$P(A) = \dfrac{25}{286}$.

（2）事件 B 的样本点个数 $n_B = \binom{6}{1} \times \binom{4}{1} \times \binom{3}{1} = 72$，$P(B) = \dfrac{72}{286} = \dfrac{36}{143}$.

（3）由题意，可得 $C = \Omega - A - B$，且 A 与 B 互斥，根据概率的性质，得 $P(C) = 1 - P(A) - P(B) = \dfrac{189}{286}$.

5. 一个盒子中放有编号 1～10 的 10 个小球，随机地从这个口袋中取 3 只球，试分别在"不放回抽样"和"有放回抽样"方式下，求：

（1）3 个球的号码都不超过 6 的概率. （2）最大号码是 6 的概率.

解 不放回抽样时，从 10 个小球中任取 3 个小球，样本点总数 $n = \binom{10}{3} = 120$.

有放回抽样时，从 10 个小球中任取 3 个小球，样本点总数 $n = 10^3 = 1000$.

记（1）（2）求解的事件分别为 A, B，则

（1）不放回抽样时，从编号不超过 6 的小球中取 3 个小球，事件 A 的样本点个数 $n_A = \binom{6}{3} = 20$，$P(A) = \dfrac{20}{120} = \dfrac{1}{6}$；有放回抽样时，事件 A 的样本点个数 $n_A = 6^3 = 216$，$P(A) = \dfrac{216}{1000} = \dfrac{27}{125}$.

（2）不放回抽样时，最大号码是 6，即有一个小球的编号一定是 6，另外两个小球编号在 1～5 中任取，因此，事件 B 的样本点个数 $n_B = \binom{5}{2} = 10$，$P(B) = \dfrac{10}{120} = \dfrac{1}{12}$；有放回抽样时，可能 3 个数字中只有一个为 6，样本点个数 $\binom{5}{1} \times \binom{5}{1} \times \binom{3}{1} = 75$，可能 3 个数字中有两个为 6，样本点个数 $\binom{5}{1} \times \binom{3}{1} = 15$，可能 3 个数字中 3 个都为 6，样本点个数为 1. 因此，

事件 B 的样本点个数 $n_B = \binom{5}{1} \times \binom{5}{1} \times \binom{3}{1} + \binom{5}{1} \times \binom{3}{1} + 1 = 91$，$P(B) = \dfrac{91}{1000}$.

6. 一副扑克牌将大王和小王去掉，从剩余的 52 张扑克牌中任取 5 张，求下列事件的概率：

(1) 事件 A = "同花"（即 5 张牌都是同一花色）.

(2) 事件 B = "顺子"（即 5 张牌号码连在一起，如 "A2345"，…，"10JQKA"）.

(3) 事件 C = "仅有一对".

解　任取 5 张为"不放回抽样"，因此，样本点总数 $n = \binom{52}{5} = 2598960$.

(1) 事件 A 可以按两个步骤完成，首先从 4 种花色中选择一种同花的花色，再从该花色的 13 张牌中随机地任取 5 张，因此事件 A 的样本点个数 $n_A = \binom{4}{1} \times \binom{13}{5} = 5148$，$P(A) =$

$\dfrac{\binom{4}{1} \times \binom{13}{5}}{\binom{52}{5}} = \dfrac{33}{16660}$.

(2) 事件 B 可以按两个步骤完成，首先从 "A2345" ~ "10JQKA" 这 10 个号码组中选择一种顺子号码组，再从每个号码的 4 个不同花色牌中任选一种花色，因此事件 B 的样本点

个数 $n_B = \binom{10}{1} \times \binom{4}{1}^5 = 10240$，$P(B) = \dfrac{\binom{10}{1} \times \binom{4}{1}^5}{\binom{52}{5}} = \dfrac{128}{32487}$.

(3) 事件 C 可以按 4 个步骤完成，首先从 13 个号码中选择一个号码，从这个号码的 4 个花色中任取 2 个花色的牌，其次从剩余的 12 个号码中再任取 3 个号码，从每个号码的 4 个不同花色牌中任选一种花色的牌，因此事件 C 的样本点个数

$n_C = \binom{13}{1} \times \binom{4}{2} \times \binom{12}{3} \times \binom{4}{1}^3 = 1098240$，$P(C) = \dfrac{\binom{13}{1} \times \binom{4}{2} \times \binom{12}{3} \times \binom{4}{1}^3}{\binom{52}{5}} = \dfrac{352}{833}$.

7. 将 n 个完全相同的小球随机地放入 N 个不同的盒子中（$n < N$），设每个盒子都足够大，可以容纳任意多个球. 求：

(1) n 个球都在同一个盒子里的概率.

(2) n 个球都在不同盒子里的概率.

(3) 某指定的盒子中恰好有 k（$k \leqslant n$）个球的概率.

解　由于球完全相同，利用隔板原理，补 N 个完全相同的小球，并将 $n+N$ 个球排成一列，在其中插入 $N-1$ 块隔板，即把球分成 N 个小组，因此，样本点总数 $n = \binom{N+n-1}{N-1}$. 记 (1)(2)(3) 求解的事件分别为 A, B, C，则

(1) 事件 A 的样本点个数 $n_A = \binom{N}{N-1}$，$P(A) = \dfrac{\binom{N}{N-1}}{\binom{N+n-1}{N-1}} = \dfrac{N}{\binom{N+n-1}{N-1}}$.

（2）事件 B 的样本点个数 $n_B = \dbinom{N}{N-n}$，$P(B) = \dfrac{\dbinom{N}{N-n}}{\dbinom{N+n-1}{N-1}}$.

（3）事件 C 的样本点个数 $n_C = \dbinom{N+n-k-2}{n-k}$，$P(C) = \dfrac{\dbinom{N+n-k-2}{n-k}}{\dbinom{N+n-1}{N-1}}$，$0 \leqslant k \leqslant n$.

8. 10 个女生 5 个男生排成一列，求任意两个男生都不相邻的概率.

解 一共 15 个学生排成一列，因此样本点总数 $n = A_{15}^{15} = 15!$.

记事件 $A =$ "任意两个男生都不相邻"，则事件 A 可以按如下方法来实现：首先让 10 个女生排成一列，将男生看成"隔板"，在相邻女生之间的 11 个空位子（包括第一个女生前及最后一个女生后）中任选 5 个位子将"隔板"排序插入，因此事件 A 的样本点个数 $n_A = A_{10}^{10} A_{11}^5$，$P(A) = \dfrac{A_{10}^{10} A_{11}^5}{A_{15}^{15}} = \dfrac{2}{13}$.

9. 10 张签中分别有 4 张画圈、6 张画叉. 10 个人依次抽签，抽到带圈的签为中签，求每个人的中签率.

解 设 A_i 表示第 i 人中签，显然 $P(A_1) = 0.4$，则 $P(A_2) = \dfrac{4 \times 3 + 6 \times 4}{10 \times 9} = 0.4$，即第 2 个人的中签率为 0.4，同样可以计算出，每个人的中签率都为 0.4，与教材第一章第二节中例 3 的解释相仿，中签率与抽签次序无关.

微课视频

10. （1）在单位圆内某一特定直径上取一点，求以该点为中心的弦，其长度大于 $\sqrt{3}$ 的概率.

（2）在单位圆内任作一点，求以该点为中心的弦，其长度大于 $\sqrt{3}$ 的概率.

解 这是几何概型的问题，记（1）（2）求解的事件分别为 A, B，则

（1）$\Omega = \{$某特定的一条直径 $CD\}$，$A = \{$直径 CD 上的 EF 段$\}$，如图 1.5 所示，有

$$P(A) = \frac{m(EF)}{m(CD)} = \frac{EF \text{ 的长度}}{CD \text{ 的长度}} = \frac{1}{2} = 0.5.$$

（2）$\Omega = \{$单位圆$\}$，$B = \{$以单位圆的圆心为圆心，半径为 0.5 的圆$\}$，如图 1.6 所示，有

$$P(B) = \frac{m(B)}{m(\Omega)} = \frac{B \text{ 的面积}}{\Omega \text{ 的面积}} = \frac{\pi \cdot 0.5^2}{\pi \cdot 1^2} = 0.25.$$

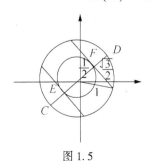

图 1.5

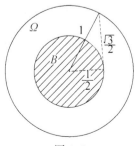

图 1.6

11. 在圆内有一内接等边三角形，随机向圆内抛掷一个点，求该点落在等边三角形内的概率.

解　这是几何概型的问题，记求解的事件为 A，如图 1.7 所示，则

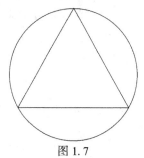

$$P(A) = \frac{m(\text{圆内接等边三角形})}{m(\text{圆})} = \frac{\text{圆内接等边三角形面积}}{\text{圆面积}} = \frac{3\sqrt{3}}{4\pi}.$$

图 1.7

12. 在区间 $[0,1]$ 上任取两个数，求：

(1) 两数之和不小于 1 的概率.

(2) 两数之差的绝对值不超过 0.1 的概率.

(3) 两数之差的绝对值小于 0.1 的概率.

解　记区间 $[0,1]$ 上任取的两个数分别为 x,y，则 $\Omega = \{(x,y) \mid 0 \leqslant x \leqslant 1, 0 \leqslant y \leqslant 1\}$. 记 (1)(2)(3) 求解的事件分别为 A,B,C，则

$(1) A = \{(x,y) \mid 0 \leqslant x \leqslant 1, 0 \leqslant y \leqslant 1, x+y \geqslant 1\}$，如图 1.8 所示，则 $P(A) = \frac{m(A)}{m(\Omega)} = \frac{A\,\text{的面积}}{\Omega\,\text{的面积}} = 0.5$.

$(2) B = \{(x,y) \mid 0 \leqslant x \leqslant 1, 0 \leqslant y \leqslant 1, |x-y| \leqslant 0.1\}$，如图 1.9 所示，则 $P(B) = \frac{m(B)}{m(\Omega)} = 0.19$.

$(3) C = \{(x,y) \mid 0 \leqslant x \leqslant 1, 0 \leqslant y \leqslant 1, |x-y| < 0.1\}$，如图 1.10 所示，则 $P(C) = \frac{m(C)}{m(\Omega)} = 0.19$.

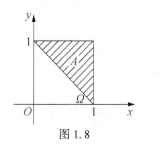

图 1.8

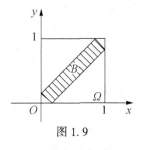

图 1.9

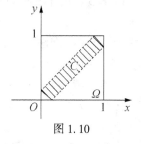

图 1.10

13. 在长度为 T 的时间段内，有两个长短不等的信号随机地进入接收机，长信号持续时间为 $t_1(t_1 \ll T)$，短信号持续时间为 $t_2(t_2 \ll T)$. 试求：这两个信号互不干扰的概率.

解　设两个长短不等的信号进入时间点分别为 x,y，则 $\Omega = \{(x,y) \mid 0 \leqslant x \leqslant T, 0 \leqslant y \leqslant T\}$. 记求解的事件为 A，如图 1.11 所示，则

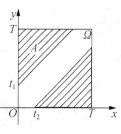

图 1.11

$$A = \left\{(x,y) \,\middle|\, \begin{cases} y > x, \\ y > x + t_1 \end{cases} \text{或} \begin{cases} x > y, \\ x > y + t_2 \end{cases} \right\},$$

$$P(A) = \frac{m(A)}{m(\Omega)} = \frac{\frac{1}{2}(T-t_1)^2 + \frac{1}{2}(T-t_2)^2}{T^2} = \frac{(T-t_1)^2 + (T-t_2)^2}{2T^2}.$$

14. 在长度为1的线段上任取两个点将其分成3段，求：

(1) 它们可以构成一个三角形的概率.

(2) 它们可以构成一个等边三角形的概率.

解 记3段长度分别为 x,y 和 $1-x-y$，则 $\Omega=\{(x,y)\mid 0<x<1,0<y<1,0<x+y<1\}$. 记(1)(2)求解的事件为 A,B，则

(1) $A=\{(x,y)\mid 0<x<1,0<y<1,0<x+y<1,x+y>1-x-y,1-x-y+x>y,\ 1-x-y+y>x\}$，如图 1.12 所示，则 $P(A)=\dfrac{m(A)}{m(\Omega)}=\dfrac{1}{4}$.

(2) $B=\{(x,y)\mid 0<x<1,0<y<1,0<x+y<1,x=y=1-x-y\}$，如图 1.13 所示，从图 1.13 可以看出，事件 B 即为一点构成的区域，$P(B)=\dfrac{m(B)}{m(\Omega)}=0$.

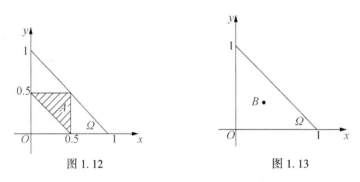

图 1.12　　　　　　　　图 1.13

习题 1-4　条件概率与事件的相互独立性

1. 设 A,B 为两个随机事件，$P(A)=0.4$，$P(B)=0.5$，$P(B\mid A)=0.6$，求 $P(A-B)$ 及 $P(\overline{AB})$.

解 由概率的乘法公式，有 $P(AB)=P(A)P(B\mid A)=0.24$，则有 $P(A-B)=P(A)-P(AB)=0.4-0.24=0.16$；由随机事件的运算性质对偶律，有 $P(\overline{A}\,\overline{B})=P(\overline{A\cup B})=1-P(A\cup B)=1-[P(A)+P(B)-P(AB)]=0.34$.

2. 设 A,B 为两个随机事件，$P(AB)=0.25$，$P(B)=0.3$，$P(A\cup B)=0.6$，求 $P(A-B)$ 及 $P(A\mid\overline{B})$.

解 根据已知条件，可得 $P(A-B)=P(A\cup B)-P(B)=0.3$，由条件概率的定义，可知

$$P(A\mid\overline{B})=\frac{P(A\overline{B})}{P(\overline{B})}=\frac{P(A-B)}{P(\overline{B})}=\frac{3}{7}.$$

3. 设 A,B 为两个随机事件，且 $P(A)=0.3$，$P(B)=0.6$. 试在下列两种情况下，分别求出 $P(A\mid B)$ 及 $P(\overline{A}\mid\overline{B})$.

(1) 事件 A,B 互不相容.

(2) 事件 A,B 有包含关系.

解 (1) 由事件 A,B 互不相容，可得 $P(AB)=0$，由条件概率定义，可知

$$P(A\mid B)=\frac{P(AB)}{P(B)}=0;\ P(\overline{A}\mid\overline{B})=\frac{P(\overline{A}\overline{B})}{P(\overline{B})}=\frac{P(\overline{A\cup B})}{1-P(B)}=0.25.$$

(2) 当事件 A,B 有包含关系时，由于 $P(A)=0.3<P(B)=0.6$，可知 $A\subset B$，$P(AB)=$

$P(A) = 0.3$，由条件概率定义，可知

$$P(A \mid B) = \frac{P(AB)}{P(B)} = 0.5; \quad P(\bar{A} \mid \bar{B}) = \frac{P(\overline{AB})}{P(\bar{B})} = \frac{P(\bar{B})}{P(\bar{B})} = 1.$$

4. 某考试题库中共有 100 道考题，其中有 60 道基本题和 40 道难题，考试机器每次从 100 道题中随机选一道题，求第三次才遇到难题的概率.

解　记求解的事件为 A，设 $A_i = \{$第 i 次遇到的是难题$\}$，$i = 1,2,3$，由概率的乘法公式可知

$$P(A) = P(\bar{A}_1 \bar{A}_2 A_3) = P(\bar{A}_1)P(\bar{A}_2 \mid \bar{A}_1)P(A_3 \mid \bar{A}_1 \bar{A}_2) = \frac{60}{100} \times \frac{59}{99} \times \frac{40}{98} = \frac{236}{1617}.$$

5. 某地一名研究人员在"夫妇看电视习惯"的研究中发现：有 25% 的丈夫和 30% 的妻子定期收看周六晚播出的某个电视栏目. 研究还表明，在一对夫妇中如果丈夫定期收看这一栏目，则会有 80% 的妻子也会定期收看这一栏目. 现从该地随机抽选一对夫妇，求：

(1) 这对夫妇中丈夫和妻子都收看该栏目的概率.

(2) 这对夫妇中至少有一人定期收看该栏目的概率.

解　记 $A = \{$丈夫定期收看某栏目$\}$，$B = \{$妻子定期收看某栏目$\}$，则 $P(A) = 0.25$，$P(B) = 0.3$，$P(B \mid A) = 0.8$.

(1) 由概率的乘法公式，可知 $P(AB) = P(A)P(B \mid A) = 0.2$.

(2) 由加法公式，可知 $P(A \cup B) = P(A) + P(B) - P(AB) = 0.35$.

6. 一袋中有 4 个白球和 6 个黑球，依次不放回一个个取出，直到 4 个白球都取出为止，求恰好取了 6 次的概率.

解　记求解的事件为 A，设 $A_1 = \{$前 5 次取到 3 个白球$\}$，$A_2 = \{$第 6 次取到 1 个白球$\}$，则

$$P(A) = P(A_1 A_2) = P(A_1)P(A_2 \mid A_1) = \frac{\binom{4}{3} \times \binom{6}{2}}{\binom{10}{5}} \times \frac{1}{\binom{5}{1}} = \frac{1}{21}.$$

7. 设甲、乙、丙 3 人同时相互独立地向同一目标各射击一次，命中率都为 $\frac{2}{3}$，现已知目标被击中，求它由乙击中且甲、丙都没击中的概率.

解　记 $A = \{$甲击中目标$\}$，$B = \{$乙击中目标$\}$，$C = \{$丙击中目标$\}$，由已知条件，可知 $P(A) = P(B) = P(C) = \frac{2}{3}$，则 $P(\bar{A}B\bar{C} \mid A \cup B \cup C) = \frac{P(\bar{A}B\bar{C})}{P(A \cup B \cup C)}$.

由于 A, B, C 相互独立，因此 $P(\bar{A}B\bar{C}) = P(\bar{A})P(B)P(\bar{C}) = \frac{1}{3} \times \frac{2}{3} \times \frac{1}{3} = \frac{2}{27}.$

由概率的运算性质 —— 对偶律，可得

$$P(A \cup B \cup C) = P(\overline{\bar{A}\bar{B}\bar{C}}) = 1 - P(\bar{A}\bar{B}\bar{C}) = 1 - P(\bar{A})P(\bar{B})P(\bar{C}) = 1 - \left(\frac{1}{3}\right)^3 = \frac{26}{27}.$$

因此，$P(\bar{A}B\bar{C} \mid A \cup B \cup C) = \dfrac{\frac{2}{27}}{\frac{26}{27}} = \frac{1}{13}$

8. 罐中有 m 个白球和 n 个黑球，从中随机抽取两个，发现它们是同色的，求同为黑色的概率.

解 本题是不放回抽样，从 $m+n$ 个球中任取 2 个球，因此样本点总数 $n = \binom{m+n}{2}$，记 $A = \{$两球同为黑色$\}$，$B = \{$两球同为白色$\}$，同为黑色，即从 n 个黑球中任取 2 个球，因此事件 A 的样本点个数 $n_A = \binom{n}{2}$，$P(A) = \dfrac{\binom{n}{2}}{\binom{m+n}{2}}$. 同理，$P(B) = \dfrac{\binom{m}{2}}{\binom{m+n}{2}}$，则同色的概率为

$$P(A \cup B) = \frac{\binom{n}{2} + \binom{m}{2}}{\binom{m+n}{2}}.$$

由条件概率公式，得

$$P(A \mid A \cup B) = \frac{P(A)}{P(A \cup B)} = \frac{n^2 - n}{m^2 + n^2 - m - n}.$$

9. 假定生男孩或生女孩是等可能的，在一个有 3 个孩子的家庭里，已知有 1 个是男孩，求至少有 1 个是女孩的概率.

解 记 $A = \{3$ 个孩子中有 1 个是男孩$\}$，$B = \{3$ 个孩子中至少有 1 个是女孩$\}$，由条件概率公式，得

$$P(B \mid A) = \frac{P(AB)}{P(A)} = \frac{1 - 0.5^3 - 0.5^3}{1 - 0.5^3} = \frac{6}{7}.$$

10. 抛掷 3 枚均匀的骰子，已知掷出点数各不相同，求至少有一个是 1 点的概率.

解 抛掷 3 枚均匀的骰子，因此样本点总数 $n = 6^3 = 216$.

记 $A = \{3$ 个骰子的点数都不同$\}$，$B = \{$至少有一个是 1$\}$.

掷出点数各不相同，因此事件 A 的样本点个数 $n_A = A_6^3 = 120$. 掷出点数各不相同且至少有一个是 1 点，因此事件 AB 的样本点个数 $n_{AB} = \binom{5}{2} \times A_3^3 = 60$.

由题意，得

$$P(B \mid A) = \frac{P(AB)}{P(A)} = \frac{\dfrac{60}{216}}{\dfrac{120}{216}} = \frac{1}{2}.$$

11. 设 A, B, C 是任意 3 个事件，且 $P(C) > 0$，证明：

(1) $P(A \cup B \mid C) = P(A \mid C) + P(B \mid C) - P(AB \mid C)$.

(2) $P(A - B \mid C) = P(A \mid C) - P(AB \mid C)$.

(3) $P(\bar{A} \mid C) = 1 - P(A \mid C)$.

证明 (1) $P(A \cup B \mid C) = \dfrac{P((A \cup B) \cap C)}{P(C)} = \dfrac{P(AC \cup BC)}{P(C)}$

$$= \frac{P(AC) + P(BC) - P(ABC)}{P(C)}$$

$$= P(A \mid C) + P(B \mid C) - P(AB \mid C)，得证.$$

$(2) P(A-B \mid C) = \dfrac{P(A-B) \cap C)}{P(C)} = \dfrac{P(AC) - P(ABC)}{P(C)} = P(A \mid C) - P(AB \mid C)$，得证.

$(3) P(\bar{A} \mid C) = \dfrac{P(\bar{A}C)}{P(C)} = \dfrac{P(C) - P(AC)}{P(C)} = 1 - P(A \mid C)$，得证.

12. 设每位密室逃脱游戏的玩家能成功走出的概率为 0.6，假定每位玩家能否走出密室是相互独立的.

(1) 若共有 3 位玩家一起玩，求这 3 位玩家能一起走出密室的概率.

(2) 至少要多少位玩家一起，才能使成功走出密室的概率大于 95%？

解 (1) 记 $A_i = \{$第 i 个玩家能成功走出密室$\}$，$i = 1,2,3$，求解的事件为 $B = A_1 \cup A_2 \cup A_3 = \overline{\bar{A}_1 \bar{A}_2 \bar{A}_3}$，则 $P(B) = 1 - 0.4^3 = 0.936$.

(2) 设至少需要 n 位玩家，则须满足 $\begin{cases} P(A_1 \cup A_2 \cup \cdots \cup A_n) = 1 - 0.4^n > 0.95, \\ P(A_1 \cup A_2 \cup \cdots \cup A_{n-1}) = 1 - 0.4^{n-1} < 0.95, \end{cases}$ 求解可得 $n = 4$.

13. 某人向同一目标重复相互独立射击，每次命中目标的概率为 $p(0 < p < 1)$，则此人第三次射击时恰好是第二次命中目标的概率为多少？

解 记 $A_i = \{$第 i 次命中$\}$，$i = 1,2,3$，求解的事件为 $B = A_1 \bar{A}_2 A_3 \cup \bar{A}_1 A_2 A_3$，显然 $A_1 \bar{A}_2 A_3$ 与 $\bar{A}_1 A_2 A_3$ 互不相容，则

$P(B) = P(A_1 \bar{A}_2 A_3) + P(\bar{A}_1 A_2 A_3) = P(A_1) P(\bar{A}_2) P(A_3) + P(\bar{A}_1) P(A_2) P(A_3) = 2p^2(1-p)$.

14. (1) 设事件 A, B 相互独立. 证明：$A, \bar{B}$ 相互独立，$\bar{A}, \bar{B}$ 相互独立.

(2) 设事件 $P(A) = 0$，证明：事件 A 与任意事件相互独立.

(3) 设 A, B, C 是 3 个相互独立的随机事件，证明：$A \cup B$ 与 C 也相互独立.

微课视频

证明 (1) 事件 A, B 相互独立，即 $P(AB) = P(A)P(B)$，由减法公式可知

$$P(A\bar{B}) = P(A-B) = P(A) - P(AB) = P(A) - P(A)P(B)$$
$$= P(A)[1 - P(B)] = P(A)P(\bar{B}),$$

所以 $A, \bar{B}$ 相互独立.

$$P(\bar{A}\bar{B}) = P(\bar{B} - A) = P(\bar{B}) - P(A\bar{B}) = P(\bar{B}) - P(A)P(\bar{B})$$
$$= P(\bar{B})[1 - P(A)] = P(\bar{B})P(\bar{A}),$$

所以 $\bar{A}, \bar{B}$ 相互独立.

(2) 设 B 为任意一事件，显然 $AB \subset A$，当 $P(A) = 0$ 时，有 $P(AB) \leqslant P(A) = 0$，$P(AB) = 0 = P(A)P(B)$，得证.

(3) $P((\overline{A \cup B}) \cap C) = P((\bar{A} \cap \bar{B}) \cap C) = P(\bar{A} \cap \bar{B} \cap C) = P(\bar{A})P(\bar{B})P(C) = P(\overline{AB})P(C) = P(\overline{A \cup B})P(C)$，故 $\overline{A \cup B}$ 与 C 相互独立，根据第一章第四节中定理 2 可知，$A \cup B$ 与 C 也相互独立.

15. 设事件 A 与事件 B 相互独立，且 $P(A) = p$，$P(B) = q$. 求 $P(A \cup B), P(A \cup \bar{B}), P(\bar{A} \cup \bar{B})$.

解 设事件 A 与事件 B 独立，$P(AB) = P(A)P(B) = pq$. 则

$$P(A \cup B) = P(A) + P(B) - P(AB) = p + q - pq,$$
$$P(A \cup \bar{B}) = P(\overline{\bar{A}B}) = 1 - P(\bar{A}B) = 1 - P(\bar{A})P(B) = 1 - (1-p)q = 1 + pq - q,$$
$$P(\bar{A} \cup \bar{B}) = P(\overline{AB}) = 1 - P(AB) = 1 - pq.$$

16. 设事件 A, B, C 两两相互独立，且 $P(A) = P(B) = P(C) = 0.4$，$P(ABC) = 0.1$，求 $P(A \cup B \cup C)$，$P(A|\bar{C})$，$P(C|AB)$.

解 $P(A \cup B \cup C) = P(A) + P(B) + P(C) - P(A)P(B) - P(A)P(C) - P(B)P(C) + P(ABC) = 0.4 \times 3 - 0.4^2 \times 3 + 0.1 = 0.82$.

由于 A, C 相互独立，则 $P(A|\bar{C}) = P(A) = 0.4$，所以

$$P(C|AB) = \frac{P(ABC)}{P(AB)} = \frac{P(ABC)}{P(A)P(B)} = \frac{0.1}{0.4 \times 0.4} = 0.625.$$

17. 设事件 A, B, C 相互独立，且 $P(A) = 0.2$，$P(B) = P(C) = 0.3$，求 $P(A \cup B \cup C)$，$P[(A-C) \cap B]$.

解 $P(A \cup B \cup C) = P(A) + P(B) + P(C) - P(A)P(B) - P(A)P(C) - P(B)P(C) + P(A)P(B)P(C) = 0.2 + 0.3 + 0.3 - 0.2 \times 0.3 - 0.2 \times 0.3 - 0.3 \times 0.3 + 0.2 \times 0.3 \times 0.3 = 0.608$，
$$P[(A-C) \cap B] = P[(A\bar{C}) \cap B] = P(A)P(\bar{C})P(B) = 0.2 \times 0.7 \times 0.3 = 0.042.$$

18. 有 $2n$ 个元件，每个元件的可靠度都是 p. 试求：下列两个系统的可靠度，假定每个元件是否正常工作是相互独立的.

(1) 每 n 个元件串联成一个子系统，再把这两个子系统并联.

(2) 每两个元件并联成一个子系统，再把这 n 个子系统串联.

解 记 $A_i = \{$第 i 个元件正常工作$\}$，$i = 1, 2, \cdots, 2n$，可知事件 $A_1, A_2, \cdots, A_{2n}$ 相互独立.

又记 A 表示为"两个串联子系统并联正常工作"，B 表示为"n 个并联子系统串联正常工作"，则

$$A = (A_1 A_2 \cdots A_n) \cup (A_{n+1} A_{n+2} \cdots A_{2n}),$$
$$B = (A_1 \cup A_2) \cap (A_3 \cup A_4) \cap \cdots \cap (A_{2n-1} \cup A_{2n}),$$

所以，由相互独立的性质可知：

(1) n 个元件串联，

$$P(A_1 A_2 \cdots A_n) = P(A_1) \times P(A_2) \times \cdots \times P(A_n) = p^n,$$

同理，$P(A_{n+1} A_{n+2} \cdots A_{2n}) = p^n$，

再把这两个串联子系统并联，

$$P(A) = P[(A_1 A_2 \cdots A_n) \cup (A_{n+1} A_{n+2} \cdots A_{2n})] = 1 - (1 - p^n)^2.$$

(2) 2 个元件并联，得

$$P(A_1 \cup A_2) = 1 - (1-p)^2 = 2p - p^2,$$

同理，$P(A_{2k-1} \cup A_{2k}) = 2p - p^2$，$k = 1, 2, \cdots, n$.

再把这 n 个并联子系统串联，有

$$P(B) = P(A_1 \cup A_2)P(A_3 \cup A_4) \cdots P(A_{2n-1} \cup A_{2n}) = (2p - p^2)^n.$$

19. 设 A, B 是两个随机事件，且 $0 < P(A) < 1$，$0 < P(B) < 1$，$P(B|A) + P(\bar{B}|\bar{A}) = 1$，证明：事件 A 与 B 相互独立.

证明 $0 < P(A) < 1$，$0 < P(B) < 1$，$P(B|A) + P(\bar{B}|\bar{A}) = 1$，显然 $P(B|A) + P(\bar{B}|A) =$

1，故 $P(\bar{B}|A) = P(\bar{B}|\bar{A})$，由相互独立的定义，可知，$A$ 与 $\bar{B}$ 相互独立，所以 A 与 B 相互独立，得证.

20. 设 A,B 是两个随机事件，且 $P(A) > 0$，$P(B) > 0$，事件 A 与事件 B 相互独立，证明：事件 A 与 B 相容.

证明　$P(A) > 0$，$P(B) > 0$，事件 A 与事件 B 独立，故 $P(AB) = P(A)P(B) > 0$，可知 $AB \neq \varnothing$，得证.

21. 设事件 A,B,C 相互独立，且 $P(A) = P(B) = P(C) = 0.5$，求 $P(AC | A \cup B)$.

解　由条件概率公式，可知 $P(AC | A \cup B) = \dfrac{P(AC \cap (A \cup B))}{P(A \cup B)}$.

由随机事件的运算性质——分配律，可知 $AC \cap (A \cup B) = AC \cup ABC = AC$，由 A 与 C 相互独立，可知 $P(AC) = P(A)P(C)$.

$P(A \cup B) = P(A) + P(B) - P(AB)$，由 A 与 B 相互独立，可知 $P(AB) = P(A)P(B)$.

即 $P(AC | A \cup B) = \dfrac{P(A)P(C)}{P(A) + P(B) - P(A)P(B)} = \dfrac{0.25}{0.5 + 0.5 - 0.5 \times 0.5} = \dfrac{1}{3}$.

习题 1-5　全概率公式与贝叶斯公式

1. 设一个袋中装有 5 枚合格的硬币和 2 枚次品硬币，次品硬币的两面均是花卉图案. 从袋中随机取出一枚硬币，将它抛掷两次，然后分别查看硬币朝上那面的图案.

(1) 求两次抛掷的结果都是花卉的概率.

(2) 如果已知两次抛掷的结果都是花卉，求这枚硬币是合格硬币的概率.

解　记 $A_1 = \{$从袋中取出的是合格硬币$\}$，$A_2 = \{$从袋中取出的是次品硬币$\}$，$B = \{$两次抛掷的结果都是花卉$\}$，则有：

(1) $P(B) = \sum\limits_{i=1}^{2} P(A_i)P(B|A_i) = \dfrac{5}{7} \times \dfrac{1}{2} \times \dfrac{1}{2} + \dfrac{2}{7} \times 1 = \dfrac{13}{28}$.

(2) $P(A_1|B) = \dfrac{P(A_1)P(B|A_1)}{P(B)} = \dfrac{5}{13}$.

2. 某班教师发现在考试及格的学生中有 80% 的学生按时交作业，而在考试不及格的学生中只有 30% 的学生按时交作业，现在知道有 85% 的学生考试及格，从这个班的学生中随机抽取一位学生.

(1) 求抽到的这位学生是按时交作业的概率.

(2) 若已知抽到的这位学生是按时交作业的，求他考试及格的概率.

解　$B = \{$按时交作业$\}$，$A = \{$考试及格$\}$.

(1) 由全概率公式，得

$P(B) = P(A)P(B|A) + P(\bar{A})P(B|\bar{A}) = 0.85 \times 0.8 + 0.15 \times 0.3 = 0.725$.

(2) 由贝叶斯公式，得

$$P(A|B) = \dfrac{P(A)P(B|A)}{P(B)} = \dfrac{0.85 \times 0.8}{0.725} = \dfrac{136}{145}.$$

3. 设有 3 个不同药厂研发的疫苗，分别记为甲、乙和丙疫苗，这 3 个品牌的疫苗的接种率分别为 $\dfrac{1}{6}, \dfrac{1}{3}, \dfrac{1}{2}$，预防病毒感染的有效率分别为 $0.6, 0.78$ 和 0.9.

（1）求某位接种疫苗的人没有感染病毒的概率.

（2）如果已知某位已接种疫苗的人没有感染病毒，求此人接种的是甲疫苗的概率.

解　记 $A = \{$这位接种疫苗的人接种的是甲疫苗(A_1),乙疫苗(A_2),丙疫苗$(A_3)\}$, $B = \{$这位接种疫苗的人没有感染病毒$\}$，则

$$（1）P(B) = \sum_{i=1}^{3} P(A_i)P(B \mid A_i) = \frac{1}{6} \times 0.6 + \frac{1}{3} \times 0.78 + \frac{1}{2} \times 0.9$$
$$= 0.1 + 0.26 + 0.45 = 0.81.$$

$$（2）P(A_1 \mid B) = \frac{P(A_1)P(B \mid A_1)}{P(B)} = \frac{\frac{1}{6} \times 0.6}{0.81} = \frac{10}{81}.$$

4. 甲袋中有 4 个白球，6 个黑球，抛掷一颗均匀的骰子，掷出几点就从袋中取出几个球，求从甲袋中取到的都是黑球的概率.

解　记 $A_i = \{$骰子掷出点数为 $i\}$, $i = 1,2,\cdots,6$, $B = \{$从甲袋中取到的都是黑球$\}$.

$$P(A_i) = \frac{1}{6}, \quad P(B \mid A_i) = \frac{\binom{6}{i}}{\binom{10}{i}}, \quad \text{由全概率公式，得 } P(B) = \sum_{i=1}^{6} P(A_i)P(B \mid A_i) = 0.2.$$

5. 某厂生产的钢琴中有 70% 可以直接出厂，剩下的钢琴经调试后，其中 80% 可以出厂，20% 被定为不合格品不能出厂. 现该厂生产 $n(n \geqslant 2)$ 架钢琴，假定各架钢琴的质量是相互独立的. 试求：

（1）任意一架钢琴能出厂的概率.

（2）全部钢琴都能出厂的概率.

解　$B = \{$能出厂$\}$, $A = \{$不需要调试可以直接出厂$\}$.

（1）由全概率公式，得 $P(B) = P(A)P(B \mid A) + P(\bar{A})P(B \mid \bar{A}) = 0.7 \times 1 + 0.3 \times 0.8 = 0.94$.

（2）记 $A_i = \{$第 i 架钢琴能出厂$\}$, $i = 1,2,\cdots,n$, $A_1,\cdots,A_n$ 相互独立，$P(A_i) = 0.94$, $P(A_1 A_2 \cdots A_n) = P(A_1) \times P(A_2) \times \cdots \times P(A_n) = 0.94^n$.

6. 甲、乙、丙 3 门高炮同时相互独立各向敌机发射 1 枚炮弹，它们命中敌机的概率依次为 0.7,0.8,0.9，飞机被击中 1 弹而坠毁的概率为 0.1，被击中 2 弹而坠毁的概率为 0.5，被击中 3 弹必定坠毁.

（1）试求飞机坠毁的概率.

（2）已知飞机坠毁，求它在坠毁前只被击中 1 弹的概率.

解　记 $B = \{$飞机坠毁$\}$, $A_1 = \{$飞机坠毁前被击中 1 弹$\}$, $A_2 = \{$飞机坠毁前被击中 2 弹$\}$, $A_3 = \{$飞机坠毁前被击中 3 弹$\}$，已知

$$P(A_1) = 0.7 \times 0.2 \times 0.1 + 0.3 \times 0.8 \times 0.1 + 0.3 \times 0.2 \times 0.9 = 0.092,$$
$$P(A_2) = 0.7 \times 0.8 \times 0.1 + 0.3 \times 0.8 \times 0.9 + 0.7 \times 0.2 \times 0.9 = 0.398,$$
$$P(A_3) = 0.7 \times 0.8 \times 0.9 = 0.504,$$
$$P(B \mid A_1) = 0.1, \quad P(B \mid A_2) = 0.5, \quad P(B \mid A_3) = 1.$$

（1）由全概率公式，得 $P(B) = \sum_{i=1}^{3} P(A_i)P(B \mid A_i) = 0.092 \times 0.1 + 0.398 \times 0.5 + 0.504 \times 1 = 0.7122.$

（2）由贝叶斯公式，得 $P(A_1|B) = \dfrac{P(A_1)P(B|A_1)}{P(B)} = \dfrac{0.092 \times 0.1}{0.7122} = \dfrac{46}{3561}$．

7. 已知甲袋中装有 a 个红球、b 个白球；乙袋中装有 c 个红球、d 个白球. 试求下列事件的概率：

（1）合并两个袋子，从中随机地取 1 个球，该球是红球.

（2）随机地取 1 个袋子，再从该袋中随机地取 1 个球，该球是红球.

（3）从甲袋中随机地取出 1 个球放入乙袋，再从乙袋中随机地取出 1 个球，该球是红球.

解　记 $B = \{$该球是红球$\}$．

（1）$P(B) = \dfrac{a+c}{a+b+c+d}$．

（2）记 $A_1 = \{$取自甲袋$\}$，$A_2 = \{$取自乙袋$\}$，已知 $P(A_1) = P(A_2) = 0.5$，$P(B|A_1) = \dfrac{a}{a+b}$，$P(B|A_2) = \dfrac{c}{c+d}$，由全概率公式，得 $P(B) = P(A_1)P(B|A_1) + P(A_2)P(B|A_2)$ $= \dfrac{1}{2}\left(\dfrac{a}{a+b} + \dfrac{c}{c+d}\right)$．

（3）记 $A_1 = \{$从甲袋取一个红球放入乙袋$\}$，$A_2 = \{$从甲袋取一个白球放入乙袋$\}$，已知 $P(A_1) = \dfrac{a}{a+b}$，$P(A_2) = \dfrac{b}{a+b}$，$P(B|A_1) = \dfrac{c+1}{c+d+1}$，$P(B|A_2) = \dfrac{c}{c+d+1}$，由全概率公式，得 $P(B) = P(A_1)P(B|A_1) + P(A_2)P(B|A_2) = \dfrac{ac+bc+a}{(a+b)(c+d+1)}$．

8. 金融机构面向各类群体开发不同的投资产品，通过设计统计模型来对投资者进行风险类型的判别. 假设在一个模型测试过程中，有 50% 的客户是风险回避者，另外 50% 是风险追求者，由于个体投资行为会受到市场等一些因素的影响，统计模型以概率 0.1 将风险回避者识别为风险追求者，以概率 0.2 将风险追求者识别为风险回避者. 试求：

（1）一位客户被识别为风险追求者的概率.

（2）一位被识别为风险追求者的客户，他实际是风险回避者的概率.

解　分别记客户是风险回避者、风险追求者为事件 A_1, A_2，统计模型识别为风险回避者、风险追求者为事件 B_1, B_2. 由题意，得 $P(A_1) = P(A_2) = 0.5$. 则有 $P(B_1|A_1) = 0.9$，$P(B_2|A_1) = 0.1$，$P(B_1|A_2) = 0.2$，$P(B_2|A_2) = 0.8$.

（1）由全概率公式，得 $P(B_2) = P(A_1)P(B_2|A_1) + P(A_2)P(B_2|A_2) = 0.5 \times 0.1 + 0.5 \times 0.8 = 0.45$.

（2）由贝叶斯公式，得 $P(A_1|B_2) = \dfrac{P(B_2|A_1)P(A_1)}{P(B_2)} = \dfrac{0.1 \times 0.5}{0.45} = \dfrac{1}{9}$．

9. 在常规体检中有一项血肿瘤标记物癌胚抗原（CEA）检测，CEA 在正常成年人细胞中几乎不表达，所以是检测不到的，但在某些病理情况下会增多，如感染、免疫性疾病、肿瘤等，一般肿瘤最常见，所以 CEA 常用来进行肿瘤筛查的依据，如果 CEA 指标值偏高，就需要再进行其他深入检查. CEA 指标值的参考范围是小于 5.0ng/ml. 假设某肿瘤的发病率为 0.016%，患者 CEA 指标值超过参考范围的概率为 0.8，而非肿瘤患者 CEA 指标值超过参考范围的概率为 0.001，假设现有一名职工的 CEA 指标值超过参考范围，求他可能是肿瘤患者的概率.

解 记 $A = \{$该职工患有某肿瘤$\}$，$B = \{$CEA 指标值超过参考范围$\}$. $P(A) = 0.00016$，$P(\bar{A}) = 0.99984$，$P(B|A) = 0.8$，$P(B|\bar{A}) = 0.001$.

由全概率公式，得 $P(B) = P(A)P(B|A) + P(\bar{A})P(B|\bar{A}) = 0.00016 \times 0.8 + 0.99984 \times 0.001$.

由贝叶斯公式，得

$$P(A|B) = \frac{P(A)P(B|A)}{P(A)P(B|A) + P(\bar{A})P(B|\bar{A})} = \frac{0.00016 \times 0.8}{0.00016 \times 0.8 + 0.99984 \times 0.001} = 0.1135.$$

10. 玻璃杯成箱出售，每箱 20 个，假设各箱含有 0,1,2 个次品的概率分别为 0.8,0.1,0.1，一个顾客预购一箱玻璃杯，在购买时售货员随意取一箱，而顾客随机地查看 4 个，如果没有次品则买下该箱产品，否则就退回，试求：

(1) 顾客买下该箱的概率.

(2) 在顾客买下该箱中确实没有次品的概率.

解 记 $A_i = \{$顾客检查的那箱中有 i 个次品玻璃杯$\}$，$i = 0,1,2$，$B = \{$顾客买下该箱$\}$. 已知

$$P(A_0) = 0.8, \quad P(A_1) = P(A_2) = 0.1, \quad P(B|A_i) = \frac{\binom{20-i}{4}}{\binom{20}{4}}.$$

(1) 由全概率公式，得 $P(B) = \sum_{i=0}^{2} P(A_i)P(B|A_i) = \dfrac{448}{475}$.

(2) 由贝叶斯公式，得 $P(A_0|B) = \dfrac{P(A_0)P(B|A_0)}{P(B)} = \dfrac{95}{112}$.

11. 已知甲、乙两箱中装有同种产品，其中甲箱中装有 3 件合格品和 3 件次品，乙箱中仅装有 3 件合格品. 先从甲箱中任取 3 件产品放入乙箱，再从乙箱中任取 2 件产品，求从乙箱中取到 1 件合格品、1 件次品的概率.

解 记 $A_i = \{$从甲箱中取到 i 个次品$\}$，$i = 1,2,3$；$B = \{$从乙袋中取到 1 件合格品、1 件次品$\}$.

$$P(A_i) = \frac{\binom{3}{i} \times \binom{3}{3-i}}{\binom{6}{3}}, \quad P(B|A_i) = \frac{\binom{6-i}{1} \times \binom{i}{1}}{\binom{6}{2}},$$

所以由全概率公式，得 $P(B) = \sum_{i=1}^{3} P(A_i)P(B|A_i) = 0.42$.

*12. 甲乙两人对弈，甲获胜的概率为 0.6，乙获胜的概率为 0.4. 一方获胜得一分. 其中一人的分数超过另一人 2 分，则对弈结束，即为最终获胜. 求甲最终获胜的概率.

解 对弈两局，没有和棋. 记 $A_i = \{$两局中甲 i 次获胜$\}$，$i = 0,1,2$；$B = \{$甲最终获胜$\}$，有

$$P(A_0) = 0.4^2, \quad P(A_1) = 0.6 \times 0.4 + 0.4 \times 0.6, \quad P(A_2) = 0.6^2,$$
$$P(B|A_0) = 0, \quad P(B|A_1) = P(B), \quad P(B|A_2) = 1.$$

由全概率公式，得 $P(B) = \sum_{i=0}^{2} P(A_i)P(B|A_i)$，解得 $P(B) = \dfrac{9}{13}$.

*13. 有 3 个班级，每个班级总人数分别是 10 人、20 人、25 人，其中每个班级的女生人数分别为 4 人、10 人、15 人. 先随机抽取一个班级，从该班级中依次抽取 2 人，试求：

(1) 第一次抽到女生的概率.

(2) 在第一次抽到女生的条件下，第二次抽到的还是女生的概率.

解　记 $A_i = \{$抽中第 i 个班级$\}$，$i = 1,2,3$；$B = \{$第一次抽到的是女生$\}$，$C = \{$在第一次抽到女生的条件下，第二次抽到的是女生$\}$，有 $P(A_i) = \dfrac{1}{3}$.

$(1) P(B|A_1) = \dfrac{4}{10}$，$P(B|A_2) = \dfrac{10}{20}$，$P(B|A_3) = \dfrac{15}{25}$，由全概率公式，得

$$P(B) = \sum_{i=1}^{3} P(A_i)P(B|A_i) = \frac{1}{3} \times \frac{4}{10} + \frac{1}{3} \times \frac{10}{20} + \frac{1}{3} \times \frac{15}{25} = 0.5.$$

$(2) P(C|A_1) = \dfrac{3}{9}$，$P(C|A_2) = \dfrac{9}{19}$，$P(C|A_3) = \dfrac{14}{24}$，由全概率公式，得

$$P(C) = \sum_{i=1}^{3} P(A_i)P(C|A_i) = \frac{1}{3} \times \frac{3}{9} + \frac{1}{3} \times \frac{9}{19} + \frac{1}{3} \times \frac{14}{24} = \frac{203}{684}.$$

14. 假设乒乓球在使用前称为新球，使用后称为旧球. 现在，袋中有 10 个乒乓球，其中有 8 个新球. 第一次比赛时从袋中任取 2 个球作为比赛用球，比赛后把球放回袋中，第二次比赛时再从袋中任取 2 个球作为比赛用球. 试求：

(1) 第二次比赛取出的球都是新球的概率.

(2) 如果已知第二次比赛取出的球都是新球，求第一次比赛时取出的球也都是新球的概率.

解　记 $A_i = \{$第一次比赛时用了 i 个新球$\}$，$i = 0,1,2$，$B = \{$第二次比赛取出的球都是新球$\}$，有

$$P(A_0) = \frac{\binom{2}{2}}{\binom{10}{2}} = \frac{1}{45}, \quad P(A_1) = \frac{\binom{2}{1} \times \binom{8}{1}}{\binom{10}{2}} = \frac{16}{45}, \quad P(A_2) = \frac{\binom{8}{2}}{\binom{10}{2}} = \frac{28}{45},$$

$$P(B|A_0) = \frac{\binom{8}{2}}{\binom{10}{2}} = \frac{28}{45}, \quad P(B|A_1) = \frac{\binom{7}{2}}{\binom{10}{2}} = \frac{7}{15}, \quad P(B|A_2) = \frac{\binom{6}{2}}{\binom{10}{2}} = \frac{1}{3}.$$

(1) 由全概率公式，得 $P(B) = \sum_{i=0}^{2} P(A_i)P(B|A_i) = \dfrac{1}{45} \times \dfrac{28}{45} + \dfrac{16}{45} \times \dfrac{7}{15} + \dfrac{28}{45} \times \dfrac{1}{3} = \dfrac{784}{2025}$.

(2) 由贝叶斯公式，得 $P(A_2|B) = \dfrac{P(A_2)P(B|A_2)}{P(B)} = \dfrac{15}{28}$.

15. 某位学生接连参加同一课程的两次考试，第一次及格的概率为 p. 若第一次及格，则第二次也及格的概率也为 p；若第一次不及格，第二次及格的概率为 $\dfrac{p}{2}$.

（1）若至少有一次及格则他能取得某种资格，求他能取得该资格的概率.

（2）已知第二次已经及格，求他第一次也及格的概率.

解 记 $A = \{$第一次及格$\}$，$B = \{$第二次及格$\}$.

（1）由全概率公式，得 $P(B) = P(A)P(B|A) + P(\bar{A})P(B|\bar{A}) = p \cdot p + (1-p) \cdot \dfrac{p}{2} = \dfrac{p}{2} + \dfrac{p^2}{2}$，$P(A \cup B) = P(A) + P(B) - P(AB) = \dfrac{3p - p^2}{2}$.

（2）由贝叶斯公式，得 $P(A|B) = \dfrac{P(A)P(B|A)}{P(B)} = \dfrac{2p^2}{p + p^2}$.

*16. 张亮上概率统计课，在某周结束时，他可能跟得上课程，也可能跟不上课程. 如果某周他跟得上课程，那么，他下周跟得上课程的概率为0.9；如果某周他跟不上课程，那么，他下周跟得上课程的概率仅为0.3. 现在假定，在第一周上课前，他是跟得上课程的，求：

（1）经过 2 周的学习，他仍能跟得上课程的概率.

（2）经过 n 周的学习（$n = 1, 2, \cdots$），他仍能跟得上课程的概率.

解 （1）记 $A_i = \{$第 i 周周末跟得上课程$\}$，$i = 1, 2$，有

$$P(A_2) = P(A_1)P(A_2|A_1) + P(\bar{A_1})P(A_2|A_1) = 0.9 \times 0.9 + 0.1 \times 0.3 = 0.84.$$

（2）记 $A_r = \{$第 r 周周末跟得上课程$\}$，$r = 1, 2, \cdots, n$，有

$$\begin{aligned}
P(A_r) &= P(A_{r-1})P(A_r|A_{r-1}) + P(\bar{A_{r-1}})P(A_r|A_{r-1}) \\
&= P(A_{r-1}) \times 0.9 + (1 - P(A_{r-1})) \times 0.3 = 0.6P(A_{r-1}) + 0.3,
\end{aligned}$$

即 $P(A_r) - 0.75 = 0.6 \times [P(A_{r-1}) - 0.75]$，得 $P(A_r) = 0.75 + 0.25 \times (0.6)^n$.

测试题一

1. 假设 A 与 B 同时发生的时候 C 必发生，则（　　）.

A. $P(C) \leqslant P(A) + P(B) - 1$　　　　　B. $P(C) \geqslant P(A) + P(B) - 1$

C. $P(C) = P(AB)$　　　　　　　　　　　D. $P(C) = P(A \cup B)$

解 由题意，可知 $AB \subset C$，所以 $P(C) \geqslant P(AB) = P(A) + P(B) - P(A \cup B) \geqslant P(A) + P(B) - 1$，故选 B.

2. 已知两个随机事件 A, B 满足 $A \subset B$ 且 $1 > P(B) > 0$，则下列选项中必定成立的是（　　）.

A. $P(A) = P(A|B)$　　　　　　　　　B. $P(A) < P(A|B)$

C. $P(A) > P(A|B)$　　　　　　　　　D. 以上 3 个选项都不全对

解 由条件概率定义，可知 $P(A|B) = \dfrac{P(AB)}{P(B)} = \dfrac{P(A)}{P(B)}$，当 $P(A) = 0$ 时，$P(A) = P(A|B)$；当 $P(A) > 0$ 时，$P(A) < P(A|B)$，故选 D.

3. 设事件 A, B 满足 $0 < P(A) < 1, 0 < P(B) < 1, P(B|A) = P(B|\bar{A})$，则有（　　）.

A. $P(A|B) = P(\bar{A}|B)$　　　　　　　B. $P(A|B) \neq P(\bar{A}|B)$

C. $P(AB) = P(A)P(B)$　　　　　　　D. $P(AB) \neq P(A)P(B)$

微课视频

解 当满足 $0 < P(A) < 1, 0 < P(B) < 1$ 时，$P(B|A) = P(B|\bar{A})$ 是相互独立的另外一种解释，即事件 A 发生与否都不影响事件 B 发生的概率，故选 C.

4. 若 $P(B|A) = 1$，则有（　　）.

A. A 是必然事件　　　B. $P(B|\bar{A}) = 0$　　　C. $A \subset B$　　　D. $P(A-B) = 0$

解　若 $P(B|A) = 1$，根据条件概率的定义，有 $P(B|A) = \dfrac{P(AB)}{P(A)} = 1$，$P(AB) = P(A)$，

$P(A-B) = P(A) - P(AB) = 0$，故选 D.

值得注意的是，当 $P(AB) = P(A)$ 时，并不能得到类似于 $A \subset B$ 的结论. 例如，在 $[0,1]$ 中任取 1 个数，定义事件 $A = \{$这个数不超过 0.5$\}$，事件 $B = \{$这个数小于 0.5$\}$，不难求出 $P(AB) = P(A) = 0.5$，但是 $A \subset B$ 不成立.

5. 考前复习时，老师提供了 10 条提纲，某学生掌握了其中 6 条. 老师任选 3 条提纲出 3 个问题，求：

(1) 考的 3 个问题恰好都是该学生已掌握了的提纲的概率.

(2) 考的 3 个问题恰好有一个是该学生没有掌握的提纲的概率.

解　这是一个古典概型问题. 本题中是不放回抽样，从 10 条提纲中任取 3 条，样本点总数 $n = \dbinom{10}{3} = 120$. 记 (1)(2) 求解的事件分别为 A, B，则

(1) 事件 A 为从已掌握的 6 条提纲中任取 3 条，因此事件 A 的样本点个数 $n_A = \dbinom{6}{3} = 20$，$P(A) = \dfrac{20}{120} = \dfrac{1}{6}$.

(2) 事件 B 为从已掌握了的 6 条提纲中任取 2 条，从未掌握的 4 条提纲中任取 1 条，因此事件 B 的样本点个数 $n_B = \dbinom{6}{2} \times \dbinom{4}{1} = 60$，$P(B) = \dfrac{60}{120} = 0.5$.

6. 某英语老师准备了 10 道口语考题，分别写在 10 张纸条上，10 位考生从中任取一张用完放回，求考试结束后，10 张纸条都被用过的概率.

解　这是一个古典概型问题. 本题中是有放回抽样，从 10 道考题中任取 10 次，样本点总数 $n = 10^{10}$. 记 $A = \{$取到的 10 道考题各不相同$\}$，事件 A 的样本点个数 $n_A = A_{10}^{10}$，$P(A)$

$= \dfrac{A_{10}^{10}}{10^{10}} = \dfrac{10!}{10^{10}}$.

7. 袋中有红球、黄球、白球各一个，每次任取一个，有放回地取 3 次，求取到的 3 个球中没有红球或没有黄球的概率.

解　记 $A = \{$取到的 3 个球中没有红球$\}$，$B = \{$取到的 3 个球中没有黄球$\}$，$P(A \cup B) =$

$P(A) + P(B) - P(AB) = \left(\dfrac{2}{3}\right)^3 + \left(\dfrac{2}{3}\right)^3 - \left(\dfrac{1}{3}\right)^3 = \dfrac{15}{27} = \dfrac{5}{9}$.

8. 某人抛掷硬币 $2n+1$ 次，求他掷出的正面多于反面的概率.

解　设事件 $A = $ "正面多于反面"，$\bar{A} = $ "反面多于正面"，则 $P(A) = P(\bar{A}) = 0.5$.

9. 抛掷一枚均匀的骰子，至少需要投掷多少次，才能保证出现 6 点的概率超过 95%.

解　设至少抛掷 n 次，记 $A_i = \{$第 i 次抛掷出现 6 点$\}$，$i = 1, 2, \cdots, n$，求解的事件为 $B = A_1 \cup A_2 \cup \cdots \cup A_n$，满足 $\begin{cases} P(A_1 \cup A_2 \cup \cdots \cup A_n) = 1 - \left(\dfrac{1}{6}\right)^n > 0.95, \\ P(A_1 \cup A_2 \cup \cdots \cup A_{n-1}) = 1 - \left(\dfrac{1}{6}\right)^{n-1} \leqslant 0.95, \end{cases}$ 解得 $n = 17$.

10. 一位常饮牛奶加茶的女士称，她能辨别先放茶还是先放牛奶，并且她在 10 次试验中都能正确地辨别出来. 请结合实际推断原理判别该女士的说法是否可信.

微课视频

解 假设女士不能辨别，则她 10 次都能蒙对的概率为 $\dfrac{1}{2^{10}}$，这个概率非常小，所以可以认为该女士 10 次都能蒙对是一个"小概率事件"，实际推断原理是指"小概率事件"在一次试验中不会发生. 但实际情况是发生了，所以否定"女士不能辨别"的假设，而认为该女士确实具有辨别能力.

11. 将一枚硬币相互独立地投了两次，$A_1 =$"第一次出现正面"，$A_2 =$"第二次出现正面"，$A_3 =$"正、反面各出现一次"，$A_4 =$"正面出现两次"，则下列选项正确的是(　　).

A. A_1, A_2, A_3 相互独立
B. A_2, A_3, A_4 相互独立
C. A_1, A_2, A_3 两两相互独立
D. A_2, A_3, A_4 两两相互独立

解 $P(A_1) = P(A_2) = P(A_3) = \dfrac{1}{2}$，$P(A_4) = \dfrac{1}{4}$，$P(A_1 A_2) = P(A_4) = \dfrac{1}{4}$，$P(A_1 A_3) = P(A_2 A_3) = \dfrac{1}{4}$，$P(A_1 A_2 A_3) = P(\varnothing) = 0$，因此可见事件 A_1, A_2, A_3 满足两两相互独立的条件，而不满足相互独立的条件，正确答案为 C.

12. 已知 $P(A) = 0.3$，$P(A \cup B) = 0.7$，在下列三种情形下分别求 $P(B)$：

(1)A, B 互不相容. (2)A, B 相互独立. (3)A, B 有包含关系.

解 由加法公式可推得，$P(B) = P(A \cup B) + P(AB) - P(A)$.

(1)A, B 互不相容，即 $AB = \varnothing$，$P(B) = P(A \cup B) - P(A) = 0.7 - 0.3 = 0.4$.

(2)A, B 相互独立，即有 $P(AB) = P(A)P(B)$，$P(B) = 0.7 + 0.3 \times P(B) - 0.3$，计算可得 $P(B) = \dfrac{4}{7}$.

(3)A, B 有包含关系，由于 $P(A) = 0.3 < P(A \cup B) = 0.7$，因此可得 $A \subset B$，$P(B) = P(A \cup B) = 0.7$.

13. 设 $P(A) = 0.4$，$P(B) = 0.7$，事件 A, B 相互独立. 试求：$P(B - A)$ 和 $P(\overline{A \cup B})$.

解 由事件 A, B 相互独立，可知 $P(B\overline{A}) = P(B)P(\overline{A})$，$P(\overline{A} \cap \overline{B}) = P(\overline{A})P(\overline{B})$.
$$P(B - A) = P(B\overline{A}) = P(B)P(\overline{A}) = 0.42;$$
由事件的运算性质 —— 对偶律，可得 $P(\overline{A \cup B}) = P(\overline{A} \cap \overline{B}) = P(\overline{A})P(\overline{B}) = 0.18$.

14. 设双胞胎为两个男孩和两个女孩的概率分别为 a 及 b，现已知双胞胎中一个是男孩，求另一个也是男孩的概率.

解 记事件 $A =$"有一个是男孩"，$B =$"另一个是男孩". 样本空间 $\Omega = \{$两男，两女，一男一女$\}$，$P(\{$一男一女$\}) = 1 - a - b$，$A = \{$两男，一男一女$\}$，$AB =$"两男". 因此 $P(A) = a + (1 - a - b) = 1 - b$，$P(B|A) = \dfrac{P(AB)}{P(A)} = \dfrac{a}{1 - b}$.

15. 设两两相互独立的事件 A 和 B 都不发生的概率为 $\dfrac{1}{9}$，A 发生 B 不发生的概率与 B 发生 A 不发生的概率相等，求 A 的概率.

解 由已知条件，得

$$P(A\bar{B}) = P(\bar{A}B), \quad P(A\bar{B}) = P(A) - P(AB), \quad P(\bar{A}B) = P(B) - P(AB),$$

所以 $P(A) = P(B)$.

又由已知条件 $\dfrac{1}{9} = P(\bar{A}\bar{B}) = P(\bar{A}) \times P(\bar{B}) = P(\bar{A})^2 \Rightarrow P(\bar{A}) = \dfrac{1}{3} \Rightarrow P(A) = \dfrac{2}{3}$.

因此 $P(A) = P(B) = \dfrac{2}{3}$.

16. 现有甲、乙两个袋子，甲袋中有 1 个黑球和 2 个白球，乙袋中有 3 个白球. 每次从两个袋中各任取一球，并将取出的球交换放入甲、乙袋.

（1）求 1 次交换后，黑球还在甲袋中的概率.

（2）求 2 次交换后，黑球还在甲袋中的概率.

解　（1）设 $B_1 =$ "一次交换后黑球仍然在甲袋中"，由于乙袋中都是白球，只能互换白球才能保证 B_1 发生，故 $P(B_1) = \dfrac{2}{3}$.

（2）设 $B_2 =$ "二次交换后黑球仍然在甲袋中"，若 B_1 发生，则第二次也只能互换白球才能保证 B_2 发生；若 B_1 不发生，则第二次用乙袋中的黑球与甲袋的白球交换才能保证 B_2 发生，故由全概率公式，得

$$P(B_2) = P(B_1)P(B_2 \mid B_1) + P(\bar{B}_1)P(B_2 \mid \bar{B}_1) = \frac{2}{3} \times \frac{2}{3} + \frac{1}{3} \times \frac{1}{3} = \frac{5}{9}.$$

第二章　随机变量及其分布

一、知识结构

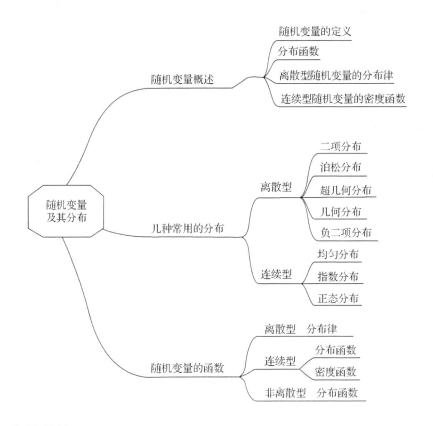

二、归纳总结

在本章中，首次引入了随机变量的概念，这个概念将贯穿概率论与数理统计后续的所有章节，读者应重点理解这些概念和术语.

1. 随机变量及其分布

随机变量的定义：在随机试验 E 中，Ω 是相应的样本空间，如果对 Ω 中的每一个样本点 ω，有唯一一个实数 $X(\omega)$ 与它对应，那么就把这个定义域为 Ω 的单值实值函数 $X = X(\omega)$ 称为 (一维) 随机变量.

随机变量的分布函数：设 X 是一个随机变量，对于任意实数 x，称函数

$$F(x) = P(X \leq x), \quad -\infty < x < +\infty$$

为随机变量 X 的分布函数.

对任意的两个常数 $-\infty < a < b < +\infty$，有

$$P(a < X \leq b) = F(b) - F(a).$$

分布函数 $F(x)$ 有如下性质：

(1) 对于任意实数 x，有 $0 \leqslant F(x) \leqslant 1$，$\lim\limits_{x \to -\infty} F(x) = 0$，$\lim\limits_{x \to +\infty} F(x) = 1$.

(2) $F(x)$ 单调不减，即当 $x_1 < x_2$ 时，有 $F(x_1) \leqslant F(x_2)$.

(3) $F(x)$ 是 x 的右连续函数，即 $\lim\limits_{x \to x_0^+} F(x) = F(x_0)$.

(4) $P(X < x) = F(\bar{x})$.

（一维）离散型随机变量的定义：设 E 是随机试验，Ω 是相应的样本空间，X 是 Ω 上的随机变量，若 X 的值域（记为 Ω_X）为有限集或可列集，此时称 X 为（一维）离散型随机变量.

离散型随机变量 X 的分布律：若一维离散型随机变量 X 的取值为 $x_1, x_2, \cdots, x_n, \cdots$，称相应的概率

$$P(X = x_i) = p_i, \quad i = 1, 2, \cdots$$

为离散型随机变量 X 的分布律（或分布列、概率函数）. 且满足：

(1) 非负性 $p_i \geqslant 0$，$i = 1, 2, \cdots$.

(2) 规范性 $\sum\limits_{i=1}^{+\infty} p_i = 1$.

一般，一维离散型随机变量的分布律用如下形式表示.

X	x_1	x_2	$\cdots$	x_n	$\cdots$
概率	p_1	p_2	$\cdots$	p_n	$\cdots$

（一维）连续型随机变量的定义：设 E 是随机试验，Ω 是相应的样本空间，X 是 Ω 上的随机变量，$F(x)$ 是 X 的分布函数，若存在非负函数 $f(x)$ 使得

$$F(x) = \int_{-\infty}^{x} f(t) \, \mathrm{d}t,$$

则称 X 为（一维）连续型随机变量. 连续型随机变量的取值充满了数轴上的一个区间（或某几个区间的并）.

连续型随机变量 X 的密度函数：$f(x)$ 称为 X 的（概率）密度函数，它满足以下条件：

(1) 非负性 $f(x) \geqslant 0$，$-\infty < x < +\infty$.

(2) 规范性 $\int_{-\infty}^{+\infty} f(x) \, \mathrm{d}x = 1$.

连续型随机变量具有下列性质：

(1) 分布函数 $F(x)$ 是连续函数，在 $f(x)$ 的连续点处，$F'(x) = f(x)$.

(2) 对任意一个常数 c，$-\infty < c < +\infty$，$P(X = c) = 0$，在事件 $\{a \leqslant X \leqslant b\}$ 中剔除 $X = a$ 或 $X = b$，都不影响概率的大小，即

$$P(a \leqslant X \leqslant b) = P(a < X \leqslant b) = P(a \leqslant X < b) = P(a < X < b).$$

(3) 对任意的两个常数 a, b，$P(a < X \leqslant b) = \int_a^b f(x) \, \mathrm{d}x$.

2. 常用的离散型随机变量

伯努利（Bernoulli）试验：设对某随机试验 E，只关心某一事件 A 发生还是不发生，即该随机试验只有两种可能的试验结果，即 A 和 $\bar{A}$. 则称这样的随机试验为伯努利试验.

n 重伯努利试验：设事件 A 在一次试验中发生的概率 $P(A) = p \, (0 < p < 1)$，$P(\bar{A}) = 1 - p$. 将该随机试验独立重复地进行 n 次，则称这 n 次独立重复试验为 n 重伯努利试验.

二项分布 $B(n,p)$：记随机变量 X 表示在 n 重伯努利试验中 A 事件发生的次数，则 X 的取值为 $0,1,2,\cdots,n$，相应的分布律为

$$P(X=k)=\binom{n}{k}p^{k}(1-p)^{n-k},\ 0<p<1,\ k=0,1,\cdots,n.$$

称随机变量 X 服从参数为 n,p 的二项分布，记为 $X\sim B(n,p)$。

$0-1$ 分布 $B(1,p)$：二项分布 $B(n,p)$ 中，当 $n=1$ 时，$X\sim B(1,p)$，即有

$$P(X=k)=p^{k}(1-p)^{1-k},\ 0<p<1,\ k=0,1.$$

泊松分布 $P(\lambda)$：设随机变量 X 的取值为 $0,1,2,\cdots,n,\cdots$，相应的分布律为

$$P(X=k)=\frac{\lambda^{k}}{k!}\mathrm{e}^{-\lambda},\ \lambda>0,\ k=0,1,2,\cdots,n,\cdots.$$

称随机变量 X 服从参数为 λ 的**泊松分布**，记为 $X\sim P(\lambda)$。

泊松定理：在 n 重伯努利试验中，记 A 事件在一次试验中发生的概率为 p_n，如果当 $n\to+\infty$ 时，有 $np_n\to\lambda(\lambda>0)$，则

$$\lim_{n\to+\infty}\binom{n}{k}p_{n}^{k}(1-p_{n})^{n-k}=\frac{\lambda^{k}}{k!}\mathrm{e}^{-\lambda}.$$

泊松定理告诉我们，在二项分布计算中，当 n 较大 p 较小，而 $np=\lambda$ 适中时，常用泊松分布取代二项分布进行概率的近似计算。

超几何分布 $H(N,M,n)$：设有 N 件产品，其中有 $M(M\leqslant N)$ 件是不合格品。若从中不放回地抽取 $n(n\leqslant N)$ 件，设其中含有的不合格品的件数为 X，则 X 的分布律为

$$P(X=k)=\frac{\dbinom{M}{k}\times\dbinom{N-M}{n-k}}{\dbinom{N}{n}},\ k=\max(0,n+M-N),\cdots,\min(n,M).$$

称 X 服从参数为 N,M 和 n 的超几何分布，记为 $X\sim H(N,M,n)$，其中 N,M 和 n 均为正整数。

几何分布 $Ge(p)$：在伯努利试验中，记每次试验中 A 事件发生的概率 $P(A)=p(0<p<1)$，设随机变量 X 表示 A 事件首次出现时已经试验的次数，则 X 的取值为 $1,2,\cdots,n,\cdots$，相应的分布律为

$$P(X=k)=p(1-p)^{k-1},\ 0<p<1,\ k=1,2,\cdots,n,\cdots.$$

称随机变量 X 服从参数为 p 的几何分布，记为 $X\sim Ge(p)$。

负二项分布 $NB(r,p)$：在伯努利试验中，记每次试验中 A 事件发生的概率为 $P(A)=p(0<p<1)$，设随机变量 X 表示 A 事件第 r 次出现时已经试验的次数，则 X 的取值为 $r,r+1,\cdots,r+n,\cdots$，相应的分布律为

$$P(X=k)=\binom{k-1}{r-1}p^{r}(1-p)^{k-r},\ 0<p<1,\ k=r,r+1,\cdots,r+n,\cdots.$$

称随机变量 X 服从参数为 r,p 的负二项分布，记为 $X\sim NB(r,p)$。其中当 $r=1$ 时，即为几何分布。

3. 常用的连续型随机变量

均匀分布 $U(a,b)$（记为 $X\sim U(a,b)$）：随机变量 X 的取值范围为区间 $[a,b](a<b)$，密度函数和分布函数及其图形如表 2.1 所示。

表 2.1　均匀分布的密度函数和分布函数及其图形

密度函数		分布函数	
表达式	图形	表达式	图形
$f(x) = \begin{cases} \dfrac{1}{b-a}, & a \leqslant x \leqslant b, \\ 0, & \text{其他} \end{cases}$		$F(x) = \begin{cases} 0, & x < a, \\ \dfrac{x-a}{b-a}, & a \leqslant x < b, \\ 1, & x \geqslant b \end{cases}$	

指数分布 $E(\lambda)$（记为 $X \sim \exp(\lambda)$）：随机变量 X 的取值范围为区间 $(0, +\infty)$，密度函数和分布函数及其图形如表 2.2 所示.

表 2.2　指数分布的密度函数和分布函数及其图形

密度函数		分布函数	
表达式	图形	表达式	图形
$f(x) = \begin{cases} \lambda e^{-\lambda x}, & x \geqslant 0, \\ 0, & \text{其他}, \end{cases}$ $\lambda > 0$		$F(x) = \begin{cases} 0, & x < 0, \\ 1 - e^{-\lambda x}, & x \geqslant 0, \end{cases}$ $\lambda > 0$	

正态分布 $N(\mu, \sigma^2)$（记为 $X \sim N(\mu, \sigma^2)$）：设随机变量 X 的取值范围为 $\mathbf{R}$，密度函数和分布函数及其图形如表 2.3 所示.

表 2.3　正态分布的密度函数和分布函数及其图形

密度函数		分布函数	
表达式	图形	表达式	图形
$f(x) = \dfrac{1}{\sqrt{2\pi}\,\sigma} e^{-\frac{(x-\mu)^2}{2\sigma^2}}$, $-\infty < x < +\infty$, $-\infty < \mu < +\infty$, $\sigma^2 > 0$		$F(x) = \displaystyle\int_{-\infty}^{x} \dfrac{1}{\sqrt{2\pi}\,\sigma} e^{-\frac{(t-\mu)^2}{2\sigma^2}} \mathrm{d}t$, $-\infty < x < +\infty$, $-\infty < \mu < +\infty$, $\sigma^2 > 0$	

标准正态分布 $N(0,1)$（记为 $X \sim N(0,1)$）：随机变量 X 的取值范围为 $\mathbf{R}$，密度函数和分布函数及其图形如表 2.4 所示.

若 $X \sim N(0,1)$，则 $P(a < X \leqslant b) = \Phi(b) - \Phi(a)$；若 $X \sim N(\mu, \sigma^2)$，则 $P(a < X \leqslant b) = \Phi\left(\dfrac{b-\mu}{\sigma}\right) - \Phi\left(\dfrac{a-\mu}{\sigma}\right)$. 其中 $\Phi(x)$ 的值，当 $x \geqslant 0$ 时可从正态分布表直接查得；当 $x < 0$ 时，可用公式 $\Phi(x) = 1 - \Phi(-x)$ 求得 $\Phi(x)$ 的函数值.

标准正态分布的 α 分位数：当 $X \sim N(0,1)$ 时，满足概率表达式 $P(X \leqslant \mu_\alpha) = \alpha$ 的 μ_α 称为标准正态分布的 α 分位数.

表 2.4　标准正态分布的密度函数和分布函数及其图形

密度函数	分布函数
表达式	表达式
$f(x) = \dfrac{1}{\sqrt{2\pi}}\mathrm{e}^{-\frac{x^2}{2}} \hat{=} \varphi(x),\ -\infty < x < +\infty$	$F(x) = \displaystyle\int_{-\infty}^{x} \dfrac{1}{\sqrt{2\pi}}\mathrm{e}^{-\frac{t^2}{2}}\,\mathrm{d}t \hat{=} \Phi(x),\ -\infty < x < +\infty$
图形	

4. 随机变量函数的分布

一维离散型随机变量函数的分布：设 X 为一维离散型随机变量，分布律为 $P(X = x_i) = p_i(i = 1,2,\cdots)$，$g(x)$ 为任一函数，则随机变量 $Y = g(X)$ 的取值为 $g(x_i)$，$i = 1,2,\cdots$，相应的分布律如下所示.

$Y = g(X)$	$g(x_1)$	$\cdots$	$g(x_i)$	$\cdots$
概率	p_1	$\cdots$	p_i	$\cdots$

但要注意的是，与 $g(x_i)$ 取相同值对应的那些概率应合并相加.

一维连续型随机变量函数的分布：设连续型随机变量 X 的密度函数为 $f(x)$，当 $Y = g(X)$ 是连续型随机变量时，$Y = g(X)$ 的分布函数与密度函数求解的一般步骤如下：

(1) 由随机变量 X 的取值范围 Ω_X 确定随机变量 Y 的取值范围 Ω_Y.

(2) 对任意一个 $y \in \Omega_Y$，求出

$$F_Y(y) = P(Y \leqslant y) = P(g(X) \leqslant y) = P\{X \in G_y\} = \int_{G_y} f(x)\,\mathrm{d}x,$$

其中 $\{X \in G_y\}$ 是与 $\{g(X) \leqslant y\}$ 相同的随机事件，而 $G_y = \{x \mid g(x) \leqslant y\}$ 是实数轴上的某个集合(通常是一个区间或若干个区间的并集).

(3) 按分布函数的定义写出 $F_Y(y)$，$-\infty < y < +\infty$.

(4) 通过对分布函数求导，得到 Y 的密度函数 $f_Y(y) = F'_Y(y)$，$-\infty < y < +\infty$.

常用结论如下.

(1) 设连续型随机变量 X 的密度函数为 $f_X(x)$，$Y = g(X)$ 是连续型随机变量，若 $y = g(x)$ 为严格单调函数，$x = g^{-1}(y)$ 为相应的反函数，且为可导函数，则 $Y = g(X)$ 的密度函数为

$$f_Y(y) = f_X(g^{-1}(y)) \times \left| \left[g^{-1}(y)\right]' \right|.$$

（2）设 $X \sim N(\mu, \sigma^2)$，则当 $k \neq 0$ 时，$Y = kX + b \sim N(k\mu + b, k^2\sigma^2)$，特别地，$\dfrac{X - \mu}{\sigma} \sim N(0, 1)$.

三、概念辨析

1.【判断题】(　　) 分布函数 $F(x)$ 是一个单调不减的右连续有界函数.

解　正确，分布函数具有单调性，右连续性和有界性的性质.

2.【判断题】(　　) 对于任意的分布函数 $F(x)$，在 $x = x_0$ 处均有 $f(x) = F'(x)$.

解　错误，在 $f(x)$ 的连续点处，才有 $f(x) = F'(x)$.

3.【判断题】(　　) 若随机变量 X 是连续型随机变量，$P(X = a) = 0$，则 $\{X = a\}$ 是不可能事件.

解　错误，对任意一个常数 $a (a \in \mathbf{R})$，$P(X = a) = \int_a^a f(x)\,\mathrm{d}x = 0$. 所以 $\{X = a\}$ 不是不可能事件，这个例题也表明：不可能事件的概率为 0，但概率为 0 的事件，如 $P(X = a) = 0$，不一定是不可能事件. 类似地，必然事件的概率为 1，但概率为 1 的事件不一定是必然事件.

4.【单选题】下列分布中不是离散型随机变量分布的是(　　).

A. $0 - 1$ 分布　　　　B. 二项分布　　　　C. 泊松分布　　　　D. 正态分布

解　选 D.

5.【判断题】(　　) 二项分布的概率值可以用泊松分布的概率函数值来近似.

解　错误，使用泊松定理，用泊松分布的概率函数值来近似二项分布的概率值需要满足两个要求，即 n 较大，且 $np = \lambda$ 适中.

6.【判断题】(　　) 指数分布和几何分布都具有无记忆性.

解　正确，设 $X \sim Ge(p)$，则对任意正整数 m 和 n，证明 $P(X > m + n \mid X > m) = P(X > n)$. 证明过程详见教材第二章第二节例 7 的证明过程.

设 $X \sim \exp(\lambda)$，则对任意实数 s 和 $t > 0$，证明 $P(X > s + t \mid X > s) = P(X > t)$. 证明过程详见教材第二章第三节例 2 的证明过程.

7.【判断题】(　　) 设随机变量 $X \sim N(\mu, \sigma^2)$，则 $2X \sim N(2\mu, 2\sigma^2)$.

解　错误，根据正态分布的性质可知，当 $X \sim N(\mu, \sigma^2)$ 时，$Y = kX + b \sim N(k\mu + b, k^2\sigma^2)$，其中 $k \neq 0$. 因此 $2X \sim N(2\mu, 4\sigma^2)$.

8.【单选题】设随机变量 X 的分布函数为 $F(x)$，密度函数为 $f(x)$，则下列结论中不一定成立的是(　　).

A. $F(+\infty) = 1$　　　B. $F(-\infty) = 0$　　　C. $0 \leqslant f(x) \leqslant 1$　　　D. $\int_{-\infty}^{+\infty} f(x)\,\mathrm{d}x = 1$

解　分布函数 $F(x)$ 具有有界性，满足 $0 \leqslant F(x) \leqslant 1$，密度函数 $f(x)$ 满足 $f(x) \geqslant 0$ 即可，因此选项 C 正确.

9.【单选题】设随机变量 $X \sim N(50, 25)$，下面哪个选项是正确的密度函数 $f(x)$ 表达式(　　).

A. $f(x) = \dfrac{1}{\sqrt{2\pi}}\mathrm{e}^{\frac{-(x-50)^2}{25}}$，$x \in \mathbf{R}$　　　　B. $f(x) = \dfrac{1}{\sqrt{2\pi}}\mathrm{e}^{\frac{-(x-50)^2}{10}}$，$x \in \mathbf{R}$

C. $f(x) = \dfrac{1}{5\sqrt{2\pi}}\mathrm{e}^{\frac{-(x-50)^2}{50}}$，$x \in \mathbf{R}$　　　　D. $f(x) = \dfrac{1}{5\sqrt{2\pi}}\mathrm{e}^{\frac{-(x-50)}{50}}$，$x \in \mathbf{R}$

解 根据正态分布的密度函数的定义可知，当随机变量 $X \sim N(\mu, \sigma^2)$ 时，密度函数 $f(x) = \dfrac{1}{\sqrt{2\pi}\,\sigma} \mathrm{e}^{-\frac{(x-\mu)^2}{2\sigma^2}}$, $x \in \mathbf{R}$，因此选项 C 正确.

10.【单选题】设随机变量 $X \sim N(\mu, \sigma^2)$，对于其密度函数 $f(x)$ 的描述，正确的有(   ).

①$f(x)$ 一定是偶函数；②$f(x)$ 有极小值；③$f(x)$ 在 $x = \mu$ 处，有极大值 $f(\mu) = \dfrac{1}{\sqrt{2\pi}\,\sigma}$；

④ 当 $|x| \to \infty$ 时，$f(x) \to 0$.

A. 1 项　　　　　B. 2 项　　　　　C. 3 项　　　　　D. 4 项

解 正态分布的密度函数图形如图 2.1 所示，只有当 $\mu = 0$ 时，$f(x) = \dfrac{1}{\sqrt{2\pi}\,\sigma} \mathrm{e}^{-\frac{(x)^2}{2\sigma^2}}$ 是偶函数；$f(x)$ 在 $x = \mu$ 处有极大值 $f(\mu) = \dfrac{1}{\sqrt{2\pi}\,\sigma}$；当 $|x| \to \infty$ 时，$f(x) \to 0$. 因此选项 B 正确.

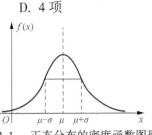

图 2.1　正态分布的密度函数图形

四、典型例题

例 1 （考研真题　2010 年数学三第 7 题)【单选题】设随机变量 X 的分布函数

$$F(x) = \begin{cases} 0, & x < 0, \\ 0.5, & 0 \leqslant x < 1, \\ 1 - \mathrm{e}^{-x}, & x \geqslant 1. \end{cases}$$

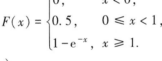

微课视频

则 $P(X = 1) = ($ $)$.

A. 0　　　　　B. 0.5　　　　　C. $0.5 - \mathrm{e}^{-1}$　　　　　D. $1 - \mathrm{e}^{-1}$

解 $P(X = 1) = P(X \leqslant 1) - P(X < 1) = F(1) - F(1^-)$
$= 1 - \mathrm{e}^{-1} - 0.5 = 0.5 - \mathrm{e}^{-1}.$

所以正确答案为 C.

例 2 （考研真题　2011 年数学三第 7 题)【单选题】设 $F_1(x)$ 与 $F_2(x)$ 是两个分布函数，其相应的密度函数为 $f_1(x), f_2(x)$ 且都是连续函数，则必为密度函数的是(   ).

A. $f_1(x)f_2(x)$　　　　　　　　　　B. $2f_2(x)F_1(x)$
C. $f_1(x)F_2(x)$　　　　　　　　　　D. $f_1(x)F_2(x) + f_2(x)F_1(x)$

解 随机变量的密度函数必须具备规范性，即 $\displaystyle\int_{-\infty}^{+\infty} f(x)\,\mathrm{d}x = 1$，知 A，C 显然不满足，又 $f_i(x)$ 连续，所以 $F_i(x)$ 可导，$i = 1,2.$ 由分部积分公式，得

$$\int_{-\infty}^{+\infty} \left[f_1(x)F_2(x) + f_2(x)F_1(x) \right]\mathrm{d}x = \int_{-\infty}^{+\infty} f_1(x)F_2(x)\,\mathrm{d}x + \int_{-\infty}^{+\infty} f_2(x)F_1(x)\,\mathrm{d}x$$

$$= \int_{-\infty}^{+\infty} F_2(x)\,\mathrm{d}F_1(x) + \int_{-\infty}^{+\infty} f_2(x)F_1(x)\,\mathrm{d}x$$

$$= \left[F_1(x)F_2(x) \right]_{-\infty}^{+\infty} - \int_{-\infty}^{+\infty} f_2(x)F_1(x)\,\mathrm{d}x$$

$$+ \int_{-\infty}^{+\infty} f_2(x)F_1(x)\,\mathrm{d}x = 1,$$

因此函数 $f_1(x)F_2(x)+f_2(x)F_1(x)$ 满足规范性，显然也满足非负性，所以正确答案为 D.

例 3　（**考研真题**　2013 年数学一第 14 题）【单选题】设随机变量 Y 服从参数为 1 的指数分布，a 为常数且大于零，则 $P(Y \leqslant a+1 \mid Y > a)$ = (　　).

微课视频

解　因为 $Y \sim \exp(1)$，所以 $P(Y > a) = 1 - P(Y \leqslant a) = 1 - (1 - \mathrm{e}^{-a}) = \mathrm{e}^{-a}$，$P(a < Y \leqslant a+1) = \mathrm{e}^{-a} - \mathrm{e}^{-(a+1)}$. 由条件概率公式，可得

$$P(Y \leqslant a+1 \mid Y > a) = \frac{P(a < Y \leqslant a+1)}{P(Y > a)} = \frac{\mathrm{e}^{-a} - \mathrm{e}^{-a-1}}{\mathrm{e}^{-a}} = 1 - \mathrm{e}^{-1}.$$

例 4　（**考研真题**　2006 数学三第 14 题）【单选题】设随机变量 $X \sim N(\mu_1, \sigma_1^2)$，$Y \sim N(\mu_2, \sigma_2^2)$，且 $P(|X - \mu_1| \leqslant 1) > P(|Y - \mu_2| \leqslant 1)$，则必有(　　).

微课视频

A. $\sigma_1 < \sigma_2$　　　　　　　　B. $\sigma_1 > \sigma_2$

C. $\mu_1 < \mu_2$　　　　　　　　D. $\mu_1 > \mu_2$

解　$X \sim N(\mu_1, \sigma_1^2)$，

$$P(|X - \mu_1| \leqslant 1) = P(-1 \leqslant X - \mu_1 \leqslant 1) = \Phi\left(\frac{1}{\sigma_1}\right) - \Phi\left(-\frac{1}{\sigma_1}\right) = 2\Phi\left(\frac{1}{\sigma_1}\right) - 1,$$

同理，可得

$$P(|Y - \mu_2| \leqslant 1) = 2\Phi\left(\frac{1}{\sigma_2}\right) - 1,$$

根据题意，可知

$$2\Phi\left(\frac{1}{\sigma_1}\right) - 1 > 2\Phi\left(\frac{1}{\sigma_2}\right) - 1,$$

由标准正态分布的分布函数特征，得到 $\sigma_1 < \sigma_2$，因此正确答案为 A.

例 5　（**考研真题**　2015 年数学一第 22 题）设随机变量 X 的密度函数

$$f(x) = \begin{cases} 2^{-x}\ln 2, & x > 0, \\ 0, & x \leqslant 0, \end{cases}$$

对 X 进行独立重复的观测，直到第 2 个大于 3 的观测值出现为止，记 Y 为观测次数. 求 Y 的分布律.

微课视频

解　记 p 为观测值大于 3 的概率，则

$$p = P(X > 3) = \int_3^{+\infty} 2^{-x}\ln 2\,\mathrm{d}x = \frac{1}{8},$$

根据题意，可知 $Y \sim NB\left(2, \dfrac{1}{8}\right)$，所以 Y 的分布律为

$$P(Y = k) = \binom{k-1}{1} p (1-p)^{k-2} p = (k-1)\left(\frac{1}{8}\right)^2 \left(\frac{7}{8}\right)^{k-2}, \quad k = 2, 3, \cdots.$$

例 6　（**考研真题**　2002 年数学三第 12 题）假设一台设备开机后无故障工作的时间 X 服从指数分布，即 $X \sim \exp(\lambda)$，出现故障自动关机，而在无故障的情况下工作 2 小时便关机. 试求：该设备每次开机无故障工作的时间 Y 的分布函数 $F(y)$.

解　首先 $X \sim \exp(\lambda)$，X 的取值范围为 $[0, +\infty)$，$Y = \min\{X, 2\}$，因此 Y 的取值范围

为 $[0,2]$. Y 的分布函数如下：

当 $y < 0$ 时，$F_Y(y) = 0$；

当 $0 \le y < 2$ 时，因 $X \sim \exp(\lambda)$，则 $F_Y(y) = P(Y \le y) = P(X \le y)$ $= 1 - \mathrm{e}^{-\lambda y}$；

当 $y \ge 2$ 时，$F_Y(y) = P(Y \le y) = 1 - P(Y > y) = 1 - P(\min(X,2) > y) = 1 - P(\varnothing) = 1$.

整理，可得

$$F_Y(y) = \begin{cases} 0, & y < 0, \\ 1 - \mathrm{e}^{-\lambda y}, & 0 \le y < 2, \\ 1, & y \ge 2. \end{cases}$$

从 Y 的分布函数 $F_Y(y)$（见图 2.2）中可以看出有唯一的间断点 $y = 2$.

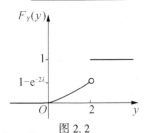

微课视频

$$P(Y = 2) = P(X > 2) = F_Y(2) - F_Y(2^-) = 1 - (1 - \mathrm{e}^{-2\lambda}) = \mathrm{e}^{-2\lambda}.$$

图 2.2

例 7（**考研真题** 2003 年数学三第 11 题）设随机变量 X 的密度函数

$$f(x) = \begin{cases} \dfrac{1}{3 \sqrt[3]{x^2}}, & x \in [1,8], \\ 0, & \text{其他}. \end{cases}$$

$F(x)$ 是 X 的分布函数，求随机变量 $Y = F(X)$ 的分布函数.

解 容易得到 X 的分布函数

$$F(x) = \begin{cases} 0, & x < 1, \\ \sqrt[3]{x} - 1, & 1 \le x < 8, \\ 1, & x \ge 8. \end{cases}$$

随机变量 $Y = F(X)$ 的取值空间为 $\Omega_y = [0,1]$. 记 $F_Y(y)$ 为 Y 的分布函数，则当 $y < 0$ 时，$F_Y(y) = 0$，当 $y \ge 1$ 时，$F_Y(y) = 1$，当 $y \in [0,1)$ 时，有

$$F_Y(y) = P(Y \le y) = P(F(X) \le y) = P(\sqrt[3]{X} - 1 \le y)$$
$$= P(X \le (y+1)^3) = F_X((y+1)^3) = y,$$

即

$$F_Y(y) = \begin{cases} 0, & y < 0, \\ y, & 0 \le y < 1, \\ 1, & y \ge 1. \end{cases}$$

即 $Y = F(X) \sim U(0,1)$.

例 8（**考研真题** 2005 年数学三第 5 题）从 $1,2,3,4$ 中随机取一数，记为 X，再从正整数 $1, \cdots, X$ 中任取一数，记为 Y，则求 $P(Y = 2)$.

微课视频

解 这是一个综合性的问题，需要借助全概率公式思想的离散型随机变量概率求解问题. 设事件 $\{X = i\}$ $(i = 1,2,3,4)$ 恰好是样本空间的一个完备事件组，且 $P(X = i) = \dfrac{1}{4}$，各项条件概率

$$P(Y = 2 \mid X = 1) = 0, \ P(Y = 2 \mid X = 2) = \frac{1}{2}, \ P(Y = 2 \mid X = 3) = \frac{1}{3}, \ P(Y = 2 \mid X = 4) = \frac{1}{4},$$

由全概率公式，有 $P(Y = 2) = \sum_{i=1}^{4} P(X = i) P(Y = 2 \mid X = i) = \frac{1}{4} \sum_{i=2}^{4} \frac{1}{i} = \frac{13}{48}$.

例 9（**考研真题** 2014 年数学一第 22 题）设随机变量 X 的分布律为 $P(X = 1) = P(X = 2) = \frac{1}{2}$，在给定 $X = i$ 的条件下，随机变量 Y 服从均匀分布 $U(0, i)$，$i = 1, 2$. 求 Y 的分布函数.

解 Y 的分布函数

$$
\begin{aligned}
F(y) &= P(Y \leqslant y) = P(Y \leqslant y, X = 1) + P(Y \leqslant y, X = 2) \\
&= P(X = 1) P(Y \leqslant y \mid X = 1) + P(X = 2) P(Y \leqslant y \mid X = 2) \\
&= \frac{1}{2} \left[P(Y \leqslant y \mid X = 1) + P(Y \leqslant y \mid X = 2) \right],
\end{aligned}
$$

当 $y < 0$ 时，$F(y) = 0$.

当 $0 \leqslant y < 1$ 时，$F(y) = \frac{1}{2} \times \left(y + \frac{y}{2} \right) = \frac{3}{4} y$.

当 $1 \leqslant y < 2$ 时，$F(y) = \frac{1}{2} \times \left(1 + \frac{y}{2} \right) = \frac{1}{4} y + \frac{1}{2}$.

当 $y \geqslant 2$ 时，$F(y) = 1$.

整理可得 Y 的分布函数

$$
F(y) = \begin{cases}
0, & y < 0, \\
\dfrac{3}{4} y, & 0 \leqslant y < 1, \\
\dfrac{1}{2} + \dfrac{y}{4}, & 1 \leqslant y < 2, \\
1, & y \geqslant 2.
\end{cases}
$$

五、习题详解

习题 2-1 随机变量及分布

1. 试确定常数 c，使下列函数成为某个随机变量 X 的分布律：

(1) $P(X = k) = ck$，$k = 1, \cdots, n$.

(2) $P(X = k) = \dfrac{c \lambda^k}{k!}$，$k = 1, 2, \cdots$，其中 $\lambda > 0$.

解 离散型随机变量的分布律要符合规范性 $\sum_{i=1}^{+\infty} p_i = 1$，因此有

(1) $\sum_{k=1}^{n} P(X = k) = \sum_{k=1}^{n} ck = 1 \Rightarrow c = \dfrac{2}{n(n+1)}$.

(2) $\sum_{k=1}^{\infty} P(X = k) = \sum_{k=1}^{\infty} \dfrac{c \lambda^k}{k!} = c \left(\sum_{k=0}^{+\infty} \dfrac{\lambda^k}{k!} - \dfrac{\lambda^0}{0!} \right) = c(\mathrm{e}^\lambda - 1) = 1 \Rightarrow c = \dfrac{1}{\mathrm{e}^\lambda - 1}$.

2. 试确定常数 c，使 $P(X = k) = \dfrac{c}{2^k}(k = 0,1,2,3)$ 成为某个随机变量 X 的分布律，并求：

(1) $P(X \geq 2)$. (2) $P\left(\dfrac{1}{2} < X < \dfrac{5}{2}\right)$. (3) X 的分布函数 $F(x)$.

解 离散型随机变量的分布律要符合规范性 $\displaystyle\sum_{k=1}^{+\infty} p_k = 1$，因此

微课视频

$$P(X = 0) + P(X = 1) + P(X = 2) + P(X = 3) = 1 \Rightarrow c = \dfrac{8}{15}.$$

(1) $P(X \geq 2) = P(X = 2) + P(X = 3) = 0.2.$

(2) $P\left(\dfrac{1}{2} < X < \dfrac{5}{2}\right) = P(X = 1) + P(X = 2) = 0.4.$

(3) $F(x) = P(X \leq x) = \begin{cases} 0, & x < 0, \\ P(X=0) = \dfrac{8}{15}, & 0 \leq x < 1, \\ P(X=0)+P(X=1) = \dfrac{12}{15}, & 1 \leq x < 2, \\ P(X=0)+P(X=1)+P(X=2) = \dfrac{14}{15}, & 2 \leq x < 3, \\ P(X=0)+P(X=1)+P(X=2)+P(X=3) = 1, & x \geq 3. \end{cases}$

3. 一袋中有 5 个球，在这 5 个球上分别标有数字 1,2,3,4,5. 从该袋中不放回任取 3 个球，设各个球被取到的可能性相同，求取得的球上标明的最大数字 X 的分布律与分布函数.

解 首先，从 5 个球中任取 3 个球，则样本点总数 $n = \dbinom{5}{3} = 10$. X 的可能取值为 3,4,5.

事件 $\{X = 3\}$ 表示取出的 3 个球中最大号码是 3，即 3 个球的号码必定是 1,2 和 3. 样本点个数为 1，因此

$$P(X = 3) = \dfrac{1}{10} = 0.1.$$

事件 $\{X = 4\}$ 表示取出的 3 个球中最大号码是 4，即 3 个球的号码中有一个号码一定是 4，其余两个号码可以在 1,2 或 3 中任取 2 个号码，样本点个数 $= \dbinom{3}{2} = 3$. 因此

$$P(X = 4) = \dfrac{3}{10} = 0.3.$$

事件 $\{X = 5\}$ 表示取出的 3 个球中最大号码是 5，即 3 个球的号码中有一个号码一定是 5，其余两个号码可以在 1,2,3 或 4 中任取 2 个号码，样本点个数 $= \dbinom{4}{2} = 6$. 因此

$$P(X = 5) = \dfrac{6}{10} = 0.6.$$

综上分析，得 X 的分布律如下所示.

X	3	4	5
概率	0.1	0.3	0.6

分布函数

$$F(x) = P(X \leqslant x) = \begin{cases} 0, & x < 3, \\ P(X=3) = 0.1, & 3 \leqslant x < 4, \\ P(X=3)+P(X=4) = 0.4, & 4 \leqslant x < 5, \\ P(X=3)+P(X=4)+P(X=5) = 1, & x \geqslant 5. \end{cases}$$

4. 已知随机变量 X 的分布律如下.

X	−2	−1	0	1	2	4
概率	0.2	0.1	0.3	0.1	0.2	0.1

试求：一元二次方程 $3t^2 + 2Xt + (X+1) = 0$ 有实数根的概率.

解 一元二次方程 $3t^2 + 2Xt + (X+1) = 0$ 有实数根，即有

$$\Delta = (2X)^2 - 4 \times 3 \times (X+1) \geqslant 0 \Rightarrow X \leqslant \frac{3-\sqrt{21}}{2} \text{ 或 } X \geqslant \frac{3+\sqrt{21}}{2},$$

$$P\left(X \leqslant \frac{3-\sqrt{21}}{2} \text{ 或 } X \geqslant \frac{3+\sqrt{21}}{2}\right) = P(X=-2) + P(X=-1) + P(X=4) = 0.4.$$

5. 设随机变量 X 的分布函数

$$F(x) = \begin{cases} 0, & x < 0, \\ 1-(1+x)\mathrm{e}^{-x}, & x \geqslant 0. \end{cases}$$

求 X 的密度函数，并计算 $P(X \leqslant 1)$ 和 $P(X > 2)$.

解 X 的密度函数

$$f(x) = F'(x) = \begin{cases} 0, & x < 0, \\ x\mathrm{e}^{-x}, & x \geqslant 0. \end{cases}$$

$$P(X \leqslant 1) = F(1) = 1 - 2\mathrm{e}^{-1},$$

$$P(X > 2) = 1 - P(X \leqslant 2) = 1 - F(2) = 3\mathrm{e}^{-2}.$$

6. 已知连续型随机变量 X 的分布函数

$$F(x) = \begin{cases} 0, & x < -1, \\ a + b\arcsin x, & -1 \leqslant x < 1, \\ 1, & x \geqslant 1. \end{cases}$$

(1) 当 a,b 取何值时，$F(x)$ 为连续函数？

(2) 求 $P\left(|X| < \dfrac{1}{2}\right)$.

(3) 求 X 的密度函数.

解 (1) 当 $F(x)$ 为连续函数时，有

$$\begin{cases} F(-1) = 0, \\ F(1) = 1, \end{cases} \text{即} \begin{cases} a - \dfrac{\pi}{2}b = 0, \\ a + \dfrac{\pi}{2}b = 1, \end{cases}$$

计算可得 $\begin{cases} a = 0.5, \\ b = \dfrac{1}{\pi}. \end{cases}$

(2) $P\left(|X| < \dfrac{1}{2} \right) = P\left(-\dfrac{1}{2} < X < \dfrac{1}{2} \right) = P\left(-\dfrac{1}{2} < X \leqslant \dfrac{1}{2} \right) = F\left(\dfrac{1}{2} \right) - F\left(-\dfrac{1}{2} \right) = \dfrac{1}{3}.$

(3) $f(x) = F'(x) = \begin{cases} \dfrac{1}{\pi \sqrt{1 - x^2}}, & -1 < x < 1, \\ 0, & \text{其他.} \end{cases}$

7. 设 $f(x)$ 是某连续型随机变量的密度函数, 已知 $f(x) = f(-x)$, $\int_{-2}^{2} f(x) \,dx = 0.6$, 求 $P(X < -2)$.

解 由已知条件 $f(x) = f(-x)$, 可得密度函数 $f(x)$ 的曲线关于 y 轴对称, 不妨假设其图形如图 2.3 所示, 则 $P(X < 0) = P(X > 0) = 0.5$, $\int_{-2}^{2} f(x) \,dx = 2\int_{0}^{2} f(x) \,dx = 0.6$, $P(0 < X < 2) = P(-2 < X < 0) = \int_{0}^{2} f(x) \,dx = 0.3$, $P(X < -2) = P(X < 0) - P(-2 < X < 0) = 0.2$.

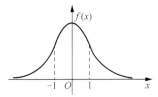

图 2.3　密度函数 $f(x)$ 的图形

8. 设随机变量 X 的密度函数

$$f(x) = \begin{cases} 2x, & 0 < x < a, a > 0, \\ 0, & \text{其他.} \end{cases}$$

求(1) 常数 a 的值. (2) $P(-1 < X \leqslant 2)$.

解 (1) 随机变量 X 的密度函数 $f(x)$ 要满足规范性 $\int_{-\infty}^{+\infty} f(x) \,dx = 1$. 即 $\int_{0}^{a} 2x\,dx = 1 \Rightarrow a = 1$.

(2) $P(-1 < X \leqslant 2) = \int_{-1}^{2} f(x) \,dx = \int_{0}^{1} 2x\,dx = 1$.

9. 已知随机变量 X 的密度函数 $f(x) = \dfrac{1}{2} e^{-|x|}$, $-\infty < x < +\infty$.

求(1) $P(0 < X < 1)$. (2) X 的分布函数 $F(x)$.

解 (1) $P(0 < X < 1) = \int_{0}^{1} f(x) \,dx = \int_{0}^{1} \dfrac{1}{2} e^{-x} \,dx = \dfrac{1 - e^{-1}}{2}.$

(2) $F(x) = P(X \leqslant x) = \int_{-\infty}^{x} f(t) \,dt = \begin{cases} \displaystyle\int_{-\infty}^{x} \dfrac{1}{2} e^{t} \,dt, & x < 0, \\ \displaystyle\int_{-\infty}^{0} \dfrac{1}{2} e^{t} \,dt + \int_{0}^{x} \dfrac{1}{2} e^{-t} \,dt, & x \geqslant 0. \end{cases}$

$= \begin{cases} \dfrac{1}{2} e^{x}, & x < 0, \\ 1 - \dfrac{1}{2} e^{-x}, & x \geqslant 0. \end{cases}$

10. 设某种晶体管的寿命 X(单位:h) 是一个连续型随机变量, 它的密度函数

$$f(x) = \begin{cases} 100 x^{-2}, & x > 100, \\ 0, & \text{其他.} \end{cases}$$

（1）试求：这种晶体管不能工作 150h 的概率.

（2）一台仪器中装有 4 只这种晶体管，试求：该仪器工作 150h 后至少有 1 只晶体管失效的概率(假定这 4 只晶体管是否失效是互不影响).

解 （1）$P(X < 150) = \int_{100}^{150} 100 x^{-2} \mathrm{d}x = \frac{1}{3}$.

（2）**方法一** 该仪器工作 150h 后 4 只晶体管都不失效的概率为 $\left(1 - \frac{1}{3}\right)^4$，因此至少有一只失效的概率为 $1 - \left(\frac{2}{3}\right)^4 = \frac{65}{81}$.

方法二 设 Y 表示 150h 后 4 只晶体管中失效的个数，显然 $Y \sim B\left(4, \frac{1}{3}\right)$，$P(Y \geqslant 1) = 1 - P(Y = 0) = 1 - \left(\frac{2}{3}\right)^4 = \frac{65}{81}$.

事实上，方法二就是方法一的随机变量表示.

习题 2-2 常用的离散型随机变量

1. 从一批含有 10 件正品及 3 件次品的产品中一件一件地抽取. 设每次抽取时，各件产品被抽到的可能性相等. 在下列 3 种情形下，分别求出直到取得正品为止所需次数 X 的分布律.

（1）每次取出的产品立即放回这批产品中再取下一件产品.

（2）每次取出的产品都不放回这批产品中.

（3）每次取出一件产品后总是放回一件正品.

解 这是一个关于如何构造离散型随机变量的分布律的问题，且复习抽样方式对概率求解的影响.

（1）首先要明确在这一小题中是放回型抽样，每次取到正品的概率为 $\frac{10}{13}$，直到取得正品为止所需次数 X 服从参数为 $\frac{10}{13}$ 的几何分布，因此直到第 k 次才抽到正品的概率

$$P(X = k) = \frac{10}{13} \times \left(\frac{3}{13}\right)^{k-1}, \quad k = 1, 2, 3, \cdots.$$

（2）本小题是不放回型抽样. X 的可能取值为 $1, 2, 3, 4$. 事件 $\{X = 1\}$ 表示第一次就取到正品，因此 $P(X = 1) = \frac{10}{13}$. 事件 $\{X = 2\}$ 表示第一次取到次品第二次取到正品，因此 $P(X = 2) = \frac{3}{13} \times \frac{10}{12} = \frac{5}{26}$. 以此类推，$P(X = 3) = \frac{3}{13} \times \frac{2}{12} \times \frac{10}{11} = \frac{5}{143}$，$P(X = 4) = \frac{3}{13} \times \frac{2}{12} \times \frac{1}{11} = \frac{1}{286}$，因此 X 的分布律如下所示.

X	1	2	3	4
概率	$\frac{10}{13}$	$\frac{5}{26}$	$\frac{5}{143}$	$\frac{1}{286}$

（3）在这一小题中抽样方式是特别的：每次取出一件产品后总是放回一件正品. X 的

可能取值为 $1,2,3,4$. 事件 $\{X=1\}$ 表示第一次就取到正品, 因此 $P(X=1)=\dfrac{10}{13}$. 事件 $\{X=2\}$ 表示第一次取出一个次品并放回一个正品, 第二次取到正品, 因此 $P(X=2)=\dfrac{3}{13}\times$ $\dfrac{11}{13}=\dfrac{33}{13^2}$. 以此类推, $P(X=3)=\dfrac{3}{13}\times\dfrac{2}{13}\times\dfrac{12}{13}=\dfrac{72}{13^3}$, $P(X=4)=\dfrac{3}{13}\times\dfrac{2}{13}\times\dfrac{1}{13}\times\dfrac{13}{13}=\dfrac{6}{13^3}$, 因此 X 的分布律如下所示.

X	1	2	3	4
概率	$\dfrac{10}{13}$	$\dfrac{33}{13^2}$	$\dfrac{72}{13^3}$	$\dfrac{6}{13^3}$

2. 设随机变量 $X\sim B(n,p)$, 已知 $P(X=1)=P(X=n-1)$. 求 p 与 $P(X=2)$ 的值.

解 $P(X=1)=\dbinom{n}{1}p\,(1-p)^{n-1}=P(X=n-1)=\dbinom{n}{n-1}p^{n-1}(1-p)\Rightarrow p=\dfrac{1}{2}$,

因此 $P(X=2)=\dbinom{n}{2}p^2\,(1-p)^{n-2}=\dfrac{n(n-1)}{2^{n+1}}$.

3. 设在 3 次相互独立试验中, 事件 A 出现的概率相等, 若已知 A 至少出现 1 次的概率等于 $\dfrac{19}{27}$, 求事件 A 在 1 次试验中出现的概率值.

解 设随机变量 X 表示在 3 次相互独立试验中事件 A 出现的次数, 不妨设事件 A 在 1 次试验中出现的概率为 p, 显然 $X\sim B(3,p)$, 则事件 A 在 3 次独立事件中至少出现 1 次的概率为 $P(X\geqslant 1)=1-P(X=0)=1-(1-p)^3=\dfrac{19}{27}$, 于是 $p=\dfrac{1}{3}$.

4. 从学校乘汽车到火车站的途中有 4 个十字路口, 假设在各个十字路口遇到红灯的事件是相互独立的, 并且概率都是 0.4, 设 X 为途中遇到红灯的次数, 求随机变量 X 的分布律和分布函数.

解 根据题意, 可知 $X\sim B(4,0.4)$, 则分布律 $P(X=i)=\dbinom{4}{i}0.4^i\times 0.6^{4-i}$, $i=0,1,2,3,4$, 计算可得 X 的分布律如下所示.

X	0	1	2	3	4
概率	0.1296	0.3456	0.3456	0.1536	0.0256

X 的分布函数可通过如下计算得到:

$$F(x)=P(X\leqslant x)=\begin{cases} 0, & x<0,\\ P(X=0)=0.1296, & 0\leqslant x<1,\\ P(X=0)+P(X=1)=0.4752, & 1\leqslant x<2,\\ P(X=0)+P(X=1)+P(X=2)=0.8208, & 2\leqslant x<3,\\ P(X=0)+P(X=1)+P(X=2)+P(X=3)=0.9744, & 3\leqslant x<4,\\ P(X=0)+P(X=1)+P(X=2)+P(X=3)+P(X=4)=1, & x\geqslant 4. \end{cases}$$

5. 一张试卷印有 10 道题目，每道题目都为 4 个选项的选择题，4 个选项中只有 1 项是正确的. 假设某位学生在做每道题时都是随机选择选项的，求该位学生 1 题都不对的概率及至少答对 6 题的概率.

解　设随机变量 X 表示该学生答对的题目数，根据题意，可知 X 服从二项分布 $B\left(10,\dfrac{1}{4}\right)$，于是有

$$P(X=0)=\left(\frac{3}{4}\right)^{10},$$

$$P(X \geqslant 6)=\sum_{k=6}^{10}P(X=k)=\sum_{k=6}^{10}\binom{10}{k}\left(\frac{1}{4}\right)^{k}\left(\frac{3}{4}\right)^{10-k}\approx 0.0197.$$

6. 统计人员设计统计模型来预测结果是阴性还是阳性，假定每个统计模型的精度都为 0.6（即样本是阳性且预测为阳性和样本是阴性且预测为阴性的概率），若共有 5 名统计人员独立设计统计模型，采用少数服从多数原则决定最终的结果（即针对某一样本，预测为阳性的统计模型个数超过 3，则最终预测为阳性）. 求预测准确的概率.

解　设随机变量 X 表示 5 名统计人员独立设计的统计模型的预测结果为阳性的个数，显然 $X \sim B(5,0.6)$，预测准确即为事件 $\{X \geqslant 3\}$，

$$P(X \geqslant 3)=\binom{5}{3}0.6^{3}\times 0.4^{2}+\binom{5}{4}0.6^{4}\times 0.4^{1}+0.6^{5}=0.68256.$$

7. 某地在任何长为 t（周）的时间内发生地震的次数 $N(t) \sim P(\lambda t)$，且在任意两个不相交的时间段内发生的地震次数相互独立. 求：

（1）相邻两周内至少发生 3 次地震的概率.

（2）在连续 8 周无地震的情形下，在未来 8 周仍无地震的概率.

解　（1）根据题意，可知相邻两周内发生地震的次数 $N(2) \sim P(2\lambda)$，则

$$P(N(2) \geqslant 3)=1-\sum_{k=0}^{2}P(N(2)=k)=1-(1+2\lambda+2\lambda^{2})\mathrm{e}^{-2\lambda}.$$

（2）设随机变量 $N_2(8)$ 表示未来 8 周内发生地震的次数，根据题意，可知 $N_2(8) \sim P(8\lambda)$.

根据题意，可知在任意两个不相交的时间段内发生的地震次数相互独立. 因此未来 8 周内地震发生次数不受到前连续 8 周地震数的影响，$P(N_2(8)=0)=\mathrm{e}^{-8\lambda}$.

8. 某工厂有 600 台车床，已知每台车床发生故障的概率为 0.005. 用泊松分布近似计算下列问题.

（1）如果该工厂安排 4 名维修工人，求车床发生故障后都能得到及时维修的概率（假定每一台车床只需 1 名维修工人）.

（2）该工厂至少应配备多少名维修工人，才能使车床发生故障后都能得到及时维修的概率不小于 0.96？

解　设随机变量 X 表示发生故障需维修的车床数，根据题意，可知 X 服从二项分布 $B(600,0.005)$.

（1）车床发生故障后都能得到及时维修，即指发生故障需维修的车床数不超过工人数 4 名，即 $P(X \leqslant 4)=\sum_{k=0}^{4}\binom{600}{k}0.005^{k}\times 0.995^{600-k}\approx \sum_{k=0}^{4}\mathrm{e}^{-3}\times\dfrac{3^{k}}{k!}\approx 0.8157.$

（2）设至少应配备 a 名维修工人，才能保证车床发生故障后都能得到及时维修的概率

不小于 0.96.

这里求解的是满足条件的最少工人数，即要满足两个条件：

① 当有 a 名维修工人时，车床发生故障后都能得到及时维修的概率不小于 0.96；

② 若少一名工人，即只有 $a-1$ 名维修工人时，车床发生故障后都能得到及时维修的概率就小于 0.96.

整理，可得

$$
\begin{cases}
P(X \leqslant a) = \sum_{k=0}^{a} \binom{600}{k} 0.005^{k} \times 0.995^{600-k} \approx \sum_{k=0}^{a} \mathrm{e}^{-3} \times \frac{3^{k}}{k!} \geqslant 0.96, \\
P(X \leqslant a-1) = \sum_{k=0}^{a-1} \binom{600}{k} 0.005^{k} \times 0.995^{600-k} \approx \sum_{k=0}^{a-1} \mathrm{e}^{-3} \times \frac{3^{k}}{k!} < 0.96.
\end{cases}
$$

求解可得 $a = 6$.

9. 据统计，某地区想报名参加一年一度的城市马拉松比赛的长跑爱好者共有 10000 名，其中女性 4000 名，但只有 2000 名的名额. 现从中随机抽取 2000 名参加比赛，求参赛者中女性人数 X 的分布律.

解 根据题意，可知 $X \sim H(10000, 4000, 2000)$，因此 X 的分布律

$$
P(X = k) = \frac{\binom{4000}{k}\binom{6000}{2000-k}}{\binom{10000}{2000}}, \quad k = 0, 1, \cdots, 2000.
$$

10. 某人投篮命中率为 40%. 假定各次投篮是否命中相互独立. 设 X 表示他首次投中时累计已投篮的次数. 求 X 的分布律，并由此计算 X 取偶数的概率.

解 根据题意，可知 X 服从参数为 0.4 的几何分布，因此 X 的分布律

$$
P(X = k) = 0.6^{k-1} \times 0.4, \quad k = 1, 2, 3, \cdots,
$$

$$
P(X \text{取偶数}) = \sum_{k=0}^{\infty} 0.4 \times 0.6^{2k+1} = \sum_{k=0}^{\infty} 0.4 \times 0.6 \times 0.36^{k} = 0.375.
$$

11. 设某射手射击的命中率为 0.6，他击中目标 12 次便停止射击. 以 X 表示射击次数，求 X 的分布律.

解 根据题意，可知 $X \sim NB(12, 0.6)$，因此 X 的分布律

$$
P(X = k) = \binom{11}{k-1} 0.6^{12} \times 0.4^{k-12}, \quad k = 12, 13, \cdots.
$$

习题 2 - 3　常用的连续型随机变量

1. 设随机变量 X 在区间 $[1, 6]$ 上服从均匀分布，求方程 $t^2 + Xt + 1 = 0$ 有实根的概率.

解 方程有实根，即

$$
\Delta = X^2 - 4 \geqslant 0 \Rightarrow X \leqslant -2 \text{ 或 } X \geqslant 2, \quad P(X \leqslant -2) + P(X \geqslant 2) = 0 + \int_{2}^{6} 0.2 \mathrm{d}x = 0.8.
$$

2. 以随机变量 X 表示某游乐园内一主题商店从早晨开园起直到第一个游客到达的等待时间(单位：min)，X 的分布函数

$$
F_X(x) = \begin{cases} 0, & x < 0, \\ 1 - \mathrm{e}^{-0.4x}, & x \geqslant 0. \end{cases}
$$

求：(1)$P($等待时间至多 3min$)$. (2)$P($等待时间至少 4min$)$. (3) $P($等待时间 3 ~ 4min$)$. (4)$P($等待时间恰好 2.5min$)$. (5)X 的密度函数 $f(x)$.

解 (1)$P(X \leqslant 3) = F_X(3) = 1 - e^{-1.2}$.

$(2)P(X \geqslant 4) = 1 - P(X < 4) = 1 - F_X(4) = e^{-1.6}$.

$(3)P(3 \leqslant X \leqslant 4) = F_X(4) - F_X(3) = e^{-1.2} - e^{-1.6}$.

$(4)P(X = 2.5) = 0$.

$(5)f(x) = F_X'(x) = \begin{cases} 0, & x < 0, \\ 0.4e^{-0.4x}, & x \geqslant 0. \end{cases}$

3. 设某类手机通用充电宝的充电时间 $X \sim \exp\left(\dfrac{1}{6}\right)$（单位：h）.

(1) 任取一块这类充电宝，求 7h 之内能完成充电的概率.

(2) 某一该类充电宝已经充电 3h，求能在 7h 内完成充电的概率.

解 易得 X 的分布函数

$$F(x) = \begin{cases} 0, & x < 0, \\ 1 - e^{-\frac{1}{6}x}, & x \geqslant 0. \end{cases}$$

$(1)P(X \leqslant 7) = F(7) = 1 - e^{-\frac{7}{6}}$.

$(2)P(X \leqslant 7 \mid X > 3) = \dfrac{P(3 < X \leqslant 7)}{P(X > 3)} = \dfrac{F(7) - F(3)}{1 - F(3)} = \dfrac{(1 - e^{-\frac{7}{6}}) - (1 - e^{-\frac{3}{6}})}{e^{-\frac{3}{6}}} = 1 - e^{-\frac{2}{3}}$.

4. 设某餐厅周末晚餐每桌客人用餐时间 t 的分布函数

$$F(t) = \begin{cases} 0, & t < 0, \\ 1 - e^{-(\frac{t}{\theta})^m}, & t \geqslant 0. \end{cases} \quad m, \theta \text{ 均为大于 0 的参数}.$$

求：(1)$P(T > s)$. (2)$P(T > s + t \mid T > s)$.

解 (1)$P(T > s) = 1 - P(T \leqslant s) = 1 - F(s) = e^{-(\frac{s}{\theta})^m}$.

$(2)P(T > s + t \mid T > s) = \dfrac{P(T > s + t)}{P(T > s)} = \dfrac{1 - F(s + t)}{1 - F(s)} = \dfrac{e^{-(\frac{s+t}{\theta})^m}}{e^{-(\frac{s}{\theta})^m}} = e^{(\frac{s}{\theta})^m - (\frac{s+t}{\theta})^m}$.

5. 设随机变量 X 的密度函数为 $f(x) = Ae^{-x^2+x}$, $-\infty < x < +\infty$，试利用正态分布的密度函数性质求未知参数 A 的数值.

解 $f(x) = Ae^{-x^2+x} = Ae^{-(x-\frac{1}{2})^2+\frac{1}{4}} = Ae^{\frac{1}{4}}e^{-(x-\frac{1}{2})^2} = \dfrac{1}{\sqrt{2\pi}\sigma}e^{-\frac{(x-\mu)^2}{2\sigma^2}}$

$$\Rightarrow \begin{cases} Ae^{\frac{1}{4}} = \dfrac{1}{\sqrt{2\pi}\sigma}, \\ 2\sigma^2 = 1, \\ \mu = \dfrac{1}{2}, \end{cases} \Rightarrow A = \dfrac{1}{\sqrt{\pi}e^{\frac{1}{4}}}.$$

6. 设随机变量 X 服从 $N(0,1)$，借助于标准正态分布的分布函数值表(见教材附录6)计算：
(1)$P(X < 3.17)$. (2)$P(X > 2.7)$. (3)$P(X < -0.78)$. (4)$P(|X| > 2.5)$.

解 (1)$P(X < 3.17) = \Phi(3.17) = 0.9992$.

(2) $P(X > 2.7) = 1 - P(X \leqslant 2.7) = 1 - \Phi(2.7) = 0.0035.$

(3) $P(X < -0.78) = \Phi(-0.78) = 1 - \Phi(0.78) = 0.2177.$

(4) $P(|X| > 2.5) = 1 - P(|X| \leqslant 2.5) = 2 - 2\Phi(2.5) = 0.0124.$

7. 设随机变量 X 服从 $N(0,1)$, 将常数 c 表示成分位数的形式, 并借助标准正态分布分位数表(见教材附录5)求出常数 c 的值.

(1) $P(X < c) = 0.9.$ (2) $P(X > c) = 0.9.$ (3) $P(|X| \leqslant c) = 0.9.$

解 (1) $P(X < c) = \Phi(c) = 0.9$, 根据标准正态分布的分位数定义, 可知 $c = u_{0.9} = 1.282.$

(2) $P(X > c) = 1 - \Phi(c) = 0.9$, 根据标准正态分布的分位数定义, 可知 $c = u_{0.1} = -u_{0.9} = -1.282.$

(3) $P(|X| < c) = \Phi(c) - \Phi(-c) = 2\Phi(c) - 1 = 0.9$, 根据标准正态分布的分位数定义, 可知 $c = u_{0.95} = 1.645.$

8. 设随机变量 X 服从 $N(-1,16)$, 借助于标准正态分布的分布函数值表(见教材附录6) 计算:

(1) $P(X < 3)$. (2) $P(X > -3)$. (3) $P(X < -5)$. (4) $P(-5 < X < 2)$. (5) $P(|X| < 2)$. (6) 确定 a, 使得 $P(X < a) = 0.95.$

解 (1) $P(X < 3) = \Phi\left(\dfrac{3 - (-1)}{4}\right) = \Phi(1) = 0.8413.$

(2) $P(X > -3) = 1 - P(X < -3) = 1 - \Phi\left(\dfrac{-3 - (-1)}{4}\right) = 1 - \Phi(-0.5) = \Phi(0.5) = 0.6915.$

(3) $P(X < -5) = \Phi\left(\dfrac{-5 - (-1)}{4}\right) = \Phi(-1) = 1 - \Phi(1) = 0.1587.$

(4) $P(-5 < X < 2) = \Phi\left(\dfrac{2 - (-1)}{4}\right) - \Phi\left(\dfrac{-5 - (-1)}{4}\right) = \Phi(0.75) - [1 - \Phi(1)] = 0.6147.$

(5) $P(|X| < 2) = \Phi\left(\dfrac{2 - (-1)}{4}\right) - \Phi\left(\dfrac{-2 - (-1)}{4}\right) = \Phi(0.75) - \Phi(-0.25) = 0.3721.$

(6) $P(X < a) = \Phi\left(\dfrac{a - (-1)}{4}\right) = 0.95$, $\dfrac{a - (-1)}{4} = u_{0.95} = 1.645$, 计算可得 $a = 5.58.$

9. 设 X_1, X_2, X_3 是 3 个随机变量, 且 $X_1 \sim N(0,1), X_2 \sim N(0,2^2), X_3 \sim N(0,3^2)$, $p_j = P(-2 \leqslant X_j \leqslant 2)$, $j = 1,2,3$, 证明: $p_1 > p_2 > p_3$.

证明 $X_1 \sim N(0,1)$, $p_1 = P(-2 \leqslant X_1 \leqslant 2) = \Phi(2) - \Phi(-2) = 2\Phi(2) - 1,$

$X_2 \sim N(0,2^2)$, $p_2 = P(-2 \leqslant X_2 \leqslant 2) = \Phi\left(\dfrac{2}{2}\right) - \Phi\left(-\dfrac{2}{2}\right) = 2\Phi(1) - 1,$

$X_3 \sim N(0,3^2)$, $p_3 = P(-2 \leqslant X_3 \leqslant 2) = \Phi\left(\dfrac{2}{3}\right) - \Phi\left(-\dfrac{2}{3}\right) = 2\Phi\left(\dfrac{2}{3}\right) - 1,$

由标准正态分布的分布函数特征, 得到 $p_1 > p_2 > p_3$, 故得证.

10. 设某人上班所需时间 X 服从正态分布 $N(50,100)$(单位: min)且8点上班. (1) 求他能在 1h 内到达工作单位的概率. (2) 已知该人早上7点从家出发, 现在是7点30分, 求他8点能到达工作单位的概率. (3)1周5个工作日, 他每天早上7点从家出发, 求1周内都不迟到的概率.

解 (1) $P(X \leqslant 60) = \Phi\left(\dfrac{60 - 50}{\sqrt{100}}\right) = \Phi(1) = 0.8413.$

$(2) P(X \le 60 | X > 30) = \dfrac{P(30 < X \le 60)}{P(X > 30)} = \dfrac{\Phi\left(\dfrac{60-50}{\sqrt{100}}\right) - \Phi\left(\dfrac{30-50}{\sqrt{100}}\right)}{1 - \Phi\left(\dfrac{30-50}{\sqrt{100}}\right)}$

$= \dfrac{\Phi(1) - [1 - \Phi(2)]}{1 - [1 - \Phi(2)]} = 0.8376.$

(3) 设随机变量 Y 表示一周 5 个工作日内迟到的天数,根据题意,可知 $Y \sim B(5, 0.1587)$,$P(Y = 0) = (1 - 0.1587)^5 = 0.4215$.

习题 2-4 随机变量函数的分布

1. 设随机变量 X 服从集合 $\{-2,-1,0,1,2\}$ 上的离散型均匀分布,即 X 的分布律如下所示.

X	-2	-1	0	1	2
概率	$\dfrac{1}{5}$	$\dfrac{1}{5}$	$\dfrac{1}{5}$	$\dfrac{1}{5}$	$\dfrac{1}{5}$

分别求 $Y = X - 1, Z = X^2, W = |X|$ 的分布律.

解 根据题意,可得以下信息.

X	-2	-1	0	1	2
概率	0.2	0.2	0.2	0.2	0.2
$Y = X - 1$	-3	-2	-1	0	1
$Z = X^2$	4	1	0	1	4
$W = \|X\|$	2	1	0	1	2

因此整理可得:

Y 的分布律如下所示.

Y	-3	-2	-1	0	1
概率	0.2	0.2	0.2	0.2	0.2

Z 的分布律如下所示.

Z	0	1	4
概率	0.2	0.4	0.4

W 的分布律如下所示.

W	0	1	2
概率	0.2	0.4	0.4

2. 设随机变量 $X \sim N(3,4)$, 记随机变量 $Y = \begin{cases} 0, & X \leq 1 \text{ 或 } X \geq 5, \\ 1, & 1 < X < 5. \end{cases}$ 求随机变量 Y 的分布律.

解 根据题意, 可知 $P(Y=1) = P(1<X<5) = \varPhi\left(\dfrac{5-3}{2}\right) - \varPhi\left(\dfrac{1-3}{2}\right) = 2\varPhi(1) - 1 = 0.6826$, $P(Y=0) = 1 - P(Y=0) = 0.3174$.

因此整理可得 Y 的分布律如下所示.

Y	0	1
概率	0.3174	0.6826

3. 设 $X \sim U(0,\pi)$, 试求: $Y = \sin X$ 的分布函数与密度函数.

解 易得 $Y = \sin X$ 的取值范围为区间 $[0,1]$, 且 Y 仍然是一个连续型随机变量. Y 的分布函数为

$$
\begin{aligned}
F_Y(y) = P(Y \leq y) &= P(\sin X \leq y) \\
&= \begin{cases} 0, & y < 0 \\ P(X \leq \arcsin y) + P(X \geq \pi - \arcsin y), & 0 \leq y < 1 \\ 1, & y \geq 1 \end{cases} \\
&= \begin{cases} 0, & y < 0, \\ \dfrac{2\arcsin y}{\pi}, & 0 \leq y < 1, \\ 1, & y \geq 1. \end{cases}
\end{aligned}
$$

对 $F_Y(y)$ 求导, 可得 Y 的密度函数

$$
f_Y(y) = F_Y'(y) = \begin{cases} \dfrac{2}{\pi\sqrt{1-y^2}}, & 0 < y < 1, \\ 0, & \text{其他.} \end{cases}
$$

4. 设随机变量 X 服从区间 $\left[-\dfrac{\pi}{2}, \dfrac{\pi}{2}\right]$ 上的均匀分布, 求随机变量的函数 $Y = \sin X$ 的密度函数 $f_Y(y)$.

解 当 $x \in \left[-\dfrac{\pi}{2}, \dfrac{\pi}{2}\right]$ 时, $y = \sin x$ 的反函数为 $x = \arcsin y$; 当 $y > 1$ 时单调递增, $x' = \dfrac{1}{y}$, 所以当 $-1 < y < 1$ 时

$$
f_Y(y) = f_X(\arcsin y) \,|\, (\arcsin y)' \,| = \frac{1}{\pi} \cdot \frac{1}{\sqrt{1-y^2}},
$$

因此 $Y = \sin X$ 的密度函数

$$
f_Y(y) = f_X(\ln y) \,|\, (\ln y)' \,| = \begin{cases} \dfrac{1}{\pi\sqrt{1-y^2}}, & -1 < y < 1, \\ 0, & \text{其他.} \end{cases}
$$

本题中由于 X 的取值范围为 $\left[-\dfrac{\pi}{2}, \dfrac{\pi}{2}\right]$, 当 $X \in \left[-\dfrac{\pi}{2}, \dfrac{\pi}{2}\right]$ 时, $Y = \sin X$ 是严格单调递增

函数，因此可以直接利用教材第二章第四节定理1的结论. 而在题3中，$X \in U(0,\pi)$ 时，$Y = \sin X$ 不是严格单调递增函数，因此不能利用定理1，只能通过求解 Y 的分布函数再求导的步骤来求解，请注意区别并理解题3和题4的求解过程.

5. 设随机变量 X 的密度函数为

$$f(x) = \begin{cases} 1 - |x|, & |x| < 1, \\ 0, & \text{其他}. \end{cases}$$

求随机变量 $Y = X^2 + 1$ 在区间 $[1,2]$ 上的密度函数 $f_Y(y)$.

微课视频

解　易得 $Y = X^2 + 1$ 的取值范围为区间 $[1,2]$，且 Y 仍然是一个连续型随机变量. Y 的分布函数

$$F_Y(y) = P(Y \le y) = P(X^2 + 1 \le y)$$

$$= \begin{cases} 0, & y < 1, \\ P(-\sqrt{y-1} \le X \le \sqrt{y-1}), & 1 \le y < 2, \\ 1, & y \ge 2, \end{cases}$$

当 $1 \le y < 2$ 时，Y 的分布函数

$$F_Y(y) = P(-\sqrt{y-1} \le X \le \sqrt{y-1})$$

$$= \int_{-\sqrt{y-1}}^{\sqrt{y-1}} 1 - |x| \, \mathrm{d}x = 2\sqrt{y-1} - (y-1),$$

整理，可得 Y 的分布函数

$$F_Y(y) = \begin{cases} 0, & y < 1, \\ 2\sqrt{y-1} - (y-1), & 1 \le y < 2, \\ 1, & y \ge 2, \end{cases}$$

对 $F_Y(y)$ 求导，可得 Y 的密度函数

$$f_Y(y) = F_Y'(y) = \begin{cases} \dfrac{1}{\sqrt{y-1}} - 1, & 1 < y < 2, \\ 0, & \text{其他}. \end{cases}$$

6. 设随机变量 X 的密度函数为 $f(x) = \dfrac{1}{\pi(1+x^2)}$ $(-\infty < x < +\infty)$，求随机变量 $Y = 1 - \sqrt[3]{X}$ 的密度函数 $f_Y(y)$.

解　因 $y = 1 - \sqrt[3]{x}$ 的反函数为 $x = (1-y)^3$，是一个单调递减函数，$x' = -3(1-y)^2$，因此 $Y = 1 - \sqrt[3]{X}$ 的密度函数

$$f_Y(y) = f_X((1-y)^3) \left| ((1-y)^3)' \right| = \frac{1}{\pi(1+(1-y)^6)} \left| -3(1-y)^2 \right|$$

$$= \frac{3(1-y)^2}{\pi[1+(1-y)^6]}, \quad -\infty < y < +\infty.$$

7. 设随机变量 X 的密度函数为

$$f(x) = \begin{cases} \dfrac{1}{2}, & -1 < x < 0, \\ \dfrac{1}{4}, & 0 \le x < 2, \\ 0, & \text{其他}. \end{cases}$$

令 $Y = X^2$，求随机变量 Y 的密度函数 $f_Y(y)$.

解 易得 $Y = X^2$ 的取值范围为区间 $[0,4]$，且 Y 仍然是一个连续型随机变量. Y 的分布函数为

$$F_Y(y) = P(Y \leqslant y) = P(X^2 \leqslant y)$$

$$= \begin{cases} 0, & y < 0, \\ P(-\sqrt{y} \leqslant X \leqslant \sqrt{y}), & 0 \leqslant y < 4, \\ 1, & y \geqslant 4, \end{cases}$$

由于随机变量 X 的密度函数在区间 $(-1,2)$ 内仍为分段函数，因此当 $0 < y < 1$ 时，Y 的分布函数为 $F_Y(y) = \int_{-\sqrt{y}}^{0} \frac{1}{2} \mathrm{d}x + \int_{0}^{\sqrt{y}} \frac{1}{4} \mathrm{d}x = \frac{\sqrt{y}}{2} + \frac{\sqrt{y}}{4} = \frac{3\sqrt{y}}{4}$；当 $1 \leqslant y < 4$ 时，Y 的分布函数为 $F_Y(y) = \int_{-1}^{0} \frac{1}{2} \mathrm{d}x + \int_{0}^{\sqrt{y}} \frac{1}{4} \mathrm{d}x = \frac{1}{2} + \frac{\sqrt{y}}{4}$.

整理，可得 Y 的分布函数为

$$F_Y(y) = \begin{cases} 0, & y < 0, \\ \dfrac{3\sqrt{y}}{4}, & 0 \leqslant y < 1, \\ \dfrac{1}{2} + \dfrac{\sqrt{y}}{4}, & 1 \leqslant y < 4, \\ 1, & y \geqslant 4. \end{cases}$$

对 $F_Y(y)$ 求导，可得 Y 的密度函数为

$$f_Y(y) = F_Y'(y) = \begin{cases} \dfrac{3}{8\sqrt{y}}, & 0 < y < 1, \\ \dfrac{1}{8\sqrt{y}}, & 1 \leqslant y < 4, \\ 0, & \text{其他.} \end{cases}$$

* 8. 设随机变量 X 的密度函数为

$$f(x) = \begin{cases} \dfrac{1}{9}x^2, & 0 < x < 3, \\ 0, & \text{其他.} \end{cases}$$

令随机变量

$$Y = \begin{cases} 1, & X < 1, \\ X, & 1 \leqslant X < 2, \\ 3, & X \geqslant 2. \end{cases}$$

求 Y 的分布函数，并作出它的图像.

解 根据 Y 的定义，可以很容易发现 $P(Y = 1) = P(X < 1) = \int_0^1 \frac{1}{9}x^2 \mathrm{d}x = \frac{1}{27} \neq 0$. 不符合一个连续型随机变量的性质，又易得 Y 的取值范围为 $[1,2) \cup \{3\}$，也不符合一个离散型随机变量的取值要求，因此本题中的 Y 是一个既非离散，又非连续的随机变量，直接求解分布律或密度函数都不可行. 而分布函数是针对一切随机变量都适用的描述分布的工具，因此求解 Y 的分布函数：

当 $y < 1$ 时，$P(Y \leqslant y) = 0$；

当 $1 \leqslant y < 2$ 时，$P(Y \leqslant y) = \int_0^y \frac{1}{9}x^2\mathrm{d}x = \frac{y^3}{27}$；

当 $2 \leqslant y < 3$ 时，$P(Y \leqslant y) = \int_0^2 \frac{1}{9}x^2\mathrm{d}x = \frac{8}{27}$；

当 $y \geqslant 3$ 时，$P(Y \leqslant y) = 1$.

综上所述，可得 Y 的分布函数为

$$F_Y(y) = \begin{cases} 0, & y < 1, \\ \dfrac{y^3}{27}, & 1 \leqslant y < 2, \\ \dfrac{8}{27}, & 2 \leqslant y < 3, \\ 1, & y \geqslant 3, \end{cases}$$

如图 2.4 所示.

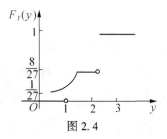

图 2.4

测试题二

1. 已知离散型随机变量 X 可取值 $\{-1,0,1,2\}$，且取这些值的概率依次为 $\frac{1}{3b}, \frac{3}{4b}, \frac{5}{6b}$，$\frac{1}{12b}$，则 $b = \underline{\qquad}$，$P(X \leqslant 1 \mid X > 0.5) = \underline{\qquad}$.

解　离散型随机变量的分布律要符合规范性，即 $\sum\limits_{i=1}^{+\infty} p_i = 1$，因此

$$\frac{1}{3b} + \frac{3}{4b} + \frac{5}{6b} + \frac{1}{12b} = 1 \Rightarrow b = 2,$$

由条件概率的定义，可知

$$P(X \leqslant 1 \mid X > 0.5) = \frac{P(0.5 < X \leqslant 1)}{P(X > 0.5)} = \frac{P(x=1)}{P(x=1) + P(x=2)} = \frac{10}{11}.$$

2. 将 3 个球随机放入 4 个盒子中（假定盒子充分大），求没有球的盒子数 X 的分布律.

解　X 的可能取值为 $1,2,3$. 事件 $\{X=1\}$ 表示仅有 1 个空盒，即 3 个球分别放入了 3 个盒子，因此 $P(X=1) = \dfrac{C_4^3 \times 3 \times 2 \times 1}{4^3} = \dfrac{3}{8}$. 事件 $\{X=2\}$ 表示有 2 个空盒，即有 1 个盒子中有 2 个球，1 个盒子中有 1 个球，因此 $P(X=2) = \dfrac{C_4^2 \times C_3^2 \times 2 \times 1}{4^3} = \dfrac{9}{16}$. 事件 $\{X=3\}$ 表示有 3 个

空盒, 即 3 个球都放入了 1 个盒子中, 因此 $P(X=3)=\dfrac{C_4^1}{4^3}=\dfrac{1}{16}$. 因此 X 的分布律如下所示.

X	1	2	3
概率	$\dfrac{3}{8}$	$\dfrac{9}{16}$	$\dfrac{1}{16}$

3. 下列函数中, 哪一个可以作为某一随机变量的分布函数?(　　)

A. $F(x)=\dfrac{1}{1+x^2},\ x\in\mathbf{R}$

B. $F(x)=\dfrac{1}{\pi}\arctan x+\dfrac{1}{2},\ x\in\mathbf{R}$

C. $F(x)=\begin{cases}0, & x\leqslant 0,\\ \dfrac{1}{2}(1-\mathrm{e}^{-x}), & x>0\end{cases}$

D. $F(x)=\displaystyle\int_{-\infty}^{x}f(t)\mathrm{d}t$, 其中 $f(x)\geqslant 0, x\in\mathbf{R}$

解 函数能称为某一随机变量的分布函数, 需要满足 $\lim\limits_{x\to+\infty}F(x)=1$, 因此选项 A,C 不正确. 选项 D 中的 $F(x)$ 要能称为分布函数, 缺少规范性的条件, 即需要满足 $\displaystyle\int_{-\infty}^{+\infty}f(t)\mathrm{d}t=1$, 因此选项 D 不正确. 故正确答案是选项 B.

4. 设连续型随机变量 X 的分布函数

$$F(x)=\begin{cases}0, & x<0,\\ A+B\mathrm{e}^{-\lambda x}, & x\geqslant 0,\end{cases}\quad \lambda>0.\ 求:$$

(1)A,B 的值.

(2)$P(-1\leqslant X<1)$.

解 (1) 由连续型随机变量的分布函数的性质, 可知

$$\begin{cases}\lim\limits_{x\to+\infty}F(x)=A=1,\\ F(0)=A+B=0\end{cases}\Rightarrow\begin{cases}A=1,\\ B=-1.\end{cases}$$

(2)$P(-1\leqslant X<1)=P(-1<X\leqslant 1)=F(1)-F(-1)=1-\mathrm{e}^{-\lambda}$.

5. 设随机变量 X 服从二项分布 $B(2,0.4)$, 求 X 的分布函数, 并画出它的图形.

解 由题意, 可知 X 的分布律如下所示.

X	0	1	2
概率	0.36	0.48	0.16

因此 X 的分布函数为

$$F(x)=\begin{cases}0, & x<0,\\ P(X=0), & 0\leqslant x<1,\\ P(X=0)+P(X=1), & 1\leqslant x<2,\\ P(X=0)+P(X=1)+P(X=2), & x\geqslant 2\end{cases}$$

$$= \begin{cases} 0, & x < 0, \\ 0.36, & 0 \leqslant x < 1, \\ 0.84, & 1 \leqslant x < 2, \\ 1, & x \geqslant 2, \end{cases}$$

如图 2.5 所示.

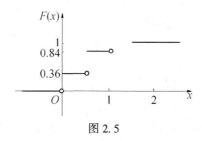

图 2.5

6. 设一强地震发生后的 48h 内还会发生 3 级以上余震的次数 X 服从参数为 8 的泊松分布,求:

(1) 在接下来的 48h 内还会发生 6 次 3 级以上余震的概率.

(2) 在接下来的 48h 内,发生 3 级以上余震的次数不超过 5 次的概率.

解　根据题意,可知 X 的分布律为 $P(X = k) = \dfrac{8^k}{k!} \mathrm{e}^{-k}$, $k = 0, 1, 2, \cdots$

$(1) P(X = 6) = \dfrac{8^6}{6!} \mathrm{e}^{-8} \approx 0.1221.$

$(2) P(X \leqslant 5) = \displaystyle\sum_{k=0}^{5} P(X = k) = \sum_{k=0}^{5} \dfrac{8^k}{k!} \mathrm{e}^{-8} \approx 0.1912.$

7. 设随机变量 X 服从区间 $[a,b]$ 上的均匀分布,已知 $a < 0, b > 4$,且 $P(0 < X < 3) = \dfrac{1}{4}$,$P(X > 4) = \dfrac{1}{2}$,求:

$(1) X$ 的密度函数.

$(2) P(1 < X < 5).$

解　(1) 设 X 的密度函数

$$f(x) = \begin{cases} \dfrac{1}{b-a}, & a < x < b, \\ 0, & \text{其他}, \end{cases}$$

则由题意,可知

$$\begin{cases} P(0 < X < 3) = \dfrac{3-0}{b-a} = \dfrac{1}{4}, \\ P(X > 4) = \dfrac{b-4}{b-a} = \dfrac{1}{2} \end{cases} \Rightarrow \begin{cases} a = -2, \\ b = 10. \end{cases}$$

因此 X 的密度函数为 $f(x) = \begin{cases} \dfrac{1}{12}, & -2 < x < 10, \\ 0, & \text{其他}. \end{cases}$

$(2) P(1 < X < 5) = \int_1^5 \frac{1}{12} \mathrm{d}x = \frac{1}{3}$.

8. 设随机变量 X 的密度函数为 $f(x) = \mathrm{e}^{-x^2 + bx + c} (-\infty < x < +\infty)$（其中 b, c 是常数），且在 $x = 1$ 处取得最大值为 $f(1) = \frac{1}{\sqrt{\pi}}$，试计算 $P(1 - \sqrt{2} < X < 1 + \sqrt{2})$.

解 参考习题 2-3 中第 5 题的解题过程，可得 $f(x) = \frac{1}{\sqrt{\pi}} \mathrm{e}^{-(x-1)^2}$，即 X 服从正态分布 $N(1, 0.5)$，得到

$$P(1 - \sqrt{2} < X < 1 + \sqrt{2}) = \Phi\left(\frac{1 + \sqrt{2} - 1}{\sqrt{0.5}}\right) - \Phi\left(\frac{1 - \sqrt{2} - 1}{\sqrt{0.5}}\right) = 2\Phi(2) - 1 = 0.9544.$$

9. 设 X 服从正态分布 $N(\mu, 4)$，且 $3P(X \geqslant 1.5) = 2P(X < 1.5)$，试求：$P(|X - 1| \leqslant 2)$.

解 $3P(X \geqslant 1.5) = 3(1 - P(X < 1.5)) = 2P(X < 1.5)$

$$\Rightarrow P(X < 1.5) = \Phi\left(\frac{1.5 - \mu}{2}\right) = 0.6 \Rightarrow \mu \approx 1,$$

于是，有

$$P(|X - 1| \leqslant 2) = P\left(\left|\frac{X - 1}{2}\right| \leqslant \frac{2}{2}\right) = 2\Phi(1) - 1 = 0.6826.$$

10. 设 $X \sim N(\mu, \sigma^2)$，则随着 σ 的增大，概率 $P(|X - \mu| \leqslant 3\sigma)$ 会有什么表现？

解 因为 $P(|X - \mu| \leqslant 3\sigma) = P\left(\left|\frac{X - \mu}{\sigma}\right| \leqslant 3\right) = 2\Phi(3) - 1 = 0.9974$，这个概率值与 σ 的取值无关，因此随着 σ 的增大，概率值不变.

11. 设随机变量 X 的密度函数为

$$f(x) = \begin{cases} \frac{3}{2}x^2, & -1 < x < 1, \\ 0, & \text{其他.} \end{cases} \quad \text{求：}$$

$(1) Y = X^2$ 的密度函数.

$(2) Z = X^3$ 的密度函数.

$(3) P(X \leqslant 0, Y \leqslant 2)$.

解 (1) 易得 $Y = X^2$ 的取值范围为区间 $[0, 1)$，且 Y 仍然是一个连续型随机变量. Y 的分布函数

$$F_Y(y) = P(Y \leqslant y) = P(X^2 \leqslant y)$$

$$= \begin{cases} 0, & y < 0, \\ P(-\sqrt{y} \leqslant X \leqslant \sqrt{y}), & 0 \leqslant y < 1, \\ 1, & y \geqslant 1, \end{cases}$$

当 $0 < y < 1$ 时，Y 的分布函数为 $F_Y(y) = \int_{-\sqrt{y}}^{\sqrt{y}} \frac{3}{2}x^2 \mathrm{d}x = y^{\frac{3}{2}}$，整理可得 Y 的分布函数

$$F_Y(y) = \begin{cases} 0, & y < 0, \\ y^{\frac{3}{2}}, & 0 \leqslant y < 1, \\ 1, & y \geqslant 1, \end{cases}$$

对 $F_Y(y)$ 求导, 可得 Y 的密度函数为

$$f_Y(y) = F_Y'(y) = \begin{cases} \dfrac{3}{2}\sqrt{y}, & 0 < y < 1, \\ 0, & \text{其他}. \end{cases}$$

(2) $z = x^3$ 的反函数为 $x = \sqrt[3]{z}$, 是一个单调递增函数, $x' = \dfrac{1}{3}z^{-\frac{2}{3}}$, 因此当 $-1 < z < 1$ 时, 有

$$f_Z(z) = f(\sqrt[3]{z})\left|(\sqrt[3]{z})'\right| = \frac{3}{2}(\sqrt[3]{z})^2 \cdot \left|\frac{1}{3}z^{-\frac{2}{3}}\right| = \frac{1}{2},$$

则 $Z = X^3$ 的密度函数 $f_Z(z) = \begin{cases} \dfrac{1}{2}, & -1 < z < 1, \\ 0, & \text{其他}. \end{cases}$

(3) $P(X \leqslant 0, Y \leqslant 2) = P(X \leqslant 0, X^2 \leqslant 2) = P(-\sqrt{2} \leqslant X \leqslant 0) = \displaystyle\int_{-1}^{0} \frac{3}{2}x^2 \mathrm{d}x = \frac{1}{2}.$

第三章　二维随机变量及其分布

一、知识结构

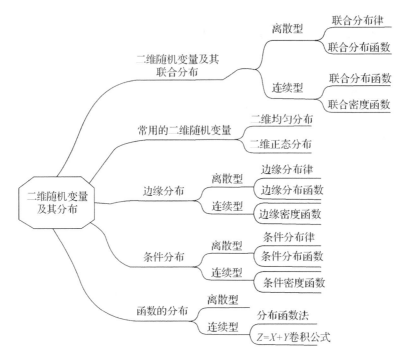

二、归纳总结

研究二维随机变量是要揭示各变量之间的相互联系和相互影响. 这是研究多个一维随机变量分布时无法得到的. 刻画多维随机变量的分布有联合分布函数、联合密度函数、联合分布律. 应熟练掌握由联合分布求边缘分布、条件分布及随机变量函数的分布. 常用的二维随机变量包括二维均匀分布和二维正态分布.

1. 二维随机变量及其联合分布

二维随机变量或二维随机向量：设有随机试验 E，其样本空间为 Ω. 若对 Ω 中的每一个样本点 ω 都有一对有序实数 $(X(\omega), Y(\omega))$ 与其对应. 则称 (X, Y) 为二维随机变量或二维随机向量. 称 (X, Y) 的取值范围为它的值域，记为 $\Omega_{(X,Y)}$.

n 维随机变量或 n 维随机向量：设有随机试验 E，其样本空间为 Ω. 若对 Ω 中的每一个样本点 ω 都有一组有序实数列 $(X_1(\omega), X_2(\omega), \cdots, X_n(\omega))$ 与其对应. 则称 $(X_1, X_2, \cdots, X_n)$ 为 n 维随机变量或 n 维随机向量. 称 $(X_1, X_2, \cdots, X_n)$ 的取值范围为它的值域，记为 $\Omega_{(X_1, X_2, \cdots, X_n)}$.

二维随机变量的联合分布函数：设 (X, Y) 为二维随机变量，对任意的 $(x, y) \in \mathbf{R}^2$，称

$$F(x, y) = P(X \leqslant x, Y \leqslant y)$$

为随机变量 (X, Y) 的（联合）分布函数.

n 维随机变量的联合分布函数：设 $(X_1, X_2, \cdots, X_n)$ 为 n 维随机变量，对任意的 $(x_1, x_2, \cdots, x_n) \in \mathbf{R}^n$，称

$$F(x_1, x_2, \cdots, x_n) = P(X_1 \leqslant x_1, \cdots, X_n \leqslant x_n)$$

为随机变量 $(X_1, X_2, \cdots, X_n)$ 的（联合）分布函数.

设 $F(x, y)$ 是二维随机变量 (X, Y) 的联合分布函数，则有如下的性质.

（1）$0 \leqslant F(x, y) \leqslant 1$.

（2）当固定 y 值时，$F(x, y)$ 是变量 x 的单调非减函数；当固定 x 值时，$F(x, y)$ 是变量 y 的单调非减函数.

（3）$\lim\limits_{x \to -\infty} F(x, y) = 0$，$\lim\limits_{y \to -\infty} F(x, y) = 0$，$\lim\limits_{\substack{x \to -\infty \\ y \to -\infty}} F(x, y) = 0$，$\lim\limits_{\substack{x \to +\infty \\ y \to +\infty}} F(x, y) = 1$.

（4）当固定 y 值时，$F(x, y)$ 是变量 x 的右连续函数；当固定 x 值时，$F(x, y)$ 是变量 y 的右连续函数.

（5）对任意的 $x_1 < x_2$，$y_1 < y_2$，有矩形公式 $P(x_1 < X \leqslant x_2, y_1 < Y \leqslant y_2) = F(x_2, y_2) - F(x_2, y_1) - F(x_1, y_2) + F(x_1, y_1)$.

二维离散型随机变量：如果二维随机变量 (X, Y) 仅可能取有限个或可列无限个值，则称 (X, Y) 为二维离散型随机变量.

二维随机变量的联合分布律：称 $P(X = x_i, Y = y_j) = p_{ij}$，$i, j = 1, 2, \cdots$ 为二维随机变量 (X, Y) 的联合分布律. 其中，$p_{ij} \geqslant 0$，$i, j = 1, 2, \cdots$，$\sum\limits_i \sum\limits_j p_{ij} = 1$.

二维连续型随机变量的联合（概率）密度函数：设二维随机变量 (X, Y) 的联合分布函数为 $F(x, y)$，如果存在一个二元非负实值函数 $f(x, y)$，使得对于任意 $x, y \in \mathbf{R}^2$，有

$$F(x, y) = \int_{-\infty}^{x} \int_{-\infty}^{y} f(u, v) \, \mathrm{d}u \mathrm{d}v$$

成立，则称 (X, Y) 为二维连续型随机变量，$f(x, y)$ 为二维连续型随机变量 (X, Y) 的联合（概率）密度函数.

n 维连续型随机变量 $(X_1, X_2, \cdots, X_n)$ 的联合（概率）密度函数：设 n 维随机变量 $(X_1, X_2, \cdots, X_n)$ 的联合分布函数为 $F(x_1, x_2, \cdots, x_n)$，如果存在一个 n 元非负实值函数 $f(x_1, x_2, \cdots, x_n)$，使得对任意的 $(x_1, x_2, \cdots, x_n) \in \mathbf{R}^n$，有

$$F(x_1, x_2, \cdots, x_n) = \int_{-\infty}^{x_1} \int_{-\infty}^{x_2} \cdots \int_{-\infty}^{x_n} f(u_1, u_2, \cdots, u_n) \, \mathrm{d}u_1 \mathrm{d}u_2 \cdots \mathrm{d}u_n$$

成立，则称 $(X_1, X_2, \cdots, X_n)$ 为 n 维连续型随机变量，$f(x_1, x_2, \cdots, x_n)$ 为 n 维连续型随机变量 $(X_1, X_2, \cdots, X_n)$ 的联合（概率）密度函数.

联合密度函数的性质：设 $f(x, y)$ 为二维连续型随机变量 (X, Y) 的联合密度函数，则

（1）非负性 $f(x, y) \geqslant 0$，$-\infty < x, y < +\infty$；

（2）规范性 $\int_{-\infty}^{+\infty} \int_{-\infty}^{+\infty} f(x, y) \mathrm{d}x \mathrm{d}y = 1$.

设二维连续型随机变量 (X, Y) 的联合分布函数为 $F(x, y)$，联合密度函数为 $f(x, y)$，则有如下的性质：

（1）对任意一条平面曲线 L，有 $P((X, Y) \in L) = 0$.

（2）$F(x, y)$ 为连续函数，在 $f(x, y)$ 的连续点处有

$$\frac{\partial^2 F(x, y)}{\partial x \partial y} = f(x, y).$$

(3) 对 xOy 平面上任一区域 D(见图3.1),有

$$P((X,Y) \in D) = \iint\limits_{D} f(x,y)\mathrm{d}x\mathrm{d}y.$$

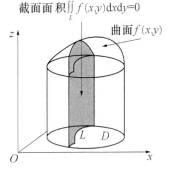

截面面积 $\iint\limits_{L} f(x,y)\mathrm{d}x\mathrm{d}y = 0$

曲面 $f(x,y)$

图 3.1

2. 常用的二维随机变量

二维均匀分布:设二维随机变量 (X,Y) 的联合密度函数为

$$f(x,y) = \begin{cases} \dfrac{1}{S_G}, & (x,y) \in G, \\ 0, & \text{其他.} \end{cases}$$

其中,G 是 xOy 平面上的某个区域,S_G 为 G 的面积,则称随机变量 (X,Y) 服从区域 G 上的二维均匀分布.

二维正态分布:如果 (X,Y) 的联合密度函数为

$$f(x,y) = \frac{1}{2\pi\sigma_1\sigma_2\sqrt{1-\rho^2}}\exp\left\{-\frac{1}{2(1-\rho^2)}\left[\frac{(x-\mu_1)^2}{\sigma_1^2} - 2\rho\frac{(x-\mu_1)(y-\mu_2)}{\sigma_1\sigma_2} + \frac{(y-\mu_2)^2}{\sigma_2^2}\right]\right\},$$

$-\infty < x, y < +\infty$,则称 (X,Y) 服从二维正态分布,并记为 $(X,Y) \sim N(\mu_1,\mu_2,\sigma_1^2,\sigma_2^2,\rho)$. 其中 $-\infty < \mu_1$,$\mu_2 < \infty$,$\sigma_1,\sigma_2 > 0$,$|\rho| \leqslant 1$. 二维正态分布联合密度函数的图像如图3.2所示.

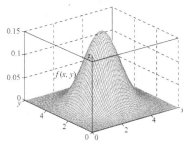

图 3.2

3. 边缘分布

随机变量 X 的边缘分布函数:设二维随机变量 (X,Y) 的联合分布函数为 $F(x,y)$,称 $F_X(x) = P(X \leqslant x) = P(X \leqslant x, Y \leqslant +\infty) = F(x,+\infty)$,$-\infty < x < +\infty$ 为随机变量 X 的边缘分布函数;称 $F_Y(y) = P(Y \leqslant y) = P(X \leqslant +\infty, Y \leqslant y) = F(+\infty,y)$,$-\infty < y < +\infty$ 为随机变量 Y 的边缘分布函数.

随机变量 X 的边缘分布律:设二维离散型随机变量 (X,Y) 的联合分布律为 $P(X = x_i, Y = y_j) = p_{ij}$,$i,j = 1,2,\cdots$,称概率 $P(X = x_i) = P(X = x_i, \bigcup_j Y = y_j) = \sum_j P(X = x_i, Y = y_j) = \sum_j p_{ij}$,$i = 1,2,\cdots$ 为随机变量 X 的边缘分布律,记为 $p_{i\cdot}$,并有 $p_{i\cdot} = P(X = x_i) = \sum_j p_{ij}$,$i = 1,2,\cdots$. 类似地,称概率 $P(Y = y_j)$,$j = 1,2,\cdots$ 为随机变量 Y 的边缘分布律,记为 $p_{\cdot j}$,并有 $p_{\cdot j} = P(Y = y_j) = \sum_i p_{ij}$,$j = 1,2,\cdots$.

边缘密度函数:设二维连续型随机变量 (X,Y) 的联合密度函数为 $f(x,y)$,则 X 的边缘密度函数

$$f_X(x) = \int_{-\infty}^{+\infty} f(x,y)\mathrm{d}y, \quad -\infty < x < +\infty.$$

类似地,Y 的边缘密度函数

$$f_Y(y) = \int_{-\infty}^{+\infty} f(x,y)\mathrm{d}x, \quad -\infty < y < +\infty.$$

二维正态分布的一个性质:如果 $(X,Y) \sim N(\mu_1,\mu_2,\sigma_1^2,\sigma_2^2,\rho)$,则 $X \sim N(\mu_1,\sigma_1^2)$,$Y \sim N(\mu_2,\sigma_2^2)$.

两个随机变量相互独立:设 (X,Y) 为二维随机变量,若对任意 $x,y \in \mathbf{R}$,都有

$$F(x,y) = F_X(x)F_Y(y)$$

成立，则称随机变量 X 与 Y 相互独立．其中，$F(x,y)$ 为 (X,Y) 的联合分布函数；$F_X(x)$ 和 $F_Y(y)$ 分别为 X 和 Y 的边缘分布函数．

二维离散型随机变量相互独立的充分必要条件：设 (X,Y) 为二维离散型随机变量，那么，X 与 Y 相互独立的充分必要条件是对任意的 $i,j = 1,2,\cdots$，都有

$$p_{ij} = p_{i\cdot}p_{\cdot j}$$

成立．其中，$p_{ij}(i,j = 1,2,\cdots)$ 为 (X,Y) 的联合分布律；$p_{i\cdot}(i = 1,2,\cdots)$ 和 $p_{\cdot j}(j = 1,2,\cdots)$ 分别为 X 和 Y 的边缘分布律．

二维连续型随机变量相互独立的充分必要条件：若 (X,Y) 为二维连续型随机变量，那么，X 与 Y 相互独立的充分必要条件是在 $f(x,y),f_X(x)$ 及 $f_Y(y)$ 的一切公共连续点上都有

$$f(x,y) = f_X(x)f_Y(y),$$

成立．其中，$f(x,y)$ 为 (X,Y) 的联合密度函数；$f_X(x)$ 和 $f_Y(y)$ 分别为 X 和 Y 的边缘密度函数．

二维正态分布的一个性质：设 $(X,Y) \sim N(\mu_1,\mu_2,\sigma_1^2,\sigma_2^2,\rho)$，那么，$X$ 与 Y 相互独立的充分必要条件是 $\rho = 0$．

n 个随机变量相互独立：设 $(X_1,X_2,\cdots,X_n)$ 为 n 维随机变量，若对任意 $(x_1,x_2,\cdots,x_n) \in \mathbf{R}^n$，都有

$$F(x_1,x_2,\cdots,x_n) = \prod_{i=1}^{n} F_{X_i}(x_i)$$

成立，则称随机变量 $X_1,X_2,\cdots,X_n$ 相互独立．其中，$F(x_1,x_2,\cdots,x_n)$ 为 $(X_1,X_2,\cdots,X_n)$ 的联合分布函数；$F_{X_i}(x_i)$ 为 X_i 的边缘分布函数，$i = 1,2,\cdots,n$．

当 $(X_1,X_2,\cdots,X_n)$ 为离散型随机变量时，随机变量 $X_1,X_2,\cdots,X_n$ 相互独立的充要条件是对任意的 $x_i \in \Omega_{X_i}$，$i = 1,2,\cdots,n$，都有

$$P(X_1 = x_1,X_2 = x_2,\cdots,X_n = x_n) = \prod_{i=1}^{n} P(X_i = x_i)$$

成立，其中，$P(X_1 = x_1,X_2 = x_2,\cdots,X_n = x_n)$ 为 $(X_1,X_2,\cdots,X_n)$ 的联合分布律；$P(X_i = x_i)$ 为 X_i 的边缘分布律，$i = 1,2,\cdots,n$．

当 $(X_1,X_2,\cdots,X_n)$ 为连续型随机变量时，随机变量 $X_1,X_2,\cdots,X_n$ 相互独立的充要条件是在 $f(x_1,x_2,\cdots,x_n),f_{X_1}(x_1),f_{X_2}(x_2),\cdots f_{X_n}(x_n)$ 的一切公共连续点上都有

$$f(x_1,x_2,\cdots,x_n) = \prod_{i=1}^{n} f_{X_i}(x_i)$$

成立，其中，$f(x_1,x_2,\cdots,x_n)$ 为 $(X_1,X_2,\cdots,X_n)$ 的联合密度函数；$f_{X_i}(x_i)$ 为 X_i 的边缘密度函数，$i = 1,2,\cdots,n$．

4. 条件分布

条件分布律：设二维离散型随机变量 (X,Y) 的联合分布律为 $P(X = x_i,Y = y_j) = p_{ij}$，$i,j = 1,2,\cdots$．当 $y_j \in \Omega_Y$ 时，在给定条件 $\{Y = y_j\}$ 下随机变量 X 的条件分布律为

$$P(X = x_i \mid Y = y_j) = \frac{p_{ij}}{p_{\cdot j}},\ i = 1,2,\cdots.$$

对于固定的 $y_j \in \Omega_Y$，记在给定条件 $\{Y = y_j\}$ 下的随机变量 X 为 $X \mid Y = y_j$，其值域记为

$\Omega_{X \mid Y = y_j} = \{x_i \mid P(X = x_i, Y = y_j) \neq 0(y_j \text{ 固定}, i = 1, 2, \cdots)\}.$

条件分布律 $\dfrac{p_{ij}}{p_{\cdot j}}$, $i = 1, 2, \cdots$ 满足分布律的以下两条性质:

(1) $P(X = x_i \mid Y = y_j) = \dfrac{p_{ij}}{p_{\cdot j}} > 0$, $x_i \in \Omega_{X \mid Y = y_j}.$

(2) $\sum\limits_i P(X = x_i \mid Y = y_j) = \sum\limits_i \dfrac{p_{ij}}{p_{\cdot j}} = 1.$

当 $x_i \in \Omega_X$ 时, 在给定条件 $\{X = x_i\}$ 下随机变量 Y 的条件分布律为

$$P(Y = y_j \mid X = x_i) = \frac{p_{ij}}{p_{i \cdot}}, \; j = 1, 2, \cdots.$$

对于固定的 $x_i \in \Omega_X$, 记在给定条件 $\{X = x_i\}$ 下的随机变量 Y 为 $Y \mid X = x_i$, 其值域记为 $\Omega_{Y \mid X = x_i} = \{y_j \mid P(X = x_i, Y = y_j) \neq 0(x_i \text{ 固定}, j = 1, 2, \cdots)\}.$ 同理, 可以验证条件分布律 $\dfrac{p_{ij}}{p_{i \cdot}}$, $j = 1, 2, \cdots$ 也满足分布律的上述两条性质.

条件密度函数: 设 $f(x, y)$ 为二维连续型随机变量 (X, Y) 的联合密度函数, 当 $y \in \Omega_Y$ 时, 在给定条件 $\{Y = y\}$ 下 X 的条件密度函数为

$$f_{X \mid Y}(x \mid y) = \frac{f(x, y)}{f_Y(y)}, \; -\infty < x < +\infty,$$

其中, $f_Y(y) > 0.$

对于固定的 $y \in \Omega_Y$, 记在给定条件 $\{Y = y\}$ 下的随机变量 X 为 $X \mid Y = y$, 其值域记为 $\Omega_{X \mid Y = y} = \{x \mid f(x, y) \neq 0(y \text{ 固定})\}.$

条件密度函数 $f_{X \mid Y}(x \mid y)$ 满足密度函数的以下两条性质:

(1) $f_{X \mid Y}(x \mid y) = \dfrac{f(x, y)}{f_Y(y)} > 0$, $x \in \Omega_{X \mid Y = y}.$

(2) $\displaystyle\int_{-\infty}^{+\infty} f_{X \mid Y}(x \mid y) \, \mathrm{d}x = \int_{-\infty}^{+\infty} \frac{f(x, y)}{f_Y(y)} \mathrm{d}x = \frac{\displaystyle\int_{-\infty}^{+\infty} f(x, y) \, \mathrm{d}x}{f_Y(y)} = 1.$

当 $x \in \Omega_X$ 时, 在给定条件 $\{X = x\}$ 下 Y 的条件密度函数为

$$f_{Y \mid X}(y \mid x) = \frac{f(x, y)}{f_X(x)}, \quad -\infty < y < +\infty,$$

其中, $f_X(x) > 0.$ 对于固定的 $x \in \Omega_X$, 记在给定条件 $\{X = x\}$ 下的随机变量 Y 为 $Y \mid X = x$, 其值域记为 $\Omega_{Y \mid X = x} = \{y \mid f(x, y) \neq 0(x \text{ 固定})\}.$

同理, 可以验证 $f_{Y \mid X}(y \mid x)$ 也满足密度函数的两条性质.

条件分布函数: 设 $f(x, y)$ 为二维连续型随机变量 (X, Y) 的联合密度函数, 当 $y \in \Omega_Y$ 时, 在给定条件 $\{Y = y\}$ 下 X 的条件分布函数为

$$F_{X \mid Y}(x \mid y) = \int_{-\infty}^x f_{X \mid Y}(u \mid y) \, \mathrm{d}u = \int_{-\infty}^x \frac{f(u, y)}{f_Y(y)} \mathrm{d}u, \; -\infty < x < +\infty, \; \text{其中}, \; f_Y(y) > 0.$$

当 $x \in \Omega_X$ 时, 在给定条件 $\{X = x\}$ 下 Y 的条件分布函数为

$$F_{Y \mid X}(y \mid x) = \int_{-\infty}^y f_{Y \mid X}(v \mid x) \, \mathrm{d}v = \int_{-\infty}^y \frac{f(x, v)}{f_X(x)} \mathrm{d}v, \; -\infty < y < +\infty, \; \text{其中}, \; f_X(x) > 0.$$

可以验证条件分布函数 $F_{X|Y}(x|y)$ 和 $F_{Y|X}(y|x)$ 满足分布函数的 4 条性质.

5. 二维随机变量函数的分布

二项分布的可加性：设 $X \sim B(m,p)$，$Y \sim B(n,p)$，且 X 与 Y 相互独立，则
$$X + Y \sim B(m+n,p).$$

泊松分布的可加性：设 $X \sim P(\lambda_1)$，$Y \sim P(\lambda_2)$，且 X 与 Y 相互独立，则
$$X + Y \sim P(\lambda_1 + \lambda_2).$$

两个连续型随机变量和的密度函数公式：设随机变量 (X,Y) 的联合密度函数为 $f(x,y)$，且 X 的边缘密度函数为 $f_X(x)$，Y 的边缘密度函数为 $f_Y(y)$，则随机变量 (X,Y) 的函数 $Z = X + Y$ 的密度函数为
$$f_Z(z) = \int_{-\infty}^{+\infty} f(x,z-x)\,\mathrm{d}x \text{ 或 } f_Z(z) = \int_{-\infty}^{+\infty} f(z-y,y)\,\mathrm{d}y.$$

卷积公式：当随机变量 X 与 Y 相互独立时，随机变量 (x,y) 的函数 $Z = X + Y$ 的密度函数为
$$f_Z(z) = \int_{-\infty}^{+\infty} f_X(x)f_Y(z-x)\,\mathrm{d}x \text{ 或 } f_Z(z) = \int_{-\infty}^{+\infty} f_X(z-y)f_Y(y)\,\mathrm{d}y.$$

正态分布的可加性：设 $X \sim N(\mu_1,\sigma_1^2)$，$Y \sim N(\mu_2,\sigma_2^2)$，且 X 与 Y 相互独立，则 $X + Y \sim (\mu_1+\mu_2,\sigma_1^2+\sigma_2^2)$.

最大值和最小值的分布函数公式：设连续型随机变量 X 与 Y 相互独立，且 X 的分布函数为 $F_X(x)$，Y 的分布函数为 $F_Y(y)$，则有如下结论.

(1) 随机变量 $U = \max(X,Y)$ 的分布函数为 $F_U(u) = F_X(u)F_Y(u)$.

(2) 随机变量 $V = \min(X,Y)$ 的分布函数为 $F_V(v) = 1 - (1-F_X(v))(1-F_Y(v))$.

三、概念辨析

1.【判断题】(　　) 设二维离散型随机变量 (X,Y) 的联合分布律如下所示，则 $P(X = Y) = \dfrac{2}{3}$.

X	Y		
	0	1	2
0	$\dfrac{1}{4}$	0	$\dfrac{1}{4}$
1	0	$\dfrac{1}{3}$	0
2	$\dfrac{1}{12}$	0	$\dfrac{1}{12}$

解 正确，由随机变量 (X,Y) 的联合分布律，可知
$$P(X = Y) = P(X = 0,Y = 0) + P(X = 1,Y = 1) + P(X = 2,Y = 2) = \frac{1}{4} + \frac{1}{3} + \frac{1}{12} = \frac{2}{3}.$$

2.【单选题】设随机变量 X 与 Y 相互独立，且 X 与 Y 的分布律分别如下所示.

X	0	1	2	3
概率	$\dfrac{1}{4}$	$\dfrac{1}{4}$	$\dfrac{1}{8}$	$\dfrac{3}{8}$

Y	-1	0	1
概率	$\dfrac{2}{3}$	$\dfrac{1}{6}$	$\dfrac{1}{6}$

则 $P(X+Y=3)=(\quad)$.

A. $\dfrac{1}{12}$　　　　B. $\dfrac{1}{8}$　　　　C. $\dfrac{1}{6}$　　　　D. $\dfrac{1}{2}$

解　由已知及 X 与 Y 相互独立，得

$$P(X+Y=3)=P(X=2,Y=1)+P(X=3,Y=0)$$

$$=P(X=2)P(Y=1)+P(X=3)P(Y=0)=\frac{1}{48}+\frac{3}{48}=\frac{1}{12},$$

故正确选项为 A.

3.【判断题】(　　) 二维离散型随机变量 (X,Y) 的联合分布律由 X 和 Y 的边缘分布律唯一确定.

解　错误，当且仅当 X 和 Y 相互独立时，X 和 Y 的边缘分布律才能唯一确定 (X,Y) 的联合分布律.

4.【判断题】(　　) 设二维随机变量 (X,Y) 的联合密度函数为

$$f(x,y)=\begin{cases}2, & 0\leqslant x\leqslant y\leqslant 1,\\ 0, & \text{其他}.\end{cases}$$

则 $P(X+Y\leqslant 1)=\dfrac{1}{2}$.

解　正确，设区域 G 为直线 $x=0,y=x$ 及 $y=1$ 围成，区域 D 为直线 $x=0,y=x$ 及 $y=1-x$ 围成，因为 (X,Y) 服从区域 G 上的均匀分布(见图 3.3 所示)，所以 $P(X+Y\leqslant 1)=\dfrac{S_D}{S_G}=\dfrac{\dfrac{1}{4}}{\dfrac{1}{2}}=\dfrac{1}{2}$.

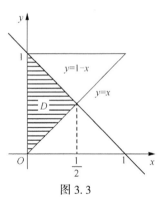

图 3.3

或者

$$P(X+Y\leqslant 1)=\iint_D f(x,y)\,\mathrm{d}x\mathrm{d}y=\int_0^{\frac{1}{2}}\mathrm{d}x\int_x^{1-x}2\mathrm{d}y$$

$$=\int_0^{\frac{1}{2}}2(1-2x)\,\mathrm{d}x=\frac{1}{2}.$$

5.【判断题】(　　) 设随机变量 X 在区间 $(0,1)$ 上服从均匀分布，在 $X=x(0<x<1)$ 的条件下，随机变量 Y 在区间 $(0,x)$ 上服从均匀分布，则 X 和 Y 的联合密度函数为

$$f(x,y)=f_X(x)f_{Y|X}(y|x)=\frac{1}{x}.$$

解　错误，因为二维随机变量 (X,Y) 的值域 $\Omega_{(X,Y)}=\{(x,y)\mid 0<y<x<1\}$，当 $(x,y)\in\Omega_{(X,Y)}$ 时，$f(x,y)\neq 0$，在其他点 (x,y) 处，有 $f(x,y)=0$. X 和 Y 的联合密度函数正确解法如下.

由已知得 X 的密度函数为

$$f_X(x) = \begin{cases} 1, & 0 < x < 1, \\ 0, & \text{其他.} \end{cases}$$

在 $X = x(0 < x < 1)$ 的条件下，Y 的条件密度函数为

$$f_{Y|X}(y \mid x) = \begin{cases} \dfrac{1}{x}, & 0 < y < x, \\ 0, & \text{其他.} \end{cases}$$

当 $0 < y < x < 1$ 时，随机变量 X 和 Y 的联合密度函数为

$$f(x,y) = f_X(x)f_{Y|X}(y \mid x) = \frac{1}{x},$$

在其他点 (x,y) 处，有 $f(x,y) = 0$，即

$$f(x,y) = \begin{cases} \dfrac{1}{x}, & 0 < y < x < 1, \\ 0, & \text{其他.} \end{cases}$$

6.【判断题】(　　) 已知二维随机变量 (X,Y) 的联合密度函数为

$$f(x,y) = \begin{cases} \dfrac{1}{x}, & 0 < y < x < 1, \\ 0, & \text{其他.} \end{cases}$$

则 Y 的边缘密度函数为

$$f_Y(y) = \begin{cases} \ln y, & 0 < y < 1, \\ 0, & \text{其他.} \end{cases}$$

解　错误，因为当 $0 < y < 1$ 时，$f_Y(y) = \ln y < 0$，而密度函数非负，所以错误，Y 的边缘密度函数正确解法如下.

因为 $\Omega_Y = (0,1)$，所以当 $0 < y < 1$ 时，Y 的边缘密度函数为

$$f_Y(y) = \int_{-\infty}^{+\infty} f(x,y)\,\mathrm{d}x = \int_y^1 \frac{1}{x}\,\mathrm{d}x = -\ln y,$$

当 $y \leqslant 0$ 或 $y \geqslant 1$ 时，$f_Y(y) = 0$，因此

$$f_Y(y) = \begin{cases} -\ln y, & 0 < y < 1, \\ 0, & \text{其他.} \end{cases}$$

7.【判断题】(　　) 已知二维随机变量 (X,Y) 的联合密度函数为

$$f(x,y) = \begin{cases} \dfrac{1}{x}, & 0 < y < x < 1, \\ 0, & \text{其他.} \end{cases}$$

则概率 $P(X + Y < 1) = 1 - \ln 2$.

解　错误，由已知，得

$$P(X+Y<1) = \iint\limits_{x+y<1} f(x,y)\,\mathrm{d}x\mathrm{d}y = \int_0^{\frac{1}{2}} \mathrm{d}x \int_0^x \frac{1}{x}\,\mathrm{d}y + \int_{\frac{1}{2}}^1 \mathrm{d}x \int_0^{1-x} \frac{1}{x}\,\mathrm{d}y$$

$$= \int_0^{\frac{1}{2}} \frac{1}{x} \cdot x\,\mathrm{d}x + \int_{\frac{1}{2}}^1 \frac{1}{x} \cdot (1-x)\,\mathrm{d}x$$

$$= \frac{1}{2} + \left[\ln x - x \right]_{\frac{1}{2}}^1 = \ln 2.$$

8.【判断题】(　　) 设二维随机变量 (X,Y) 服从正态分布 $N(0,2,1,1,0)$，则

$$P(XY-2X<0)=\frac{1}{2}.$$

解 正确，由 $\rho_{XY}=0$，知 X 与 Y 相互独立，且 $X\sim N(0,1)$，$Y\sim N(2,1)$，则有

$$\begin{aligned}
P(XY-2X<0)&=P(X(Y-2)<0)\\
&=P(X<0,Y-2>0)+P(X>0,Y-2<0)\\
&=P(X<0)P(Y-2>0)+P(X>0)P(Y-2<0)\\
&=\frac{1}{2}\times\frac{1}{2}+\frac{1}{2}\times\frac{1}{2}=\frac{1}{2}.
\end{aligned}$$

9.【判断题】(　　) 设两个相互独立的随机变量 X 与 Y 分别服从正态分布 $N(1,5)$ 和 $N(-1,4)$，则 $X-Y\sim N(2,1)$，$P(X-Y\leqslant 2)=\frac{1}{2}$.

解 错误，因为 $X\sim N(1,5)$，$Y\sim N(-1,4)$ 且 X 与 Y 相互独立，所以 $X-Y\sim N(2,9)$，由正态分布的概率计算公式，得 $P(X-Y\leqslant 2)=\varPhi\left(\dfrac{2-2}{3}\right)=\varPhi(0)=\dfrac{1}{2}$.

10.【判断题】(　　) 假设一电路装有 4 个同种电气元件，其工作状态相互独立，且无故障工作时间都服从参数为 $\lambda(\lambda>0)$ 的指数分布，当四个元件都无故障时，电路正常工作，否则整个电路不能正常工作. 则电路正常工作的时间 T 服从参数为 4λ 的指数分布.

解 正确，由指数分布的性质知，相互独立的指数分布随机变量的最小值仍然服从指数分布. 具体验证如下：

以 $X_i(i=1,2,3,4)$ 表示第 i 个元件无故障的工作时间，则 X_1,X_2,X_3,X_4 独立同分布，它们的分布函数都为

$$F(x)=\begin{cases}0,&x<0,\\1-\mathrm{e}^{-\lambda x},&x\geqslant 0.\end{cases}$$

设 $F_T(t)$ 是电路正常工作的时间 $T=\min(X_1,X_2,X_3,X_4)$ 的分布函数，则 $\varOmega_T=(0,+\infty)$，当 $t\geqslant 0$ 时，有

$$\begin{aligned}
F_T(t)&=P(T\leqslant t)=1-P(T>t)\\
&=1-P(X_1>t,X_2>t,X_3>t,X_4>t)\\
&=1-P(X_1>t)P(X_2>t)P(X_3>t)P(X_4>t)\\
&=1-[1-F(t)]^4=1-\mathrm{e}^{-4\lambda t}.
\end{aligned}$$

所以

$$F_T(t)=\begin{cases}0,&t<0,\\1-\mathrm{e}^{-4\lambda t},&t\geqslant 0.\end{cases}$$

即 T 服从参数为 4λ 的指数分布.

四、典型例题

例 1 （考研真题 2023 年数学一第 16 题）设随机变量 X 与 Y 相互独立，且 $X\sim B\left(1,\dfrac{1}{3}\right)$，$Y\sim B\left(2,\dfrac{1}{2}\right)$，则 $P(X=Y)=$ _____.

解 因为 X 与 Y 相互独立, 则

$$P(X = Y) = P(X = Y = 0) + P(X = Y = 1) = P(X = 0)P(Y = 0) + P(X = 1)P(Y = 1)$$

$$= \frac{2}{3} \times \left(\frac{1}{2}\right)^2 + \frac{1}{3} \times 2 \times \left(\frac{1}{2}\right)^2 = \frac{1}{6} + \frac{1}{6} = \frac{1}{3}.$$

例2 (考研真题 2011年数学三第22题) 设随机变量 X 与 Y 的分布律分别如下所示, 且 $P(X^2 = Y^2) = 1$.

微课视频

X	0	1
概率	$\frac{1}{3}$	$\frac{2}{3}$

Y	-1	0	1
概率	$\frac{1}{3}$	$\frac{1}{3}$	$\frac{1}{3}$

求:

(1) 二维随机变量 (X, Y) 的联合分布律.

(2) $Z = XY$ 的分布律.

(3) X 与 Y 的相关系数 ρ_{XY} (在学完第四章后练习).

解 (1) 设 (X, Y) 的联合分布律如下所示.

X	Y			
	-1	0	1	$p_i.$
0	p_{11}	p_{12}	p_{13}	$\frac{1}{3}$
1	p_{21}	p_{22}	p_{23}	$\frac{2}{3}$
$p_{\cdot j}$	$\frac{1}{3}$	$\frac{1}{3}$	$\frac{1}{3}$	1

根据已知条件 $P(X^2 = Y^2) = 1$, 即 $P(X = 0, Y = 0) + P(X = 1, Y = -1) + P(X = 1, Y = 1) = 1$, 可知 $p_{12} + p_{21} + p_{23} = 1$, 从而 $p_{11} = p_{13} = p_{22} = 0$, $p_{12} = P(X = 0) - p_{11} - p_{13} = \frac{1}{3}$. 同理, 可得 $p_{21} = p_{23} = \frac{1}{3}$, 即 (X, Y) 的联合分布律如下所示:

X	Y			
	-1	0	1	$p_i.$
0	0	$\frac{1}{3}$	0	$\frac{1}{3}$
1	$\frac{1}{3}$	0	$\frac{1}{3}$	$\frac{2}{3}$
$p_{\cdot j}$	$\frac{1}{3}$	$\frac{1}{3}$	$\frac{1}{3}$	1

(2)$Z = XY$ 的所有可能取值为 $-1,0,1$.

$$P(Z = -1) = P(X = 1, Y = -1) = \frac{1}{3},$$

$$P(Z = 1) = P(X = 1, Y = 1) = \frac{1}{3},$$

$$P(Z = 0) = 1 - P(Z = 1) - P(Z = -1) = \frac{1}{3}$$

则 $Z = XY$ 的分布律如下所示.

Z	-1	0	1
概率	$\frac{1}{3}$	$\frac{1}{3}$	$\frac{1}{3}$

(3) 由已知, 得 $E(X) = \frac{2}{3}$, $E(Y) = 0$, $E(XY) = 0$, 故

$$\mathrm{Cov}(X, Y) = E(XY) - E(X)E(Y) = 0,$$

从而 $\rho_{XY} = 0$.

例3 (考研真题 2018 数学一第 22 题) 设随机变量 X 和 Y 相互独立, 且 $P(X = 1) = P(X = -1) = 0.5$, Y 服从参数为 λ 的泊松分布, 令 $Z = XY$.

(1) $\mathrm{Cov}(X, Z)$ (在学完第四章后练习).

(2) 求 Z 的分布律.

解 (1) 由已知, 得 $E(X) = 0, E(X^2) = 1$, 且 X 和 Y 相互独立, 则

$$\mathrm{Cov}(X, Z) = \mathrm{Cov}(X, XY) = E(X^2 Y) - E(X)E(XY)$$

$$= E(X^2)E(Y) - E(X)E(X)E(Y) = \lambda.$$

(2) 由已知, 得 $\Omega_Z = \{\cdots, -2, -1, 0, 1, 2, \cdots\}$, 则 Z 的分布律如下.

当 $k < 0$ 时, $P(Z = XY = k) = P(X = -1)P(Y = -k) = 0.5\mathrm{e}^{-\lambda} \dfrac{\lambda^{-k}}{(-k)!}$, $k = -1, -2, \cdots$.

当 $k = 0$ 时, $P(Z = XY = k) = P(Y = 0) = \mathrm{e}^{-\lambda} \dfrac{\lambda^0}{0!} = \mathrm{e}^{-\lambda}$.

当 $k > 0$ 时, $P(Z = XY = k) = P(X = 1)P(Y = k) = 0.5\mathrm{e}^{-\lambda} \dfrac{\lambda^k}{k!}$, $k = 1, 2, \cdots$.

例4 (考研真题 2020 年数学三第 22 题) 设二维随机变量 (X, Y) 在区域 $D = \{(x, y) \mid 0 < y < \sqrt{1 - x^2}\}$ 上服从均匀分布, 令 $Z_1 = \begin{cases} 1, & X - Y > 0, \\ 0, & X - Y \leqslant 0, \end{cases}$ $Z_2 = \begin{cases} 1, & X + Y > 0, \\ 0, & X + Y \leqslant 0. \end{cases}$ 求:

(1) (Z_1, Z_2) 的联合分布律. (2) Z_1, Z_2 的相关系数 (在学完第四章后练习).

解 (1) 由已知, 得 $P(Z_1 = 0, Z_2 = 0) = P(X \leqslant Y, X \leqslant -Y) = 0.25$.

$$P(Z_1 = 0, Z_2 = 1) = P(X \leqslant Y, X > -Y) = P(-Y < X \leqslant Y) = 0.5,$$

$$P(Z_1 = 1, Z_2 = 0) = P(X > Y, X \leqslant -Y) = P(\varnothing) = 0,$$

$$P(Z_1 = 1, Z_2 = 1) = P(X > Y, X > -Y) = 0.25.$$

则 (Z_1, Z_2) 的联合分布律如下所示.

Z_1	Z_2		
	0	1	$p_{i\cdot}$
0	0.25	0.5	0.75
1	0	0.25	0.25
$p_{\cdot j}$	0.25	0.75	1

（2）由 (Z_1, Z_2) 的联合分布律，得

$E(Z_1) = 0.25$，$Var(Z_1) = 0.1875$，$E(Z_2) = 0.75$，$Var(Z_2) = 0.1875$，$E(Z_1 Z_2) = 0.25$，

则 $\rho_{Z_1 Z_2} = \dfrac{Cov(Z_1, Z_2)}{\sqrt{Var(Z_1)}\sqrt{Var(Z_2)}} = \dfrac{E(Z_1 Z_2) - E(Z_1)E(Z_2)}{\sqrt{Var(Z_1)}\sqrt{Var(Z_2)}} = \dfrac{0.25 - 0.75 \times 0.25}{\sqrt{0.1875}\sqrt{0.1875}} = \dfrac{1}{3}$.

例5 （**考研真题** 2007年数学一第23题）设二维随机变量 (X, Y) 的联合密度函数为

$$f(x, y) = \begin{cases} 2 - x - y, & 0 < x < 1,\ 0 < y < 1, \\ 0, & \text{其他.} \end{cases}$$

微课视频

求：

（1）$P(X > 2Y)$.

（2）$Z = X + Y$ 的密度函数 $f_Z(z)$.

解 （1）如图3.4所示，由已知，得

$$P(X > 2Y) = \iint\limits_{x > 2y} f(x, y)\,\mathrm{d}x\mathrm{d}y$$

$$= \iint\limits_{D} (2 - x - y)\,\mathrm{d}x\mathrm{d}y$$

$$= \int_0^{\frac{1}{2}} \mathrm{d}y \int_{2y}^1 (2 - x - y)\,\mathrm{d}x = \frac{7}{24}.$$

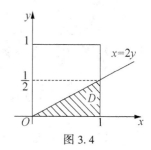

图3.4

（2）先求 Z 的分布函数

$$F_Z(z) = P(X + Y \leqslant z) = \iint\limits_{x + y \leqslant z} f(x, y)\,\mathrm{d}x\mathrm{d}y,$$

$\Omega_Z = (0, 2)$，所以，如图3.5所示，当 $0 \leqslant z < 1$ 时，

$$F_Z(z) = \iint\limits_{D_1} f(x, y)\,\mathrm{d}x\mathrm{d}y$$

$$= \int_0^z \mathrm{d}y \int_0^{z-y} (2 - x - y)\,\mathrm{d}x$$

$$= z^2 - \frac{1}{3}z^3;$$

如图3.6所示，当 $1 \leqslant z < 2$ 时，

$$F_Z(z) = 1 - \iint\limits_{D_2} f(x, y)\,\mathrm{d}x\mathrm{d}y$$

$$= 1 - \int_{z-1}^1 \mathrm{d}y \int_{z-y}^1 (2 - x - y)\,\mathrm{d}x$$

$$= 1 - \frac{1}{3}(2 - z)^3.$$

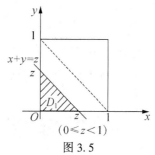

图3.5

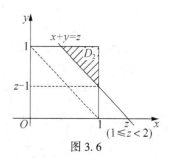

图3.6

所以 $Z = X + Y$ 的密度函数为

$$f_Z(z) = \begin{cases} 2z - z^2, & 0 < z < 1, \\ (2-z)^2, & 1 < z < 2, \\ 0, & \text{其他}. \end{cases}$$

注 本题也可利用 $Z = X + Y$ 的密度函数公式计算.

例6 (考研真题 2013年数学三第22题) 设 (X, Y) 是二维随机变量, X 的边缘密度函数为 $f_X(x) = \begin{cases} 3x^2, & 0 < x < 1, \\ 0, & \text{其他}, \end{cases}$ 在给定 $\{X = x\}$ $(0 < x < 1)$ 的条件下, Y 的条件密度函数为

$$f_{Y|X}(y|x) = \begin{cases} \dfrac{3y^2}{x^3}, & 0 < y < x, \\ 0, & \text{其他}. \end{cases}$$

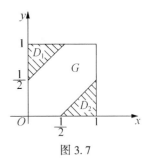

微课视频

求:

(1) (X, Y) 的联合密度函数 $f(x, y)$.

(2) Y 的边缘密度函数 $f_Y(y)$.

解 (1) 由条件密度函数的定义, 得当 $0 < x < 1$ 时, $f(x, y) = f_{Y|X}(y|x) \cdot f_X(x)$, 当 $x \le 0$ 或 $x \ge 1$ 时, $f(x, y) = 0$. 故 (X, Y) 的联合密度函数 $f(x, y)$ 为

$$f(x, y) = \begin{cases} \dfrac{9y^2}{x}, & 0 < x < 1,\ 0 < y < x, \\ 0, & \text{其他}. \end{cases}$$

(2) 由边缘密度函数的定义得 Y 的边缘密度函数 $f_Y(y)$ 为

$$f_Y(y) = \int_{-\infty}^{+\infty} f(x, y)\, \mathrm{d}x = \begin{cases} \displaystyle\int_y^1 \dfrac{9y^2}{x}\, \mathrm{d}x = -9y^2 \ln y, & 0 < y < 1, \\ 0, & \text{其他}. \end{cases}$$

例7 (考研真题 2007年数学一第16题) 在区间 $(0, 1)$ 中随机地取两个数, 则这两数之差的绝对值小于 $\dfrac{1}{2}$ 的概率为_____.

解 **方法一** 这是一个几何概型的题目. 设 X, Y 为所取的两个数, 事件 A 为"两数之差的绝对值小于 $\dfrac{1}{2}$", 则样本空间与事件 A 分别为

$$\Omega = \{(x, y) \mid 0 < x, y < 1\},\quad A = \left\{(x, y) \mid |x - y| < \dfrac{1}{2} \text{ 且 } (x, y) \in \Omega\right\}.$$

故 $P(A) = \dfrac{S_A}{S_\Omega} = \dfrac{\frac{3}{4}}{1} = \dfrac{3}{4}$, 其中, S_A, S_Ω 分别表示 A 与 Ω 的面积.

方法二 因为服从 G (其面积为 S_G) 上均匀分布的二维随机变量的联合密度函数为

$$f(x, y) = \begin{cases} \dfrac{1}{S_G}, & (x, y) \in G, \\ 0, & \text{其他}. \end{cases}$$

设 X, Y 为所取的两个数, 显然 (X, Y) 服从 G 区域(见图 3.7)上的

图 3.7

均匀分布,所以(X,Y)的联合密度函数

$$f(x,y) = \begin{cases} 1, & 0 < x < 1,\ 0 < y < 1, \\ 0, & \text{其他.} \end{cases}$$

从而如图 3.7 所示,有

$$P\left(|X-Y| < \frac{1}{2}\right) = \iint\limits_{|x-y| < \frac{1}{2}} f(x,y)\mathrm{d}x\mathrm{d}y = 1 - \iint\limits_{D_1 \cup D_2} 1\mathrm{d}x\mathrm{d}y = \frac{3}{4}.$$

例 8 (**考研真题** 2012 年数学三第 7 题) 设随机变量 X 与 Y 相互独立,且都服从区间 $(0,1)$ 上的均匀分布,则 $P(X^2 + Y^2 \leqslant 1) = ($).

A. $\dfrac{1}{4}$ B. $\dfrac{1}{2}$ C. $\dfrac{\pi}{8}$ D. $\dfrac{\pi}{4}$

解 **方法一** 如图 3.8 所示,由已知条件知 (X,Y) 服从区域 $G = \{(x,y)\,|\,0 < x,y < 1\}$ 上的二维均匀分布,由几何概型易求得

$$P(X^2 + Y^2 \leqslant 1) = \frac{m(\{X^2 + Y^2 \leqslant 1\})}{m(\Omega)} = \frac{\dfrac{\pi}{4}}{1} = \frac{\pi}{4}\left(\frac{1}{4}\text{圆的面积除以正方形的面积}\right)$$

故选 D.

方法二 因为 X 与 Y 相互独立,且都服从区间 $(0,1)$ 上的均匀分布,则 (X,Y) 的联合密度函数为

$$f(x,y) = f_X(x) \cdot f_Y(y) = \begin{cases} 1, & 0 < x < 1,\ 0 < y < 1, \\ 0, & \text{其他.} \end{cases}$$

从而如图 3.8 所示,

$$P(X^2 + Y^2 \leqslant 1) = \iint\limits_{x^2 + y^2 \leqslant 1} f(x,y)\mathrm{d}x\mathrm{d}y$$
$$= \iint\limits_{D} 1\mathrm{d}x\mathrm{d}y = S_D = \frac{\pi}{4}.$$

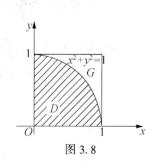

图 3.8

故选 D.

例 9 (**考研真题** 2011 年数学三第 23 题) 设二维随机变量 (X,Y) 服从区域 G 上的均匀分布,其中 G 是由 $x - y = 0, x + y = 2$ 与 $y = 0$ 所围成的三角形区域. 求:

(1) X 的密度函数 $f_X(x)$.

(2) 条件密度函数 $f_{X|Y}(x|y)$.

解 (1) 因为服从 G(其面积为 S_G)上均匀分布的二维随机变量的联合密度函数为

$$f(x,y) = \begin{cases} \dfrac{1}{S_G}, & (x,y) \in G, \\ 0, & \text{其他.} \end{cases}$$

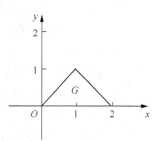

如图 3.9 所示. 所以 (X,Y) 的联合密度函数为

$$f(x,y) = \begin{cases} 1, & (x,y) \in G, \\ 0, & (x,y) \notin G. \end{cases}$$

$\Omega_X = (0,2)$,由边缘密度函数公式,得

当 $0 < x < 1$ 时,$f_X(x) = \displaystyle\int_{-\infty}^{+\infty} f(x,y)\mathrm{d}y = \int_0^x 1\mathrm{d}y = x$;

图 3.9

当 $1 < x < 2$ 时，$f_X(x) = \int_{-\infty}^{+\infty} f(x,y)\,\mathrm{d}y = \int_0^{2-x} 1\,\mathrm{d}y = 2 - x$. 所以

$$f_X(x) = \begin{cases} x, & 0 < x < 1, \\ 2-x, & 1 < x < 2, \\ 0, & \text{其他}. \end{cases}$$

（2）由公式在 $\{Y = y\}$ 条件下 X 的条件密度函数为 $f_{X|Y}(x|y) = \dfrac{f(x,y)}{f_Y(y)}$，而 $\Omega_Y = (0,1)$，

当 $0 < y < 1$ 时，$f_Y(y) = \int_y^{2-y} 1\,\mathrm{d}x = 2 - 2y$，故

$$f_Y(y) = \begin{cases} 2-2y, & 0 < y < 1, \\ 0, & \text{其他}. \end{cases}$$

当 $0 < y < 1$ 时，$\Omega_{X|Y=y} = (y, 2-y)$. 所以，当 $0 < y < 1$ 时，

$$f_{X|Y}(x|y) = \begin{cases} \dfrac{1}{2-2y}, & y < x < 2-y, \\ 0, & \text{其他}. \end{cases}$$

例 10（**考研真题** 2021 年数学一第 22 题）在区间 $(0,2)$ 上随机取一点，将该区间分成两段，较短的一段长度记为 X，较长的一段长度记为 Y，令 $Z = \dfrac{Y}{X}$. 求：

（1）X 的密度函数.（2）Z 的密度函数.（3）$E\left(\dfrac{X}{Y}\right)$（在学完第四章后练习）.

解（1）由题意，知 $X \sim U(0,1)$，则 X 的密度函数 $f_X(x) = \begin{cases} 1, & 0 < x < 1, \\ 0, & \text{其他}. \end{cases}$

（2）因 $Z = \dfrac{Y}{X} = \dfrac{2-X}{X}$，$\Omega_X = (0,1)$，则 $\Omega_Z = (1,+\infty)$，当 $z \geqslant 1$ 时，

$$F_Z(z) = P\left(\dfrac{2-X}{X} \leqslant z\right) = P\left(X \geqslant \dfrac{2}{z+1}\right) = 1 - \dfrac{2}{z+1},$$

则 Z 的密度函数 $f_Z(z) = \begin{cases} \dfrac{2}{(z+1)^2}, & z > 1, \\ 0, & \text{其他}. \end{cases}$

（3）由随机变量函数的期望公式，得

$$E\left(\dfrac{X}{Y}\right) = E\left(\dfrac{X}{2-X}\right) = \int_{-\infty}^{+\infty} \dfrac{x}{2-x} \cdot f_X(x)\,\mathrm{d}x = \int_0^1 \dfrac{x}{2-x} \cdot 1\,\mathrm{d}x = \int_0^1 -1 + \dfrac{2}{2-x}\,\mathrm{d}x$$

$$= \left[-x - 2\ln(2-x)\right]_0^1 = 2\ln 2 - 1.$$

例 11（**考研真题** 1999 年数学四第 11 题）设二维随机变量 (X,Y) 在矩形 $G = \{(x,y) \mid 0 \leqslant x \leqslant 2, 0 \leqslant y \leqslant 1\}$ 上服从均匀分布，试求：边长为 X 与 Y 的矩形面积 S 的密度函数 $f(s)$.

解 二维随机变量 (X,Y) 的联合密度函数为

$$f(x,y) = \begin{cases} \dfrac{1}{2}, & (x,y) \in G, \\ 0, & (x,y) \notin G. \end{cases}$$

微课视频

设 S 的分布函数为 $F(s) = P(S \leqslant s)$，$\Omega_S = [0,2]$.

当 $0 \leqslant s < 2$ 时，曲线 $xy = s$ 与矩形 G 的上边交于点 $(s,1)$；位于曲线 $xy = s$ 上方的点满足 $xy > s$，位于下方的点满足 $xy < s$，于是如图 3.10 所示，

$$F(s) = P(S \leqslant s) = P(XY \leqslant s) = 1 - P(XY > s)$$

$$= 1 - \iint\limits_{D} \frac{1}{2} \mathrm{d}x\mathrm{d}y = 1 - \frac{1}{2}\int_s^2 \mathrm{d}x \int_{\frac{s}{x}}^1 \mathrm{d}y = \frac{s}{2}(1 + \ln 2 - \ln s).$$

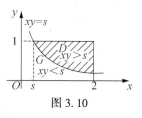

图 3.10

于是

$$f(s) = \begin{cases} \dfrac{1}{2}(\ln 2 - \ln s), & 0 < s < 2, \\[2mm] 0, & s \leqslant 0 \text{ 或 } s \geqslant 2. \end{cases}$$

例 12　(考研真题　2019 年数学一第 8 题) 设随机变量 X 与 Y 相互独立，且都服从正态分布 $N(\mu, \sigma^2)$，则 $P(|X-Y| < 1) = ($ 　 $)$.

A. 与 μ 无关，而与 σ^2 有关　　　　B. 与 μ 有关，而与 σ^2 无关

C. 与 μ, σ^2 都有关　　　　　　　　D. 与 μ, σ^2 都无关

解　由已知，得 $X - Y \sim N(0, 2\sigma^2)$，则

$$P(|X-Y| < 1) = P\left(\left|\frac{X-Y}{\sqrt{2}\sigma}\right| < \frac{1}{\sqrt{2}\sigma}\right) = 2\Phi\left(\frac{1}{\sqrt{2}\sigma}\right) - 1.$$

故正确选项为 A.

例 13　(考研真题　2012 年数学一第 23(1) 题) 设随机变量 X 与 Y 相互独立且分别服从正态分布 $N(\mu, \sigma^2)$ 与 $N(\mu, 2\sigma^2)$，设 $Z = X - Y$. 求 Z 的密度函数 $f(z)$.

解　由正态分布的可加性，知 Z 服从正态分布，且

$$\mu_X - \mu_Y = 0, \quad \sigma_X^2 + \sigma_Y^2 = 3\sigma^2,$$

即 $Z \sim N(0, 3\sigma^2)$，从而 Z 的密度函数为

$$f(z) = \frac{1}{\sqrt{2\pi} \cdot \sqrt{3\sigma^2}} \mathrm{e}^{-\frac{(z-0)^2}{2 \cdot 3\sigma^2}} = \frac{1}{\sqrt{6\pi}\sigma} \mathrm{e}^{-\frac{z^2}{6\sigma^2}}, \quad -\infty < z < +\infty.$$

例 14　(考研真题　2000 年数学四第 11 题) 设二维随机变量 (X, Y) 的联合密度函数为

$$f(x,y) = \frac{1}{2}[\varphi_1(x,y) + \varphi_2(x,y)],$$

其中，$\varphi_1(x,y)$ 和 $\varphi_2(x,y)$ 都是二维正态分布的联合密度函数，且它们对应的二维随机变量的相关系数分别为 $\dfrac{1}{3}$ 和 $-\dfrac{1}{3}$，它们的边缘密度函数所对应的随机变量的数学期望都是 0，方差都是 1(在学完第四章后练习).

(1) 求随机变量 X 和 Y 的密度函数 $f_1(x)$ 和 $f_2(y)$，及 X 和 Y 的相关系数 ρ_{XY}(可以直接利用二维正态密度的性质).

(2) 问 X 和 Y 是否独立？为什么？

解　(1) 由于二维正态分布的两个边缘分布都是正态分布，因此由题意，可知 $\varphi_1(x,y)$ 和 $\varphi_2(x,y)$ 的两个边缘密度为标准正态密度函数，故

$$f_1(x) = \int_{-\infty}^{+\infty} f(x,y) \mathrm{d}y = \frac{1}{2}\left[\int_{-\infty}^{+\infty} \varphi_1(x,y) \mathrm{d}y + \int_{-\infty}^{+\infty} \varphi_2(x,y) \mathrm{d}y\right]$$

$$= \frac{1}{2}\left[\frac{1}{\sqrt{2\pi}}e^{-\frac{x^2}{2}} + \frac{1}{\sqrt{2\pi}}e^{-\frac{x^2}{2}}\right] = \frac{1}{\sqrt{2\pi}}e^{-\frac{x^2}{2}};$$

同理，$f_2(y) = \frac{1}{\sqrt{2\pi}}e^{-\frac{y^2}{2}}$.

由于 $X \sim N(0,1)$, $Y \sim N(0,1)$, 可见 $E(X) = E(Y) = 0$, $D(X) = D(Y) = 1$. X 和 Y 的相关系数为

$$\rho_{XY} = \int_{-\infty}^{+\infty}\int_{-\infty}^{+\infty} xy f(x,y)\,\mathrm{d}x\mathrm{d}y$$

$$= \frac{1}{2}\left[\int_{-\infty}^{+\infty}\int_{-\infty}^{+\infty} xy \varphi_1(x,y)\,\mathrm{d}x\mathrm{d}y + \int_{-\infty}^{+\infty}\int_{-\infty}^{+\infty} xy \varphi_2(x,y)\,\mathrm{d}x\mathrm{d}y\right]$$

$$= \frac{1}{2}\left[\frac{1}{3} - \frac{1}{3}\right] = 0.$$

(2) 由(1)得

$$f(x,y) = \frac{3}{8\pi\sqrt{2}}\left[e^{-\frac{9}{16}(x^2-\frac{2}{3}xy+y^2)} + e^{-\frac{9}{16}(x^2+\frac{2}{3}xy+y^2)}\right],$$

$f_1(x) \cdot f_2(y) = \frac{1}{2\pi}e^{-\frac{x^2}{2}} \cdot e^{-\frac{y^2}{2}} = \frac{1}{2\pi}e^{-\frac{(x^2+y^2)}{2}}$, 对任意的 $-\infty < x, y < +\infty$ 都有 $f(x,y) \neq f_1(x) \cdot f_2(y)$, 所以 X 与 Y 不独立.

例 15 (**考研真题** 2017 年数学一第 23(1) 题) 已知 X 服从正态分布 $N(\mu, \sigma^2)$, 求 $Z = |X - \mu|$ 的密度函数.

解 由分布函数的定义, 得
$$F_Z(z) = P(Z \leq z) = P(|X - \mu| \leq z),$$
因为 $\Omega_Z = [0, +\infty)$, 当 $z \geq 0$ 时, 由正态概率公式, 得

微课视频

$$F_Z(z) = P(Z \leq z) = P(|X - \mu| \leq z) = \Phi\left(\frac{z}{\sigma}\right) - \Phi\left(-\frac{z}{\sigma}\right) = 2\Phi\left(\frac{z}{\sigma}\right) - 1,$$

所以

$$f_Z(z) = \frac{2}{\sigma}\varphi\left(\frac{z}{\sigma}\right) = \frac{2}{\sqrt{2\pi}\,\sigma}e^{-\frac{z^2}{2\sigma^2}}.$$

则

$$f_Z(z) = \begin{cases} \dfrac{2}{\sqrt{2\pi}\,\sigma}e^{-\frac{z^2}{2\sigma^2}}, & z > 0, \\ 0, & \text{其他}. \end{cases}$$

例 16 (**考研真题** 2012 年数学一第 7 题) 设随机变量 X 与 Y 相互独立, 且分别服从参数为 1 与参数为 4 的指数分布, 则 $P(X < Y) = ($ $)$.

A. $\dfrac{1}{5}$ B. $\dfrac{1}{3}$ C. $\dfrac{2}{5}$ D. $\dfrac{4}{5}$

解 由指数分布的密度函数 $f(x) = \begin{cases} \lambda e^{-\lambda x}, & x > 0, \\ 0, & x \leq 0, \end{cases}$ 得 X, Y 的密度函数分别为

$$f_X(x) = \begin{cases} e^{-x}, & x > 0, \\ 0, & \text{其他}, \end{cases} \qquad f_Y(y) = \begin{cases} 4e^{-4y}, & y > 0, \\ 0, & \text{其他}, \end{cases}$$

又 X 与 Y 相互独立，从而 X 与 Y 的联合密度函数为

$$f(x,y) = f_X(x) \cdot f_Y(y) = \begin{cases} 4e^{-(x+4y)}, & x > 0, \ y > 0, \\ 0, & \text{其他}. \end{cases}$$

于是

$$P(X < Y) = \iint\limits_{x<y} f(x,y)\,dx\,dy = \int_0^{+\infty} dx \int_x^{+\infty} 4e^{-(x+4y)}\,dy = \frac{1}{5}.$$

故选 A.

例 17 （考研真题 2012 年数学三第 23(1) 题）设随机变量 X 与 Y 相互独立，且服从参数为 1 的指数分布. 记 $V = \min(X,Y)$. 求 V 的密度函数 $f_V(v)$.

解 显然 $\Omega_V = [0,+\infty)$，当 $v \geqslant 0$ 时，V 的分布函数

$$\begin{aligned}
F_V(v) &= P(V \leqslant v) = P(\min(X,Y) \leqslant v) = 1 - P(\min(X,Y) > v) \\
&= 1 - P(X > v, Y > v) = 1 - P(X > v) \cdot P(Y > v) \\
&= 1 - [1 - F_X(v)][1 - F_Y(v)] \\
&= 1 - [1 - (1 - e^{-v})]^2 = 1 - e^{-2v}.
\end{aligned}$$

于是 V 的密度函数

$$f_V(v) = \begin{cases} 2e^{-2v}, & v > 0, \\ 0, & \text{其他}. \end{cases}$$

例 18 （考研真题 2020 年数学一第 22 题）设随机变量 X_1, X_2, X_3 相互独立，其中 X_1, X_2 均服从标准正态分布，X_3 的分布律为 $P(X_3 = 0) = P(X_3 = 1) = 0.5, Y = X_3 X_1 + (1 - X_3)X_2$.

(1) 求 (X_1, Y) 的联合分布函数，结果用 $\Phi(x)$ 表示. (2) 证明 Y 服从正态分布.

解 (1) $\begin{aligned}[t]
F(x,y) &= P(X_1 \leqslant x, X_3 X_1 + (1 - X_3)X_2 \leqslant y) \\
&= P(X_1 \leqslant x, X_3 = 0, X_2 \leqslant y) + P(X_1 \leqslant x, X_3 = 1, X_1 \leqslant y) \\
&= P(X_1 \leqslant x)P(X_3 = 0)P(X_2 \leqslant y) + P(X_3 = 1)P(X_1 \leqslant x, X_1 \leqslant y) \\
&= 0.5\Phi(x)\Phi(y) + 0.5\Phi[\min(x,y)] \\
&= \begin{cases} 0.5\Phi(x)\Phi(y) + 0.5\Phi(x), & x \leqslant y, \\ 0.5\Phi(x)\Phi(y) + 0.5\Phi(y), & x > y. \end{cases}
\end{aligned}$

(2) $\begin{aligned}[t]
F(y) &= P(X_3 X_1 + (1 - X_3)X_2 \leqslant y) = P(X_3 = 0, X_2 \leqslant y) + P(X_3 = 1, X_1 \leqslant y) \\
&= P(X_3 = 0)P(X_2 \leqslant y) + P(X_3 = 1)P(X_1 \leqslant y) = 0.5\Phi(y) + 0.5\Phi(y) = \Phi(y),
\end{aligned}$

得证.

例 19 （考研真题 2014 年数学一第 22 题）

设随机变量 X 的分布为 $P(X = 1) = P(X = 2) = \dfrac{1}{2}$，在给定 $\{X = i\}$ 条件下，随机变量 Y 服从均匀分布 $U(0,i)$，$i = 1, 2$.

(1) 求 Y 的分布函数.

(2) 求数学期望 $E(Y)$（在学完第四章后练习）.

解 (1) 由全概率公式得 Y 的分布函数

$$\begin{aligned}
F(y) &= P(Y \leqslant y) = P(Y \leqslant y, X = 1) + P(Y \leqslant y, X = 2) \\
&= P(Y \leqslant y \mid X = 1)P(X = 1) + P(Y \leqslant y \mid X = 2)P(X = 2) \\
&= \frac{1}{2}[P(Y \leqslant y \mid X = 1) + P(Y \leqslant y \mid X = 2)].
\end{aligned}$$

微课视频

当 $y < 0$ 时,$F(y) = 0$.

当 $0 \leqslant y < 1$ 时,$F(y) = \dfrac{1}{2}y + \dfrac{1}{2} \cdot \dfrac{y}{2} = \dfrac{3}{4}y$.

当 $1 \leqslant y < 2$ 时,$F(y) = \dfrac{1}{2} + \dfrac{1}{2} \cdot \dfrac{y}{2} = \dfrac{1}{4}y + \dfrac{1}{2}$.

当 $y \geqslant 2$ 时,$F(y) = 1$.

所以 Y 的分布函数

$$F(y) = \begin{cases} 0, & y < 0, \\ \dfrac{3}{4}y, & 0 \leqslant y < 1, \\ \dfrac{1}{4}y + \dfrac{1}{2}, & 1 \leqslant y < 2, \\ 1, & y \geqslant 2. \end{cases}$$

(2) Y 的密度函数

$$f(y) = \begin{cases} \dfrac{3}{4}, & 0 < y < 1, \\ \dfrac{1}{4}, & 1 < y < 2, \\ 0, & \text{其他}. \end{cases}$$

$$E(Y) = \int_0^1 \dfrac{3}{4}y\mathrm{d}y + \int_1^2 \dfrac{y}{4}\mathrm{d}y = \dfrac{3}{4}.$$

例 20 (**考研真题** 2017 年数学一第 22 题) 设随机变量 X 与 Y 相互独立,且 X 的分布律为 $P(X = 0) = P(X = 2) = \dfrac{1}{2}$,$Y$ 的密度函数为 $f(y) = \begin{cases} 2y, & 0 < y < 1, \\ 0, & \text{其他}. \end{cases}$

求:(1) $P(Y \leqslant EY)$(在学完第四章后练习);

(2) $Z = X + Y$ 的密度函数.

微课视频

解 (1) 由期望的定义 $E(Y) = \int_0^1 y2y\mathrm{d}y = \dfrac{2}{3}$,则

$$P(Y \leqslant EY) = P\left(Y \leqslant \dfrac{2}{3}\right) = \int_0^{\frac{2}{3}} 2y\mathrm{d}y = \dfrac{4}{9}.$$

(2) 由分布函数的定义和 X, Y 相互独立,得

$$\begin{aligned} F_Z(z) &= P(Z \leqslant z) = P(X + Y \leqslant z) \\ &= P(X + Y \leqslant z, X = 0) + P(X + Y \leqslant z, X = 2) \\ &= P(Y \leqslant z, X = 0) + P(Y \leqslant z - 2, X = 2) \\ &= \dfrac{1}{2}P(Y \leqslant z) + \dfrac{1}{2}P(Y \leqslant z - 2), \end{aligned}$$

当 $z < 0$ 且 $z - 2 < 0$,即 $z < 0$ 时,$F_Z(z) = 0$.

当 $z \geqslant 1$ 且 $z - 2 \geqslant 1$,即 $z \geqslant 3$ 时,$F_Z(z) = 1$.

当 $0 \leqslant z < 1$ 时,$F_Z(z) = \dfrac{1}{2}z^2$.

当 $1 \leqslant z < 2$ 时，$F_Z(z) = \dfrac{1}{2}$.

当 $2 \leqslant z < 3$ 时，$F_Z(z) = \dfrac{1}{2} + \dfrac{1}{2}(z-2)^2$.

所以

$$F_Z(z) = \begin{cases} 0, & z < 0, \\ \dfrac{1}{2}z^2, & 0 \leqslant z < 1, \\ \dfrac{1}{2}, & 1 \leqslant z < 2, \\ \dfrac{1}{2} + \dfrac{1}{2}(z-2)^2, & 2 \leqslant z < 3, \\ 1, & z \geqslant 3, \end{cases}$$

故

$$f_Z(z) = \begin{cases} z, & 0 \leqslant z < 1, \\ z-2, & 2 \leqslant z < 3, \\ 0, & \text{其他.} \end{cases}$$

例21　（**考研真题**　2019 年数学一第 22 题）设随机变量 X 与 Y 相互独立，X 服从参数为 1 的指数分布，Y 的分布律为 $P(Y=-1)=p$，$P(Y=1)=1-p(0<p<1)$．令 $Z=XY$.

（1）求 Z 的密度函数.

（2）p 为何值时，X 与 Z 不相关（在学完第四章后练习）？

（3）X 与 Z 是否相互独立？

解　（1）$F_Z(z) = P(Z \leqslant z) = P(XY \leqslant z) = P(Y=-1, X \geqslant -z) + P(Y=1, X \leqslant z)$
$$= P(Y=-1)P(X \geqslant -z) + P(Y=1)P(X \leqslant z)$$
$$= p[1 - F_X(-z)] + (1-p)F_X(z),$$

$f_Z(z) = F'_Z(z) = pf_X(-z) + (1-p)f_X(z)$.

X 服从参数为 1 的指数分布，X 的密度函数

$$f_X(x) = \begin{cases} \mathrm{e}^{-x}, & x \geqslant 0, \\ 0, & \text{其他,} \end{cases}$$

代入可得

$$f_Z(z) = \begin{cases} (1-p)\mathrm{e}^{-z}, & z > 0, \\ p\mathrm{e}^z, & z \leqslant 0. \end{cases}$$

（2）由已知，得 $\mathrm{Var}(X)=1$，$E(Y)=1-2p$，又因为 X 与 Y 相互独立，得当 X 与 Z 不相关时

$$\mathrm{Cov}(X,Z) = E(XXY) - E(X)E(XY) = E(X^2)E(Y) - [E(X)]^2E(Y)$$
$$= \mathrm{Var}(X)E(Y) = (1-2p) = 0.$$

此时 $p = \dfrac{1}{2}$.

（3）当 $p = \dfrac{1}{2}$ 时，由已知得 (X,Z) 的联合分布函数 $F(x,z)$ 在点 $\left(\dfrac{1}{2}, \dfrac{1}{2}\right)$ 处的函数值为

$$F\left(\frac{1}{2}, \frac{1}{2}\right) = P\left(X \leqslant \frac{1}{2}, Z \leqslant \frac{1}{2}\right) = P\left(X \leqslant \frac{1}{2}, XY \leqslant \frac{1}{2}\right)$$

$$= P\left(X \leqslant \frac{1}{2}, XY \leqslant \frac{1}{2}, Y = -1\right) + P\left(X \leqslant \frac{1}{2}, XY \leqslant \frac{1}{2}, Y = 1\right)$$

$$= P\left(X \leqslant \frac{1}{2}, X \geqslant -\frac{1}{2}, Y = -1\right) + P\left(X \leqslant \frac{1}{2}, Y = 1\right)$$

$$= P\left(-\frac{1}{2} \leqslant X \leqslant \frac{1}{2}\right) P(Y = -1) + P\left(X \leqslant \frac{1}{2}\right) P(Y = 1) = 1 - \mathrm{e}^{-\frac{1}{2}},$$

$$F_X\left(\frac{1}{2}\right) = P\left(X \leqslant \frac{1}{2}\right) = 1 - \mathrm{e}^{-\frac{1}{2}},$$

$$F_Z\left(\frac{1}{2}\right) = P\left(Z \leqslant \frac{1}{2}\right) = \frac{1}{2} P\left(X \geqslant -\frac{1}{2}\right) + \frac{1}{2} P\left(X \leqslant \frac{1}{2}\right) = \frac{1}{2} + \frac{1}{2}(1 - \mathrm{e}^{-\frac{1}{2}}) = 1 - \frac{1}{2} \mathrm{e}^{-\frac{1}{2}},$$

则

$$F\left(\frac{1}{2}, \frac{1}{2}\right) = P\left(X \leqslant \frac{1}{2}, Z \leqslant \frac{1}{2}\right) \neq F_X\left(\frac{1}{2}\right) F_Z\left(\frac{1}{2}\right) = P\left(X \leqslant \frac{1}{2}\right) P\left(Z \leqslant \frac{1}{2}\right),$$

所以 X 与 Z 不相互独立.

例 22 （考研真题 2016 年数学三第 22 题）设二维随机变量 (X, Y) 在区域 $D = \{(x, y) \mid 0 < x < 1, x^2 < y < \sqrt{x}\}$ 上服从均匀分布，令

$$U = \begin{cases} 1, & X \leqslant Y, \\ 0, & X > Y. \end{cases}$$

（1）写出 (X, Y) 的联合密度函数.

（2）问 U 与 X 是否相互独立？并说明理由.

（3）求 $Z = U + X$ 的分布函数 $F(z)$.

解 （1）因为 $f(x, y)$ 服从区域 D 上的均匀分布，而区域 D 的面积

$$S_D = \int_0^1 (\sqrt{x} - x^2) = \frac{1}{3},$$

所以

$$f(x, y) = \begin{cases} 3, & 0 < x < 1, \ x^2 < y < \sqrt{x}, \\ 0, & \text{其他}. \end{cases}$$

（2）U 与 X 不相互独立. 因为

$$P\left(U \leqslant \frac{1}{2}, X \leqslant \frac{1}{2}\right) = P\left(U = 0, X \leqslant \frac{1}{2}\right) = P\left(X > Y, X \leqslant \frac{1}{2}\right) = \int_0^{\frac{1}{2}} \mathrm{d}x \int_{x^2}^x 3\mathrm{d}y = \frac{1}{4},$$

$$P\left(U \leqslant \frac{1}{2}\right) = \frac{1}{2}, \quad P\left(X \leqslant \frac{1}{2}\right) = \int_0^{\frac{1}{2}} \mathrm{d}x \int_{x^2}^{\sqrt{x}} 3\mathrm{d}y = \sqrt{\frac{1}{2}} - \frac{1}{8},$$

所以

$$P\left(U \leqslant \frac{1}{2}, X \leqslant \frac{1}{2}\right) \neq P\left(U \leqslant \frac{1}{2}\right) P\left(X \leqslant \frac{1}{2}\right),$$

故 U 与 X 不独立.

（3）$F(z) = P(U + X \leqslant z) = P(U + X \leqslant z \mid U = 0) P(U = 0) + P(U + X \leqslant z \mid U = 1) P(U = 1)$

$$= \frac{P(U+X \leqslant z, U=0)}{P(U=0)} P(U=0) + \frac{P(U+X \leqslant z, U=1)}{P(U=1)} P(U=1)$$

$$= P(X \leqslant z, X > Y) + P(1+X \leqslant z, X \leqslant Y),$$

又

$$P(X \leqslant z, X > Y) = \begin{cases} 0, & z < 0, \\ \dfrac{3}{2}z^2 - z^3, & 0 \leqslant z < 1, \\ \dfrac{1}{2}, & z \geqslant 1, \end{cases}$$

$$P(X+1 \leqslant z, X \leqslant Y) = \begin{cases} 0, & z < 1, \\ 2(z-1)^{\frac{3}{2}} - \dfrac{3}{2}(z-1)^2, & 1 \leqslant z < 2, \\ \dfrac{1}{2}, & z \geqslant 2. \end{cases}$$

所以

$$F(z) = \begin{cases} 0, & z < 0, \\ \dfrac{3}{2}z^2 - z^3, & 0 \leqslant z < 1, \\ \dfrac{1}{2} + 2(z-1)^{\frac{3}{2}} - \dfrac{3}{2}(z-1)^2, & 1 \leqslant z < 2, \\ 1, & z \geqslant 2. \end{cases}$$

例 23 （**考研真题** 2013 年数学一第 22 题）设随机变量 X 的密度函数为

$$f(x) = \begin{cases} \dfrac{1}{9}x^2, & 0 < x < 3, \\ 0, & 其他. \end{cases}$$

令随机变量

$$Y = \begin{cases} 2, & X \leqslant 1, \\ X, & 1 < X < 2, \\ 1, & X \geqslant 2. \end{cases}$$

（1）求 Y 的分布函数.

（2）求概率 $P(X \leqslant Y)$.

解 （1）显然 $\Omega_Y = [1, 2]$，则当 $1 \leqslant y < 2$ 时，有

$$F(y) = P(Y \leqslant y) = P(Y < 1) + P(Y=1) + P(1 < Y \leqslant y)$$

$$= 0 + P(X \geqslant 2) + P(1 < X \leqslant y)$$

$$= \int_2^3 \frac{1}{9}x^2 \mathrm{d}x + \int_1^y \frac{1}{9}x^2 \mathrm{d}x = \frac{y^3 + 18}{27},$$

微课视频

根据分布函数的性质，得

$$F(y) = \begin{cases} 0, & y < 1, \\ \dfrac{y^3 + 18}{27}, & 1 \leqslant y < 2, \\ 1, & y \geqslant 2. \end{cases}$$

（2）由已知，得

$$P(X \leqslant Y) = P(X = Y) + P(X < Y)$$

$$= P(1 < X < 2) + P(X \leqslant 1) = \int_0^2 \frac{1}{9} x^2 dx = \frac{8}{27}.$$

五、习题详解

习题 3-1 二维随机变量及其联合分布

1. 一个箱子中装有 100 件同类产品，其中一、二、三等品分别有 70,20,10 件. 现从中随机地抽取一件，试求：(X_1, X_2) 的联合分布律，其中 $X_i = \begin{cases} 1, & \text{如果抽到 } i \text{ 等品,} \\ 0, & \text{如果抽到非 } i \text{ 等品,} \end{cases}$ $i = 1, 2.$

解 由题意，得

$$P(X_1 = 0, X_2 = 0) = P(\text{抽到三等品}) = 0.1,$$

$$P(X_1 = 0, X_2 = 1) = P(\text{抽到二等品}) = 0.2,$$

$$P(X_1 = 1, X_2 = 0) = P(\text{抽到一等品}) = 0.7,$$

$$P(X_1 = 1, X_2 = 1) = P(\varnothing) = 0.$$

所以 (X_1, X_2) 的联合分布律如下所示.

X_1	X_2	
	0	1
0	0.1	0.2
1	0.7	0

2. 两名水平相当的棋手弈棋 3 盘. 设 X 表示某名棋手获胜的盘数，Y 表示他输赢盘数之差的绝对值. 假定没有和棋，且每盘结果是相互独立的. 试求：(X, Y) 的联合分布律.

解 由题意，知

$$X \sim B\left(3, \frac{1}{2}\right), \quad Y = |X - (3 - X)| = |2X - 3|.$$

当 $X = 0$ 时，必有 $Y = 3$，所以

$$P(X = 0, Y = 3) = P(X = 0) = \left(\frac{1}{2}\right)^3 = \frac{1}{8}.$$

同理，有

$$P(X = 1, Y = 1) = P(X = 1) = C_3^1 \left(\frac{1}{2}\right)^1 \left(\frac{1}{2}\right)^2 = \frac{3}{8},$$

$$P(X = 2, Y = 1) = P(X = 2) = C_3^2 \left(\frac{1}{2}\right)^2 \left(\frac{1}{2}\right)^1 = \frac{3}{8},$$

$$P(X = 3, Y = 3) = P(X = 3) = C_3^3 \left(\frac{1}{2}\right)^3 = \frac{1}{8}.$$

所以 (X, Y) 的联合分布律如下所示.

X	Y	
	1	3
0	0	$\dfrac{1}{8}$
1	$\dfrac{3}{8}$	0
2	$\dfrac{3}{8}$	0
3	0	$\dfrac{1}{8}$

3. 设二维离散型随机变量 (X,Y) 的联合分布律如下所示.

X	Y	
	0	1
0	0.4	a
1	b	0.1

已知随机事件 $\{X=0\}$ 与 $\{X+Y=1\}$ 相互独立，求 a,b 的值.

解 由已知，得 $a+b=0.5$ 且 $P(X=0,X+Y=1)=P(X=0,Y=1)=a$，又因为
$$P(X=0)P(X+Y=1)=(0.4+a)(a+b)=(0.4+a)0.5,$$
由 $\{X=0\}$ 与 $\{X+Y=1\}$ 相互独立，得
$$P(X=0,X+Y=1)=P(X=0)P(X+Y=1),$$
即
$$a=(0.4+a)0.5,$$
于是 $a=0.4,b=0.1$.

4. 袋中有 1 个红球、2 个黑球与 3 个白球，现有放回地从袋中取两次，每次取一个球，以 X,Y,Z 分别表示两次取球所得的红球、黑球与白球的个数. 求：(1) 二维随机变量 (X,Y) 的联合分布律. (2) $P(X=1\,|\,Z=0)$.

解 (1) 由已知，得
$$P(X=0,Y=0)=P(\{(白,白)\})=\frac{3}{6}\times\frac{3}{6}=\frac{1}{4},$$
$$P(X=0,Y=1)=P(\{(黑,白),(白,黑)\})=\frac{2}{6}\times\frac{3}{6}+\frac{3}{6}\times\frac{2}{6}=\frac{1}{3},$$
$$P(X=0,Y=2)=P(\{(黑,黑)\})=\frac{2}{6}\times\frac{2}{6}=\frac{1}{9},$$
$$P(X=1,Y=0)=P(\{(红,白),(白,红)\})=\frac{1}{6}\times\frac{3}{6}+\frac{3}{6}\times\frac{1}{6}=\frac{1}{6},$$
$$P(X=1,Y=1)=P(\{(红,黑),(黑,红)\})=\frac{1}{6}\times\frac{2}{6}+\frac{2}{6}\times\frac{1}{6}=\frac{1}{9},$$
$$P(X=1,Y=2)=P(\varnothing)=0,$$
$$P(X=2,Y=0)=P(\{(红,红)\})=\frac{1}{6}\times\frac{1}{6}=\frac{1}{36},$$

$$P(X = 2, Y = 1) = P(\varnothing) = 0,$$
$$P(X = 2, Y = 2) = P(\varnothing) = 0,$$

故 (X, Y) 的联合分布律如下所示.

X	Y		
	0	1	2
0	$\dfrac{1}{4}$	$\dfrac{1}{3}$	$\dfrac{1}{9}$
1	$\dfrac{1}{6}$	$\dfrac{1}{9}$	0
2	$\dfrac{1}{36}$	0	0

(2) 由条件概率公式, 得

$$P(X = 1 \mid Z = 0) = \frac{P(X = 1, Z = 0)}{P(Z = 0)},$$

$$P(X = 1, Z = 0) = P(X = 1, Y = 1) = \frac{1}{9},$$

$$P(Z = 0) = P(X = 2, Y = 0) + P(X = 1, Y = 1) + P(X = 0, Y = 2)$$
$$= \frac{1}{36} + \frac{1}{9} + \frac{1}{9} = \frac{1}{4},$$

所以, $P(X = 1 \mid Z = 0) = \dfrac{4}{9}$.

5. 假设随机变量 Y 服从参数为 $\lambda = 1$ 的指数分布, 随机变量

$$X_k = \begin{cases} 0, & Y \leqslant k, \\ 1, & Y > k, \end{cases} \quad k = 1, 2.$$

求 (X_1, X_2) 的联合分布律.

解 由已知, 得 $F_Y(y) = \begin{cases} 0, & y < 0, \\ 1 - e^{-y}, & y \geqslant 0. \end{cases}$ 则

$$P(X_1 = 0, X_2 = 0) = P(Y \leqslant 1, Y \leqslant 2) = P(Y \leqslant 1) = F_Y(1) = 1 - e^{-1},$$
$$P(X_1 = 0, X_2 = 1) = P(Y \leqslant 1, Y > 2) = P(\varnothing) = 0,$$
$$P(X_1 = 1, X_2 = 0) = P(Y > 1, Y \leqslant 2) = P(1 < Y \leqslant 2) = F_Y(2) - F_Y(1)$$
$$= (1 - e^{-2}) - (1 - e^{-1}) = e^{-1} - e^{-2},$$
$$P(X_1 = 1, X_2 = 1) = P(Y > 1, Y > 2) = P(Y > 2) = 1 - F_Y(2) = 1 - (1 - e^{-2}) = e^{-2},$$

所以, (X_1, X_2) 的联合分布律如下所示.

X_1	X_2	
	0	1
0	$1 - e^{-1}$	0
1	$e^{-1} - e^{-2}$	e^{-2}

6. 设二维连续型随机变量 (X,Y) 的联合密度函数为

$$f(x,y)=\begin{cases}c(6-x-y), & 0<x<2,\ 2<y<4,\\ 0, & \text{其他}.\end{cases}$$

(1) 试确定常数 c 的值. (2) 求概率 $P(X+Y<4)$. (3) 求概率 $P(X<1\mid X+Y<4)$.

解 (1) 因为 $1=\int_{-\infty}^{+\infty}\int_{-\infty}^{+\infty}f(x,y)\mathrm{d}x\mathrm{d}y$，所以

$$1=\int_0^2\int_2^4 c(6-x-y)\,\mathrm{d}y=c\int_0^2 6-2x\mathrm{d}x=8c,$$

故 $c=\dfrac{1}{8}$.

(2) 区域 D 如图 3.11 所示，由已知，得

$$\begin{aligned}P(X+Y<4)&=\iint_D\frac{1}{8}(6-x-y)\,\mathrm{d}x\mathrm{d}y\\&=\int_0^2\mathrm{d}x\int_2^{4-x}\frac{1}{8}(6-x-y)\,\mathrm{d}y=\int_0^2\frac{1}{8}\left[(6-x)\cdot y-\frac{y^2}{2}\right]_2^{4-x}\mathrm{d}x\\&=\int_0^2\frac{1}{16}(x^2-8x+12)\,\mathrm{d}x=\frac{1}{16}\left[\frac{x^3}{3}-4x^2+12x\right]_0^2=\frac{2}{3}.\end{aligned}$$

(3) 区域 D_1 如图 3.11 所示，由已知及条件概率公式，得

$$\begin{aligned}P(X<1\mid X+Y<4)&=\frac{P(X<1,X+Y<4)}{P(X+Y<4)}\\&=\frac{\iint_{D_1}\frac{1}{8}(6-x-y)\,\mathrm{d}x\mathrm{d}y}{\iint_D\frac{1}{8}(6-x-y)\,\mathrm{d}x\mathrm{d}y}\\&=\frac{\int_0^1\mathrm{d}x\int_2^{4-x}\frac{1}{8}(6-x-y)\,\mathrm{d}y}{\frac{2}{3}}\\&=\frac{\int_0^1\frac{1}{16}(x^2-8x+12)\,\mathrm{d}x}{\frac{2}{3}}=\frac{\frac{25}{48}}{\frac{2}{3}}=\frac{25}{32}.\end{aligned}$$

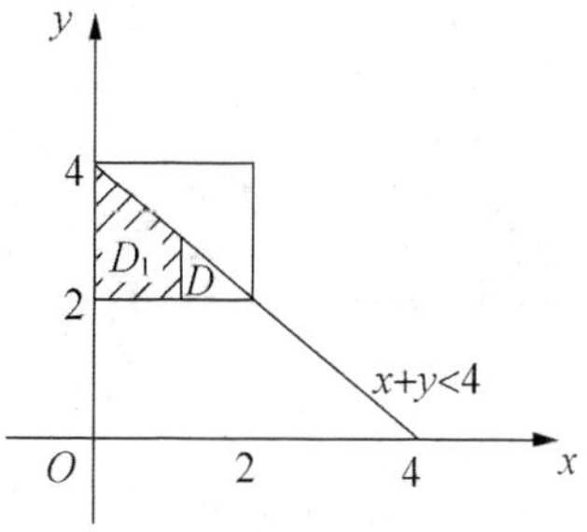

图 3.11

7. 已知二维连续型随机变量 (X,Y) 的联合密度函数为

$$f(x,y)=\begin{cases}c\mathrm{e}^{-(x+2y)}, & x\geqslant 0,\ y\geqslant 0,\\ 0, & \text{其他}.\end{cases}$$

(1) 试确定常数 c 的值；(2) 求概率 $P(X<1,Y>2)$.

解 (1) 因为 $1=\int_{-\infty}^{+\infty}\int_{-\infty}^{+\infty}f(x,y)\mathrm{d}x\mathrm{d}y$，所以

$$1=\int_0^{+\infty}\mathrm{d}x\int_0^{+\infty}c\mathrm{e}^{-(x+2y)}\,\mathrm{d}y=\int_0^{+\infty}\frac{c}{2}\mathrm{e}^{-x}\mathrm{d}x=\frac{c}{2},$$

有 $c=2$.

（2）由已知，得

$$P(X<1,Y>2) = \iint\limits_{D} f(x,y)\mathrm{d}x\mathrm{d}y = \int_0^1 \mathrm{d}x \int_2^{+\infty} 2\mathrm{e}^{-(x+2y)}\mathrm{d}y$$

$$= \int_0^1 \left[-\mathrm{e}^{-2y} \right]_2^{+\infty} \mathrm{e}^{-x}\mathrm{d}x = \left[1 - \mathrm{e}^{-1} \right] \cdot \mathrm{e}^{-4} = \mathrm{e}^{-4} - \mathrm{e}^{-5}.$$

8. 设二维连续型随机变量 (X,Y) 的联合密度函数为

$$f(x,y) = \begin{cases} cxy, & (x,y) \in G, \\ 0, & \text{其他}. \end{cases}$$

其中，区域 $G = \{(x,y) \mid 0<y<2x \text{ 且 } 0<x<2\}$. 试求：（1）常数 c. （2）概率 $P(X+Y<1)$.

解 （1）由联合密度函数的规范性，知

$$1 = \iint\limits_{G} cxy\mathrm{d}x\mathrm{d}y = \int_0^2 \mathrm{d}x \int_0^{2x} cxy\mathrm{d}y = 8c,$$

于是，$c = \dfrac{1}{8}$.

（2）如图 3.12 所示，由 $\begin{cases} x+y=1, \\ y=2x, \end{cases}$ 得 $x+y=1$ 与 $y=2x$ 的交

点为 $\begin{cases} x = \dfrac{1}{3}, \\ y = \dfrac{2}{3}. \end{cases}$ 则

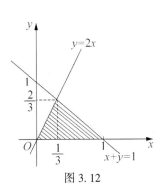

图 3.12

$$P(X+Y<1) = \iint\limits_{x+y<1} f(x,y)\mathrm{d}x\mathrm{d}y = \int_0^{\frac{2}{3}} \mathrm{d}y \int_{\frac{y}{2}}^{1-y} \frac{1}{8}xy\mathrm{d}x$$

$$= \int_0^{\frac{2}{3}} \frac{1}{8}y \left[\frac{x^2}{2} \right]_{\frac{y}{2}}^{1-y} \mathrm{d}y = \int_0^{\frac{2}{3}} \frac{1}{64}(3y^3 - 8y^2 + 4y)\mathrm{d}y$$

$$= \frac{1}{64} \left[\frac{3}{4}y^4 - \frac{8}{3}y^3 + 2y^2 \right]_0^{\frac{2}{3}} = \frac{5}{1296}.$$

习题 3-2　常用的二维随机变量

1. 设二维连续型随机变量 (X,Y) 服从以原点为圆心的单位圆上的均匀分布，记

$$U = \begin{cases} 1, & X+Y \leqslant 0, \\ 0, & X+Y > 0, \end{cases}$$

$$V = \begin{cases} 1, & X-Y \leqslant 0, \\ 0, & X-Y > 0. \end{cases}$$

试求 (U,V) 的联合分布律.

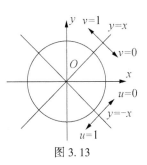

图 3.13

解 如图 3.13 所示，由已知，得

$$P(U=1,V=1) = P(U=0,V=1) = P(U=1,V=0)$$

$$= P(U=0,V=0) = \frac{1}{4},$$

所以 (U,V) 的联合分布律如下所示.

U	V	
	0	1
0	$\dfrac{1}{4}$	$\dfrac{1}{4}$
1	$\dfrac{1}{4}$	$\dfrac{1}{4}$

2. 设二维连续型随机变量 (X,Y) 服从区域 G 上的均匀分布，其中 G 由直线 $y=-x,y=x$ 与 $x=2$ 所围成. （1）写出 (X,Y) 的联合密度函数. （2）求概率 $P(X+Y<2)$.

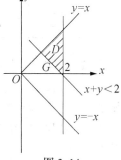

图 3.14

解　（1）如图 3.14 所示，由已知得 $S_G=4$，而 (X,Y) 是 G 上的均匀分布，所以

$$f(x,y)=\begin{cases}\dfrac{1}{4}, & (x,y)\in G,\\[2mm] 0, & \text{其他.}\end{cases}$$

（2）由已知，得

$$P(X+Y<2)=1-P(X+Y\geqslant 2)=1-\iint\limits_{x+y\geqslant 2}f(x,y)\mathrm{d}x\mathrm{d}y=1-\int_1^2\mathrm{d}x\int_{2-x}^x\frac{1}{4}\mathrm{d}y=\frac{3}{4}.$$

或如图 3.14 所示，

$$P(X+Y<2)=1-P(X+Y\geqslant 2)=1-\frac{S_D}{S_G}=\frac{3}{4}.$$

3. 已知 $(X,Y)\sim N(1,-1,1,4,0.5)$，试写出 (X,Y) 的联合密度函数.

解　由已知，得

$$f(x,y)=\frac{1}{2\pi\cdot 2\cdot\sqrt{1-\frac{1}{4}}}\exp\left\{-\frac{1}{2\times\left(1-\frac{1}{4}\right)}\left[\frac{(x-1)^2}{1}-2\times 0.5\frac{(x-1)}{1}\cdot\frac{(y+1)}{2}+\frac{(y+1)^2}{4}\right]\right\}$$

$$=\frac{1}{2\sqrt{3}\pi}\cdot\exp\left\{-\frac{2}{3}\left[(x-1)^2-\frac{1}{2}(x-1)(y+1)+\frac{(y+1)^2}{4}\right]\right\},\ -\infty<x,y<+\infty.$$

习题 3-3　边缘分布

1. 在习题 3-1 的第 1 题中，（1）分别求 X_1,X_2 的边缘分布律. （2）X_1 与 X_2 是否相互独立？为什么？

解　（1）由已知，得

$$P(X_1=0,X_2=0)=P(\text{抽到三等品})=0.1,$$
$$P(X_1=0,X_2=1)=P(\text{抽到二等品})=0.2,$$
$$P(X_1=1,X_2=0)=P(\text{抽到一等品})=0.7,$$
$$P(X_1=1,X_2=1)=P(\varnothing)=0,$$

故 (X_1,X_2) 的联合分布律如下所示.

X_1	X_2	
	0	1
0	0.1	0.2
1	0.7	0

计算联合分布律表格中的行和及列和得到 X_1 和 X_2 的边缘分布律分别如下所示.

X_1	0	1
P	0.3	0.7

X_2	0	1
P	0.8	0.2

(2) X_1 与 X_2 不相互独立. 因为

$$P(X_1 = 1, X_2 = 1) = 0, \quad P(X_1 = 1)P(X_2 = 1) = 0.14,$$

则 $P(X_1 = 0, X_2 = 0) \neq P(X_1 = 0)P(X_2 = 0)$，所以 X_1 与 X_2 不相互独立.

2. 在习题 3-1 的第 2 题中，(1) 求 X 与 Y 的边缘分布律. (2) X 与 Y 是否相互独立? 为什么?

解 由已知，得 $X \sim B\left(3, \dfrac{1}{2}\right)$，$Y = |X - (3 - X)| = |2X - 3|$.

当 $X = 0$ 时，$Y = 3$，而 $P(X = 0) = C_3^0 \left(\dfrac{1}{2}\right)^3 = \dfrac{1}{8}$.

当 $X = 1$ 时，$Y = 1$，$P(X = 1) = C_3^1 \left(\dfrac{1}{2}\right)^3 = \dfrac{3}{8}$.

当 $X = 2$ 时，$Y = 1$，$P(X = 2) = C_3^2 \left(\dfrac{1}{2}\right)^3 = \dfrac{3}{8}$.

当 $X = 3$ 时，$Y = 3$，$P(X = 3) = C_3^3 \left(\dfrac{1}{2}\right)^3 = \dfrac{1}{8}$.

故 (X, Y) 的联合分布律如下所示.

X	Y		$p_{i\cdot}$
	1	3	
0	0	$\dfrac{1}{8}$	$\dfrac{1}{8}$
1	$\dfrac{3}{8}$	0	$\dfrac{3}{8}$
2	$\dfrac{3}{8}$	0	$\dfrac{3}{8}$
3	0	$\dfrac{1}{8}$	$\dfrac{1}{8}$
$p_{\cdot j}$	$\dfrac{6}{8}$	$\dfrac{2}{8}$	1

（1）由联合分布律表格计算行和、列和，得 X 和 Y 的边缘分布律分别如下所示.

X	0	1	2	3
概率	$\dfrac{1}{8}$	$\dfrac{3}{8}$	$\dfrac{3}{8}$	$\dfrac{1}{8}$

Y	1	3
概率	$\dfrac{3}{4}$	$\dfrac{1}{4}$

（2）X 与 Y 不相互独立. 因为

$$P(X=0,Y=1)=0, \quad P(X=0)P(Y=1)=\frac{1}{8}\times\frac{6}{8},$$

则 $P(X=0,Y=1)\neq P(X=0)P(Y=1)$，所以 X 与 Y 不相互独立.

3. 已知随机变量 (X,Y) 的联合分布律如下. 当 α,β 取何值时，X 与 Y 相互独立?

X	Y		
	1	2	3
1	$\dfrac{1}{6}$	$\dfrac{1}{9}$	$\dfrac{1}{18}$
2	$\dfrac{1}{3}$	α	β

解 由已知计算行和、列，如下所示.

X	Y			$P_{i\cdot}$
	1	2	3	
1	$\dfrac{1}{6}$	$\dfrac{1}{9}$	$\dfrac{1}{18}$	$\dfrac{1}{3}$
2	$\dfrac{1}{3}$	α	β	$\dfrac{2}{3}$
$p_{\cdot j}$	$\dfrac{1}{2}$	$\dfrac{1}{9}+\alpha$	$\dfrac{1}{18}+\beta$	1

又因为 X 与 Y 相互独立，所以有

$$P(X=1,Y=2)=P(X=1)P(Y=2)，\text{即} \frac{1}{9}=\frac{1}{3}\cdot\left(\frac{1}{9}+\alpha\right)\Rightarrow\alpha=\frac{2}{9}.$$

$$P(X=1,Y=3)=P(X=1)P(Y=3)，\text{即} \frac{1}{18}=\frac{1}{3}\cdot\left(\frac{1}{18}+\beta\right)\Rightarrow\beta=\frac{1}{9}.$$

4. 设随机变量 X 与 Y 相互独立，下面列出了二维随机变量 (X,Y) 的联合分布律及关于 X 和 Y 的边缘分布律中的部分数值，试将其余数值填入以下空白处.

X	Y			$P(X = x_i) = p_{i\cdot}$
	y_1	y_2	y_3	
x_1		$\dfrac{1}{8}$		
x_2	$\dfrac{1}{8}$			
$P(Y = y_i) = p_{\cdot j}$	$\dfrac{1}{6}$			1

解 由 X 与 Y 相互独立,得

$$P(X = x_2, Y = y_1) = P(X = x_2)P(Y = y_1),$$

即

$$\frac{1}{8} = P(X = x_2) \cdot \frac{1}{6} \Rightarrow P(X = x_2) = \frac{3}{4},$$

所以

$$P(X = x_1) = 1 - P(X = x_2) = \frac{1}{4},$$

而 $P(X = x_1, Y = y_1) = P(X = x_1)P(Y = y_1)$,所以

$$P(X = x_1, Y = y_1) = \frac{1}{4} \times \frac{1}{6} = \frac{1}{24}.$$

故 $P(X_1 = 1, Y = y_3) = 1 - P(X_1 = x_1, Y = y_1) - P(X = x_1, Y = y_2) = \frac{1}{12}.$

同理,可得 (X, Y) 的联合分布律如下所示.

X	Y			$P_{i\cdot}$
	y_1	y_2	y_3	
x_1	$\dfrac{1}{24}$	$\dfrac{1}{8}$	$\dfrac{1}{12}$	$\dfrac{1}{4}$
x_2	$\dfrac{1}{8}$	$\dfrac{3}{8}$	$\dfrac{1}{4}$	$\dfrac{3}{4}$
$p_{\cdot j}$	$\dfrac{1}{6}$	$\dfrac{1}{2}$	$\dfrac{1}{3}$	1

5. 已知随机变量 X, Y 的分布率如下所示,且 $P(XY = 0) = 1$. (1) 试求:(X, Y) 的联合分布律. (2) X 与 Y 是否相互独立?为什么?

X	-1	0	1
概率	$\dfrac{1}{4}$	$\dfrac{1}{2}$	$\dfrac{1}{4}$

Y	0	1
概率	$\dfrac{1}{2}$	$\dfrac{1}{2}$

解 (1) 由 $P(XY=0)=1$，知 $P(XY\neq0)=0$，所以有

$$P(X=-1,Y=1)=P(X=1,Y=1)=0,$$

而 $P(X=-1)=P(X=-1,Y=0)+P(X=-1,Y=1)=\dfrac{1}{4}$，故 $P(X=-1,Y=0)=\dfrac{1}{4}$，同理

$$P(X=1,Y=0)=\frac{1}{4},$$

而 $P(Y=0)=P(X=-1,Y=0)+P(X=0,Y=0)+P(X=1,Y=0)=\dfrac{1}{2}$，得 $P(X=0,Y=0)$

$=0$，有 $P(X=0,Y=1)=P(X=0)-P(X=0,Y=0)=\dfrac{1}{2}$.

所以 (X,Y) 的联合分布律如下所示.

X	Y		$p_{i\cdot}$
	0	1	
-1	$\dfrac{1}{4}$	0	$\dfrac{1}{4}$
0	0	$\dfrac{1}{2}$	$\dfrac{1}{2}$
1	$\dfrac{1}{4}$	0	$\dfrac{1}{4}$
$p_{\cdot j}$	$\dfrac{1}{2}$	$\dfrac{1}{2}$	1

(2) X 与 Y 不相互独立. 因为由 (X,Y) 的联合分布律可知

$$P(X=0,Y=0)=0,\quad P(X=0)P(Y=0)=\frac{1}{2}\times\frac{1}{2}=\frac{1}{4},$$

则 $P(X=0,Y=0)\neq P(X=0)P(Y=0)$，所以 X 与 Y 不相互独立.

6. 在习题 3-1 的第 6 题中，(1) 计算 X,Y 的边缘密度函数. (2) X 与 Y 是否相互独立？为什么？

解 (1) 因为 $\Omega_X=(0,2),\Omega_Y=(2,4)$，所以当 $0<x<2$ 时，有

$$f_X(x)=\int_{-\infty}^{+\infty}f(x,y)\mathrm{d}y=\int_2^4\frac{1}{8}(6-x-y)\mathrm{d}y=\frac{1}{8}\left[(6-x)\cdot2-\frac{12}{2}\right]=\frac{1}{4}(3-x).$$

故

$$f_X(x)=\begin{cases}\dfrac{1}{4}(3-x),&0<x<2,\\0,&其他.\end{cases}$$

当 $2<y<4$ 时，有

$$f_Y(y)=\int_{-\infty}^{+\infty}f(x,y)\mathrm{d}x=\int_0^2\frac{1}{8}(6-x-y)\mathrm{d}x$$

$$=\frac{1}{8}\left[(6-y)\cdot2-\frac{4}{2}\right]=\frac{1}{4}(5-y).$$

故

$$f_Y(y) = \begin{cases} \dfrac{1}{4}(5-y), & 2 < y < 4, \\ 0, & \text{其他.} \end{cases}$$

(2) X 与 Y 不相互独立, 因为

$$f(1.5, 2.5) = \frac{1}{4} \neq f_X(1.5) \cdot f_Y(2.5) = \frac{15}{64},$$

所以 X 与 Y 不相互独立.

7. 在习题 3-1 的第 7 题中, (1) 计算 X, Y 的边缘密度函数. (2) X 与 Y 是否相互独立? 为什么?

解 (1) 因为 $\Omega_X = \Omega_Y = (0, +\infty)$, 所以当 $x > 0$ 时, 有

$$f_X(x) = \int_{-\infty}^{+\infty} f(x,y)\,\mathrm{d}y = \int_0^{+\infty} 2\mathrm{e}^{-(x+2y)}\,\mathrm{d}y = \mathrm{e}^{-x}.$$

故

$$f_X(x) = \begin{cases} \mathrm{e}^{-x}, & x > 0, \\ 0, & \text{其他.} \end{cases}$$

当 $y > 0$ 时, 有

$$f_Y(y) = \int_{-\infty}^{+\infty} f(x,y)\,\mathrm{d}x = \int_0^{+\infty} 2\mathrm{e}^{-(x+2y)}\,\mathrm{d}x = 2\mathrm{e}^{-2y}.$$

故

$$f_Y(y) = \begin{cases} 2\mathrm{e}^{-2y}, & y > 0, \\ 0, & \text{其他.} \end{cases}$$

(2) X 与 Y 相互独立. 显然对任意 $x, y \in \mathbf{R}$, 都有 $f(x,y) = f_X(x) \cdot f_Y(y)$, 所以 X 与 Y 相互独立.

8. 在习题 3-1 的第 8 题中, (1) 计算 X, Y 的边缘密度函数. (2) X 与 Y 是否相互独立? 为什么?

解 (1) 由已知, 得 $\Omega_X = (0, 2)$, $\Omega_Y = (0, 4)$, 所以当 $0 < x < 2$ 时, 有

$$f_X(x) = \int_{-\infty}^{+\infty} f(x,y)\,\mathrm{d}y = \int_0^{2x} \frac{1}{8}xy\,\mathrm{d}y = \frac{1}{16}x \cdot 4x^2 = \frac{1}{4}x^3.$$

则

$$f_X(x) = \begin{cases} \dfrac{1}{4}x^3, & 0 < x < 2, \\ 0, & \text{其他.} \end{cases}$$

所以当 $0 < y < 4$ 时, 有

$$f_Y(y) = \int_{-\infty}^{+\infty} f(x,y)\,\mathrm{d}x = \int_{\frac{y}{2}}^{2} \frac{1}{8}xy\,\mathrm{d}x = \frac{1}{16}y \cdot \left(4 - \frac{y^2}{4}\right) = \frac{1}{4}y\left(1 - \frac{1}{16}y^2\right).$$

则

$$f_Y(y) = \begin{cases} \dfrac{1}{4}y\left(1 - \dfrac{1}{16}y^2\right), & 0 < y < 4, \\ 0, & \text{其他.} \end{cases}$$

(2) X 与 Y 不相互独立. 因为 $f(1,1) = \dfrac{1}{8}$, 而 $f_X(1)f_Y(1) = \dfrac{1}{4} \times \dfrac{15}{64} = \dfrac{15}{256}$. 所以 $f(1,1)$ $\neq f_X(1)f_Y(1)$. 故 X 与 Y 不相互独立.

9. 设平面区域 G 由曲线 $y = \dfrac{1}{x}$ 和直线 $y = 0, x = 1, x = e^2$ 所围成, 二维连续型随机变量 (X,Y) 在区域 G 上服从均匀分布. (1) 写出 (X,Y) 的联合密度函数. (2) 计算 X, Y 的边缘密度函数. (3) X 与 Y 是否相互独立? 为什么?

解 (1) 如图 3.15 所示, 因为 $S_G = \displaystyle\int_1^{e^2} \mathrm{d}x \int_0^{\frac{1}{x}} 1 \mathrm{d}y = \int_1^{e^2} \dfrac{1}{x} \mathrm{d}x = 2$, 所以

$$f(x,y) = \begin{cases} \dfrac{1}{2}, & (x,y) \in G, \\ 0, & \text{其他.} \end{cases}$$

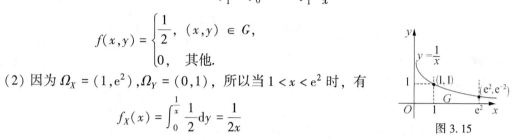

图 3.15

(2) 因为 $\Omega_X = (1, e^2), \Omega_Y = (0,1)$, 所以当 $1 < x < e^2$ 时, 有

$$f_X(x) = \int_0^{\frac{1}{x}} \dfrac{1}{2} \mathrm{d}y = \dfrac{1}{2x}$$

故

$$f_X(x) = \begin{cases} \dfrac{1}{2x}, & 1 < x < e^2, \\ 0, & \text{其他.} \end{cases}$$

当 $0 < y < 1$ 时, $f_Y(y) = \displaystyle\int_{-\infty}^{+\infty} f(x,y) \mathrm{d}x,$

当 $0 < y < e^{-2}$ 时, $f_Y(y) = \displaystyle\int_1^{e^2} \dfrac{1}{2} \mathrm{d}x = \dfrac{e^2-1}{2},$

当 $e^{-2} < y < 1$ 时, $f_Y(y) = \displaystyle\int_1^{\frac{1}{y}} \dfrac{1}{2} \mathrm{d}x = \dfrac{1}{2}\left(\dfrac{1}{y} - 1\right),$

故

$$f_Y(y) = \begin{cases} \dfrac{1}{2}(e^2 - 1), & 0 < y < e^{-2}, \\ \dfrac{1}{2}\left(\dfrac{1}{y} - 1\right), & e^{-2} < y < 1, \\ 0, & \text{其他.} \end{cases}$$

(3) X 与 Y 不相互独立. 因为

$$f(1.5, 0.12) = \dfrac{1}{2} \neq f_X(1.5)f_Y(0.12) = \dfrac{1}{3} \times \dfrac{1}{2}(e^2 - 1) = \dfrac{1}{6}(e^2 - 1).$$

10. 设区域 G 为以 $(0,0), (1,1), \left(0, \dfrac{1}{2}\right), \left(\dfrac{1}{2}, 1\right)$ 为顶点的四边形与以 $\left(\dfrac{1}{2}, 0\right), (1,0),$ $\left(1, \dfrac{1}{2}\right)$ 为顶点的三角形的公共部分, (X,Y) 服从区域 G 上的均匀分布.

(1) 写出 (X,Y) 的联合密度函数. (2) 计算 X, Y 的边缘密度函数. (3) X 与 Y 是否相互独立? 为什么?

解 （1）如图 3.16 所示，因为 $S_G = \dfrac{1}{2} - \dfrac{1}{2} \times \dfrac{1}{4} + \dfrac{1}{2} \times \dfrac{1}{4} = \dfrac{1}{2}$，所以

$$f(x,y) = \begin{cases} 2, & (x,y) \in G, \\ 0, & \text{其他.} \end{cases}$$

（2）因为 $\Omega_X = (0,1), \Omega_Y = (0,1)$，所以

当 $0 < x < 1$ 时，$f_X(x) = \displaystyle\int_{-\infty}^{+\infty} f(x,y)\,\mathrm{d}y$；

当 $0 < x < \dfrac{1}{2}$ 时，$f_X(x) = \displaystyle\int_x^{x+\frac{1}{2}} 2\,\mathrm{d}y = 1$；

当 $\dfrac{1}{2} < x < 1$ 时，$f_X(x) = \displaystyle\int_0^{x-\frac{1}{2}} 2\,\mathrm{d}y + \int_x^1 2\,\mathrm{d}y = 2\left[\left(x - \dfrac{1}{2}\right) + 1 - x\right] = 1$；

故

$$f_X(x) = \begin{cases} 1, & 0 < x < 1, \\ 0, & \text{其他.} \end{cases}$$

当 $0 < y < 1$ 时，$f_Y(y) = \displaystyle\int_{-\infty}^{+\infty} f(x,y)\,\mathrm{d}x$；

当 $0 < y < \dfrac{1}{2}$ 时，$f_Y(y) = \displaystyle\int_0^y 2\,\mathrm{d}x + \int_{y+\frac{1}{2}}^1 2\,\mathrm{d}x = 2\left[y + \left(1 - y - \dfrac{1}{2}\right)\right] = 1$；

当 $\dfrac{1}{2} < y < 1$ 时，$f_Y(y) = \displaystyle\int_{y-\frac{1}{2}}^y 2\,\mathrm{d}x = 1$.

故

$$f_Y(y) = \begin{cases} 1, & 0 < y < 1, \\ 0, & \text{其他.} \end{cases}$$

（3）X 与 Y 不相互独立．因为

$$f\left(\dfrac{1}{4}, \dfrac{1}{3}\right) = 2 \neq f_X\left(\dfrac{1}{4}\right) f_Y\left(\dfrac{1}{3}\right) = 1,$$

所以 X 与 Y 不相互独立.

11. 在习题 3-2 的第 2 题中，（1）求 X, Y 的边缘密度函数．（2）X 与 Y 是否相互独立？为什么？

解 因为 $S_G = 4$，所以

$$f(x,y) = \begin{cases} \dfrac{1}{4}, & (x,y) \in G, \\ 0, & \text{其他.} \end{cases}$$

（1）如图 3.17 所示，因为 $\Omega_X = (0,2), \Omega_Y = (-2, 2)$，所以当 $0 < x < 2$ 时，$f_X(x) = \displaystyle\int_{-\infty}^{+\infty} f(x,y)\,\mathrm{d}y = \int_{-x}^x \dfrac{1}{4}\,\mathrm{d}y = \dfrac{x}{2}$，故

$$f_X(x) = \begin{cases} \dfrac{x}{2}, & 0 < x < 2, \\ 0, & \text{其他.} \end{cases}$$

当 $-2 < y < 2$ 时，$f_Y(y) = \displaystyle\int_{-\infty}^{+\infty} f(x,y)\,\mathrm{d}x = \int_{|y|}^2 \dfrac{1}{4}\,\mathrm{d}x = \dfrac{2 - |y|}{4}$.

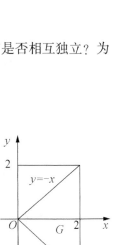

图 3.17

故

$$f_Y(y) = \begin{cases} \dfrac{2-|y|}{4}, & -2 < y < 2, \\ 0, & 其他. \end{cases}$$

(2) X 与 Y 不相互独立. 因为 $f\left(1, \dfrac{1}{4}\right) = \dfrac{1}{4} \neq f_X(1)f_Y\left(\dfrac{1}{4}\right) = \dfrac{7}{32}$.

习题 3-4 条件分布

1. 在习题 3-1 的第 1 题中, 求:

(1) 给定条件 $\{X_1 = 1\}$ 下 X_2 的条件分布律.

(2) 给定条件 $\{X_2 = 0\}$ 下 X_1 的条件分布律.

(3) 给定条件 $\{X_2 = 0\}$ 下 X_1 的条件分布函数 $F_{X_1|X_2}(x_1 \,|\, 0)$.

解 (1) 因为 $P(X_2 = y_j \,|\, X_1 = x_i) = \dfrac{p_{ij}}{p_i.}$, $y_j \in \Omega_{X_2 \,|\, X_1 = x_i}$, 而 $\Omega_{X_2 \,|\, X_1 = 1} = \{0\}$, 所以

$$P(X_2 = 0 \,|\, X_1 = 1) = \frac{P(X_1 = 1, X_2 = 0)}{P(X_1 = 1)} = 1,$$

故给定条件 $\{X_1 = 1\}$ 下 X_2 的条件分布律如下所示.

$X_2 \,|\, X_1 = 1$	0
概率	1

(2) 因为 $\Omega_{X_1 \,|\, X_2 = 0} = \{0, 1\}$, 所以有

$$P(X_1 = 0 \,|\, X_2 = 0) = \frac{P(X_1 = 0, X_2 = 0)}{P(X_2 = 0)} = \frac{1}{8},$$

$$P(X_1 = 1 \,|\, X_2 = 0) = \frac{P(X_1 = 1, X_2 = 0)}{P(X_2 = 0)} = \frac{7}{8}.$$

则给定条件 $\{X_2 = 0\}$ 下 X_1 的条件分布律如下所示.

$X_1 \,|\, X_2 = 0$	0	1
概率	$\dfrac{1}{8}$	$\dfrac{7}{8}$

(3) 由条件分布函数的定义, 知

$$F_{X_1|X_2}(x_1 \,|\, 0) = P(X_1 \leqslant x_1 \,|\, X_2 = 0) = \begin{cases} 0, & x_1 < 0, \\ \dfrac{1}{8}, & 0 \leqslant x_1 < 1, \\ 1, & x_1 \geqslant 1. \end{cases}$$

2. 在习题 3-1 的第 2 题中, 求:

(1) 在给定条件 $\{Y = 1\}$ 下 X 的条件分布律.

(2) 在给定条件 $\{X = 1\}$ 下 Y 的条件分布律.

解 (X, Y) 的联合分布律如下所示.

X	Y		$p_{i\cdot}$
	1	3	
0	0	$\frac{1}{8}$	$\frac{1}{8}$
1	$\frac{3}{8}$	0	$\frac{3}{8}$
2	$\frac{3}{8}$	0	$\frac{3}{8}$
3	0	$\frac{1}{8}$	$\frac{1}{8}$
$p_{\cdot j}$	$\frac{6}{8}$	$\frac{2}{8}$	1

由条件分布律定义 $P(X = a_i \mid Y = b_j) = \dfrac{p_{ij}}{p_{\cdot j}}$ 及 $P(Y = b_j \mid X = a_i) = \dfrac{p_{ij}}{p_{i\cdot}}$ 得下列结果.

$(1) P(X = 1 \mid Y = 1) = \dfrac{P(X = 1, Y = 1)}{P(Y = 1)} = \dfrac{\frac{3}{8}}{\frac{6}{8}} = \dfrac{1}{2}.$

同理，$P(X = 2 \mid Y = 1) = \dfrac{1}{2}$. 则 $X \mid Y = 1$ 的分布率如下所示.

$X \mid Y = 1$	1	2
概率	0.5	0.5

$(2) P(Y = 1 \mid X = 1) = \dfrac{P(X = 1, Y = 1)}{X = 1} = \dfrac{\frac{3}{8}}{\frac{3}{8}} = 1$，则 $Y \mid X = 1$ 的分布率如下所示.

$Y \mid X = 1$	1
概率	1

3. 在习题 3-2 的第 2 题中，求：

(1) 条件密度函数 $f_{X \mid Y}(x \mid 1)$ 与 $f_{X \mid Y}(x \mid y)$，其中 $|y| < 2$.

(2) 条件概率 $P(X \leqslant \sqrt{2} \mid Y = 1)$.

(3) 在给定条件 $\{Y = 1\}$ 下 X 的条件分布函数 $F_{X \mid Y}(x \mid 1)$.

(4) 在给定条件 $\{Y = y\}$ 下 X 的条件分布函数 $F_{X \mid Y}(x \mid y)$，其中 $|y| < 2$.

解 (1) 因为 (X, Y) 的联合密度函数为

$$f(x, y) = \begin{cases} \dfrac{1}{4}, & (x, y) \in G, \\ 0, & \text{其他.} \end{cases}$$

而 $\Omega_X = (0, 2)$，$\Omega_Y = (-2, 2)$，如图 3.18 所示. 则当 $0 < x < 2$ 时，有

$$f_X(x) = \int_{-\infty}^{+\infty} f(x,y)\,\mathrm{d}y = \int_{-x}^{x} \frac{1}{4}\,\mathrm{d}y = \frac{x}{2},$$

所以

$$f_X(x) = \begin{cases} \dfrac{x}{2}, & 0 < x < 2, \\[2mm] 0, & \text{其他.} \end{cases}$$

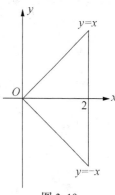

图 3.18

当 $-2 < y < 2$ 时，有

$$f_Y(y) = \int_{-\infty}^{+\infty} f(x,y)\,\mathrm{d}x = \int_{|y|}^{2} \frac{1}{4}\,\mathrm{d}x = \frac{2-|y|}{4}.$$

则

$$f_Y(y) = \begin{cases} \dfrac{2-|y|}{4}, & |y| < 2, \\[2mm] 0, & \text{其他.} \end{cases}$$

由已知，$\Omega_{X\mid Y=1} = (1,2)$，则当 $1 < x < 2$ 时，有

$$f_{X\mid Y}(x\mid 1) = \frac{f(x,1)}{f_Y(1)} = \frac{\dfrac{1}{4}}{\dfrac{1}{4}} = 1.$$

则

$$f_{X\mid Y}(x\mid 1) = \begin{cases} 1, & 1 < x < 2, \\ 0, & \text{其他.} \end{cases}$$

由已知，得 $\Omega_{X\mid Y=y} = (|y|,2)$. 则当 $|y| < 2$ 且 $|y| < x < 2$ 时，有

$$f_{X\mid Y}(x\mid y) = \frac{f(x,y)}{f_Y(y)} = \frac{\dfrac{1}{4}}{\dfrac{2-|y|}{4}} = \frac{1}{2-|y|}.$$

故当 $|y| < 2$ 时，$f_{X\mid Y}(x\mid y) = \begin{cases} \dfrac{1}{2-|y|}, & |y| < x < 2, \\[2mm] 0, & \text{其他.} \end{cases}$

(2) 由 (1) 知，$f_{X\mid Y}(x\mid 1) = \begin{cases} 1, & 1 < x < 2, \\ 0, & \text{其他.} \end{cases}$ 则

$$P(X \leqslant \sqrt{2} \mid Y = 1) = \int_{-\infty}^{\sqrt{2}} f_{X\mid Y}(x\mid 1)\,\mathrm{d}x = \int_{1}^{\sqrt{2}} 1\,\mathrm{d}y = \sqrt{2}-1.$$

(3) 由 (1) 知，$f_{X\mid Y}(x\mid 1) = \begin{cases} 1, & 1 < x < 2 \\ 0, & \text{其他} \end{cases}$，$\Omega_{X\mid Y=1} = (1,2)$，所以当 $1 \leqslant x < 2$ 时，有

$$F_{X\mid Y}(x\mid 1) = \int_{-\infty}^{x} f_{X\mid Y}(u\mid 1)\,\mathrm{d}u = \int_{1}^{x} 1\,\mathrm{d}u = x-1.$$

故

$$F_{X\mid Y}(x\mid 1) = \begin{cases} 0, & x < 1, \\ x-1, & 1 \leqslant x < 2, \\ 1, & x \geqslant 2. \end{cases}$$

(4) 由(1)知，当 $|y| < 2$ 时，

$$f_{X|Y}(x|y) = \begin{cases} \dfrac{1}{2 - |y|}, & |y| < x < 2, \\ 0, & \text{其他.} \end{cases}$$

$\Omega_{X|Y=y} = (|y|, 2)$. 所以当 $|y| \leq x < 2$ 时，有

$$F_{X|Y}(x|y) = \int_{-\infty}^{x} f_{X|Y}(u|y)\mathrm{d}u = \int_{|y|}^{x} \frac{1}{2 - |y|}\mathrm{d}u = \frac{x - |y|}{2 - |y|}.$$

故当 $|y| < 2$ 时，$F_{X|Y}(x|y) = \begin{cases} 0, & x < |y|, \\ \dfrac{x - |y|}{2 - |y|}, & |y| \leq x < 2, \\ 1, & x \geq 2. \end{cases}$

4. 已知 (X, Y) 的联合密度函数为

$$f(x, y) = \begin{cases} 2\mathrm{e}^{-(x + 2y)}, & x > 0, \ y > 0, \\ 0, & \text{其他.} \end{cases} \quad \text{求:}$$

(1) 条件密度函数 $f_{X|Y}(x|1)$ 与 $f_{X|Y}(x|y)$，其中 $y > 0$.

(2) (X, Y) 的联合分布函数.

(3) 概率 $P(X < 1, Y > 2)$.

解 (1) 因为 $\Omega_X = (0, +\infty)$，所以当 $x > 0$ 时，有

$$f_X(x) = \int_{-\infty}^{+\infty} f(x, y)\mathrm{d}y = \int_0^{+\infty} 2\mathrm{e}^{-(x + 2y)}\mathrm{d}y = \left[-\mathrm{e}^{-(x + 2y)} \right]_0^{+\infty} = \mathrm{e}^{-x}.$$

故 $f_X(x) = \begin{cases} \mathrm{e}^{-x}, & x > 0, \\ 0, & \text{其他.} \end{cases}$ 同理，$f_Y(y) = \begin{cases} 2\mathrm{e}^{-2y}, & y > 0, \\ 0, & \text{其他.} \end{cases}$ 显然对任意 $x, y \in \mathbf{R}$，都有 $f(x, y) = f_X(x)f_Y(y)$ 成立，所以 X 与 Y 相互独立. 因此

$$f_{X|Y}(x|1) = f_X(x) = \begin{cases} \mathrm{e}^{-x}, & x > 0, \\ 0, & \text{其他.} \end{cases}$$

同理，当 $y > 0$ 时，$f_{X|Y}(x|y) = f_X(x) = \begin{cases} \mathrm{e}^{-x}, & x > 0, \\ 0, & \text{其他.} \end{cases}$

(2) 因为 X 与 Y 相互独立，所以对任意 $x, y \in \mathbf{R}$，都有 $F(x, y) = F_X(x)F_Y(y)$，

而 $F_X(x) = \begin{cases} 1 - \mathrm{e}^{-x}, & x \geq 0, \\ 0, & \text{其他,} \end{cases}$ $F_Y(y) = \begin{cases} 1 - \mathrm{e}^{-2y}, & y \geq 0, \\ 0, & \text{其他,} \end{cases}$ 那么

$$F(x, y) = \begin{cases} (1 - \mathrm{e}^{-x})(1 - \mathrm{e}^{-2y}), & x \geq 0, \ y \geq 0, \\ 0, & \text{其他.} \end{cases}$$

(3) 因为 X 与 Y 相互独立，所以

$$\begin{aligned} P(X < 1, Y > 2) &= P(X < 1)P(Y > 2) \\ &= F_X(1)[1 - F_Y(2)] \\ &= (1 - \mathrm{e}^{-1})\mathrm{e}^{-4} = \mathrm{e}^{-4} - \mathrm{e}^{-5}. \end{aligned}$$

5. 设随机变量 (X, Y) 服从二维正态分布，且 X 与 Y 相互独立，$f_X(x), f_Y(y)$ 分别表示 X, Y 的密度函数. 计算给定条件 $\{Y = y\}$ 下，X 的条件密度函数 $f_{X|Y}(x|y)$.

解 由条件密度函数的定义及 X 与 Y 相互独立，知当 $-\infty < y < +\infty$ 时，

$$f_{X\,|\,Y}(x\,|\,y) = \frac{f(x,y)}{f_Y(y)} = \frac{f_X(x)f_Y(y)}{f_Y(y)} = f_X(x)$$

$$= \frac{1}{\sqrt{2\pi}\,\sigma_1} \mathrm{e}^{-\frac{(x-\mu_1)^2}{2\sigma_1^2}}, \quad -\infty < x < +\infty.$$

6. 设随机变量 $X \sim \exp(1)$，当已知 $X = x$ 时，$Y \sim U(0,x)$，其中 $x > 0$. 试求：(X,Y) 的联合密度函数.

解 由已知，得

$$f_X(x) = \begin{cases} \mathrm{e}^{-x}, & x > 0, \\ 0, & \text{其他,} \end{cases} \quad f_{Y\,|\,X}(y\,|\,x) = \begin{cases} \dfrac{1}{x}, & 0 \leqslant y \leqslant x, \\ 0, & \text{其他.} \end{cases}$$

因为 $\Omega_X = (0,+\infty), \Omega_{Y\,|\,X=x} = (0,x)$，所以当 $x > 0$ 且 $0 < y < x$ 时，有

$$f(x,y) = f_X(x)f_{Y\,|\,X}(y\,|\,x) = \mathrm{e}^{-x}\frac{1}{x}.$$

故

$$f(x,y) = \begin{cases} \mathrm{e}^{-x}\dfrac{1}{x}, & 0 < y < x, \\ 0, & \text{其他.} \end{cases}$$

7. 设某班车起点站上车人数 X 服从参数为 $\lambda(\lambda > 0)$ 的泊松分布，每位乘客在中途下车的概率为 $p(0 < p < 1)$，且中途下车与否相互独立. 以 Y 表示中途下车的人数.

（1）求在发车时上车人数为 n 的条件下，中途有 m 人下车的概率 $P(Y = m\,|\,X = n)$.

（2）求二维随机变量 (X,Y) 的联合分布律.

（3）证明：Y 服从参数为 λp 的泊松分布. ［提示：$P(Y = m) = \displaystyle\sum_{n=m}^{\infty} P(X = n)P(Y = m\,|\,X = n)$.］

解 （1）由已知，得当 $n = 0,1,2,\cdots$ 时，$P(Y = m\,|\,X = n) = \mathrm{C}_n^m p^m (1-p)^{n-m}$，$m = 0,1,\cdots,n$.

（2）由已知及乘法公式，得

$$P(X = n, Y = m) = P(X = n)P(Y = m\,|\,X = n) = \mathrm{e}^{-\lambda}\frac{\lambda^n}{n!} \cdot \mathrm{C}_n^m p^m (1-p)^{n-m},$$

$$n = 0,1,2,\cdots, \quad m = 0,1,\cdots,n.$$

（3）由全概率公式，得

$$P(Y = m) = \sum_{n=m}^{\infty} P(X = n)P(Y = m\,|\,X = n)$$

$$= \sum_{n=m}^{\infty} \mathrm{e}^{-\lambda}\frac{\lambda^n}{n!} \cdot \mathrm{C}_n^m p^m (1-p)^{n-m}$$

$$= \mathrm{e}^{-\lambda}\frac{(\lambda p)^m}{m!} \sum_{n=m}^{\infty} \frac{[\lambda(1-p)]^{n-m}}{(n-m)!}$$

$$= \mathrm{e}^{-\lambda}\frac{(\lambda p)^m}{m!}\mathrm{e}^{\lambda(1-p)} = \mathrm{e}^{-\lambda p}\frac{(\lambda p)^m}{m!}, \quad m = 0,1,2,\cdots.$$

得证.

习题 3-5　二维随机变量函数的分布

1. 已知二维随机变量(X,Y)的联合分布律如下.

X	Y				
	-2	-1	0	1	4
0	0.2	0	0.1	0.2	0
1	0	0.2	0.1	0	0.2

(1) 分别求$U = \max(X,Y), V = \min(X,Y)$的分布律.

(2) 求(U,V)的联合分布律.

解　(1) 在(X,Y)的联合分布律表中每格左上角、左下角分别给出U,V的取值，如下所示.

X	Y				
	-2	-1	0	1	4
0	${}^{0}_{-2}$0.2	${}^{0}_{-1}$0	${}^{0}_{0}$0.1	${}^{1}_{0}$0.2	${}^{4}_{0}$0
1	${}^{1}_{-2}$0	${}^{1}_{-1}$0.2	${}^{1}_{0}$0.1	${}^{1}_{1}$0	${}^{4}_{1}$0.2

所以有U,V的分布率分别如下所示.

U	0	1	4
概率	0.3	0.5	0.2

V	-2	-1	0	1
概率	0.2	0.2	0.4	0.2

(2) 在(X,Y)的联合分布律表中，由U,V的取值及相应的概率得(U,V)的联合分布率如下所示.

U	V			
	-2	-1	0	1
0	0.2	0	0.1	0
1	0	0.2	0.3	0
4	0	0	0	0.2

2. 设随机变量X,Y相互独立同分布，它们都服从$0-1$分布$B(1,p)$. 记随机变量
$$Z = \begin{cases} 1, & X+Y \text{ 为零或偶数}, \\ 0, & X+Y \text{ 为奇数}. \end{cases}$$

求：(1) Z的分布律.

(2) (X,Z)的联合分布律.

(3) p取何值时，X与Z相互独立？

解　(1) 由已知，得(X,Y)的联合分布律如下所示.

X	Y		$p_{i\cdot}$
	0	1	
0	$^1(1-p)^2$	$^0p(1-p)$	$1-p$
1	$^0p(1-p)$	$^1p^2$	p
$p_{\cdot j}$	$1-p$	p	1

在每格左上角标出 Z 的取值，将 Z 取值相同的格子中的概率相加，得 Z 的分布律如下所示.

Z	0	1
概率	$2p(1-p)$	$p^2+(1-p)^2$

(2) 由(1)知(X,Z)的联合分布律如下所示.

X	Z		$p_{i\cdot}$
	0	1	
0	$p(1-p)$	$(1-p)^2$	$1-p$
1	$p(1-p)$	p^2	p
$p_{\cdot j}$	$2p(1-p)$	$p^2+(1-p)^2$	1

(3) 在(2)中(X,Z)的联合分布律中写出 X 与 Z 的边缘分布律. 要使 X 与 Z 相互独立，对任意的 $i,j=1,2$ 有 $p_{ij}=p_{i\cdot}p_{\cdot j}$，特别地
$$P(X=0,Z=0)=P(X=0)P(Z=0),$$
即
$$p(1-p)=(1-p)\cdot 2p(1-p)\Rightarrow p=\frac{1}{2}.$$
则(X,Z)的联合分布律如下所示.

X	Z	
	0	1
0	$\dfrac{1}{4}$	$\dfrac{1}{4}$
1	$\dfrac{1}{4}$	$\dfrac{1}{4}$

可以验证此时对任意的 $i,j=1,2$，都有 $p_{ij}=p_{i\cdot}p_{\cdot j}$. 故当 $p=\dfrac{1}{2}$ 时，X 与 Z 相互独立.

3. 设两个相互独立的随机变量 X 与 Y 分别服从正态分布 $N(0,1)$ 和 $N(1,1)$.

(1) 分别计算 $Z=X+Y$ 和 $W=X-Y$ 的密度函数.

（2）计算概率 $P(X+Y \leqslant 1)$.

解 （1）因为 X 与 Y 相互独立且服从正态分布，所以 $Z=X+Y$ 与 $W=X-Y$ 都服从正态分布，且 $Z \sim N(1,2), W \sim N(-1,2)$. 故

$$f_Z(z) = \frac{1}{2\sqrt{\pi}} e^{-\frac{(z-1)^2}{4}}, \quad -\infty < z < +\infty,$$

$$f_W(w) = \frac{1}{2\sqrt{\pi}} e^{-\frac{(w+1)^2}{4}}, \quad -\infty < w < +\infty.$$

（2）因为 $Z=X+Y \sim N(1,2)$，所以有

$$P(X+Y \leqslant 1) = P(Z \leqslant 1) = \Phi\left(\frac{1-1}{\sqrt{2}}\right) = \Phi(0) = \frac{1}{2}.$$

4. 设 X 与 Y 相互独立，且 $X \sim N(2,1), Y \sim N(1,2)$，试求：$Z=2X-Y+3$ 的密度函数.

解 由 X 与 Y 相互独立及正态分布的可加性，得 $Z \sim N(6,6)$，故 Z 的密度函数为

$$f_Z(z) = \frac{1}{2\sqrt{3\pi}} e^{-\frac{(z-6)^2}{12}}, \quad -\infty < z < \infty.$$

5. 设 X 与 Y 是相互独立同分布的随机变量，且都服从均匀分布 $U(0,1)$，求 $Z=X+Y$ 的分布函数与密度函数. 求密度函数时要求用分布函数法和卷积公式法两种方法进行计算.

解 分布函数法：由已知得 $f(x,y) = \begin{cases} 1, & 0 \leqslant x \leqslant 1, \ 0 \leqslant y \leqslant 1, \\ 0, & 其他. \end{cases}$ 因为 $\Omega_Z = [0,2]$，所以当 $0 \leqslant z < 1$ 时（见图 3.5），有

$$F_Z(z) = P(X+Y \leqslant Z) = \iint\limits_{x+y \leqslant z} f(x,y)\mathrm{d}x\mathrm{d}y = \int_0^z \mathrm{d}x \int_0^{z-x} 1\mathrm{d}y$$

$$\left(\overset{或}{=} \iint\limits_{D_1} \mathrm{d}x\mathrm{d}y = S_{D_1}\right) = \frac{1}{2}z^2.$$

当 $1 \leqslant z < 2$ 时（见图 3.6），有

$$F_Z(z) = \iint\limits_{x+y \leqslant z} f(x,y)\mathrm{d}x\mathrm{d}y = 1 - \int_{z-1}^1 \mathrm{d}x \int_{z-x}^1 1\mathrm{d}y$$

$$\left(\overset{或}{=} 1 - \iint\limits_{D_2} \mathrm{d}x\mathrm{d}y = 1 - S_{D_2}\right) = 1 - \frac{1}{2}(2-z)^2.$$

所以有

$$F_Z(z) = \begin{cases} 0, & z < 0, \\ \frac{1}{2}z^2, & 0 \leqslant z < 1, \\ 1 - \frac{1}{2}(2-z)^2, & 1 \leqslant z < 2, \\ 1, & z \geqslant 2. \end{cases} \qquad f_Z(z) = \begin{cases} z, & 0 \leqslant z < 1, \\ -z+2, & 1 \leqslant z \leqslant 2, \\ 0, & 其他. \end{cases}$$

卷积公式法：因为 $\Omega_Z = [0,2]$，所以当 $0 \leqslant z \leqslant 2$ 时，有

$$f_Z(z) = \int_{-\infty}^{+\infty} f_X(x) f_Y(z-x)\mathrm{d}x,$$

x 的积分区间由 $\begin{cases} 0 \leqslant x \leqslant 1, \\ 0 \leqslant z-x \leqslant 1, \end{cases}$ 即 $\begin{cases} 0 \leqslant x \leqslant 1, \\ z-1 \leqslant x \leqslant z \end{cases}$ 确定.

当 $0 \le z \le 1$ 时，积分区间为 $[0, z]$，所以 $f_Z(z) = \int_0^z 1 \mathrm{d}x = z.$

当 $1 \le z \le 2$ 时，积分区间为 $[z-1, 1]$，所以 $f_Z(z) = \int_{z-1}^1 1 \mathrm{d}x = 2 - z,$

因此

$$f_Z(z) = \begin{cases} z, & 0 \le z < 1, \\ -z + 2, & 1 \le z \le 2, \\ 0, & 其他. \end{cases}$$

6. 设 $X_1, X_2, \cdots, X_n$ 是相互独立同分布的随机变量，且它们都服从指数分布 $\exp(\lambda)$，记 $U = \max\limits_{1 \le i \le n} X_i, V = \min\limits_{1 \le i \le n} X_i.$

(1) 试求 U 的密度函数.

(2) 证明 $V \sim \exp(n\lambda)$.

解　(1) U 的分布函数为

$$F_U(u) = F_{X_i}^n(u) = \begin{cases} 0, & u < 0, \\ (1 - \mathrm{e}^{-\lambda u})^n, & u \ge 0. \end{cases}$$

求导，得

$$f_U(u) = \begin{cases} 0, & u \le 0, \\ n\lambda \mathrm{e}^{-\lambda u}(1 - \mathrm{e}^{-\lambda u})^{n-1}, & u > 0. \end{cases}$$

(2) V 的分布函数为

$$F_V(v) = 1 - [1 - F_{X_i}(v)]^n = \begin{cases} 0, & v < 0, \\ 1 - [1 - (1 - \mathrm{e}^{-\lambda v})]^n, & v \ge 0. \end{cases}$$

即 $F_V(v) = \begin{cases} 0, & v < 0, \\ 1 - \mathrm{e}^{-n\lambda v}, & v \ge 0. \end{cases}$　所以 $V \sim \exp(n\lambda)$.

7. 设随机变量 X 与 Y 相互独立，且 $X \sim \exp(1), Y \sim \exp(2)$，求 $Z = \dfrac{X}{Y}$ 的密度函数 $f_Z(z)$.

解　由已知，得

$$f(x, y) = \begin{cases} \mathrm{e}^{-x} \cdot 2\mathrm{e}^{-2y}, & x > 0, \ y > 0, \\ 0, & 其他. \end{cases}$$

而 $\Omega_Z = (0, +\infty)$. 所以当 $z \ge 0$ 时，有

$$F_Z(z) = P\left(\frac{X}{Y} \le z\right) = \iint\limits_{\frac{x}{y} \le z} f(x, y) \mathrm{d}x\mathrm{d}y = \int_0^{+\infty} \mathrm{d}x \int_{\frac{x}{z}}^{+\infty} 2\mathrm{e}^{-(x+2y)} \mathrm{d}y$$

$$= \int_0^{+\infty} \mathrm{e}^{-x} \left[-\mathrm{e}^{-2y}\right]_{\frac{x}{z}}^{+\infty} \mathrm{d}x = \int_0^{+\infty} \mathrm{e}^{-x\left(1+\frac{2}{z}\right)} \mathrm{d}x = \frac{z}{z+2}.$$

故

$$F_Z(z) = \begin{cases} 0, & z < 0, \\ \dfrac{z}{z+2}, & z \ge 0, \end{cases} \quad f_Z(z) = \begin{cases} 0, & z \le 0, \\ \dfrac{2}{(z+2)^2}, & z > 0. \end{cases}$$

8. 设随机变量 (X, Y) 服从区域 $D = \{(x, y) \mid 1 \le x, y \le 3\}$ 上的二维均匀分布，求

$Z = |X - Y|$ 的密度函数 $f_Z(z)$.

解 由已知, 得 $f(x,y) = \begin{cases} \dfrac{1}{4}, & (x,y) \in D, \\ 0, & \text{其他.} \end{cases}$

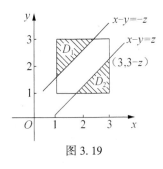

而 $\Omega_Z = (0,2)$, 所以当 $0 \leqslant z < 2$ 时(见图 3.19), 有

$$
\begin{aligned}
F_Z(z) &= P(|X - Y| \leqslant z) \\
&= P(-z \leqslant X - Y \leqslant z) \\
&= 1 - \iint\limits_{D_1 \cup D_2} \frac{1}{4}\mathrm{d}x\mathrm{d}y = 1 - \frac{1}{4}(S_{D_1} + S_{D_2}) \\
&= 1 - \frac{1}{4}\left[\frac{1}{2}(2-z)^2 + \frac{1}{2}(2-z)^2\right] \\
&= 1 - \frac{1}{4}(2-z)^2 = 1 - \frac{1}{4}(z-2)^2.
\end{aligned}
$$

图 3.19

有

$$
F_Z(z) = \begin{cases} 0, & z < 0, \\ 1 - \dfrac{1}{4}(z-2)^2, & 0 \leqslant z < 2, \\ 1, & z \geqslant 2. \end{cases}
$$

求导, 得

$$
f_Z(z) = \begin{cases} 1 - \dfrac{1}{2}z, & 0 < z < 2, \\ 0, & \text{其他.} \end{cases}
$$

9. 设随机变量 (X,Y) 的联合密度函数为

$$
f(x,y) = \begin{cases} \mathrm{e}^{-(x+y)}, & x > 0,\ y > 0, \\ 0, & \text{其他.} \end{cases}
$$

记 $Z = X - Y$, 求:

(1) 概率 $P(X - Y < 2)$.

(2) Z 的密度函数.

解 (1) $P(X-Y < 2) = \iint\limits_{x-y<2} f(x,y)\,\mathrm{d}x\mathrm{d}y = \displaystyle\int_0^{+\infty}\mathrm{d}y\int_0^{y+2}\mathrm{e}^{-(x+y)}\,\mathrm{d}x$

$\displaystyle = \int_0^{+\infty}\left[1 - \mathrm{e}^{-(y+2)}\right]\cdot\mathrm{e}^{-y}\mathrm{d}y = \left[-\mathrm{e}^{-y} + \frac{1}{2}\mathrm{e}^{-2y-2}\right]_0^{+\infty}$

$\displaystyle = 1 - \frac{1}{2}\mathrm{e}^{-2}.$

(2) 由已知, 得 $\Omega_Z = (-\infty, +\infty)$, 所以当 $-\infty < z < +\infty$ 且 $z \geqslant 0$ 时, 有

$$
F_Z(z) = P(X - Y \leqslant z) = \int_0^{+\infty}\mathrm{d}y\int_0^{y+z}\mathrm{e}^{-(x+y)}\,\mathrm{d}x
$$

$\displaystyle = \int_0^{+\infty}\left[1 - \mathrm{e}^{-(y+z)}\right]\cdot\mathrm{e}^{-y}\mathrm{d}y = 1 + \left[\frac{1}{2}\mathrm{e}^{-2y-z}\right]_0^{+\infty}$

$\displaystyle = 1 - \frac{1}{2}\mathrm{e}^{-z}.$

当 $z < 0$ 时，有

$$F_Z(z) = P(X - Y \le z) = \int_{-z}^{+\infty} \mathrm{d}y \int_0^{y+z} \mathrm{e}^{-(x+y)} \mathrm{d}x$$

$$= \int_{-z}^{+\infty} \left[1 - \mathrm{e}^{-(y+z)} \right] \cdot \mathrm{e}^{-y} \mathrm{d}y = \left[-\mathrm{e}^{-y} + \frac{1}{2} \mathrm{e}^{-2y-z} \right]_{-z}^{+\infty}$$

$$= \mathrm{e}^z - \frac{1}{2} \mathrm{e}^z = \frac{1}{2} \mathrm{e}^z.$$

所以

$$F_Z(z) = \begin{cases} \dfrac{1}{2} \mathrm{e}^z, & z < 0, \\[2mm] 1 - \dfrac{1}{2} \mathrm{e}^{-z}, & z \geqslant 0. \end{cases}$$

则 $Z = X - Y$ 的密度函数为

$$f_Z(z) = \begin{cases} \dfrac{1}{2} \mathrm{e}^z, & z < 0, \\[2mm] \dfrac{1}{2} \mathrm{e}^{-z}, & z \geqslant 0. \end{cases}$$

即 $f_Z(z) = \dfrac{1}{2} \mathrm{e}^{-|z|}$, $z \in \mathbf{R}$.

10. 设 X 与 Y 相互独立，且 $X \sim U(0,2)$，$Y \sim U(0,1)$，试求 $Z = XY$ 的密度函数.

解 由已知，得 $f(x,y) = \begin{cases} \dfrac{1}{2}, & 0 \le x \le 2,\ 0 \le y \le 1, \\[2mm] 0, & 其他, \end{cases}$ $\Omega_Z = [0,2].$

当 $0 \le z < 2$ 时，有

$$F_Z(z) = P(XY \le z) = \iint\limits_{xy \le z} f(x,y) \mathrm{d}x \mathrm{d}y = \int_0^z \mathrm{d}x \int_0^1 \frac{1}{2} \mathrm{d}y + \int_z^2 \mathrm{d}x \int_0^{\frac{z}{x}} \frac{1}{2} \mathrm{d}y$$

$$= \frac{z}{2} + \int_z^2 \frac{1}{2} \frac{z}{x} \mathrm{d}x = \frac{z}{2} + \frac{z}{2} (\ln 2 - \ln z)$$

$$= \frac{z}{2} (1 + \ln 2 - \ln z).$$

所以

$$F_Z(z) = \begin{cases} 0, & z < 0, \\[2mm] \dfrac{z}{2} (1 + \ln 2 - \ln z), & 0 \le z < 2, \\[2mm] 1, & z \geqslant 2. \end{cases}$$

故

$$f_Z(z) = \begin{cases} \dfrac{1}{2} (\ln 2 - \ln z), & 0 < z < 2, \\[2mm] 0, & 其他. \end{cases}$$

11. 设在线购物平台上架的某商品一天的需求量是一个随机变量 X，它的密度函数为

$$f(x) = \begin{cases} x\mathrm{e}^{-x}, & x > 0, \\ 0, & \text{其他}. \end{cases}$$

试求该商品两天的需求量 Y 的密度函数，假定每天的需求量相互独立．要求用分布函数法和卷积公式法两种方法进行计算．

解 设第一天和第二天的需求量分别用 X_1 和 X_2 表示，则 X_1 与 X_2 相互独立同分布，且

$$X_i \sim f_{X_i}(x_i) = \begin{cases} x_i\mathrm{e}^{-x_i}, & x_i > 0, \ i = 1,2, \\ 0, & \text{其他}, \end{cases}$$

则 (X_1, X_2) 的联合密度函数

$$f(x_1, x_2) = \begin{cases} x_1 x_2 \mathrm{e}^{-(x_1+x_2)}, & x_1, x_2 > 0, \\ 0, & \text{其他}. \end{cases}$$

方法一 分布函数法

两天的需求量为 Y，则 $Y = X_1 + X_2, \Omega_Y = (0, +\infty)$．所以当 $y \geqslant 0$ 时，有

$$F_Y(y) = P(X_1 + X_2 \leqslant y) = \iint\limits_{x_1+x_2 \leqslant y} f(x_1, x_2) \mathrm{d}x_1 \mathrm{d}x_2 = \int_0^y \mathrm{d}x_1 \int_0^{y-x_1} x_1 x_2 \mathrm{e}^{-(x_1+x_2)} \mathrm{d}x_2$$

$$= \int_0^y x_1 \mathrm{e}^{-x_1} \left[-x_2 \mathrm{e}^{-x_2} - \mathrm{e}^{-x_2} \right]_0^{y-x_1} \mathrm{d}x_1 = \int_0^y x_1^2 \mathrm{e}^{-y} - x_1 y \mathrm{e}^{-y} - x_1 \mathrm{e}^{-y} + x_1 \mathrm{e}^{-x_1} \mathrm{d}x_1$$

$$= 1 - \mathrm{e}^{-y} \left(\frac{y^3}{6} + \frac{y^2}{2} + y + 1 \right),$$

故

$$F_Y(y) = \begin{cases} 1 - \mathrm{e}^{-y} \left(\dfrac{y^3}{6} + \dfrac{y^2}{2} + y + 1 \right), & y \geqslant 0, \\ 0, & \text{其他}, \end{cases} \qquad f_Y(y) = \begin{cases} \dfrac{y^3}{6} \mathrm{e}^{-y}, & y > 0, \\ 0, & \text{其他}. \end{cases}$$

方法二 卷积公式法

$\Omega_Y = (0, +\infty)$，当 $y > 0$ 时，由卷积公式，得

$$f_Y(y) = \int_{-\infty}^{+\infty} f_{X_1}(x_1) f_{X_2}(y - x_1) \mathrm{d}x_1,$$

x_1 的积分区间由 $\begin{cases} x_1 > 0 \\ y - x_1 > 0 \end{cases} \Rightarrow 0 < x_1 < y$ 确定，故

$$f_Y(y) = \int_0^y x_1 \mathrm{e}^{-x_1} (y - x_1) \mathrm{e}^{-(y-x_1)} \mathrm{d}x_1 = \int_0^y (x_1 y - x_1^2) \mathrm{e}^{-y} \mathrm{d}x_1$$

$$= \left[\left(\frac{x_1^2}{2} y - \frac{x_1^3}{3} \right) \mathrm{e}^{-y} \right]_0^y = \frac{y^3}{6} \mathrm{e}^{-y},$$

所以有

$$f_Y(y) = \begin{cases} \dfrac{y^3}{6} \mathrm{e}^{-y}, & y > 0, \\ 0, & \text{其他}. \end{cases}$$

12. 设随机变量 X 与 Y 相互独立, 其中 X 的分布律如下.

X	1	2
概率	0.3	0.7

Y 的密度函数为 $f_Y(y)$, 求随机变量 $Z = X + Y$ 的密度函数 $f_Z(z)$.

解　由已知及 X 与 Y 相互独立, 得

$$
\begin{aligned}
F_Z(z) &= P(X + Y \leqslant z) \\
&= P(X = 1)P(X + Y \leqslant z \mid X = 1) + P(X = 2)P(X + Y \leqslant z \mid X = 2) \\
&= 0.3P(Y \leqslant z - 1 \mid X = 1) + 0.7P(Y \leqslant z - 2 \mid X = 2) \\
&= 0.3P(Y \leqslant z - 1) + 0.7P(Y \leqslant z - 2) \\
&= 0.3\int_{-\infty}^{z-1} f_Y(y)\,\mathrm{d}y + 0.7\int_{-\infty}^{z-2} f_Y(y)\,\mathrm{d}y,
\end{aligned}
$$

求导得 Z 的密度函数为

$$
f_Z(z) = 0.3f_Y(z - 1) + 0.7f_Y(z - 2).
$$

测试题三

1. 设随机变量 X 与 Y 相互独立, 且都服从区间 $[0, 3]$ 上的均匀分布. 计算概率 $P(\max(X, Y) \leqslant 1)$.

解　由已知, 得 $P(X \leqslant 1) = \int_0^1 \frac{1}{3}\mathrm{d}x = \frac{1}{3}$, 同理 $P(Y \leqslant 1) = \frac{1}{3}$, 则

$$
P(\max(X, Y) \leqslant 1) = P(X \leqslant 1, Y \leqslant 1) = P(X \leqslant 1)P(Y \leqslant 1) = \frac{1}{9}.
$$

2. 设随机变量 (X, Y) 的联合密度函数为

$$
f(x, y) = \begin{cases} k, & 0 \leqslant x^2 < y < x \leqslant 1, \\ 0, & \text{其他}. \end{cases}
$$

(1) 求 k 的值.

(2) 求 X, Y 的边缘密度函数.

(3) 计算概率 $P(X \geqslant 0.5), P(Y < 0.5)$.

解　(1) 由联合密度函数的性质知

$$
1 = \int_0^1 \mathrm{d}x \int_{x^2}^x k\mathrm{d}y = \int_0^1 k(x - x^2)\,\mathrm{d}x = k\left(\frac{1}{2} - \frac{1}{3}\right) = \frac{k}{6} \Rightarrow k = 6.
$$

(2) 因为 $\Omega_X = (0, 1), \Omega_Y = (0, 1)$, 所以当 $0 < x < 1$ 时, 有

$$
f_X(x) = \int_{-\infty}^{+\infty} f(x, y)\,\mathrm{d}y = \int_{x^2}^x 6\mathrm{d}y = 6x(1 - x).
$$

故

$$
f_X(x) = \begin{cases} 6x(1 - x), & 0 < x < 1, \\ 0, & \text{其他}. \end{cases}
$$

当 $0 < y < 1$ 时, 有

$$
f_Y(y) = \int_{-\infty}^{+\infty} f(x, y)\,\mathrm{d}x = \int_y^{\sqrt{y}} 6\mathrm{d}x = 6(\sqrt{y} - y).
$$

故

$$f_Y(y) = \begin{cases} 6(\sqrt{y} - y), & 0 < y < 1, \\ 0, & \text{其他}. \end{cases}$$

$$(3)\, P(X \geqslant 0.5) = \int_{0.5}^{+\infty} f_X(x)\,dx = \int_{0.5}^{1} 6x(1-x)\,dx = \frac{1}{2}.$$

$$P(Y < 0.5) = \int_{-\infty}^{0.5} f_Y(y)\,dy = \int_{0}^{0.5} 6(\sqrt{y} - y)\,dy = \sqrt{2} - \frac{3}{4}.$$

3. 设随机变量 X 与 Y 相互独立, 且 $X \sim U(0,1)$, $Y \sim \exp(1)$, 求随机变量 $Z = 2X + Y$ 的密度函数.

解 由已知, 得 $f(x,y) = \begin{cases} \mathrm{e}^{-y}, & 0 < x < 1, \ y > 0, \\ 0, & \text{其他}, \end{cases}$ $\Omega_Z = (0, +\infty)$.

当 $z \geqslant 0$ 时, 有

$$F_Z(z) = P(2X + Y \leqslant Z) = \iint\limits_{2x+y \leqslant z} f(x,y)\,dx\,dy.$$

当 $0 \leqslant z < 2$ 时, 有

$$F_Z(z) = \int_{0}^{\frac{z}{2}} dx \int_{0}^{z-2x} \mathrm{e}^{-y}\,dy = \int_{0}^{\frac{z}{2}} 1 - \mathrm{e}^{-(z-2x)}\,dx = \frac{z}{2} - \frac{1}{2}(1 - \mathrm{e}^{-z}).$$

当 $z \geqslant 2$ 时, 有

$$F_Z(z) = \int_{0}^{1} dx \int_{0}^{z-2x} \mathrm{e}^{-y}\,dy = \int_{0}^{1} 1 - \mathrm{e}^{-(z-2x)}\,dx = 1 - \frac{1}{2}(\mathrm{e}^2 - 1)\mathrm{e}^{-z}.$$

所以有

$$F_Z(z) = \begin{cases} 0, & z < 0, \\ \dfrac{z}{2} - \dfrac{1}{2}(1 - \mathrm{e}^{-z}), & 0 \leqslant z < 2, \\ 1 - \dfrac{1}{2}(\mathrm{e}^2 - 1)\mathrm{e}^{-z}, & z \geqslant 2. \end{cases}$$

求导, 得

$$f_Z(z) = \begin{cases} \dfrac{1}{2}(1 - \mathrm{e}^{-z}), & 0 < z < 2, \\ \dfrac{1}{2}(\mathrm{e}^2 - 1)\mathrm{e}^{-z}, & z > 2, \\ 0, & \text{其他}. \end{cases}$$

4. 设二维随机变量 (X, Y) 的联合分布函数为

$$F(x,y) = \begin{cases} 1 - \mathrm{e}^{-2x} - \mathrm{e}^{-y} + \mathrm{e}^{-(2x+y)}, & x \geqslant 0, \ y \geqslant 0, \\ 0, & \text{其他}. \end{cases}$$

(1) 求 X 与 Y 的边缘分布函数 $F_X(x)$, $F_Y(y)$ 和边缘密度函数 $f_X(x)$, $f_Y(y)$.

(2) 计算 $P(X + Y < 1)$.

解 (1) 由已知, 得

$$F_X(x) = F(x, +\infty) = \begin{cases} 1 - \mathrm{e}^{-2x}, & x \geqslant 0, \\ 0, & x < 0. \end{cases}$$

求导, 得

$$f_X(x) = \begin{cases} 2e^{-2x}, & x \geqslant 0, \\ 0, & x < 0. \end{cases}$$

$$F_Y(y) = F(+\infty, y) = \begin{cases} 1 - e^{-y}, & y \geqslant 0, \\ 0, & y < 0. \end{cases}$$

求导, 得

$$f_Y(y) = \begin{cases} e^{-y}, & y \geqslant 0, \\ 0, & y < 0. \end{cases}$$

$(2) P(X + Y < 1) = \iint\limits_{x+y<1} f(x,y)\,\mathrm{d}x\mathrm{d}y,$

因为在 $f(x,y)$ 的连续点处 $f(x,y) = \dfrac{\partial F(x,y)}{\partial x \partial y}$, 所以

$$f(x,y) = \begin{cases} 2e^{-(2x+y)}, & x > 0, \ y > 0, \\ 0, & 其他. \end{cases}$$

由此得

$$P(x+y<1) = \int_0^1 \mathrm{d}x \int_0^{1-x} 2e^{-(2x+y)}\,\mathrm{d}y = \int_0^1 [1 - e^{-(1-x)}] 2e^{-2x}\,\mathrm{d}x$$
$$= 1 + e^{-2} - 2e^{-1} = (1 - e^{-1})^2.$$

5. 设二维随机变量 (X,Y) 在 D 上服从均匀分布, D 是由直线 $y = x$ 与曲线 $y = x^3$ 所围成的区域.

(1) 分别求 X, Y 的边缘密度函数.

(2) 当 $x \in \Omega_X$ 时, 求条件密度函数 $f_{Y|X}(y|x)$.

(3) X 与 Y 是否相互独立? 为什么?

解 (1) 因为 $S_D = \int_0^1 \mathrm{d}x \int_{x^3}^x \mathrm{d}y + \int_{-1}^0 \mathrm{d}x \int_x^{x^3} \mathrm{d}y = \dfrac{1}{2}$, 所以

$$f(x,y) = \begin{cases} 2, & (x,y) \in D, \\ 0, & 其他. \end{cases}$$

而 $\Omega_X = (-1,1), \Omega_Y = (-1,1)$, 所以当 $0 < x < 1$ 时, 有

$$f_X(x) = \int_{-\infty}^{+\infty} f(x,y)\,\mathrm{d}y = \int_{x^3}^x 2\mathrm{d}y = 2x(1-x^2).$$

当 $-1 < x < 0$ 时, 有

$$f_X(x) = \int_{-\infty}^{+\infty} f(x,y)\,\mathrm{d}y = \int_x^{x^3} 2\mathrm{d}y = 2x(x^2-1).$$

故

$$f_X(x) = \begin{cases} 2|x - x^3|, & 0 < |x| < 1, \\ 0, & 其他. \end{cases}$$

当 $0 < y < 1$ 时, 有

$$f_Y(y) = \int_{-\infty}^{+\infty} f(x,y)\,\mathrm{d}x = \int_y^{\sqrt[3]{y}} 2\mathrm{d}x = 2(\sqrt[3]{y} - y).$$

当 $-1 < y < 0$ 时, 有

$$f_Y(y) = \int_{-\infty}^{+\infty} f(x,y)\,\mathrm{d}x = \int_{\sqrt[3]{y}}^{y} 2\mathrm{d}x = 2(y - \sqrt[3]{y}).$$

故

$$f_Y(y) = \begin{cases} 2\left|\sqrt[3]{y} - y\right|, & 0 < |y| < 1, \\ 0, & 其他. \end{cases}$$

(2) 当 $x \in (0,1)$ 时,$\Omega_{Y|X=x} = (x^3, x)$. 所以当 $x \in (0,1)$,$y \in (x^3, x)$ 时,有

$$f_{Y|X}(y|x) = \frac{f(x,y)}{f_X(x)} = \frac{2}{2|x - x^3|} = \frac{1}{|x - x^3|}.$$

当 $x \in (-1,0)$ 时,$\Omega_{Y|X=x} = (x, x^3)$. 所以当 $x \in (-1,0)$,$y \in (x, x^3)$ 时,有

$$f_{Y|X}(y|x) = \frac{f(x,y)}{f_X(x)} = \frac{2}{2|x - x^3|} = \frac{1}{|x - x^3|}.$$

故当 $0 < x < 1$ 时,有

$$f_{Y|X}(y|x) = \begin{cases} \dfrac{1}{|x - x^3|}, & x^3 < y < x, \\ 0, & 其他. \end{cases}$$

当 $-1 < x < 0$ 时,有

$$f_{Y|X}(y|x) = \begin{cases} \dfrac{1}{|x - x^3|}, & x < y < x^3, \\ 0, & 其他. \end{cases}$$

即当 $0 < |x| < 1$ 时,

$$f_{Y|X}(y|x) = \begin{cases} \dfrac{1}{|x - x^3|}, & \min(x, x^3) < y < \max(x, x^3), \\ 0, & 其他. \end{cases}$$

(3) X 与 Y 不相互独立. 因为

$$f\left(\frac{1}{2}, \frac{1}{4}\right) = 2 \neq f_X\left(\frac{1}{2}\right) f_Y\left(\frac{1}{4}\right) = \frac{3}{2}\left(\sqrt[3]{\frac{1}{4}} - \frac{1}{4}\right), \quad 所以 X 与 Y 不相互独立.$$

6. 设二维随机变量 (X, Y) 的联合密度函数为

$$f(x,y) = \begin{cases} \mathrm{e}^{-x}, & 0 < y < x, \\ 0, & 其他. \end{cases}$$

(1) 当 $x \in \Omega_X$ 时,求条件密度函数 $f_{Y|X}(y|x)$.

(2) 求条件概率 $P(X \leqslant 1 | Y \leqslant 1)$.

解 (1) 由已知,得 $\Omega_X = (0, +\infty)$,$\Omega_{Y|X=x} = (0, x)$,如

图 3.20 所示. 当 $x > 0$ 时,$f_X(x) = \int_{-\infty}^{+\infty} f(x,y)\,\mathrm{d}y = \int_0^x \mathrm{e}^{-x}\mathrm{d}y =$

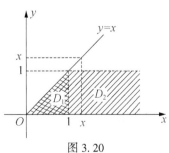

图 3.20

$[\mathrm{e}^{-x} y]_0^x = x\mathrm{e}^{-x}$. 则

$$f_X(x) = \begin{cases} x\mathrm{e}^{-x}, & x > 0, \\ 0, & 其他. \end{cases}$$

所以,当 $x > 0$ 且 $0 < y < x$ 时,有

$$f_{Y|X}(y|x) = \frac{f(x,y)}{f_X(x)} = \frac{\mathrm{e}^{-x}}{x\mathrm{e}^{-x}} = \frac{1}{x}.$$

所以，当 $x > 0$ 时，$f_{Y|X}(y|x) = \begin{cases} \dfrac{1}{x}, & 0 < y < x, \\ 0, & \text{其他.} \end{cases}$

（2）由已知，得

$$P(X \leqslant 1 \mid Y \leqslant 1) = \frac{P(X \leqslant 1, Y \leqslant 1)}{P(Y \leqslant 1)} = \frac{\displaystyle\iint_{D_1} f(x,y)\,\mathrm{d}x\mathrm{d}y}{\displaystyle\iint_{D_2} f(x,y)\,\mathrm{d}x\mathrm{d}y}$$

$$= \frac{\displaystyle\int_0^1 \mathrm{d}y \int_y^1 \mathrm{e}^{-x}\mathrm{d}x}{\displaystyle\int_0^1 \mathrm{d}y \int_y^{+\infty} \mathrm{e}^{-x}\mathrm{d}x} = \frac{\displaystyle\int_0^1 \left[-\mathrm{e}^{-x}\right]_y^1 \mathrm{d}y}{\displaystyle\int_0^1 \left[-\mathrm{e}^{-x}\right]_y^{+\infty} \mathrm{d}y}$$

$$= \frac{\displaystyle\int_0^1 (\mathrm{e}^{-y} - \mathrm{e}^{-1})\,\mathrm{d}y}{\displaystyle\int_0^1 \mathrm{e}^{-y}\mathrm{d}y} = \frac{\left[-\mathrm{e}^{-y} - \mathrm{e}^{-1}y\right]_0^1}{\left[-\mathrm{e}^{-y}\right]_0^1}$$

$$= \frac{1 - \mathrm{e}^{-1} - \mathrm{e}^{-1}}{1 - \mathrm{e}^{-1}} = \frac{\mathrm{e} - 2}{\mathrm{e} - 1}.$$

7. 设平面区域 D 是由坐标为 $(0,0),(0,1),(1,0),(1,1)$ 的 4 个顶点围成的正方形，现向 D 内随机地投入 10 个点，求这 10 个点中至少有 2 个点落在由曲线 $y = x, y = x^2$ 所围成的区域 D_1 中的概率.

解　设随机投入点的坐标为 (X,Y). 由题意，知 (X,Y) 服从正方形 D 上的均匀分布，则有

$$P((X,Y) \in D_1) = \frac{S_{D_1}}{S_D} = \frac{\displaystyle\int_0^1 \mathrm{d}x \int_{x^2}^x \mathrm{d}y}{\displaystyle\int_0^1 \mathrm{d}x \int_0^1 \mathrm{d}y} = \frac{1}{6}.$$

设 10 个点中落入 D_1 区域的点的个数为 N，显然 $N \sim B\left(10, \dfrac{1}{6}\right)$. 那么

$$P(N \geqslant 2) = 1 - P(N = 0) - P(N = 1)$$
$$= 1 - \mathrm{C}_{10}^0 \left(\frac{1}{6}\right)^0 \times \left(\frac{5}{6}\right)^{10} - \mathrm{C}_{10}^1 \left(\frac{1}{6}\right)^1 \times \left(\frac{5}{6}\right)^9$$
$$= 1 - 3 \times \left(\frac{5}{6}\right)^{10} = 0.5155.$$

8. 随机变量 X, Y 相互独立同分布，且 X 的分布函数为 $F(x)$，求 $Z = \max(X,Y)$ 的分布函数.

解　由 X 与 Y 相互独立且同分布，知

$$F_Z(z) = P(\max(X,Y) \leqslant z) = P(X \leqslant z, Y \leqslant z)$$
$$= P(X \leqslant z) \cdot P(Y \leqslant z) = F_X(z)F_Y(z) = F^2(z).$$

9. 设随机变量 X 与 Y 相互独立，且 X 服从标准正态分布 $N(0,1)$，Y 的概率分布为 $P(Y = 0) = P(Y = 1) = \dfrac{1}{2}$. 记 $F_Z(z)$ 为随机变量 $Z = XY$ 的分布函数.

(1) 求 $F_Z(z)$.

(2) 问 $F_Z(z)$ 有几个间断点?

解 (1) $\Omega_Z = (-\infty, +\infty)$,由全概率公式,得

$$F_Z(z) = P(Z \leqslant z) = P(XY \leqslant z)$$
$$= P(Y = 0)P(XY \leqslant z \,|\, Y = 0) + P(Y = 1)P(XY \leqslant z \,|\, Y = 1).$$

当 $z \geqslant 0$ 时,有 $F_Z(z) = \dfrac{1}{2} \times 1 + \dfrac{1}{2} P(X \leqslant z \,|\, Y = 1) = \dfrac{1}{2} + \dfrac{1}{2} \Phi(z)$.

当 $z < 0$ 时,有 $F_Z(z) = \dfrac{1}{2} \times 0 + \dfrac{1}{2} P(X \leqslant z \,|\, Y = 1) = \dfrac{1}{2} \Phi(z)$.

所以

$$F_Z(z) = \begin{cases} \dfrac{1}{2} + \dfrac{1}{2} \Phi(z), & z \geqslant 0, \\[3mm] \dfrac{1}{2} \Phi(z), & z < 0. \end{cases}$$

(2) 因为

$$F(0 - 0) = \lim_{z \to 0^-} \frac{1}{2} \Phi(z) = \frac{1}{4},$$

$$F(0 + 0) = \lim_{z \to 0^+} \frac{1}{2} + \frac{1}{2} \Phi(z) = \frac{3}{4},$$

所以 $z = 0$ 为 $F_Z(z)$ 的间断点. 当 $z > 0$ 时,$\dfrac{1}{2} + \dfrac{1}{2} \Phi(z)$ 为连续函数;当 $z < 0$ 时,$\dfrac{1}{2} \Phi(z)$ 也为连续函数. 所以 $F_Z(z)$ 只有一个间断点 $z = 0$.

10. 设随机变量 X 与 Y 相互独立,X 服从正态分布 $N(\mu, \sigma^2)$,Y 服从 $[-\pi, \pi]$ 上的均匀分布,求 $Z = X + Y$ 的密度函数(计算结果用标准正态分布函数 Φ 表示,其中 $\Phi(x) = \dfrac{1}{\sqrt{2\pi}} \displaystyle\int_{-\infty}^{x} \mathrm{e}^{-\frac{t^2}{2}} \mathrm{d}t$).

解 由已知,得

$$f(x, y) = \begin{cases} \dfrac{1}{2\pi} \cdot \dfrac{1}{\sqrt{2\pi}\,\sigma} \mathrm{e}^{-\frac{(x-\mu)^2}{2\sigma^2}}, & -\infty < x < +\infty,\ -\pi < y < \pi, \\[3mm] 0, & \text{其他}. \end{cases}$$

$$\Omega_Z = (-\infty, +\infty),$$

$$F_Z(z) = P(X + Y \leqslant z) = \iint\limits_{x+y \leqslant z} f(x, y) \mathrm{d}x\mathrm{d}y$$

$$= \int_{-\infty}^{z-\pi} \mathrm{d}x \int_{-\pi}^{\pi} \frac{1}{2\pi} f_X(x) \mathrm{d}y + \int_{z-\pi}^{z+\pi} \mathrm{d}x \int_{-\pi}^{z-x} \frac{1}{2\pi} f_X(x) \mathrm{d}y$$

$$= \int_{-\infty}^{z-\pi} f_X(x) \mathrm{d}x + \int_{z-\pi}^{z+\pi} \frac{1}{2\pi} f_X(x) (z - x + \pi) \mathrm{d}x$$

$$= \int_{-\infty}^{z-\pi} f_X(x) \mathrm{d}x + \frac{1}{2\pi} z \int_{z-\pi}^{z+\pi} f_X(x) \mathrm{d}x + \frac{1}{2\pi} \int_{z-\pi}^{z+\pi} f_X(x)(-x + \pi) \mathrm{d}x,$$

求导,得

$$f_Z(z) = \frac{\mathrm{d}}{\mathrm{d}z} F_Z(z)$$

$$= f_X(z-\pi) + \frac{1}{2\pi}\int_{z-\pi}^{z+\pi} f_X(x)\,\mathrm{d}x + \frac{1}{2\pi}z[f_X(z+\pi) - f_X(z-\pi)] +$$

$$\frac{1}{2\pi} f_X(z+\pi) \cdot (-z) - \frac{1}{2\pi} f_X(z-\pi) \cdot (2\pi - z)$$

$$= \frac{1}{2\pi}\int_{z-\pi}^{z+\pi} f_X(x)\,\mathrm{d}x = \frac{1}{2\pi}\left[\Phi\left(\frac{z+\pi-\mu}{\sigma}\right) - \Phi\left(\frac{z-\pi-\mu}{\sigma}\right)\right].$$

或者利用卷积公式，得

$$f_Z(z) = \int_{-\infty}^{+\infty} f_X(x) f_Y(z-x)\,\mathrm{d}x,$$

这里，当 $\begin{cases} -\infty < x < +\infty, \\ -\pi < z-x < \pi \end{cases}$，即 $z-\pi < x < z+\pi$ 时，$f_X(x)f_Y(z-x) = \frac{1}{2\pi}f_X(x)$，所以

$$f_Z(z) = \int_{z-\pi}^{z+\pi} f_X(x)\,\frac{1}{2\pi}\mathrm{d}x = \frac{1}{2\pi}\left[\Phi\left(\frac{z+\pi-\mu}{\sigma}\right) - \Phi\left(\frac{z-\pi-\mu}{\sigma}\right)\right].$$

11. 设二维随机变量 (X,Y) 的联合密度函数为

$$f(x,y) = \begin{cases} 1, & 0 < x < 1,\ 0 < y < 2x, \\ 0, & \text{其他}. \end{cases}$$

(1) 分别求 X 和 Y 的边缘密度函数 $f_X(x), f_Y(y)$.

(2) 求 $Z = 2X - Y$ 的密度函数 $f_Z(z)$.

解 (1) 由已知，得 $\Omega_X = (0,1)$, $\Omega_Y = (0,2)$，所以当 $0 < x < 1$ 时，有

$$f_X(x) = \int_{-\infty}^{+\infty} f(x,y)\,\mathrm{d}y = \int_0^{2x} 1\,\mathrm{d}y = 2x.$$

故

$$f_X(x) = \begin{cases} 2x, & 0 < x < 1, \\ 0, & \text{其他}. \end{cases}$$

当 $0 < y < 2$ 时，有，

$$f_Y(y) = \int_{-\infty}^{+\infty} f(x,y)\,\mathrm{d}x = \int_{\frac{y}{2}}^1 1\,\mathrm{d}x = 1 - \frac{y}{2}.$$

故

$$f_Y(y) = \begin{cases} 1 - \dfrac{y}{2}, & 0 < y < 2, \\ 0, & \text{其他}. \end{cases}$$

(2) $\Omega_Z = (0,2)$，当 $0 \leqslant Z < 2$ 时，有

$$F_Z(z) = P(2X - Y \leqslant z) = 1 - \iint\limits_{D_1} f(x,y)\,\mathrm{d}x\mathrm{d}y = 1 - \frac{1}{2}\left(1 - \frac{z}{2}\right)\cdot(2-z) = 1 - \left(1 - \frac{z}{2}\right)^2,$$

其中 D_1 是由 $y = 2x - z\,(0 \leqslant z < 2)$，$y = 0$ 及 $x = 1$ 所围成的三角形. 所以

$$F_Z(z) = \begin{cases} 0, & z < 0, \\ 1 - \left(1 - \dfrac{z}{2}\right)^2, & 0 \leqslant z < 2, \\ 1, & z \geqslant 2. \end{cases}$$

求导,得

$$f_Z(z) = \begin{cases} 1 - \dfrac{z}{2}, & 0 < z < 2, \\ 0, & \text{其他.} \end{cases}$$

12. 设随机变量 X 的密度函数为

$$f_X(x) = \begin{cases} \dfrac{1}{2}, & -1 < x < 0, \\ \dfrac{1}{4}, & 0 \leqslant x < 2, \\ 0, & \text{其他.} \end{cases}$$

$Y = X^2$,$F(x,y)$ 为二维随机变量 (X,Y) 的联合分布函数. 求:

(1) Y 的密度函数 $f_Y(y)$.

(2) $F\left(-\dfrac{1}{2}, 4\right)$.

解 (1) 由已知,得 $\Omega_Y = (0,4)$,当 $0 \leqslant y < 4$ 时,有

$$F_Y(y) = P(X^2 \leqslant y) = P(-\sqrt{y} \leqslant X \leqslant \sqrt{y}) = \int_{-\sqrt{y}}^{\sqrt{y}} f_X(x)\,\mathrm{d}x.$$

当 $0 \leqslant y < 1$ 时,$F_Y(y) = \int_{-\sqrt{y}}^{0} \dfrac{1}{2}\mathrm{d}x + \int_0^{\sqrt{y}} \dfrac{1}{4}\mathrm{d}x = \dfrac{1}{2}\sqrt{y} + \dfrac{1}{4}\sqrt{y} = \dfrac{3}{4}\sqrt{y}.$

当 $1 \leqslant y < 4$ 时,$F_Y(y) = \int_{-1}^{0} \dfrac{1}{2}\mathrm{d}x + \int_0^{\sqrt{y}} \dfrac{1}{4}\mathrm{d}x = \dfrac{1}{2} + \dfrac{1}{4}\sqrt{y},$

所以

$$F_Y(y) = \begin{cases} 0, & y < 0, \\ \dfrac{3}{4}\sqrt{y}, & 0 \leqslant y < 1, \\ \dfrac{1}{2} + \dfrac{1}{4}\sqrt{y}, & 1 \leqslant y < 4, \\ 1, & y \geqslant 4. \end{cases}$$

所以

$$f_Y(y) = \begin{cases} \dfrac{3}{8\sqrt{y}}, & 0 < y < 1, \\ \dfrac{1}{8\sqrt{y}}, & 1 < y < 4, \\ 0, & \text{其他.} \end{cases}$$

$(2)\, F\left(-\dfrac{1}{2}, 4\right) = P\left(X \leqslant -\dfrac{1}{2}, Y \leqslant 4\right) = P\left(X \leqslant -\dfrac{1}{2}, X^2 \leqslant 4\right)$

$$= P\left(X \leqslant -\dfrac{1}{2}, -2 \leqslant X \leqslant 2\right) = P\left(-2 \leqslant X \leqslant -\dfrac{1}{2}\right)$$

$$= \int_{-1}^{-\frac{1}{2}} \dfrac{1}{2}\mathrm{d}x = \dfrac{1}{4}.$$

13. 设随机变量 X 与 Y 相互独立，X 的分布律为 $P(X=i)=\dfrac{1}{3}(i=-1,0,1)$，$Y$ 的密度函数为 $f_Y(y)=\begin{cases}1,& 0<y<1,\\ 0,& \text{其他}.\end{cases}$ 记 $Z=X+Y$. 求：

（1）$P\left(Z\leqslant\dfrac{1}{2}\mid X=0\right)$.

（2）Z 的密度函数 $f_Z(z)$.

解　（1）由已知，得

$$P\left(Z\leqslant\frac{1}{2}\mid X=0\right)=\frac{P\left(X+Y\leqslant\frac{1}{2},X=0\right)}{P(X=0)}=\frac{P\left(Y\leqslant\frac{1}{2},X=0\right)}{P(X=0)}=P\left(Y\leqslant\frac{1}{2}\right)=\frac{1}{2}.$$

（2）$\Omega_Z=(-1,2)$，当 $-1\leqslant z<2$ 时，有

$$\begin{aligned}
F_Z(z)&=P(X+Y\leqslant z)\\
&=P(X=-1)P(X+Y\leqslant z\mid X=-1)+P(X=0)P(X+Y\leqslant z\mid X=0)+\\
&\quad(X=1)P(X+Y\leqslant z\mid X=1)\\
&=\frac{1}{3}\big[P(Y\leqslant z+1)+P(Y\leqslant z)+P(Y\leqslant z-1)\big],
\end{aligned}$$

当 $-1\leqslant z<0$ 时，$F_Z(z)=\dfrac{1}{3}(z+1)$.

当 $0\leqslant z<1$ 时，$F_Z(z)=\dfrac{1}{3}(z+1)$.

当 $1\leqslant z<2$ 时，$F_Z(z)=\dfrac{1}{3}(1+1+z-1)=\dfrac{1}{3}(z+1)$.

所以

$$F_Z(z)=\begin{cases}0,& z<-1,\\[2mm] \dfrac{1}{3}(z+1),& -1\leqslant z<2,\\[2mm] 1,& z\geqslant 2.\end{cases}$$

求导，得

$$f_Z(z)=\begin{cases}\dfrac{1}{3},& -1<z<2,\\[2mm] 0,& \text{其他}.\end{cases}$$

14. 设二维随机变量 (X,Y) 的联合密度函数为 $f(x,y)=A\mathrm{e}^{-2x^2+2xy-y^2}$，$-\infty<x<+\infty$，$-\infty<y<+\infty$，求常数 A 及条件密度函数 $f_{Y\mid X}(y\mid x)$，其中 $x\in\Omega_X$.

解　由已知，得

$$\begin{aligned}
f(x,y)&=A\cdot\mathrm{e}^{-2\left(x^2-xy+\frac{y^2}{4}\right)}\cdot\mathrm{e}^{-\frac{y^2}{2}}\\
&=A\cdot\pi\left[\frac{1}{\sqrt{2\pi}\sqrt{\frac{1}{4}}}\cdot\mathrm{e}^{-\frac{\left(x-\frac{y}{2}\right)^2}{2\times\frac{1}{4}}}\right]\cdot\frac{1}{\sqrt{2\pi}}\mathrm{e}^{-\frac{y^2}{2}}
\end{aligned}$$

$$= A\sqrt{\pi}\,\mathrm{e}^{-x^2} \cdot \frac{1}{\sqrt{2\pi}\sqrt{\frac{1}{2}}}\mathrm{e}^{-\frac{(y-x)^2}{2\times\frac{1}{2}}}.$$

所以

$$1 = \int_{-\infty}^{+\infty}\int_{-\infty}^{+\infty} f(x,y)\,\mathrm{d}x\mathrm{d}y$$

$$= A \cdot \pi \int_{-\infty}^{+\infty}\left[\int_{-\infty}^{+\infty}\frac{1}{\sqrt{2\pi}\sqrt{\frac{1}{4}}} \cdot \mathrm{e}^{-\frac{\left(x-\frac{y}{2}\right)^2}{2\times\frac{1}{4}}}\mathrm{d}x\right]\frac{1}{\sqrt{2\pi}}\mathrm{e}^{-\frac{y^2}{2}}\mathrm{d}y$$

$$= \pi A \Rightarrow A = \frac{1}{\pi}.$$

而

$$f_X(x) = \int_{-\infty}^{+\infty} f(x,y)\,\mathrm{d}y$$

$$= \frac{\sqrt{\pi}}{\pi}\mathrm{e}^{-x^2}\int_{-\infty}^{+\infty}\frac{1}{\sqrt{2\pi}\sqrt{\frac{1}{2}}}\mathrm{e}^{-\frac{(y-x)^2}{2\times\frac{1}{2}}}\mathrm{d}y$$

$$= \frac{1}{\sqrt{\pi}}\mathrm{e}^{-x^2},\ -\infty < x < +\infty.$$

所以当 $-\infty < x < +\infty$ 时，有

$$f_{Y\mid X}(y\mid x) = \frac{f(x,y)}{f_X(x)}$$

$$= \frac{\dfrac{1}{\pi}\mathrm{e}^{-(y^2-2xy+x^2)} \cdot \mathrm{e}^{-x^2}}{\dfrac{1}{\sqrt{\pi}}\mathrm{e}^{-x^2}}$$

$$= \frac{1}{\sqrt{\pi}}\mathrm{e}^{-(y-x)^2},\ -\infty < y < +\infty.$$

第四章　随机变量的数字特征

一、知识结构

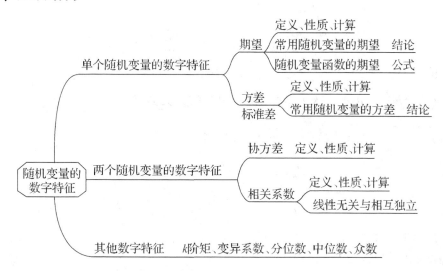

二、归纳总结

本章学习了随机变量的数字特征. 数字特征给出随机变量分布上的特征, 包括反映随机变量平均取值的数学期望、分布波动程度的方差、标准差, 以及描述两个随机变量的线性关系的协方差和相关系数. 它们统称为矩, 都是随机变量某种变化的平均特征. 虽然数字特征仅从某个方面刻画随机变量的分布特点, 但其更简洁、更形象, 并且具有良好的性质.

本章还介绍了统计中经常使用的数字特征, 包括变异系数、分位数和中位数等.

1. 数学期望

数学期望: 设 X 是离散型的随机变量, 其分布律为 $P(X = x_i) = p_i$, $i = 1, 2, \cdots$. 如果级数 $\sum_{i=1}^{\infty} x_i p_i$ 绝对收敛, 则称 $E(X) = \sum_{i=1}^{\infty} x_i p_i$ 为**离散型随机变量 X 的数学期望**, 也称作**期望**或**均值**.

设 X 是连续型随机变量, 其密度函数为 $f(x)$. 如果广义积分 $\int_{-\infty}^{+\infty} x f(x) \mathrm{d}x$ 绝对收敛, 则称 $E(X) = \int_{-\infty}^{+\infty} x f(x) \mathrm{d}x$ 为**连续型随机变量 X 的数学期望**, 也称作**期望**或**均值**.

随机变量函数的数学期望公式如下.

(1) 设 X 是离散型随机变量, 其分布律为 $P(X = x_i) = p_i$, $i = 1, 2, \cdots$. 如果级数 $\sum_{i=1}^{\infty} g(x_i) p_i$ 绝对收敛, 则 X 的一元函数 $Y = g(X)$ 的数学期望为 $E[g(X)] = \sum_{i=1}^{\infty} g(x_i) p_i$.

(2) 设 X 为连续型随机变量, 其密度函数为 $f(x)$. 如果广义积分 $\int_{-\infty}^{+\infty} g(x) f(x) \mathrm{d}x$ 绝对

收敛,则 X 的一元函数 $Y = g(X)$ 的数学期望为 $E[g(X)] = \int_{-\infty}^{+\infty} g(x)f(x)\,\mathrm{d}x$.

(3) 设 (X, Y) 是二维离散型随机变量,其联合分布律为 $P(X = x_i, Y = y_j) = p_{ij}$, $i, j = 1$, $2, \cdots$. 如果级数 $\sum_{i=1}^{\infty} \sum_{j=1}^{\infty} g(x_i, y_j)p_{ij}$ 绝对收敛,则 (X, Y) 的二元函数 $Z = g(X, Y)$ 的数学期望为 $E[g(X, Y)] = \sum_{i=1}^{\infty} \sum_{j=1}^{\infty} g(x_i, y_j)p_{ij}$. 特别地

$$E(X) = \sum_{i=1}^{\infty} \sum_{j=1}^{\infty} x_i p_{ij}, \quad E(Y) = \sum_{i=1}^{\infty} \sum_{j=1}^{\infty} y_j p_{ij}.$$

(4) 设 (X, Y) 是二维连续型随机变量,其联合密度函数为 $f(x, y)$. 如果广义积分 $\int_{-\infty}^{+\infty} \int_{-\infty}^{+\infty} g(x, y)f(x, y)\,\mathrm{d}x\mathrm{d}y$ 绝对收敛,则 (X, Y) 的二元函数 $Z = g(X, Y)$ 的数学期望为 $E[g(X, Y)] = \int_{-\infty}^{+\infty} \int_{-\infty}^{+\infty} g(x, y)f(x, y)\,\mathrm{d}x\mathrm{d}y$. 特别地

$$E(X) = \int_{-\infty}^{+\infty} \int_{-\infty}^{+\infty} xf(x, y)\,\mathrm{d}x\mathrm{d}y,$$

$$E(Y) = \int_{-\infty}^{+\infty} \int_{-\infty}^{+\infty} yf(x, y)\,\mathrm{d}x\mathrm{d}y.$$

数学期望的性质如下.

(1) 设 c 为常数,则 $E(c) = c$.

(2) 设 X 为随机变量,且 $E(X)$ 存在,k, c 为常数,则 $E(kX + c) = kE(X) + c$.

(3) 设 X, Y 为任意两个随机变量,且 $E(X)$ 和 $E(Y)$ 存在,则 $E(X + Y) = E(X) + E(Y)$.

(4) 设 X 与 Y 为相互独立的随机变量,且 $E(X)$ 和 $E(Y)$ 存在,则 $E(XY) = E(X)E(Y)$.

2. 方差和标准差

方差和标准差:设 X 是一个随机变量,如果 $E\{[X - E(X)]^2\}$ 存在,则称 $\mathrm{Var}(X) \hat{=} E\{[X - E(X)]^2\}$ 为随机变量 X 的方差. 称方差 $\mathrm{Var}(X)$ 的算术平方根 $\sigma_X \hat{=} \sqrt{\mathrm{Var}(X)}$ 为随机变量 X 的标准差.

方差的计算公式:$\mathrm{Var}(X) = E(X^2) - [E(X)]^2$.

方差的性质如下.

(1) $\mathrm{Var}(X) = 0$ 的充分必要条件是 $P(X = c) = 1$,即 X 服从参数为 c 的退化分布,其中 $c = E(X)$. 特别地,若 c 为常数,则 $\mathrm{Var}(c) = 0$.

(2) 设 X 为随机变量,k, c 为常数,则 $\mathrm{Var}(kX + c) = k^2 \mathrm{Var}(X)$.

(3) 设 X, Y 为任意两个随机变量,则

$$\mathrm{Var}(X \pm Y) = \mathrm{Var}(X) + \mathrm{Var}(Y) \pm 2E\{[X - E(X)][Y - E(Y)]\}.$$

(4) 设 X 与 Y 为相互独立的随机变量,则 $\mathrm{Var}(X \pm Y) = \mathrm{Var}(X) + \mathrm{Var}(Y)$.

3. 协方差和相关系数

协方差:设 (X, Y) 是二维随机变量,如果 $E\{[X - E(X)][Y - E(Y)]\}$ 存在,则称 $\mathrm{Cov}(X, Y) \hat{=} E\{[X - E(X)][Y - E(Y)]\}$ 为随机变量 X 和 Y 的协方差.

协方差的计算公式:$\mathrm{Cov}(X, Y) = E(XY) - E(X)E(Y)$.

设 X, Y, X_1 与 X_2 为随机变量,c, k 和 l 为常数,则有协方差的性质如下.

（1）$\mathrm{Cov}(X,c)=0$.

（2）$\mathrm{Cov}(X,Y)=\mathrm{Cov}(Y,X)$.

（3）$\mathrm{Cov}(kX,lY)=kl\mathrm{Cov}(X,Y)$.

（4）$\mathrm{Cov}(X_1+X_2,Y)=\mathrm{Cov}(X_1,Y)+\mathrm{Cov}(X_2,Y)$.

相关系数：设(X,Y)是二维随机变量，如果$\mathrm{Cov}(X,Y)$存在，且$\mathrm{Var}(X)>0,\mathrm{Var}(Y)>0$，则称$\rho(X,Y)\hat{=}\dfrac{\mathrm{Cov}(X,Y)}{\sqrt{\mathrm{Var}(X)}\sqrt{\mathrm{Var}(Y)}}$为随机变量$X$和$Y$的相关系数，也记作$\rho_{XY}$. $|\rho(X,Y)|$越大，X与Y之间的线性相关程度越密切.

线性无关或（线性）不相关：设(X,Y)是二维随机变量. 当$\rho(X,Y)=0$时，称X与Y（线性）无关或（线性）不相关.

不相关的等价命题：当$\mathrm{Var}(X)>0,\mathrm{Var}(Y)>0$时，下列5个命题是等价的.

（1）$\rho_{XY}=0$. （2）$\mathrm{Cov}(X,Y)=0$. （3）$E(XY)=E(X)E(Y)$.

（4）$\mathrm{Var}(X+Y)=\mathrm{Var}(X)+\mathrm{Var}(Y)$. （5）$\mathrm{Var}(X-Y)=\mathrm{Var}(X)+\mathrm{Var}(Y)$.

和或差的方差计算公式：

$$\mathrm{Var}(X\pm Y)=\mathrm{Var}(X)+\mathrm{Var}(Y)\pm2\mathrm{Cov}(X,Y)=\mathrm{Var}(X)+\mathrm{Var}(Y)\pm2\rho_{XY}\sqrt{\mathrm{Var}(X)}\sqrt{\mathrm{Var}(Y)}.$$

设(X,Y)是二维随机变量，当$\mathrm{Cov}(X,Y)$存在且$\mathrm{Var}(X)>0,\mathrm{Var}(Y)>0$时，有相关系数的性质如下.

（1）$|\rho_{XY}|\leqslant1$.

（2）$|\rho_{XY}|=1$的充要条件是$P(Y=aX+b)=1$.

当$\rho_{XY}=1$时，$a=\sqrt{\dfrac{\mathrm{Var}(Y)}{\mathrm{Var}(X)}}$，$b=E(Y)-\sqrt{\dfrac{\mathrm{Var}(Y)}{\mathrm{Var}(X)}}E(X)$.

当$\rho_{XY}=-1$时，$a=-\sqrt{\dfrac{\mathrm{Var}(Y)}{\mathrm{Var}(X)}}$，$b=E(Y)+\sqrt{\dfrac{\mathrm{Var}(Y)}{\mathrm{Var}(X)}}E(X)$.

（3）若随机变量X与Y相互独立，则X与Y线性无关，即$\rho_{XY}=0$. 但由$\rho_{XY}=0$不能推断X与Y相互独立.

完全线性相关：设二维随机变量(X,Y)的相关系数ρ_{XY}存在，则当$|\rho_{XY}|=1$时，(X,Y)的取值(x,y)在直线$y=ax+b$上的概率为1，称X与Y完全线性相关.

完全正线性相关：当$\rho_{XY}=1$时，(X,Y)的取值(x,y)在斜率大于0的直线$y=ax+b$上的概率为1，称X与Y完全正线性相关.

完全负线性相关：当$\rho_{XY}=-1$时，(X,Y)的取值(x,y)在斜率小于0的直线$y=ax+b$上的概率为1，称X与Y完全负线性相关.

正线性相关：当$\rho_{XY}>0$时，称X与Y正线性相关.

负线性相关：当$\rho_{XY}<0$时，称X与Y负线性相关.

二维正态分布的一个性质：如果二维随机变量(X,Y)服从二维正态分布，那么，X与Y相互独立等价于X与Y不相关.

4. 其他数字特征

k阶矩：设X,Y是随机变量，k,l是正整数，则称$E(X^k)$是随机变量X的k阶原点矩，$E\{[X-E(X)]^k\}$是随机变量X的k阶中心矩，$E(X^kY^l)$是随机变量(X,Y)的(k,l)阶联合原点矩，$E\{[X-E(X)]^k[Y-E(Y)]^l\}$ 是随机变量(X,Y) 的(k,l) 阶联合中心矩.

n 维正态分布的密度函数为

$$f(x_1,\cdots,x_n) = (2\pi)^{-\frac{n}{2}}|\boldsymbol{C}|^{-\frac{1}{2}}\exp\left\{-\frac{1}{2}(\boldsymbol{x}-\boldsymbol{\mu})^{\mathrm{T}}\boldsymbol{C}^{-1}(\boldsymbol{x}-\boldsymbol{\mu})\right\}.$$

其中

$$\boldsymbol{x} = \begin{pmatrix} x_1 \\ \vdots \\ x_n \end{pmatrix},\ \boldsymbol{\mu} = \begin{pmatrix} \mu_1 \\ \vdots \\ \mu_n \end{pmatrix},\ \boldsymbol{C} = \begin{pmatrix} \mathrm{Cov}(X_1,X_1) & \cdots & \mathrm{Cov}(X_1,X_n) \\ \vdots & & \vdots \\ \mathrm{Cov}(X_n,X_1) & \cdots & \mathrm{Cov}(X_n,X_n) \end{pmatrix}.$$

变异系数：设随机变量 X 的数学期望 $E(X) \neq 0$，方差 $\mathrm{Var}(X)$ 存在，那么称 $\delta_X \hat{=}$ $\dfrac{\sqrt{\mathrm{Var}(X)}}{|E(X)|}$ 为随机变量 X 的变异系数.

分位数：对于任意一个随机变量 X，当 $0 < p < 1$ 时，如果实数 c 满足 $\begin{cases} P(X \leq c) \geq p, \\ P(X \geq c) \geq 1-p, \end{cases}$ 那么称 c 是 X(或 X 所服从的分布) 的 p 分位数，记作 ν_p.

中位数：设连续型随机变量 X 的分布函数为 $F(x)$，密度函数为 $f(x)$，若有 $F(\nu_p) = P(X \leq \nu_p) = \int_{-\infty}^{\nu_p} f(x)\mathrm{d}x = p$，则称 $\nu_p = F^{-1}(p)$ 为 X 的 p 分位数. 特别地，当 $p = \dfrac{1}{2}$ 时，称 $\nu_{\frac{1}{2}}$ 为 X 的中位数.

众数：当 X 为离散型随机变量时，设其分布律为 $P(X = x_i) = p_i$，$i = 1,2,\cdots$. 如果存在实数 a^*，使得 $P(X = a^*) \geq P(X = x_i)$，对一切 $i = 1,2,\cdots$ 都成立，那么称 a^* 为 X(或 X 所服从的分布) 的众数. 当 X 为连续型随机变量时，设其密度函数为 $f(x)$，如果存在实数 x^*，使得 $f(x^*) \geq f(x)$，对一切 $-\infty < x < +\infty$ 都成立，那么，称 x^* 为 X(或 X 所服从的分布) 的众数.

三、概念辨析

1.【判断题】(　　) 已知随机变量 Y 的密度函数 $f(y) = \begin{cases} \dfrac{3}{5}, & 0 < y < 1, \\ \dfrac{2}{5}, & 1 < y < 2, \\ 0, & \text{其他}. \end{cases}$ 则 $E(Y) = \dfrac{9}{10}$.

解 正确，由连续型随机变量期望的定义，得

$$E(Y) = \int_0^1 \frac{3}{5} y\mathrm{d}y + \int_1^2 \frac{2}{5} y\mathrm{d}y = \frac{9}{10}.$$

2.【判断题】(　　) 设 X 表示 5 次独立重复射击命中目标的次数，每次射中目标的概率为 0.6，则 X^2 的数学期望 $E(X^2) = 10.2$.

解 正确，由已知 $X \sim B(5, 0.6)$，得

$$E(X) = np = 5 \times 0.6 = 3,\ \mathrm{Var}(X) = np(1-p) = 5 \times 0.6 \times 0.4 = 1.2,$$

由方差的计算公式，得

$$E(X^2) = \mathrm{Var}(X) + [E(X)]^2 = 1.2 + 3^3 = 10.2.$$

3.【判断题】(　　) 已知离散型随机变量 X 服从参数为 3 的泊松分布，即 $P(X=k)=$ $\mathrm{e}^{-3}\dfrac{3^k}{k!}$，$k=0,1,2,\cdots$，则随机变量 $Z=2X-3$ 的数学期望 $E(Z)=3$.

解　正确，因为 $X\sim P(3)$，则 $E(X)=\lambda=3$. 由期望的性质，得
$$E(Z)=E(2X-3)=2E(X)-3=2\times3-3=3.$$

4.【判断题】(　　) 设随机变量 X 服从参数为 λ 的泊松分布，且已知 $E[(X-2)(X-3)]=11$，则 $\lambda=5$ 或 -1.

解　错误，因为泊松分布的参数 $\lambda>0$，所以 $\lambda=-1$ 不对. 由已知条件 $X\sim P(\lambda)$，得
$$E(X)=\lambda，\mathrm{Var}(X)=\lambda，E(X^2)=\mathrm{Var}(X)+[E(X)]^2=\lambda+\lambda^2.$$
由期望的性质，得
$$E[(X-2)(X-3)]=E(X^2-5X+6)=E(X^2)-5E(X)+6=\lambda+\lambda^2-5\lambda+6=11,$$
因此 $\lambda^2-4\lambda-5=0\Rightarrow\lambda=-1$（舍去），5，则 $\lambda=5$.

5.【判断题】(　　) 设随机变量 X 与 Y 相互独立，且 $X\sim N(1,4)$，$Y\sim N(1,9)$，则 $\mathrm{Var}(XY)=\mathrm{Var}(X)\mathrm{Var}(Y)=4\times9=36$.

解　错误，随机变量 X 与 Y 相互独立时，有 $E(XY)=E(X)E(Y)$，但一般情况下 $\mathrm{Var}(XY)\ne\mathrm{Var}(X)\mathrm{Var}(Y)$. 正确解法如下.

由已知，得 $E(X)=E(Y)=1$，$\mathrm{Var}(X)=4$，$\mathrm{Var}(Y)=9$. 又因为 X 与 Y 相互独立，由方差的计算公式及期望的性质，得
$$\begin{aligned}\mathrm{Var}(XY)&=E(XY)^2-[E(XY)]^2\\&=E(X^2)E(Y^2)-[E(X)E(Y)]^2\\&=\{\mathrm{Var}(X)+[E(X)]^2\}\{\mathrm{Var}(Y)+[E(Y)]^2\}-[E(X)E(Y)]^2\\&=(4+1^2)(9+1^2)-(1\times1)^2=49\ne36=\mathrm{Var}(X)\mathrm{Var}(Y).\end{aligned}$$

6.【判断题】(　　) 设 X,Y 是两个相互独立且均服从正态分布 $N\left(0,\dfrac{1}{4}\right)$ 的随机变量，则随机变量 $|X-Y|$ 的数学期望 $E(|X-Y|)=\dfrac{1}{\sqrt{\pi}}$.

解　正确，设 $Z=X-Y$，则由 X,Y 相互独立且均服从正态分布 $N\left(0,\dfrac{1}{4}\right)$，得 $Z\sim N\left(0,\dfrac{1}{2}\right)$. 从而
$$E(|X-Y|)=E(|Z|)=\int_{-\infty}^{+\infty}|z|\cdot\frac{1}{\sqrt{2\pi\times\frac{1}{2}}}\mathrm{e}^{\frac{-z^2}{2\times\frac{1}{2}}}\mathrm{d}z=2\frac{1}{\sqrt{\pi}}\int_0^{+\infty}z\cdot\mathrm{e}^{-z^2}\mathrm{d}z=\frac{1}{\sqrt{\pi}}\left[-\mathrm{e}^{-z^2}\right]_0^{+\infty}=\frac{1}{\sqrt{\pi}}.$$

7.【单选题】设随机变量 $X\sim N(0,2)$，$Y\sim B\left(8,\dfrac{1}{2}\right)$，且 X 与 Y 不相关，则 $\mathrm{Var}(X-2Y+1)=(\quad)$.

　　A. 10　　　　　B. 6　　　　　　C. 11　　　　　　D. 8

解　由方差的性质，得 $\mathrm{Var}(2X-Y+1)=4\mathrm{Var}(X)+\mathrm{Var}(Y)-4\mathrm{Cov}(X,Y)=4\times2+8\times\dfrac{1}{2}\times\dfrac{1}{2}-0=10$，故选 A.

8.【判断题】( ) 设随机变量 X 的密度函数为 $f(x) = \mathrm{e}^{-2|x|}$，$-\infty < x < +\infty$. 则 X 的数学期望 $E(X)$ 和方差 $\mathrm{Var}(X)$ 均存在.

解 正确，因为 $\displaystyle\int_{-\infty}^{+\infty} |x| f(x)\,\mathrm{d}x = 2\int_0^{+\infty} x\mathrm{e}^{-2x}\,\mathrm{d}x = \frac{1}{2}$ 存在，所以 $E(X)$ 存在，且

$$E(X) = \int_{-\infty}^{+\infty} xf(x)\,\mathrm{d}x = 0,$$

$$\mathrm{Var}(X) = \int_{-\infty}^{+\infty} x^2 f(x)\,\mathrm{d}x = 2\int_0^{+\infty} x^2 \mathrm{e}^{-2x}\,\mathrm{d}x = \frac{2}{2^2} = \frac{1}{2}$$

也存在.

9.【判断题】( ) 设随机变量 X 的密度函数为 $f(x) = \mathrm{e}^{-2|x|}$，$-\infty < x < +\infty$. 则 X 与 $|X|$ 相关.

解 错误，由第 8 题知，$E(X) = 0$，且 $\displaystyle\int_{-\infty}^{+\infty} x^2 f(x)\,\mathrm{d}x = \frac{1}{2}$ 存在，则 $\mathrm{Cov}(X, |X|)$ 存在，且

$$\mathrm{Cov}(X, |X|) = E(X|X|) - E(X) \cdot E(|X|) = E(X|X|) = \int_{-\infty}^{+\infty} x|x| \cdot f(x)\,\mathrm{d}x = 0,$$

所以 X 与 $|X|$ 不相关.

10.【判断题】( ) 设随机变量 X 与 Y 均服从 $N(0,1)$，则随机变量 $X+Y$ 服从正态分布的充分必要条件是 X 与 Y 相互独立( ).

解 错误，当 X 与 Y 不相互独立时，$X+Y$ 也可能服从正态分布. 例如，$(X,Y) \sim N(0, 0,1,1,0.5)$，由二维随机变量函数的分布计算法，可以验证 $(X+Y) \sim N(0,3)$. 由正态分布的可加性知，当 X 与 Y 均服从正态分布且相互独立时，一定有 $X+Y$ 服从正态分布. 所以，当 X 与 Y 均服从 $N(0,1)$ 时，X 与 Y 相互独立是 $X+Y$ 服从正态分布的充分条件，而非必要条件.

11.【判断题】( ) 设二维随机变量 $(X,Y) \sim N(1,2,3,4,0)$，则 $E(XY^2) = 10$.

解 错误，因为 (X,Y) 服从二维正态分布，且 $\rho_{XY} = 0$，由二维正态分布的性质，得 X 与 Y 相互独立，且 $X \sim N(1,3)$，$Y \sim N(2,4)$，则

$$E(X) = 1, \ E(Y) = 2, \ \mathrm{Var}(X) = 3, \ \mathrm{Var}(Y) = 4,$$

而

$$E(Y^2) = \mathrm{Var}(Y) + [E(Y)]^2 = 4 + 2^2 = 8.$$

故

$$E(XY^2) = E(X)E(Y^2) = 8.$$

12.【单选题】设二维随机变量 (X,Y) 服从二维正态分布，则随机变量 $Z = X+2Y$ 与 $W = X-2Y$ 不相关的充分必要条件为( ).

　A. $E(X) = 2E(Y)$　　　　　　　　B. $E(X^2) - [E(X)]^2 = 4E(Y^2) - 4[E(Y)]^2$

　C. $E(X^2) = 4E(Y^2)$　　　　　　　D. $E(X^2) + [E(X)]^2 = 4E(Y^2) + 4[E(Y)]^2$

解 若 Z, W 不相关，则有 $\mathrm{Cov}(Z, W) = 0$，即

$$\mathrm{Cov}(X+2Y, X-2Y) = \mathrm{Var}(X) - \mathrm{Var}(2Y) = \mathrm{Var}(X) - 4\mathrm{Var}(Y) = 0,$$

则有

$$\mathrm{Var}(X) = 4\mathrm{Var}(Y), E(X^2) - [E(X)]^2 = 4E(Y^2) - 4[E(Y)]^2.$$

反之也成立. 故正确选项为 B.

13.【单选题】设随机变量 $X \sim N(0,1), Y \sim N(1,4)$，且相关系数 $\rho_{XY} = 1$，则( ).

A. $P(Y = -2X - 1) = 1$　　　　B. $P(Y = 2X - 1) = 1$

C. $P(Y = -2X + 1) = 1$　　　　D. $P(Y = 2X + 1) = 1$

解　由于 X 与 Y 的相关系数 $\rho_{XY} = 1 > 0$，因此 $P(Y = aX + b) = 1$，且 $a > 0$ 成立. 又因为 $Y \sim N(1,4), X \sim N(0,1)$，所以 $E(X) = 0$，$E(Y) = 1$. 而 $E(Y) = E(aX + b) = aE(x) + b = b$，则 $b = 1$. 故应选 D.

14.【单选题】将一枚硬币重复掷 n 次，以 X 表示正面向上的次数，Y 表示正面向上的次数减去反面向上的次数，则 X 和 Y 的相关系数等于( ).

A. -1　　　　B. 0　　　　C. $\dfrac{1}{2}$　　　　D. 1

解　由已知，得 $Y = X - (n - X) = 2X - n$. 有

$$\mathrm{Cov}(X,Y) = \mathrm{Cov}(X, 2X - n) = \mathrm{Cov}(X, 2X) - \mathrm{Cov}(X, n)$$
$$= 2\mathrm{Cov}(X,X) = 2\mathrm{Var}(X),$$

而 $\rho_{XY} = \dfrac{\mathrm{Cov}(X,Y)}{\sqrt{\mathrm{Var}(X)\mathrm{Var}(Y)}}$，由方差的性质，得 $\mathrm{Var}(Y) = 4\mathrm{Var}(X)$，故 $\rho_{XY} = \dfrac{\mathrm{Var}(X)}{\mathrm{Var}(X)} = 1$. 故正确答案为 D.

此外，因为 $Y = X - (n - X) = 2X - n$，这表明 Y 可由 X 线性表示且斜率为 2，则 X 和 Y 有正的线性关系的概率一定为 1，即 X 和 Y 完全正线性相关，因此 $\rho_{XY} = 1$.

15.【单选题】设随机变量 $X_1, X_2, \cdots, X_n (n > 1)$ 相互独立且同分布，且 $\mathrm{Var}(X_i) = \sigma^2$，$\sigma^2 > 0$. 令 $Y = \dfrac{1}{n}\sum_{i=1}^{n} X_i$，则( ).

A. $\mathrm{Cov}(X_1, Y) = \dfrac{\sigma^2}{n}$　　　　B. $\mathrm{Cov}(X_1, Y) = \sigma^2$

C. $\mathrm{Var}(X_1 + Y) = \dfrac{n+2}{n}\sigma^2$　　　　D. $\mathrm{Var}(X_1 - Y) = \dfrac{n+1}{n}\sigma^2$

解　因 $X_1, X_2, \cdots, X_n$ 相互独立且同分布，且它们共同的方差 $\sigma^2 > 0$，因此有

$$\mathrm{Cov}(X_i, X_j) = \begin{cases} \sigma^2, & i = j, \\ 0, & i \neq j, \end{cases}$$

对于 A，由协方差的性质，得

$$\mathrm{Cov}(X_1, Y) = \mathrm{Cov}\left(X_1, \frac{1}{n}\sum_{i=1}^{n} X_i\right) = \frac{1}{n}\sum_{i=1}^{n}\mathrm{Cov}(X_1, X_i) = \frac{1}{n}\mathrm{Cov}(X_1, X_1) = \frac{\sigma^2}{n}.$$

故应选 A，而选项 B 错误.

若进一步计算分析可知，选项 C 和 D 均不正确，具体计算如下：

对于选项 C，由方差的性质，得

$$\mathrm{Var}(X_1 + Y) = \mathrm{Var}\left(X_1 + \frac{1}{n}\sum_{i=1}^{n} X_i\right) = \mathrm{Var}\left(\frac{n+1}{n}X_1 + \frac{1}{n}\sum_{i=2}^{n} X_i\right)$$

$$= \frac{(n+1)^2}{n^2}\mathrm{Var}(X_1) + \frac{1}{n^2}\sum_{i=2}^{n}\mathrm{Var}(X_i) = \frac{n+3}{n}\sigma^2 \neq \frac{n+2}{n}\sigma^2.$$

类似地, 对于选项 D, 有

$$\mathrm{Var}(X_1 - Y) = \mathrm{Var}\left(\frac{n-1}{n}X_1 - \frac{1}{n}\sum_{i=2}^{n} X_i\right) = \frac{n-1}{n}\sigma^2 \neq \frac{n+1}{n}\sigma^2.$$

四、典型例题

例1 (**考研真题** 2008 年数学一第 14 题) 设随机变量 X 服从参数为 1 的泊松分布, 则 $P(X = E(X^2)) = $ _____.

解 由方差的计算公式及泊松分布的数字特征, 得 $E(X^2) = \mathrm{Var}(X) + [E(X)]^2 = \lambda + \lambda^2 = 2$, 则

$$P(X = E(X^2)) = P(X = 2) = \mathrm{e}^{-\lambda}\frac{\lambda^k}{k!} = \frac{\mathrm{e}^{-1}}{2}.$$

微课视频

例2 (**考研真题** 2010 年数学一第 14 题) 设随机变量 X 的分布律为 $P(X = k) = \dfrac{C}{k!}$, $k = 0, 1, 2, \cdots$, 则 $E(X^2) = $ _____.

解 由分布律的规范性, 得

$$1 = \sum_{k=0}^{\infty} P(X = k) = \sum_{k=0}^{\infty} \frac{c}{k!} = c\sum_{k=0}^{\infty} \frac{1}{k!} = c \cdot \mathrm{e} = 1,$$

因此 $c = \mathrm{e}^{-1}$, 于是 $P(X = k) = \mathrm{e}^{-1}\dfrac{1}{k!}$, $k = 0, 1, 2, \cdots$. 显然, 随机变量 $X \sim P(1)$. 所以 $E(X) = \mathrm{Var}(X) = \lambda = 1$, 则 $E(X^2) = \mathrm{Var}(X) + [E(X)]^2 = 1 + 1 = 2$.

例3 (**考研真题** 2023 年数学一、三第 8 题) 设随机变量 X 服从参数为 1 的泊松分布, 则 $E(|X - E(X)|) = ($).

A. $\dfrac{1}{\mathrm{e}}$ B. $\dfrac{1}{2}$ C. $\dfrac{2}{\mathrm{e}}$ D. 1

解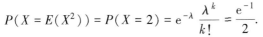

$$E(|X - E(X)|) = E(|X - 1|) = \sum_{k=0}^{\infty} |k - 1| \frac{1^k}{k!}\mathrm{e}^{-1}$$

$$= \sum_{k=0}^{\infty} (k - 1)\frac{1^k}{k!}\mathrm{e}^{-1} + 2 \cdot \frac{1^0}{0!}\mathrm{e}^{-1}$$

$$= \sum_{k=0}^{\infty} k \cdot \frac{1^k}{k!}\mathrm{e}^{-1} - \sum_{k=0}^{\infty} \frac{1^k}{k!}\mathrm{e}^{-1} + 2 \cdot \frac{1^0}{0!}\mathrm{e}^{-1}$$

$$= E(X) - 1 + \frac{2}{\mathrm{e}} = 1 - 1 + \frac{2}{\mathrm{e}} = \frac{2}{\mathrm{e}}.$$

故正确选项为 C.

例4 (**考研真题** 2022 年数学一第 8 题) 设随机变量 $X \sim U(0, 3)$, 随机变量 $Y \sim P(2)$, 且 X 与 Y 的协方差 $\mathrm{Cov}(X, Y) = -1$, 则 $\mathrm{Var}(2X - Y + 1) = ($).

A. 1   B. 5   C. 9   D. 12

解 由已知, 得 $\mathrm{Var}(X) = \dfrac{3}{4}, \mathrm{Var}(Y) = 2$, 又由协方差的性质, 得

$$\mathrm{Var}(2X-Y+1) = 4\mathrm{Var}(X) + \mathrm{Var}(Y) - 4\mathrm{Cov}(X,Y) = 4 \times \dfrac{3}{4} + 2 - 4 \times (-1) = 9,$$

故正确选项为 C.

例 5 (**考研真题** 2023 年数学三第 16 题) 设随机变量 X 与 Y 相互独立, 且 $X \sim B(1, p), Y \sim B(2,p)$, 其中 $p \in (0,1)$. 则 $X+Y$ 与 $X-Y$ 的相关系数为 _____.

解 由已知, 得 $\mathrm{Var}(X) = p(1-p), \mathrm{Var}(Y) = 2p(1-p)$, 又由协方差和方差的性质, 得

$$\mathrm{Cov}(X+Y,X-Y) = \mathrm{Var}(X) - \mathrm{Var}(Y) = p(1-p) - 2p(1-p) = -p(1-p),$$

$$\mathrm{Var}(X+Y) = \mathrm{Var}(X-Y) = \mathrm{Var}(X) + \mathrm{Var}(Y) = p(1-p) + 2p(1-p) = 3p(1-p),$$

$$\rho(X+Y,X-Y) = \frac{\mathrm{Cov}(X+Y,X-Y)}{\sqrt{\mathrm{Var}(X+Y)\mathrm{Var}(X-Y)}} = -\frac{p(1-p)}{3p(1-p)} = -\frac{1}{3}.$$

例 6 (**考研真题** 2017 年数学三第 14 题) 设随机变量 X 的分布律为 $P(X=-2) = \dfrac{1}{2}$, $P(X=1) = a, P(X=3) = b$, 若 $E(X) = 0$, 则 $\mathrm{Var}(X) =$ _____.

解 显然由分布律的规范性, 得 $a+b+\dfrac{1}{2} = 1$, 又因为 $E(X) = 0$, 所以

$$E(X) = -2 \times \frac{1}{2} + 1 \cdot a + 3 \cdot b = a + 3b - 1 = 0.$$

则有

$$\begin{cases} a+b+\dfrac{1}{2} = 1, \\ a+3b-1 = 0, \end{cases} \Rightarrow \begin{cases} a = \dfrac{1}{4}, \\ b = \dfrac{1}{4}. \end{cases}$$

由随机变量函数的期望公式, 得

$$E(X^2) = \sum_{i=1}^{3} x_i^2 p_i = (-2)^2 \times \frac{1}{2} + 1^2 \cdot a + 3^2 \cdot b = 2 + a + 9b = \frac{9}{2},$$

由方差计算式, 得

$$\mathrm{Var}(X) = E(X^2) - [E(X)]^2 = \frac{9}{2}.$$

例 7 (**考研真题** 2015 年数学一第 8 题) 设随机变量 X,Y 不相关, 且 $E(X) = 2, E(Y) = 1, \mathrm{Var}(X) = 3$, 则 $E[X(X+Y-2)] = ($).

A. -3 B. 3   C. -5 D. 5

解 由期望的性质及随机变量 X,Y 不相关, 得

$$\begin{aligned} E[X(X+Y-2)] &= E(X^2+XY-2X) = E(X^2) + E(XY) - 2E(X) \\ &= \mathrm{Var}(X) + [E(X)]^2 + E(X) \cdot E(Y) - 2E(X) \\ &= 3 + 2^2 + 2 \times 1 - 2 \times 2 = 5, \end{aligned}$$

因此选 D.

例 8 (**考研真题** 2016 年数学三第 8 题) 设随机变量 X 与 Y 相互独立, 且 $X \sim N(1, 2), Y \sim N(1,4)$, 则 $\mathrm{Var}(XY)$ 为( ).

A. 6   B. 8   C. 14   D. 15

解 由已知, 得
$$E(X) = E(Y) = 1, \ \mathrm{Var}(X) = 2, \ \mathrm{Var}(Y) = 4.$$

又因为 X 与 Y 相互独立, 由方差的计算式, 得

$$
\begin{aligned}
\mathrm{Var}(XY) &= E\big[\,(XY)^2\,\big] - \big[\,E(XY)\,\big]^2 \\
&= E(X^2)E(Y^2) - \big[\,E(X)E(Y)\,\big]^2 \\
&= \big\{\,\mathrm{Var}(X) + [\,E(X)\,]^2\,\big\}\big\{\,\mathrm{Var}(Y) + [\,E(Y)\,]^2\,\big\} - \big[\,E(X)E(Y)\,\big]^2 \\
&= (2 + 1^2)(4 + 1^2) - (1 \times 1)^2 = 14.
\end{aligned}
$$

微课视频

故选 C.

例 9 (**考研真题** 2020 年数学三第 14 题) 设随机变量 X 的分布律为
$$P(X = x) = \frac{1}{2^x}, \ x = 1, 2, 3, \cdots,$$

Y 表示 X 被 3 整除的余数, 则 $E(Y) = \underline{\qquad}$.

解 由已知, 得

$$P(Y = 0) = P(X = 3) + P(X = 6) + \cdots = \sum_{k=1}^{\infty} P(X = 3k) = \sum_{k=1}^{\infty} \frac{1}{2^{3k}} = \frac{\dfrac{1}{8}}{1 - \dfrac{1}{8}} = \frac{1}{7},$$

$$P(Y = 1) = P(X = 1) + P(X = 4) + \cdots = \sum_{k=1}^{\infty} P(X = 3k - 2) = \sum_{k=1}^{\infty} \frac{1}{2^{3k-2}} = \frac{\dfrac{1}{2}}{1 - \dfrac{1}{8}} = \frac{4}{7},$$

$$P(Y = 2) = P(X = 2) + P(X = 5) + \cdots = \sum_{k=1}^{\infty} P(X = 3k - 1) = \sum_{k=1}^{\infty} \frac{1}{2^{3k-1}} = \frac{\dfrac{1}{4}}{1 - \dfrac{1}{8}} = \frac{2}{7},$$

则
$$E(Y) = 0 \cdot P(Y = 0) + 1 \cdot P(Y = 1) + 2 \times P(Y = 2) = \frac{8}{7}.$$

例 10 (**考研真题** 2015 年数学一第 22(2) 题) 已知 Y 的分布律为
$$P(Y = n) = \mathrm{C}_{n-1}^{1} p(1-p)^{n-2} p = (n-1)\left(\frac{1}{8}\right)^2 \left(\frac{7}{8}\right)^{n-2}, \ n = 2, 3, \cdots$$

求 $E(Y)$.

解 由离散型随机变量的期望定义, 得

$$
\begin{aligned}
E(Y) &= \sum_{n=2}^{\infty} n \cdot P(Y = n) = \sum_{n=2}^{\infty} n \cdot (n-1)\left(\frac{1}{8}\right)^2 \left(\frac{7}{8}\right)^{n-2} \\
&= \left(\frac{1}{8}\right)^2 \sum_{n=2}^{\infty} n \cdot (n-1)\left(\frac{7}{8}\right)^{n-2}.
\end{aligned}
$$

微课视频

记 $S(x) = \sum_{n=2}^{\infty} n \cdot (n-1) x^{n-2} = \left(\sum_{n=2}^{\infty} x^n\right)'' = \frac{2}{(1-x)^3}, \ -1 < x < 1,$ 则

$$E(Y) = \frac{1}{8^2} \cdot \frac{2}{\left(1-\frac{7}{8}\right)^3} = 16.$$

例 11　（**考研真题**　2012 年数学一第 22(2) 题）设二维离散型随机变量 (X, Y) 的联合分布律如下所示.

微课视频

X	Y		
	0	1	2
0	$\frac{1}{4}$	0	$\frac{1}{4}$
1	0	$\frac{1}{3}$	0
2	$\frac{1}{12}$	0	$\frac{1}{12}$

求 $\mathrm{Cov}(X-Y, Y)$.

解　由协方差的性质，得
$$\mathrm{Cov}(X-Y, Y) = \mathrm{Cov}(X, Y) - \mathrm{Var}(Y).$$
又由 (X, Y) 的联合分布律知 X, Y 的边缘分布律分别如下所示.

X	0	1	2
概率	$\frac{1}{2}$	$\frac{1}{3}$	$\frac{1}{6}$

Y	0	1	2
概率	$\frac{1}{3}$	$\frac{1}{3}$	$\frac{1}{3}$

从而
$$E(X) = 0 \cdot \frac{1}{2} + 1 \cdot \frac{1}{3} + 2 \cdot \frac{1}{6} = \frac{2}{3}, \quad E(Y) = 0 \cdot \frac{1}{3} + 1 \cdot \frac{1}{3} + 2 \cdot \frac{1}{3} = 1,$$
$$E(Y^2) = 0^2 \cdot \frac{1}{3} + 1^2 \cdot \frac{1}{3} + 2^2 \cdot \frac{1}{3} = \frac{5}{3}, \quad E(XY) = 0 \cdot \frac{7}{12} + 1 \cdot \frac{1}{3} + 4 \cdot \frac{1}{12} = \frac{2}{3}.$$
由方差和协方差的计算式知
$$\mathrm{Var}(Y) = E(Y^2) - [E(Y)]^2 = \frac{5}{3} - 1 = \frac{2}{3},$$
$$\mathrm{Cov}(X, Y) = E(XY) - E(X)E(Y) = \frac{2}{3} - \frac{2}{3} = 0.$$
于是
$$\mathrm{Cov}(X-Y, Y) = \mathrm{Cov}(X, Y) - \mathrm{Var}(Y) = -\frac{2}{3}.$$

例 12　（**考研真题**　2022 年数学三第 10 题）设二维随机变量 (X, Y) 的联合分布律如下所示.

X	Y		
	0	1	2
-1	0.1	0.1	b
1	a	0.1	0.1

若事件 $A = (\max(X,Y) = 2)$ 和事件 $B = (\min(X,Y) = 1)$ 相互独立，则 $\text{Cov}(X,Y)$ = _____.

解 由已知，得

$$P(A) = P(X = -1, Y = 2) + P(X = 1, Y = 2) = b + 0.1,$$

$$P(B) = P(X = 1, Y = 1) + P(X = 1, Y = 2) = 0.1 + 0.1 = 0.2.$$

由于事件 A 与事件 B 相互独立，则

$$P(AB) = P(X = 1, Y = 2) = 0.1 = P(A)P(B) = (b + 0.1) \times 0.2.$$

因此

$$\begin{cases} (b + 0.1) \times 0.2 = 0.1, \\ a + b = 0.6, \end{cases} \Rightarrow \begin{cases} a = 0.2, \\ b = 0.4 \end{cases}$$

$$E(X) = -1 \times 0.6 + 1 \times 0.4 = -0.2,$$

$$E(Y) = 1 \times 0.2 + 2 \times 0.5 = 1.2,$$

$$E(XY) = -1 \times 0.1 + (-2) \times 0.4 + 1 \times 0.1 + 2 \times 0.1 = -0.6,$$

$$\text{Cov}(X,Y) = E(XY) - E(X)E(Y) = -0.36.$$

例 13 （考研真题 2021年数学一第16题）甲、乙两个盒子中各装有2个红球和2个白球，先从甲盒中任取一球，观察颜色后放入乙盒中，再从乙盒中任取一球，令 X, Y 分别表示从甲盒和乙盒中取到的红球个数，则 X 与 Y 的相关系数为 _____.

解 由已知，得 $\Omega_X = \Omega_Y = \{0, 1\}$，则有

$$P(X = 0, Y = 0) = P(X = 0)P(Y = 0 \mid X = 0) = \frac{1}{2} \times \frac{3}{5} = \frac{3}{10},$$

$$P(X = 0, Y = 1) = P(X = 0)P(Y = 1 \mid X = 0) = \frac{1}{2} \times \frac{2}{5} = \frac{2}{10},$$

$$P(X = 1, Y = 0) = P(X = 1)P(Y = 0 \mid X = 1) = \frac{1}{2} \times \frac{2}{5} = \frac{2}{10},$$

$$P(X = 1, Y = 1) = P(X = 1)P(Y = 1 \mid X = 1) = \frac{1}{2} \times \frac{3}{5} = \frac{3}{10},$$

则 (X, Y) 的联合分布律如下所示.

X	Y		$p_{i\cdot}$
	0	1	
0	0.3	0.2	0.5
1	0.2	0.3	0.5
$p_{\cdot j}$	0.5	0.5	1

所以 $X \sim B\left(1, \dfrac{1}{2}\right), Y \sim B\left(1, \dfrac{1}{2}\right)$，则

$$E(X) = E(Y) = 0.5, E(XY) = 0.3, \text{Var}(X) = \text{Var}(Y) = 0.25,$$

$$\text{Cov}(X,Y) = E(XY) - E(X)E(Y) = 0.05,$$

故 X 与 Y 的相关系数 $\rho_{XY} = \dfrac{\text{Cov}(X,Y)}{\sqrt{\text{Var}(X)\text{Var}(Y)}} = 0.2.$

例 14 （**考研真题** 2014 年数学三第 23 题第 2 问）设随机变量 X 与 Y 的分布律相同，X 的分布律为 $P(X=0)=\dfrac{1}{3},P(X=1)=\dfrac{2}{3}$，且 X 与 Y 的相关系数 $\rho_{XY}=\dfrac{1}{2}$.

(1) 求 (X,Y) 的联合分布律.

(2) 求 $P(X+Y\leqslant 1)$.

解 （1）由 $0-1$ 分布的数字特征，得 $E(X)=E(Y)=\dfrac{2}{3}$，$\mathrm{Var}(X)=\mathrm{Var}(Y)=\dfrac{2}{9}$，又因为 X 与 Y 的相关系数 $\rho_{XY}=\dfrac{1}{2}$，由协方差的计算式及相关系数的定义，得

$$\begin{aligned}P(X=1,Y=1)&=E(XY)=\mathrm{Cov}(X,Y)+E(X)E(Y)\\&=\rho_{XY}\sqrt{\mathrm{Var}(X)\mathrm{Var}(Y)}+E(X)E(Y)\\&=\frac{1}{2}\times\frac{2}{9}+\frac{2}{3}\times\frac{2}{3}=\frac{5}{9}.\end{aligned}$$

$$P(X=1,Y=0)=P(X=1)-P(X=1,Y=1)=\frac{2}{3}-\frac{5}{9}=\frac{1}{9},$$

同理，可得

$$P(X=0,Y=1)=\frac{1}{9},\ \ P(X=0,Y=0)=\frac{2}{9}.$$

所以 (X,Y) 的联合分布律如下所示.

X	Y	
	0	1
0	$\dfrac{2}{9}$	$\dfrac{1}{9}$
1	$\dfrac{1}{9}$	$\dfrac{5}{9}$

(2) 由 (X,Y) 的联合分布律，得

$$P(X+Y\leqslant 1)=1-P(X+Y>1)=1-P(X=1,\ Y=1)=\frac{4}{9}.$$

例 15 （**考研真题** 2017 年数学一、三第 22(1) 题）设随机变量 Y 的密度函数为 $f(y)=\begin{cases}2y,\ 0<y<1,\\0,\ \ \text{其他}.\end{cases}$ 求 $P(Y\leqslant EY)$.

解 由期望定义，得

$$E(Y)=\int_{-\infty}^{+\infty}y\cdot f(y)\mathrm{d}y=\int_0^1 y\cdot 2y\mathrm{d}y=\frac{2}{3},$$

则

$$P(Y\leqslant EY)=P\left(Y\leqslant\frac{2}{3}\right)=\int_0^{\frac{2}{3}}2y\mathrm{d}y=\frac{4}{9}.$$

例 16 (**考研真题** 2020 年数学一第 14 题) 设随机变量 X 服从区间 $\left(-\dfrac{\pi}{2}, \dfrac{\pi}{2}\right)$ 上的均匀分布,$Y = \sin X$,则 $\text{Cov}(X, Y) = \underline{\qquad}$.

解 因为 $X \sim U\left(-\dfrac{\pi}{2}, \dfrac{\pi}{2}\right)$,有 $f(x) = \begin{cases} \dfrac{1}{\pi}, & -\dfrac{\pi}{2} < x < \dfrac{\pi}{2}, \\ 0, & \text{其他}, \end{cases}$ $E(X) = 0$,则

$$E(XY) = E(X\sin X) = \int_{-\frac{\pi}{2}}^{\frac{\pi}{2}} x\sin x \, \frac{1}{\pi} \mathrm{d}x$$

$$= -\frac{2}{\pi}\int_0^{\frac{\pi}{2}} x\mathrm{d}\cos x = -\frac{2}{\pi}\left[x\cos x - \sin x\right]_0^{\frac{\pi}{2}} = \frac{2}{\pi},$$

所以,$\text{Cov}(X, Y) = \text{Cov}(X, \sin X) = E(X\sin X) - E(X)E(\sin X) = \dfrac{2}{\pi}$.

例 17 (**考研真题** 2019 年数学一第 14 题) 设随机变量 X 的密度函数为 $f(x) = \begin{cases} \dfrac{x}{2}, & 0 < x < 2, \\ 0, & \text{其他}, \end{cases}$ $F(x)$ 为 X 的分布函数,$E(X)$ 为 X 的数学期望,则 $P(F(X) > E(X) - 1)$

$= \underline{\qquad}$.

解 因为 $f(x) = \begin{cases} \dfrac{x}{2}, & 0 < x < 2, \\ 0, & \text{其他}, \end{cases}$ 所以 $\Omega_X = (0, 2)$,当 $0 \leqslant x < 2$ 时,

$$F(x) = \int_{-\infty}^x f(u)\mathrm{d}u = \int_0^x \frac{u}{2}\mathrm{d}u = \frac{x^2}{4},$$

则

$$F(x) = \begin{cases} 0, & x < 0, \\ \dfrac{x^2}{4}, & 0 \leqslant x < 2, \\ 1, & x \geqslant 2. \end{cases} \quad E(X) = \int_0^2 x \cdot \frac{x}{2}\mathrm{d}x = \frac{4}{3}.$$

又因为 X 的值域为 $(0, 2)$,所以 $F(X) = \dfrac{X^2}{4}$,则

$$P(F(X) > E(X) - 1) = P\left(\frac{X^2}{4} > \frac{1}{3}\right)$$

$$= P\left(X > \sqrt{\frac{4}{3}}\right) + P\left(X < -\sqrt{\frac{4}{3}}\right) = \int_{\sqrt{\frac{4}{3}}}^2 \frac{x}{2}\mathrm{d}x + 0 = \frac{2}{3}.$$

例 18 (**考研真题** 2023 年数学三第 22 题) 设随机变量 X 的密度函数为 $f(x) = \dfrac{\mathrm{e}^x}{(1+\mathrm{e}^x)^2}, x \in \mathbf{R}$,令 $Y = \mathrm{e}^X$.

(1) 求 X 的分布函数.

(2) 求 Y 的密度函数.

(3) Y 的期望是否存在?

解　(1) $\Omega_X = (-\infty, +\infty)$，当 $-\infty < x < +\infty$ 时，$F(x) = \int_{-\infty}^{x} f(u)\,\mathrm{d}u = \int_{-\infty}^{x} \dfrac{\mathrm{e}^u}{(1+\mathrm{e}^u)^2}\mathrm{d}u =$

$\int_{-\infty}^{x} \dfrac{1}{(1+\mathrm{e}^u)^2}\mathrm{d}(\mathrm{e}^u+1) = -\left[\dfrac{1}{1+\mathrm{e}^u}\right]_{-\infty}^{x} = 1 - \dfrac{1}{1+\mathrm{e}^x}$.

(2) $\Omega_Y = (0, +\infty)$，当 $y \geq 0$ 时，$F_Y(y) = P(Y \leq y) = P(\mathrm{e}^X \leq y) = P(X \leq \ln y)$

$= \int_{-\infty}^{\ln y} \dfrac{\mathrm{e}^x}{(1+\mathrm{e}^x)^2}\mathrm{d}x$，求导，得 $f_Y(y) = \dfrac{\mathrm{e}^{\ln y}}{y(1+\mathrm{e}^{\ln y})^2} = \dfrac{y}{y(1+y)^2} = \dfrac{1}{(1+y)^2}$，所以 $f_Y(y)$

$= \begin{cases} \dfrac{1}{(1+y)^2}, & y > 0, \\ 0, & \text{其他.} \end{cases}$

(3) 因为 $\int_0^{+\infty} \dfrac{y}{(1+y)^2}\mathrm{d}y \xlongequal{u=1+y} \int_1^{+\infty} \dfrac{u}{u^2}\mathrm{d}u - \int_1^{+\infty} \dfrac{1}{u^2}\mathrm{d}u$，其中 $\int_1^{+\infty} \dfrac{1}{u}\mathrm{d}u = [\ln u]_1^{+\infty}$ 不存

在，$\int_1^{+\infty} \dfrac{1}{u^2}\mathrm{d}u = -\left[\dfrac{1}{u}\right]_1^{+\infty} = 1$，所以 $E(Y)$ 不存在.

例 19　(**考研真题**　1992 年数学一第 10 题) 设随机变量 X 服从参数为 1 的指数分布，则数学期望 $E(X + \mathrm{e}^{-2X}) = $ _____.

解　由随机变量函数的期望公式，得

$$E(X + \mathrm{e}^{-2X}) = \int_0^{+\infty} (x + \mathrm{e}^{-2x})\mathrm{e}^{-x}\mathrm{d}x = \int_0^{+\infty} x\mathrm{e}^{-x}\mathrm{d}x + \int_0^{+\infty} \mathrm{e}^{-2x}\mathrm{e}^{-x}\mathrm{d}x = 1 + \dfrac{1}{3} = \dfrac{4}{3},$$

故填 $\dfrac{4}{3}$.

上面式子用到了指数分布的数学期望为 $\int_0^{+\infty} x \cdot \lambda\mathrm{e}^{-\lambda x}\mathrm{d}x = \lambda$，以及指数分布密度函数的规范性 $\int_0^{+\infty} \lambda\mathrm{e}^{-\lambda x}\mathrm{d}x = 1$.

例 20　(**考研真题**　2013 年数学三第 14(2) 题) 设随机变量 X 服从标准正态分布 $X \sim N(0,1)$，则 $E(X\mathrm{e}^{2X}) = $ _____.

解　由随机变量函数的期望公式及正态分布的期望计算式，得

$$E(X\mathrm{e}^{2X}) = \int_{-\infty}^{+\infty} x\mathrm{e}^{2x} \dfrac{1}{\sqrt{2\pi}}\mathrm{e}^{-\frac{x^2}{2}}\mathrm{d}x = \int_{-\infty}^{+\infty} \dfrac{x}{\sqrt{2\pi}}\mathrm{e}^{-\frac{(x-2)^2}{2}+2}\mathrm{d}x$$

$$= \mathrm{e}^2 \int_{-\infty}^{+\infty} x \dfrac{1}{\sqrt{2\pi}}\mathrm{e}^{-\frac{(x-2)^2}{2}}\mathrm{d}x = 2\mathrm{e}^2.$$

微课视频

故填 $2\mathrm{e}^2$.

例 21　(**考研真题**　1998 年数学一第 13 题) 设两个随机变量 X, Y 相互独立，且都服从均值为 0，方差为 $\dfrac{1}{2}$ 的正态分布，求随机变量 $|X - Y|$ 的方差.

解　令 $Z = X - Y$. 因为 $X \sim N\left(0, \dfrac{1}{2}\right), Y \sim N\left(0, \dfrac{1}{2}\right)$，且 X 和 Y 相互独立，所以 $Z \sim N(0, 1)$，$E(Z^2) = \mathrm{Var}(Z) = 1$，又有

$$E(|Z|) = \int_{-\infty}^{+\infty} |z| \frac{1}{\sqrt{2\pi}} e^{-\frac{z^2}{2}} dz = \sqrt{\frac{2}{\pi}} \int_0^{+\infty} z e^{-\frac{z^2}{2}} dz = \sqrt{\frac{2}{\pi}},$$

所以

$$\text{Var}(|X-Y|) = \text{Var}(|Z|) = E(Z^2) - [E(|Z|)]^2 = 1 - \frac{2}{\pi}.$$

例 22 （**考研真题** 1990 年数学一第 11 题）设二维随机变量 (X,Y) 在区域 $D = \{(x,y) \mid 0 < x < 1, |y| < x\}$ 上服从均匀分布，求 X 的边缘密度函数及随机变量 $Z = 2X + 1$ 的方差 $\text{Var}(Z)$.

微课视频

解 区域 D 如图 4.1 所示，(X,Y) 的联合密度函数

$$f(x,y) = \begin{cases} 1, & 0 < x < 1, |y| < x, \\ 0, & \text{其他}, \end{cases}$$

则 X 的边缘密度函数

$$f_X(x) = \int_{-\infty}^{+\infty} f(x,y) dy = \begin{cases} \int_{-x}^{x} 1 dy = 2x, & 0 < x < 1, \\ 0, & \text{其他}, \end{cases}$$

由期望的定义及随机变量函数的期望计算公式，得

$$E(X) = \int_{-\infty}^{+\infty} x \cdot f(x) dx = \int_0^1 x \cdot 2x dx = \left[\frac{2}{3}x^3\right]_0^1 = \frac{2}{3},$$

$$E(X^2) = \int_{-\infty}^{+\infty} x^2 \cdot f(x) dx = \int_0^1 x^2 \cdot 2x dx = \left[\frac{1}{2}x^4\right]_0^1 = \frac{1}{2},$$

图 4.1

则

$$\text{Var}(X) = E(X^2) - [E(X)]^2 = \frac{1}{2} - \frac{4}{9} = \frac{1}{18},$$

$$\text{Var}(Z) = 2^2 \cdot \text{Var}(X) = \frac{2}{9}.$$

例 23 假设随机变量 X 和 Y 在圆域 $x^2 + y^2 \leqslant r^2$，如图 4.2 所示，上服从二维均匀分布.

（1）求 X 和 Y 的相关系数 ρ_{XY}. （2）问 X 和 Y 是否独立？

解 （1）由已知，得 (X,Y) 的联合密度函数为

$$f(x,y) = \begin{cases} \dfrac{1}{\pi r^2}, & x^2 + y^2 \leqslant r^2, \\ 0, & \text{其他}. \end{cases}$$

由边缘密度函数定义，得

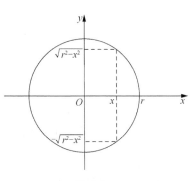

图 4.2

$$f_X(x) = \begin{cases} \int_{-\sqrt{r^2-x^2}}^{\sqrt{r^2-x^2}} \dfrac{1}{\pi r^2} dy = \dfrac{2}{\pi r^2}\sqrt{r^2-x^2}, & -r \leqslant x \leqslant r, \\ 0, & \text{其他}. \end{cases}$$

$$f_Y(y) = \begin{cases} \int_{-\sqrt{r^2-y^2}}^{\sqrt{r^2-y^2}} \dfrac{1}{\pi r^2} dx = \dfrac{2}{\pi r^2}\sqrt{r^2-y^2}, & -r \leqslant y \leqslant r, \\ 0, & \text{其他}. \end{cases}$$

则

$$E(X) = \int_{-r}^{r} x \cdot \frac{2}{\pi r^2} \sqrt{r^2 - x^2} \, dx = 0, \quad E(Y) = \int_{-r}^{r} y \cdot \frac{2}{\pi} \sqrt{r^2 - y^2} \, dy = 0,$$

所以

$$\text{Cov}(X, Y) = E(XY) = \iint_{x^2 + y^2 \leq r^2} xy \cdot \frac{1}{\pi r^2} dx dy = 0.$$

那么 X 和 Y 的相关系数 $\rho_{XY} = 0$.

(2) 因为 $f(0,0) = \dfrac{1}{\pi r^2} \neq f_X(0) \cdot f_Y(0) = \left(\dfrac{2}{\pi r^2}\right)^2 (r^2 - 0)$，所以 X 与 Y 不相互独立.

例 24 （**考研真题** 2023 年数学一第 22 题）设二维随机变量 (X,Y) 的密度函数为

$$f(x,y) = \begin{cases} \dfrac{2}{\pi}(x^2 + y^2), & x^2 + y^2 \leq 1, \\ 0, & \text{其他}. \end{cases}$$

(1) 求 X, Y 的协方差.

(2) X, Y 是否相互独立?

(3) 求 $Z = X^2 + Y^2$ 的密度函数.

解 (1) 设 $G = \{(x,y) \mid x^2 + y^2 \leq 1\}$，则由被积函数的奇偶性及积分区域的对称性，得

$$E(X) = \int_{-\infty}^{+\infty} \int_{-\infty}^{+\infty} x f(x,y) \, dx dy = \iint_G x f(x,y) \, dx dy = 0,$$

$$E(Y) = \int_{-\infty}^{+\infty} \int_{-\infty}^{+\infty} y f(x,y) \, dx dy = \iint_G y f(x,y) \, dx dy = 0,$$

$$E(XY) = \int_{-\infty}^{+\infty} \int_{-\infty}^{+\infty} xy f(x,y) \, dx dy = \iint_G xy f(x,y) \, dx dy = 0,$$

所以 $\text{Cov}(X, Y) = E(XY) - E(X)E(Y) = 0$.

(2) $\Omega_X = (-1, 1)$，当 $-1 < x < 1$ 时，

$$f_X(x) = \int_{-\infty}^{+\infty} f(x,y) \, dy = \int_{-\sqrt{1-x^2}}^{\sqrt{1-x^2}} \frac{2}{\pi}(x^2 + y^2) \, dy = \frac{4}{\pi} \int_0^{\sqrt{1-x^2}} (x^2 + y^2) \, dy$$

$$= \frac{4}{\pi} \left[x^2 \sqrt{1-x^2} + \frac{(1-x^2)^{\frac{3}{2}}}{3} \right] = \frac{4}{3\pi} \sqrt{1-x^2} \, (1 + 2x^2).$$

$$f_X(x) = \begin{cases} \dfrac{4}{3\pi} \sqrt{1-x^2} \, (1 + 2x^2), & -1 < x < 1, \\ 0, & \text{其他}. \end{cases}$$

同理，可得

$$f_Y(y) = \begin{cases} \dfrac{4}{3\pi} \sqrt{1-y^2} \, (1 + 2y^2), & -1 < y < 1, \\ 0, & \text{其他}. \end{cases}$$

$$f\left(\frac{1}{2}, \frac{1}{2}\right) = \frac{2}{\pi} \left[\left(\frac{1}{2}\right)^2 + \left(\frac{1}{2}\right)^2 \right] = \frac{1}{\pi} \neq f_X\left(\frac{1}{2}\right) f_Y\left(\frac{1}{2}\right) = \frac{3}{\pi^2}.$$

所以 X 与 Y 不相互独立.

(3)$\Omega_Z = [0,1]$，当 $0 \leqslant z < 1$ 时，

$$F_Z(z) = P(X^2+Y^2 \leqslant z) = \iint\limits_{x^2+y^2 \leqslant z} \frac{2}{\pi}(x^2+y^2)\,dxdy = \int_0^{2\pi} d\theta \int_0^{\sqrt{z}} \frac{2}{\pi}r^2 \cdot r\,dr = z^2,$$

则 Z 的密度函数为

$$f_Z(z) = \begin{cases} 2z, & 0 < z < 1, \\ 0, & \text{其他.} \end{cases}$$

例 25 （**考研真题** 2022 年数学一第 10 题）设随机变量 $X \sim N(0,1)$，在 $X = x$ 条件下，随机变量 $Y \sim N(x,1)$，则 X 与 Y 的相关系数为（   ）.

A. $\dfrac{1}{4}$ B. $\dfrac{1}{2}$ C. $\dfrac{\sqrt{3}}{3}$ D. $\dfrac{\sqrt{2}}{2}$

解 由已知条件知，$f_X(x) = \dfrac{1}{\sqrt{2\pi}}e^{-\frac{x^2}{2}}$，$f_{Y|X}(y|x) = \dfrac{f(x,y)}{f_X(x)} = \dfrac{1}{\sqrt{2\pi}}e^{-\frac{(y-x)^2}{2}}$，所以 X 与 Y 的联合密度函数为

$$f(x,y) = f_X(x)f_{Y|X}(y|x) = \frac{1}{2\pi}e^{-\frac{2x^2-2xy+y^2}{2}} = \frac{1}{2\pi}e^{-\frac{2\left(x^2-xy+\frac{y^2}{4}\right)+\frac{y^2}{2}}{2}}$$

$$= \frac{1}{\sqrt{2\pi \cdot \frac{1}{2}}}e^{-\frac{\left(x-\frac{y}{2}\right)^2}{2 \times \frac{1}{2}}} \cdot \frac{1}{\sqrt{2\pi \cdot 2}}e^{-\frac{y^2}{4}}.$$

于是 Y 的边缘密度函数为

$$f_Y(y) = \int_{-\infty}^{+\infty} f(x,y)\,dx = \int_{-\infty}^{+\infty} \frac{1}{2\pi}e^{-\frac{2x^2-2xy+y^2}{2}}\,dx$$

$$= \frac{1}{\sqrt{2\pi \cdot 2}}e^{-\frac{y^2}{4}} \int_{-\infty}^{+\infty} \frac{1}{\sqrt{2\pi \cdot \frac{1}{2}}}e^{-\frac{\left(x-\frac{y}{2}\right)^2}{2 \times \frac{1}{2}}}\,dx = \frac{1}{2\sqrt{\pi}}e^{-\frac{y^2}{4}},$$

则 $Y \sim N(0,2)$，又因为 X 与 Y 的联合密度函数可以表达为二维正态分布联合密度函数的形式

$$f(x,y) = \frac{1}{2\pi\sigma_1\sigma_2\sqrt{1-\rho^2}}\exp\left[-\frac{\left(\frac{x-\mu_1}{\sigma_1}\right)^2 - 2\rho\left(\frac{x-\mu_1}{\sigma_1}\right)\left(\frac{y-\mu_2}{\sigma_2}\right) + \left(\frac{y-\mu_2}{\sigma_2}\right)^2}{2(1-\rho^2)}\right]$$

$$= \frac{1}{2\pi \cdot 1 \cdot \sqrt{2} \cdot \sqrt{\frac{1}{2}}}\exp\left[-\frac{\left(\frac{x}{1}\right)^2 - 2 \cdot \frac{1}{\sqrt{2}}\left(\frac{x}{1}\right)\left(\frac{y}{\sqrt{2}}\right) + \left(\frac{y}{\sqrt{2}}\right)^2}{2 \times \frac{1}{2}}\right]$$

所以 $(X,Y) \sim N\left(0,0,1,2,\dfrac{\sqrt{2}}{2}\right)$，$X$ 与 Y 的相关系数 $\rho = \dfrac{\sqrt{2}}{2}$. 故选 D.

例 26 （**考研真题** 2017 年数学一第 14 题）设随机变量 X 的分布函数为 $F(x) = 0.5\Phi(x) + 0.5\Phi\left(\dfrac{x-4}{2}\right)$，其中 $\Phi(x)$ 为标准正态分布函数，则 $E(X) = $ _____.

解　由已知，得 $f(x) = F'(x) = 0.5\varphi(x) + 0.25\varphi\left(\dfrac{x-4}{2}\right)$，故

$$E(X) = 0.5\int_{-\infty}^{+\infty} x\varphi(x)\mathrm{d}x + 0.25\int_{-\infty}^{+\infty} x\varphi\left(\frac{x-4}{2}\right)\mathrm{d}x.$$

微课视频

而 $\int_{-\infty}^{+\infty} x\varphi(x)\mathrm{d}x = 0$. 令 $\dfrac{x-4}{2} = t$，则由密度函数的规范性及期望的计算公式，得

$$\int_{-\infty}^{+\infty} x\varphi\left(\frac{x-4}{2}\right)\mathrm{d}x = 2\int_{-\infty}^{+\infty}(4+2t)\varphi(t)\mathrm{d}t = 8\times 1 + 4\int_{-\infty}^{+\infty} t\varphi(t)\mathrm{d}t = 8.$$

因此 $E(X) = 2$.

例27　(考研真题　2014 年数学一第 8 题) 设连续型随机变量 X_1 与 X_2 相互独立，且它们的方差均存在，X_1,X_2 的密度函数分别为 $f_1(x),f_2(x)$，随机变量 Y_1 的密度函数为 $f_{Y_1}(y) = \dfrac{1}{2}[f_1(y)+f_2(y)]$，随机变量 $Y_2 = \dfrac{1}{2}(X_1+X_2)$，则(　　).

A. $E(Y_1) > E(Y_2), \mathrm{Var}(Y_1) > \mathrm{Var}(Y_2)$　　　　B. $E(Y_1) = E(Y_2), \mathrm{Var}(Y_1) = \mathrm{Var}(Y_2)$

C. $E(Y_1) = E(Y_2), \mathrm{Var}(Y_1) < \mathrm{Var}(Y_2)$　　　　D. $E(Y_1) = E(Y_2), \mathrm{Var}(Y_1) > \mathrm{Var}(Y_2)$

解　由期望的定义及性质，得

$$E(Y_1) = \frac{1}{2}\int_{-\infty}^{+\infty} y[f_1(y)+f_2(y)]\mathrm{d}y = \frac{1}{2}[E(X_1)+E(X_2)] = E(Y_2),$$

由随机变量函数的计算式，得

$$E(Y_1^2) = \frac{1}{2}\int_{-\infty}^{+\infty} y^2[f_1(y)+f_2(y)]\mathrm{d}y = \frac{1}{2}E(X_1^2) + \frac{1}{2}E(X_2^2),$$

则

$$\begin{aligned}
\mathrm{Var}(Y_1) &= E(Y_1^2) - E^2(Y_1) \\
&= \frac{1}{2}E(X_1^2) + \frac{1}{2}E(X_2^2) - \frac{1}{4}E^2(X_1) - \frac{1}{4}E^2(X_2) - \frac{1}{2}E(X_1)E(X_2) \\
&= \frac{1}{4}\mathrm{Var}(X_1) + \frac{1}{4}\mathrm{Var}(X_2) + \frac{1}{4}E[(X_1-X_2)^2].
\end{aligned}$$

这里 $E[(X_1-X_2)^2] \neq 0$，因为若 $E[(X_1-X_2)^2] = 0$，则有 $P(X_1=X_2) = 1$，即 X_1 与 X_2 完全正线性相关，与 X_1 与 X_2 相互独立矛盾，所以 $E(X_1-X_2)^2 \neq 0$，则

$$\mathrm{Var}(Y_1) > \frac{1}{4}\mathrm{Var}(X_1) + \frac{1}{4}\mathrm{Var}(X_2) = \mathrm{Var}(Y_2).$$

那么 $E(Y_1) = E(Y_2), \mathrm{Var}(Y_1) > \mathrm{Var}(Y_2)$. 故选 D.

例28　(考研真题　2009 年数学一第 7 题) 设随机变量 X 的分布函数为 $F(x) = 0.3\Phi(x) + 0.7\Phi\left(\dfrac{x-1}{2}\right)$，其中 $\Phi(x)$ 为标准正态分布的分布函数，则 $E(X) = ($　　$)$.

A. 0　　　　　　　　B. 0.3　　　　　　　　C. 0.7　　　　　　　　D. 1

解　由已知，得 X 的密度函数为

$$f(x) = F'(x) = 0.3\varphi(x) + 0.35\varphi\left(\frac{x-1}{2}\right),$$

则由期望的定义、标准正态分布的期望及密度函数的规范性,得

$$E(X) = \int_{-\infty}^{+\infty} xf(x)\,\mathrm{d}x = \int_{-\infty}^{+\infty} 0.3x\varphi(x)\,\mathrm{d}x + \int_{-\infty}^{+\infty} 0.35x\varphi\left(\frac{x-1}{2}\right)\mathrm{d}x$$

$$\xrightarrow{\diamondsuit t = \frac{x-1}{2}} 0 + \int_{-\infty}^{+\infty} 0.7(2t+1)\varphi(t)\,\mathrm{d}t = 1.4\int_{-\infty}^{+\infty} t\varphi(t)\,\mathrm{d}t + 0.7\int_{-\infty}^{+\infty} \varphi(t)\,\mathrm{d}t = 0.7.$$

故选 C.

例 29 (**考研真题** 2011 年数学一第 8 题) 设随机变量 X 与 Y 相互独立,且 $E(X)$,$E(Y)$ 存在,记 $V = \min(X,Y)$,$U = \max(X,Y)$,则 $E(UV) = ($ $)$.

A. $E(U)E(V)$ B. $E(X)E(Y)$

C. $E(U)E(Y)$ D. $E(X)E(V)$

微课视频

解 方法一

$$U = \max(X,Y) = \frac{X+Y+|X-Y|}{2}, \quad V = \min(X,Y) = \frac{X+Y-|X-Y|}{2},$$

$$UV = \frac{X+Y+|X-Y|}{2} \cdot \frac{X+Y-|X-Y|}{2} = \frac{(X+Y)^2 - (X-Y)^2}{4} = XY,$$

则 $E(UV) = E(XY) = E(X)E(Y)$. 故选 B.

方法二 当 $X \geqslant Y$ 时,$U = X, V = Y$;当 $X < Y$ 时,$U = Y, V = X$. 所以 $UV = XY$,又 X, Y 独立,从而有 $E(UV) = E(XY) = E(X)E(Y)$,故选 B.

例 30 (**考研真题** 2000 年数学一第十二题) 某流水生产线上每个产品不合格的概率为 $p(0 < p < 1)$,各产品合格与否相互独立,当出现一个不合格产品时即停机检修. 设开机后第一次停机时已生产了的产品个数为 X,求 X 的数学期望 $E(X)$ 和方差 $\mathrm{Var}(X)$.

解 记 $q = 1 - p$,X 的概率分布为 $P(X = i) = q^{i-1}p$,$i = 1, 2, \cdots$

X 的数学期望为

$$E(X) = \sum_{i=1}^{\infty} iq^{i-1}p = p\sum_{i=1}^{\infty}(q^i)' = p\left(\sum_{i=1}^{\infty}q^i\right)' = p\left(\frac{q}{1-q}\right)' = \frac{1}{p},$$

因为

$$E(X^2) = \sum_{i=1}^{\infty} i^2 q^{i-1}p = p\left[q\left(\sum_{i=1}^{\infty}q^i\right)'\right]' = p\left[\frac{q}{(1-q)^2}\right]' = \frac{2-p}{p^2},$$

所以 X 的方差为

$$\mathrm{Var}(X) = E(X^2) - [E(X)]^2 = \frac{2-p}{p^2} - \frac{1}{p^2} = \frac{1-p}{p^2}.$$

例 31 (**考研真题** 2016 年数学一第 14 题) 设二维随机变量 (X,Y) 服从二维正态分布 $N(1,0,1,1,0)$,则 $P(XY - Y < 0) = $ _____.

解 因为 $\rho_{XY} = 0$,所以 X 与 Y 相互独立. 由全概率公式,得

$$\begin{aligned}
P(XY - Y < 0) &= P((X-1)Y < 0) \\
&= P(X - 1 < 0 \mid Y > 0)P(Y > 0) + P(X - 1 > 0 \mid Y < 0)P(Y < 0) \\
&= P(X - 1 < 0)P(Y > 0) + P(X - 1 > 0)P(Y < 0) \\
&= \frac{1}{2} \times \frac{1}{2} + \frac{1}{2} \times \frac{1}{2} = \frac{1}{2}.
\end{aligned}$$

例32 （考研真题　2012年数学三第23题第2问）设随机变量 X 与 Y 相互独立，且服从参数为1的指数分布. 记 $U = \max(X, Y)$，$V = \min(X, Y)$. 求 $E(U + V)$.

解　由于 $U + V = \max(X, Y) + \min(X, Y) = X + Y$，又 X 与 Y 相互独立，因此

$$E(U + V) = E(X + Y) = E(X) + E(Y) = \frac{1}{1} + \frac{1}{1} = 2.$$

五、习题详解

习题 4-1　数学期望

1. 设随机变量 X 的分布律如下所示.

X	-2	0	1
概率	0.3	0.2	0.5

试求 $E(X)$，$E(X^2)$ 与 $E(3X^2 + 5)$.

解　由期望定义及随机变量函数的期望公式，得

$$E(X) = \sum_{i=1}^{\infty} x_i p_i = -2 \times 0.3 + 0 \times 0.2 + 1 \times 0.5 = -0.1,$$

$$E(X^2) = \sum_{i=1}^{\infty} x_i^2 p_i = (-2)^2 \times 0.3 + 0^2 \times 0.2 + 1^2 \times 0.5 = 1.7,$$

$$E(3X^2 + 5) = \sum_{i=1}^{\infty} (3x_i^2 + 5) p_i$$

$$= [3 \times (-2)^2 + 5] \times 0.3 + [3 \times 0^2 + 5] \times 0.2 + [3 \times 1^2 + 5] \times 0.5 = 10.1.$$

2. 设随机变量 X 服从参数为2的指数分布，随机变量 Y 服从二项分布 $B(2, 0.5)$，计算 $E(X - 3Y - 1)$.

解　因为 $X \sim E(2)$，$Y \sim B(2, 0.5)$，所以

$$E(X) = \frac{1}{\lambda} = \frac{1}{2}, \quad E(Y) = np = 2 \times 0.5 = 1,$$

则

$$E(X - 3Y - 1) = E(X) - 3E(Y) - 1 = \frac{1}{2} - 3 - 1 = -3.5.$$

3. 设 X 表示10次相互独立重复射击中命中目标的次数，每次命中目标的概率为 0.6. 试求 $E(2X^2 + 3)$.

解　由已知，得 $X \sim B(10, 0.6)$，则

$$E(X) = np = 10 \times 0.6 = 6, \quad \text{Var}(X) = np(1 - p) = 6 \times 0.4 = 2.4,$$

所以

$$E(X^2) = \text{Var}(X) + [E(X)]^2 = 2.4 + 6^2 = 38.4.$$

由期望的性质，得

$$E(2X^2 + 3) = 2E(X^2) + 3 = 2 \times 38.4 + 3 = 79.8.$$

4. 设随机变量 X 的密度函数为

$$f(x) = \begin{cases} \dfrac{3}{8}x^2, & 0 < x < 2, \\ 0, & \text{其他}. \end{cases}$$

试求 $E(X), E(X^2), E\left(\dfrac{1}{X^2}\right)$.

解 由数学期望的定义及随机变量函数的期望公式, 得

$$E(X) = \int_{-\infty}^{+\infty} xf(x)\,\mathrm{d}x = \int_0^2 x \cdot \frac{3}{8}x^2\,\mathrm{d}x = \frac{3}{8}\left[\frac{x^4}{4}\right]_0^2 = \frac{3}{2},$$

$$E(X^2) = \int_{-\infty}^{+\infty} x^2 f(x)\,\mathrm{d}x = \int_0^2 x^2 \cdot \frac{3}{8}x^2\,\mathrm{d}x = \frac{3}{8}\left[\frac{x^5}{5}\right]_0^2 = \frac{12}{5},$$

$$E\left(\frac{1}{X^2}\right) = \int_{-\infty}^{+\infty} \frac{1}{x^2}f(x)\,\mathrm{d}x = \int_0^2 \frac{1}{x^2} \cdot \frac{3}{8}x^2\,\mathrm{d}x = \frac{3}{8}\left[x\right]_0^2 = \frac{3}{4}.$$

5. 设随机变量 X 的密度函数为

$$f(x) = \begin{cases} \dfrac{1}{2}\cos\dfrac{x}{2}, & 0 \leqslant x \leqslant \pi, \\ 0, & \text{其他}. \end{cases}$$

对 X 相互独立重复地观察 4 次, 用 Y 表示观察值大于 $\dfrac{\pi}{3}$ 的次数. 求:

(1) X 的数学期望 $E(X)$.

(2) Y 的数学期望 $E(Y)$.

解 (1) 由数学期望的定义, 得

$$E(X) = \int_{-\infty}^{+\infty} xf(x)\,\mathrm{d}x = \int_0^\pi x\,\frac{1}{2}\cos\frac{x}{2}\,\mathrm{d}x = \int_0^\pi x\mathrm{d}\sin\frac{x}{2}$$

$$= \left[x\sin\frac{x}{2}\right]_0^\pi - \int_0^\pi \sin\frac{x}{2}\,\mathrm{d}x = \pi + \left[2\cos\frac{x}{2}\right]_0^\pi = \pi - 2.$$

(2) 由题意, 得 $Y \sim B(4, p)$, 其中

$$p = P\left(X > \frac{\pi}{3}\right) = \int_{\frac{\pi}{3}}^\pi \frac{1}{2}\cos\frac{x}{2}\,\mathrm{d}x = \left[\sin\frac{x}{2}\right]_{\frac{\pi}{3}}^\pi = \frac{1}{2},$$

由二项分布的期望, 得

$$E(Y) = np = 2.$$

6. 已知某百货公司每年顾客对某种型号电视机的需求量是一个随机变量 X, X 服从集合 $\{1001, 1002, \cdots, 2000\}$ 上的离散型均匀分布. 假定每出售一台电视机可获利 300 元; 如果年终库存积压, 那么每台电视机带来的亏损为 100 元. 问: 年初公司应进多少货, 才能使年终带来的平均利润最大? 假定公司年内不再进货.

解 设年初应进台数为 a, 利润为 Y 元, 由已知得 X 的分布律如下所示.

X	1001	1002	$\cdots$	2000
概率	$\dfrac{1}{1000}$	$\dfrac{1}{1000}$	$\cdots$	$\dfrac{1}{1000}$

则有

$$Y = g(X) = \begin{cases} 300X - 100(a-X), & X = 1001, 1002, \cdots, a-1, \\ 300a, & X = a, a+1, \cdots, 2000. \end{cases}$$

由随机变量函数的期望公式, 得

$$E(Y) = E[g(X)] = \sum_{k=1001}^{2000} g(k) \cdot P(X=k)$$

$$= \sum_{k=1001}^{a-1} (400k - 100a) \cdot \frac{1}{1000} + \sum_{k=a}^{2000} 300a \cdot \frac{1}{1000}$$

$$= \frac{1}{10}(-2a^2 + 7002a - 2002000).$$

显然平均利润 $E(Y)$ 为 a 的函数, 设其为 $f(a)$, 有 $f(a) = \frac{1}{10}(-2a^2 + 7002a - 2002000)$,

令 $f'(a) = 0 \Rightarrow a = 1750.5$.

所以当 $a = 1750.5$ 时, $f(a)$ 即平均利润 $E(Y)$ 有最大值. 注意到 a 必须取整数, 且 $f(1750) = f(1751)$.

而 a 取较小的值意味着占用资金量较少, 故选取 a 为 1750, 即年初公司应进货 1750 台才能使年终带来的平均利润最大.

7. 设某种商品每周的需求量是连续型随机变量 X, $X \sim U(10, 30)$, 经销商店进货数量是区间 $[10, 30]$ 中的某一个整数. 商店每销售一单位商品可获利 500 元; 若供大于求, 则剩余的每单位商品带来亏损 100 元; 若供不应求, 则可从外部调剂供应, 此时经调剂的每单位商品仅获利 300 元. 为使商店所获利润期望值不少于 9280 元, 试确定最少进货量.

解 设进货量为 n, 商店所获利润(单位: 元)为 Y. 则有

$$Y = \begin{cases} 500X - 100(n-X), & 10 < X < n, \\ 500n + 300(X-n), & n \leqslant X < 30, \end{cases}$$

即

$$Y = \begin{cases} 600X - 100n, & 10 < X < n, \\ 200n + 300X, & n \leqslant X < 30. \end{cases}$$

则有

$$E(Y) = E[g(X)] = \int_{-\infty}^{+\infty} g(x)f(x)\,dx = \int_{10}^{30} g(x)\frac{1}{20}dx$$

$$= \int_{10}^{n} (600x - 100n) \cdot \frac{1}{20}dx + \int_{n}^{30} (200n + 300x) \cdot \frac{1}{20}dx$$

$$= -7.5n^2 + 350n + 5250.$$

要使 $-7.5n^2 + 350n + 5250 \geqslant 9280$, 即 $-7.5n^2 + 350n - 4030 \geqslant 0$, 则有 $20.67 \leqslant n \leqslant 26$, 所以最少进货量为 21.

8. 已知二维随机变量(X,Y)的联合分布律如下所示.

X	Y		
	0	1	2
0	0.25	0.10	0.30
1	0.15	0.15	0.05

定义$Z = \max(X,Y)$. 计算:

(1)X,Y 的期望 $E(X),E(Y)$.

(2)X^2,Y^2 的期望 $E(X^2),E(Y^2)$.

(3)Z 的期望 $E(Z)$.

解 (1) 由已知,得 X 与 Y 的分布律分别如下所示.

X	0	1
概率	0.65	0.35

Y	0	1	2
概率	0.4	0.25	0.35

则由期望的定义,得

$$E(X) = 0\times0.65 + 1\times0.35 = 0.35,$$
$$E(Y) = 0\times0.4 + 1\times0.25 + 2\times0.35 = 0.95.$$

(2) 由随机变量函数的期望公式,得

$$E(X^2) = 0^2\times0.65 + 1^2\times0.35 = 0.35,$$
$$E(Y^2) = 0^2\times0.4 + 1^2\times0.25 + 2^2\times0.35 = 1.65.$$

(3) 由随机变量二元函数的期望公式,得

$$E(Z) = \sum_{i=1}^{\infty}\sum_{j=1}^{\infty}\max(x_i,y_i)p_{ij}$$
$$= \max(0,0)\cdot P(X=0,Y=0) + \max(0,1)\cdot P(X=0,Y=1)$$
$$+ \max(0,2)\cdot P(X=0,Y=2) + \max(1,0)\cdot P(X=1,Y=0)$$
$$+ \max(1,1)\cdot P(X=1,Y=1) + \max(1,2)\cdot P(X=1,Y=2)$$
$$= 0\times0.25 + 1\times0.1 + 2\times0.3 + 1\times0.15 + 1\times0.15 + 2\times0.05 = 1.1.$$

9. 已知二维随机变量(X,Y)的联合密度函数为

$$f(x,y) = \begin{cases} 1, & 0<x<1,\ 0<y<2x, \\ 0, & \text{其他}. \end{cases}$$

定义$Z = \min(X,Y)$. 计算:

(1)X,Y 的期望 $E(X),E(Y)$.

(2)X^2,Y^2 和 XY 的期望 $E(X^2),E(Y^2),E(XY)$.

(3)Z 的期望 $E(Z)$.

解 (1) 由随机变量二元函数的期望公式,得

$$E(X) = \int_{-\infty}^{+\infty}\int_{-\infty}^{+\infty} x\cdot f(x,y)\,\mathrm{d}x\mathrm{d}y = \int_0^1\mathrm{d}x\int_0^{2x} x\cdot1\,\mathrm{d}y = \int_0^1 x\cdot2x\,\mathrm{d}x = \frac{2}{3},$$

$$E(Y) = \int_{-\infty}^{+\infty}\int_{-\infty}^{+\infty} y\cdot f(x,y)\,\mathrm{d}x\mathrm{d}y = \int_0^1\mathrm{d}x\int_0^{2x} y\cdot1\,\mathrm{d}y = \int_0^1 2x^2\,\mathrm{d}x = \frac{2}{3}.$$

（2）由随机变量二元函数的期望公式，得

$$E(X^2) = \int_{-\infty}^{+\infty} \int_{-\infty}^{+\infty} x^2 \cdot f(x,y)\,dxdy = \int_0^1 dx \int_0^{2x} x^2 \cdot 1\,dy = \int_0^1 x^2 \cdot 2x\,dx = \frac{1}{2},$$

$$E(Y^2) = \int_{-\infty}^{+\infty} \int_{-\infty}^{+\infty} y^2 \cdot f(x,y)\,dxdy = \int_0^1 dx \int_0^{2x} y^2 \cdot 1\,dy = \int_0^1 \frac{8}{3}x^3\,dx = \frac{2}{3},$$

$$E(XY) = \int_{-\infty}^{+\infty} \int_{-\infty}^{+\infty} xy \cdot f(x,y)\,dxdy = \int_0^1 dx \int_0^{2x} xy \cdot 1\,dy = \int_0^1 x \cdot 2x^2\,dx = \frac{1}{2}.$$

（3）由随机变量二元函数的期望公式，得

$$E(Z) = \int_{-\infty}^{+\infty} \int_{-\infty}^{+\infty} \min(x,y) \cdot f(x,y)\,dxdy = \int_0^1 dx \int_0^x y \cdot 1\,dy + \int_0^1 dx \int_x^{2x} x \cdot 1\,dy$$

$$= \int_0^1 \frac{x^2}{2}\,dx + \int_0^1 x \cdot x\,dx = \frac{1}{6} + \frac{1}{3} = \frac{1}{2}.$$

10. 假定在自动流水线上加工的某种零件的内径（单位：mm）$X \sim N(\mu,1)$. 内径小于 10mm 或大于 12mm 为不合格品，其余为合格品. 销售每件合格品获利 20 元；零件内径小于 10mm 或大于 12mm 分别带来亏损 1 元、5 元. 试问：当平均内径 μ 取何值时，生产 1 个零件带来的平均利润最大？

解　设利润（单位：元）为 Y. 由题意知

$$Y = \begin{cases} -1, & X < 10, \\ 20, & 10 \leqslant X \leqslant 12, \\ -5, & X > 12. \end{cases}$$

因为 $X \sim N(\mu,\ 1)$，所以

$$\begin{aligned} E(Y) &= -1 \cdot P(X < 10) + 20 \cdot P(10 \leqslant X \leqslant 12) - 5 \cdot P(X > 12) \\ &= -1 \cdot \Phi(10 - \mu) + 20[\Phi(12 - \mu) - \Phi(10 - \mu)] - 5[1 - \Phi(12 - \mu)] \\ &= 25\Phi(12 - \mu) - 21\Phi(10 - \mu) - 5. \end{aligned}$$

显然平均利润 $E(Y)$ 为 μ 的函数，设其为 $f(\mu)$. 令

$$\frac{d}{d\mu}f(\mu) = -25\varphi(12 - \mu) + 21\varphi(10 - \mu) = 0$$

即

$$-25 \cdot \frac{1}{\sqrt{2\pi}} e^{-\frac{(12-\mu)^2}{2}} + 21 \cdot \frac{1}{\sqrt{2\pi}} e^{-\frac{(10-\mu)^2}{2}} = 0,$$

解得 $\mu = 11 - \dfrac{1}{2}\ln\dfrac{25}{21} = 10.9$. 所以当平均内径取 10.9mm 时，生产 1 个零件带来的平均利润最大.

习题 4-2　方差和标准差

1. 设随机变量 X 的密度函数为

$$f(x) = \begin{cases} \dfrac{2}{3}x, & 1 < x < 2, \\ 0, & \text{其他}. \end{cases} \quad \text{求：}$$

（1）X 的数学期望 $E(X)$ 及 X^2 的数学期望 $E(X^2)$.

(2) X 的方差 $\mathrm{Var}(X)$ 及 $-2X+3$ 的方差 $\mathrm{Var}(-2X+3)$.

解 (1) 由随机变量一元函数的期望公式, 得

$$E(X) = \int_{-\infty}^{+\infty} x \cdot f(x)\,dx = \int_1^2 x \cdot \frac{2}{3}x\,dx = \frac{2}{3}\left[\frac{x^3}{3}\right]_1^2 = \frac{14}{9},$$

$$E(X^2) = \int_{-\infty}^{+\infty} x^2 \cdot f(x)\,dx = \int_1^2 x^2 \cdot \frac{2}{3}x\,dx = \frac{2}{3}\left[\frac{x^4}{4}\right]_1^2 = \frac{5}{2}.$$

(2) 由(1)得

$$\mathrm{Var}(X) = E(X^2) - [E(X)]^2 = \frac{5}{2} - \left(\frac{14}{9}\right)^2 = \frac{13}{162},$$

利用方差的性质, 得

$$\mathrm{Var}(-2X+3) = 4\mathrm{Var}(X) = 4 \times \frac{13}{162} = \frac{26}{81}.$$

2. 设 X 服从参数为 λ 的泊松分布. 求 $E[X(X-1)]$.

解 因为 $X \sim P(\lambda)$, 所以

$$E(X) = \lambda, \quad E(X^2) = \mathrm{Var}(X) + [E(X)]^2 = \lambda + \lambda^2.$$

由期望的性质, 得

$$E[X(X-1)] = E(X^2) - E(X) = \lambda^2.$$

3. 设随机变量 X 服从参数为 λ 的指数分布. 求 $P(X > \sqrt{\mathrm{Var}(X)})$.

解 因为 $X \sim \exp(\lambda)$, 有 $\mathrm{Var}(X) = \dfrac{1}{\lambda^2}$. 则

$$P(X > \sqrt{\mathrm{Var}(x)}) = P\left(X > \frac{1}{\lambda}\right) = 1 - F\left(\frac{1}{\lambda}\right) = 1 - (1 - e^{-\lambda \cdot \frac{1}{\lambda}}) = e^{-1}.$$

4. 设随机变量 X 的密度函数为

$$f(x) = \frac{1}{\sqrt{\pi}}\exp(-x^2+2x-1), \quad -\infty < x < \infty.$$

试求 $E(X)$ 与 $\mathrm{Var}(X)$. (提示: $X \sim N\left(1, \dfrac{1}{2}\right)$.)

解 因为 $X \sim N\left(1, \dfrac{1}{2}\right)$, 所以 $E(X) = 1, \mathrm{Var}(X) = \dfrac{1}{2}$.

5. 设 $X \sim N(0, \sigma^2)$. 求 $E(|X|)$ 与 $\mathrm{Var}(|X|)$.

解 因为 $X \sim N(0, \sigma^2)$, 所以

$$E(|X|) = \int_{-\infty}^{+\infty} |x| \cdot \frac{1}{\sqrt{2\pi}\sigma} e^{-\frac{x^2}{2\sigma^2}}dx = 2\sigma^2 \int_0^{+\infty} \frac{1}{\sqrt{2\pi}\sigma} e^{-\frac{x^2}{2\sigma^2}} d\frac{x^2}{2\sigma^2}$$

$$= \frac{2\sigma^2}{\sqrt{2\pi}\sigma}\left[-e^{-\frac{x^2}{2\sigma^2}}\right]_0^{+\infty} = \sqrt{\frac{2}{\pi}}\sigma,$$

$$\mathrm{Var}(|X|) = E(|X|^2) - [E(|X|)]^2 = E(X^2) - [E(|X|)]^2$$

$$= \mathrm{Var}(X) + [E(X)]^2 - [E(|X|)]^2$$

$$= \sigma^2 - \frac{2}{\pi}\sigma^2 = \left(1 - \frac{2}{\pi}\right)\sigma^2.$$

6. 设随机变量 X 与 Y 的联合分布律如下所示.

X	Y		
	-1	0	2
-1	$\frac{1}{6}$	$\frac{1}{12}$	0
0	$\frac{1}{4}$	0	0
1	$\frac{1}{12}$	$\frac{1}{4}$	$\frac{1}{6}$

求：

(1) X,Y 的数学期望 $E(X),E(Y)$.

(2) X,Y 的方差 $\mathrm{Var}(X),\mathrm{Var}(Y)$.

(3) $\mathrm{Var}(2Y+5)$.

解　(1) 由随机变量二元函数的期望公式，得

$$E(X) = \sum_{i=1}^{\infty} \sum_{j=1}^{\infty} x_i p_{ij} = \sum_{i=1}^{\infty} x_i \left(\sum_{j=1}^{\infty} p_{ij} \right)$$

$$= -1 \times \left(\frac{1}{6} + \frac{1}{12} + 0 \right) + 0 \times \left(\frac{1}{4} + 0 + 0 \right) + 1 \times \left(\frac{1}{12} + \frac{1}{4} + \frac{1}{6} \right)$$

$$= \frac{1}{4},$$

$$E(Y) = \sum_{i=1}^{\infty} \sum_{j=1}^{\infty} y_j p_{ij} = \sum_{j=1}^{\infty} y_i \left(\sum_{i=1}^{\infty} p_{ij} \right)$$

$$= -1 \times \left(\frac{1}{6} + \frac{1}{4} + \frac{1}{12} \right) + 0 \times \left(\frac{1}{12} + 0 + \frac{1}{4} \right) + 2 \times \left(0 + 0 + \frac{1}{6} \right)$$

$$= -\frac{1}{6}.$$

(2) 由随机变量二元函数的期望公式，得

$$E(X^2) = \sum_{i=1}^{\infty} \sum_{j=1}^{\infty} x_i^2 p_{ij} = \sum_{i=1}^{\infty} x_i^2 \left(\sum_{j=1}^{\infty} p_{ij} \right)$$

$$= (-1)^2 \times \left(\frac{1}{6} + \frac{1}{12} + 0 \right) + 0^2 \times \left(\frac{1}{4} + 0 + 0 \right) + 1^2 \times \left(\frac{1}{12} + \frac{1}{4} + \frac{1}{6} \right)$$

$$= \frac{3}{4},$$

$$E(Y^2) = \sum_{i=1}^{\infty} \sum_{j=1}^{\infty} y_j^2 p_{ij} = \sum_{j=1}^{\infty} y_j^2 \left(\sum_{i=1}^{\infty} p_{ij} \right)$$

$$= (-1)^2 \times \left(\frac{1}{6} + \frac{1}{4} + \frac{1}{12} \right) + 0^2 \times \left(\frac{1}{12} + 0 + \frac{1}{4} \right) + 2^2 \times \left(0 + 0 + \frac{1}{6} \right)$$

$$= \frac{7}{6}.$$

由方差的计算公式，得

$$\mathrm{Var}(X) = E(X^2) - [E(X)]^2 = \frac{3}{4} - \left(\frac{1}{4}\right)^2 = \frac{11}{16},$$

$$\mathrm{Var}(Y) = E(Y^2) - [E(Y)]^2 = \frac{7}{6} - \left(-\frac{1}{6}\right)^2 = \frac{41}{36}.$$

(3) 由方差的性质得

$$\mathrm{Var}(2Y+5) = 4\mathrm{Var}(Y) = 4 \times \frac{41}{36} = \frac{41}{9}.$$

7. 设随机变量 X 与 Y 相互独立, 且 $E(X) = E(Y) = 1, \mathrm{Var}(X) = 2, \mathrm{Var}(Y) = 3$. 试求 $\mathrm{Var}(XY)$.

解 因为 X 与 Y 相互独立, 由期望和方差的计算式及性质得

$$\begin{aligned}
\mathrm{Var}(XY) &= E(X^2 Y^2) - [E(XY)]^2 \\
&= E(X^2)E(Y^2) - [E(X)E(Y)]^2 \\
&= \{\mathrm{Var}(X) + [E(X)]^2\}\{\mathrm{Var}(Y) + [E(Y)]^2\} - 1 \\
&= (2 + 1^2)(3 + 1^2) - 1 \\
&= 11.
\end{aligned}$$

习题 4-3 协方差和相关系数

1. 设随机变量 X 与 Y 的联合分布律如下所示.

X	Y		
	-1	0	2
-1	$\frac{1}{6}$	$\frac{1}{12}$	0
0	$\frac{1}{4}$	0	0
1	$\frac{1}{12}$	$\frac{1}{4}$	$\frac{1}{6}$

求:

(1) $E(X-Y), E(XY)$.

(2) $\mathrm{Cov}(X,Y)$ 与 $\mathrm{Var}(X-2Y)$.

(3) $\rho(X,Y)$.

解 (1) 方法一 由随机变量函数的期望公式, 得

$$E(X-Y) = \sum_{i=1}^{\infty} \sum_{j=1}^{\infty} (x_i - y_j) p_{ij}$$

$$= 0 \times \frac{1}{6} + (-1) \times \frac{1}{12} + (-3) \times 0 + 1 \times \frac{1}{4} + 0 \times 0 + (-2) \times 0 + 2 \times \frac{1}{12} + 1 \times \frac{1}{4} + (-1) \times \frac{1}{6}$$

$$= \frac{5}{12},$$

$$E(XY) = \sum_{i=1}^{\infty} \sum_{j=1}^{\infty} (x_i y_j) p_{ij}$$

$$= 1 \times \frac{1}{6} + 0 \times \frac{1}{12} + (-2) \times 0 + 0 \times \frac{1}{4} + 0 \times 0 + 0 \times 0 + (-1) \times \frac{1}{12} + 0 \times \frac{1}{4} + 2 \times \frac{1}{6}$$

$$= \frac{5}{12}.$$

方法二　首先计算 $E(X)$ 与 $E(Y)$.

$$E(X) = \sum_{i=1}^{\infty} x_i p_{i\cdot} = \sum_{i=1}^{\infty} x_i \left(\sum_{j=1}^{\infty} p_{ij} \right)$$

$$= (-1) \times \left(\frac{1}{6} + \frac{1}{12} + 0 \right) + 0 \times \left(\frac{1}{4} + 0 + 0 \right) + 1 \times \left(\frac{1}{12} + \frac{1}{4} + \frac{1}{6} \right) = \frac{1}{4},$$

$$E(Y) = \sum_{j=1}^{\infty} y_j p_{\cdot j} = \sum_{j=1}^{\infty} y_j \left(\sum_{i=1}^{\infty} p_{ij} \right)$$

$$= (-1) \times \left(\frac{1}{6} + \frac{1}{4} + \frac{1}{12} \right) + 0 \times \left(\frac{1}{12} + 0 + \frac{1}{4} \right) + 2 \times \left(0 + 0 + \frac{1}{6} \right) = -\frac{1}{6}.$$

所以由期望的性质, 得

$$E(X - Y) = E(X) - E(Y) = \frac{1}{4} + \frac{1}{6} = \frac{5}{12}.$$

（2）由（1），得

$$\mathrm{Cov}(X, Y) = E(XY) - E(X)E(Y) = \frac{5}{12} - \frac{1}{4} \times \left(-\frac{1}{6} \right) = \frac{11}{24}.$$

由方差的性质, 得

$$\mathrm{Var}(X - 2Y) = \mathrm{Var}(X) + 4\mathrm{Var}(Y) - 4\mathrm{Cov}(X, Y),$$

而

$$E(X^2) = \sum_{i=1}^{\infty} x_i^2 \sum_{j=1}^{\infty} p_{ij}$$

$$= (-1)^2 \times \left(\frac{1}{6} + \frac{1}{12} + 0 \right) + 0^2 \times \left(\frac{1}{4} + 0 + 0 \right) + 1^2 \times \left(\frac{1}{12} + \frac{1}{4} + \frac{1}{6} \right)$$

$$= \frac{3}{4},$$

$$E(Y^2) = \sum_{j=1}^{\infty} y_j^2 \sum_{i=1}^{\infty} p_{ij}$$

$$= (-1)^2 \times \left(\frac{1}{6} + \frac{1}{4} + \frac{1}{12} \right) + 0^2 \times \left(\frac{1}{12} + 0 + \frac{1}{4} \right) + 2^2 \times \left(0 + 0 + \frac{1}{6} \right)$$

$$= \frac{7}{6},$$

则

$$\mathrm{Var}(X) = E(X^2) - [E(X)]^2 = \frac{3}{4} - \left(\frac{1}{4} \right)^2 = \frac{11}{16},$$

$$\mathrm{Var}(Y) = E(Y^2) - [E(Y)]^2 = \frac{7}{6} - \left(-\frac{1}{6} \right)^2 = \frac{41}{36}.$$

所以

$$\mathrm{Var}(X-2Y) = \frac{11}{16} + 4 \times \frac{41}{36} - 4 \times \frac{11}{24} = \frac{491}{144}.$$

(3) 由相关系数的定义,知

$$\rho(X,Y) = \frac{\mathrm{Cov}(X,Y)}{\sqrt{\mathrm{Var}(X)\,\mathrm{Var}(Y)}} = \frac{\dfrac{11}{24}}{\sqrt{\dfrac{11}{16} \times \dfrac{41}{36}}} = \sqrt{\frac{11}{41}}.$$

2. 习题 4-1 中的第 9 题,计算:

(1) X,Y 的方差 $\mathrm{Var}(X),\mathrm{Var}(Y)$.

(2) X 与 Y 的协方差 $\mathrm{Cov}(X,Y)$.

(3) X 与 Y 的相关系数 $\rho(X,Y)$.

解 (1) 由随机变量的二元函数期望的计算公式,得

$$E(X) = \int_0^1 \mathrm{d}x \int_0^{2x} x \cdot 1 \mathrm{d}y = \int_0^1 2x^2 \mathrm{d}x = \frac{2}{3},$$

$$E(X^2) = \int_0^1 \mathrm{d}x \int_0^{2x} x^2 \cdot 1 \mathrm{d}y = \int_0^1 2x^3 \mathrm{d}x = \frac{1}{2},$$

$$\mathrm{Var}(X) = E(X^2) - [E(X)]^2 = \frac{1}{18},$$

$$E(Y) = \int_0^1 \mathrm{d}x \int_0^{2x} y \cdot 1 \mathrm{d}y = \int_0^1 2x^2 \mathrm{d}x = \frac{2}{3},$$

$$E(Y^2) = \int_0^1 \mathrm{d}x \int_0^{2x} y^2 \cdot 1 \mathrm{d}y = \int_0^1 \frac{8x^3}{3} \mathrm{d}x = \frac{2}{3},$$

$$\mathrm{Var}(Y) = E(Y^2) - [E(Y)]^2 = \frac{2}{9}.$$

(2) 由随机变量的二元函数期望的计算公式,得

$$E(XY) = \int_0^1 \mathrm{d}x \int_0^{2x} xy \cdot 1 \mathrm{d}y = \int_0^1 x \cdot 2x^2 \mathrm{d}x = \frac{1}{2},$$

由协方差的计算公式,得

$$\mathrm{Cov}(X,Y) = E(XY) - E(X)E(Y) = \frac{1}{2} - \frac{2}{3} \times \frac{2}{3} = \frac{1}{18}.$$

(3) 由相关系数的定义,得

$$\rho(X,Y) = \frac{\mathrm{Cov}(X,Y)}{\sqrt{\mathrm{Var}(X)\,\mathrm{Var}(Y)}} = \frac{\dfrac{1}{18}}{\sqrt{\dfrac{1}{18} \times \dfrac{2}{9}}} = \frac{1}{2}.$$

3. 设 (X,Y) 的联合密度函数为 $f(x,y) = \begin{cases} 2-x-y, & 0<x<1,\ 0<y<1, \\ 0, & \text{其他}. \end{cases}$ 求:

(1) $E(X),E(Y),\mathrm{Var}(X),\mathrm{Var}(Y)$.

(2) X 与 Y 的协方差 $\mathrm{Cov}(X,Y)$ 和相关系数 $\rho(X,Y)$.

解 （1）由随机变量函数的期望公式，得

$$E(X) = \int_0^1 \mathrm{d}x \int_0^1 x \cdot (2-x-y)\mathrm{d}y = \int_0^1 -x^2 + \frac{3}{2}x\mathrm{d}x = \frac{5}{12},$$

由被积函数和积分区域的对称性，知

$$E(Y) = \int_0^1 \mathrm{d}x \int_0^1 y \cdot (2-x-y)\mathrm{d}y = \frac{5}{12},$$

$$E(X^2) = \int_0^1 \mathrm{d}x \int_0^1 x^2 \cdot (2-x-y)\mathrm{d}y = \int_0^1 -x^3 + \frac{3}{2}x^2\mathrm{d}x = \frac{1}{4},$$

$$\mathrm{Var}(X) = E(X^2) - [E(X)]^2 = \frac{11}{144},$$

同理

$$E(Y^2) = \frac{1}{4}, \quad \mathrm{Var}(Y) = \frac{11}{144}.$$

（2）因为

$$E(XY) = \int_0^1 \mathrm{d}x \int_0^1 xy(2-x-y)\mathrm{d}y = \int_0^1 -\frac{x^2}{2} + \frac{2}{3}x\mathrm{d}x = \frac{1}{6},$$

所以

$$\mathrm{Cov}(X,Y) = E(XY) - E(X)E(Y) = \frac{1}{6} - \frac{5}{12} \times \frac{5}{12} = -\frac{1}{144},$$

$$\rho(X,Y) = \frac{\mathrm{Cov}(X,Y)}{\sqrt{\mathrm{Var}(X)\mathrm{Var}(Y)}} = \frac{-\dfrac{1}{144}}{\sqrt{\dfrac{11}{144} \times \dfrac{11}{144}}} = -\frac{1}{11}.$$

4. 设 (X,Y) 的联合密度函数为 $f(x,y) = \begin{cases} \dfrac{16}{5}\left(x^2 + \dfrac{xy}{2}\right), & 0 < y < x < 1, \\ 0, & 其他. \end{cases}$ 　求：

（1）$E(X),E(Y)$.

（2）$\mathrm{Var}(X),\mathrm{Var}(Y)$.

（3）X 与 Y 的协方差 $\mathrm{Cov}(X,Y)$.

（4）X 与 Y 的相关系数 ρ_{XY}.

解 （1）由期望的定义及边缘密度函数的定义，得

$$E(X) = \int_{-\infty}^{+\infty} x f_X(x)\mathrm{d}x = \int_{-\infty}^{+\infty} x \left(\int_{-\infty}^{+\infty} f(x,y)\mathrm{d}y \right)\mathrm{d}x$$

$$= \int_0^1 x\mathrm{d}x \int_0^x \frac{16}{5}\left(x^2 + \frac{xy}{2}\right)\mathrm{d}y = \frac{16}{5}\int_0^1 x \cdot \left[x^2 y + \frac{xy^2}{4}\right]_0^x \mathrm{d}x = \frac{4}{5},$$

$$E(Y) = \int_{-\infty}^{+\infty} y f_Y(y)\mathrm{d}y = \int_{-\infty}^{+\infty} y \left(\int_{-\infty}^{+\infty} f(x,y)\mathrm{d}x \right)\mathrm{d}y$$

$$= \int_0^1 y\left[\int_y^1 \frac{16}{5}\left(x^2 + \frac{xy}{2}\right)\mathrm{d}x \right]\mathrm{d}y = \frac{16}{5}\int_0^1 y \cdot \left[\frac{x^3}{3} + \frac{x^2 y}{4}\right]_1^y \mathrm{d}y = \frac{32}{75}.$$

（2）由随机变量函数的期望公式，得

$$E(X^2) = \int_{-\infty}^{+\infty} \int_{-\infty}^{+\infty} x^2 f(x,y) \, dxdy$$

$$= \int_0^1 \left[\int_0^x x^2 \cdot \frac{16}{5} \left(x^2 + \frac{xy}{2} \right) dy \right] dx = \int_0^1 \frac{16}{5} x^2 \cdot \left(x^3 + \frac{x^3}{4} \right) dx = \frac{2}{3},$$

$$E(Y^2) = \int_{-\infty}^{+\infty} \int_{-\infty}^{+\infty} y^2 \cdot f(x,y) \, dxdy$$

$$= \int_0^1 dx \int_0^x y^2 \cdot \frac{16}{5} \left(x^2 + \frac{xy}{2} \right) dy = \int_0^1 \frac{22}{15} x^5 \, dx = \frac{11}{45},$$

则

$$\mathrm{Var}(X) = E(X^2) - [E(X)]^2 = \frac{2}{75},$$

$$\mathrm{Var}(Y) = E(Y^2) - [E(Y)]^2 = \frac{39}{625}.$$

(3) 由

$$E(XY) = \int_{-\infty}^{+\infty} \int_{-\infty}^{+\infty} xy \cdot f(x,y) \, dxdy = \int_0^1 dx \int_0^x xy \cdot \frac{16}{5} \left(x^2 + \frac{xy}{2} \right) dy = \int_0^1 \frac{32}{15} x^5 \, dx = \frac{16}{45},$$

得

$$\mathrm{Cov}(X,Y) = E(XY) - E(X)E(Y) = \frac{16}{45} - \frac{4}{5} \times \frac{32}{75} = \frac{16}{1125}.$$

(4) 由定义，得

$$\rho_{XY} = \frac{\mathrm{Cov}(X,Y)}{\sqrt{\mathrm{Var}(X)\mathrm{Var}(Y)}} = \frac{\dfrac{16}{1125}}{\sqrt{\dfrac{2}{75} \times \dfrac{39}{625}}} = \frac{16}{9\sqrt{26}} = \frac{8}{117}\sqrt{26}.$$

5. 设随机变量 X 与 Y 的联合分布律如下所示.

X	Y		
	-1	0	1
-1	α	$\dfrac{1}{8}$	$\dfrac{1}{4}$
1	$\dfrac{1}{8}$	$\dfrac{1}{8}$	β

(1) 证明 $E(XY) = 0$.

(2) 当 α 和 β 取何值时，X 与 Y 不相关?

(3) 当 X 与 Y 不相关时，X 与 Y 相互独立吗?

证明 (1) 由联合分布律的性质 $\sum\limits_{i=1}^{\infty} \sum\limits_{j=1}^{\infty} p_{ij} = 1$，可知

$$1 = \alpha + \frac{1}{8} + \frac{1}{4} + \frac{1}{8} + \frac{1}{8} + \beta,$$

即 $\alpha + \beta = \dfrac{3}{8}$，所以由随机变量函数的期望公式，得

$$E(XY) = \sum_{i=1}^{\infty} \sum_{j=1}^{\infty} x_i y_j p_{ij}$$

$$= (-1) \cdot (-1) \cdot \alpha + (-1) \times 0 \times \frac{1}{8} + (-1) \times 1 \times \frac{1}{4} + 1 \times (-1) \times \frac{1}{8} + 1 \times 0 \times \frac{1}{8} + 1 \cdot 1 \cdot \beta$$

$$= \alpha + \beta - \frac{3}{8} = 0.$$

得证.

（2）由已知，得

$$E(X) = -1 \cdot \left(\alpha + \frac{3}{8}\right) + 1 \cdot \left(\frac{1}{4} + \beta\right) = \beta - \alpha - \frac{1}{8},$$

$$E(Y) = -1 \cdot \left(\alpha + \frac{1}{8}\right) + 0 \times \frac{1}{4} + 1 \cdot \left(\frac{1}{4} + \beta\right) = \beta - \alpha + \frac{1}{8},$$

则 $\mathrm{Cov}(X,Y) = E(XY) - E(X)E(Y) = \frac{1}{64} - (\beta - \alpha)^2.$

当 $(\beta - \alpha)^2 = \frac{1}{64}$，即 $\beta - \alpha = \pm\frac{1}{8}$ 时，有 $\mathrm{Cov}(X,Y) = 0$，此时 X 与 Y 不相关.

又由（1），得 $\begin{cases} \alpha + \beta = \frac{3}{8}, \\ \beta - \alpha = \pm\frac{1}{8}, \end{cases}$ 解方程组得，当 $\begin{cases} \alpha = \frac{1}{8}, \\ \beta = \frac{1}{4} \end{cases}$ 或 $\begin{cases} \alpha = \frac{1}{4}, \\ \beta = \frac{1}{8} \end{cases}$ 时，X 与 Y 不相关.

（3）当 $\begin{cases} \alpha = \frac{1}{8}, \\ \beta = \frac{1}{4} \end{cases}$ 时，X 与 Y 的联合分布律如下所示.

X	Y			$p_{i\cdot}$
	-1	0	1	
-1	$\frac{1}{8}$	$\frac{1}{8}$	$\frac{1}{4}$	$\frac{1}{2}$
1	$\frac{1}{8}$	$\frac{1}{8}$	$\frac{1}{4}$	$\frac{1}{2}$
$p_{\cdot j}$	$\frac{1}{4}$	$\frac{1}{4}$	$\frac{1}{2}$	1

显然对 $\forall i,j$，都有 $p_{ij} = p_{i\cdot} \cdot p_{\cdot j}$. 此时，$X$ 与 Y 相互独立.

当 $\begin{cases} \alpha = \frac{1}{4}, \\ \beta = \frac{1}{8} \end{cases}$ 时，X 与 Y 的联合分布律如下所示.

X	Y			$p_i.$
	-1	0	1	
-1	$\dfrac{1}{4}$	$\dfrac{1}{8}$	$\dfrac{1}{4}$	$\dfrac{5}{8}$
1	$\dfrac{1}{8}$	$\dfrac{1}{8}$	$\dfrac{1}{8}$	$\dfrac{3}{8}$
$p_{\cdot j}$	$\dfrac{3}{8}$	$\dfrac{1}{4}$	$\dfrac{3}{8}$	1

显然 $P(X=-1,Y=-1)=\dfrac{1}{4}\neq P(X=-1)P(Y=-1)=\dfrac{15}{64}$. 此时 X 与 Y 不相互独立.

6. 设随机变量 X 与 Y 的联合分布律如下. 试证：X 与 Y 不相关，X 与 Y 不相互独立.

X	Y		
	-1	0	1
-1	$\dfrac{1}{8}$	$\dfrac{1}{8}$	$\dfrac{1}{8}$
0	$\dfrac{1}{8}$	0	$\dfrac{1}{8}$
1	$\dfrac{1}{8}$	$\dfrac{1}{8}$	$\dfrac{1}{8}$

证明 因为

$$E(X)=-1\times\frac{3}{8}+1\times\frac{3}{8}=0,\ E(Y)=-1\times\frac{3}{8}+1\times\frac{3}{8}=0,$$

而

$$E(XY)=-1\times(-1)\times\frac{1}{8}+(-1)\times1\times\frac{1}{8}+1\times(-1)\times\frac{1}{8}+1\times1\times\frac{1}{8}=0,$$

则

$$\mathrm{Cov}(X,Y)=E(XY)-E(X)E(Y)=0.$$

这表明 X 与 Y 不相关. 而

$$P(X=0,Y=0)=0\neq P(X=0)P(Y=0)=\frac{2}{8}\times\frac{2}{8}=\frac{1}{16},$$

故 X 与 Y 不相互独立.

7. 设 X,Y,Z 是 3 个随机变量. 已知 $E(X)=E(Y)=1,E(Z)=-1$；$\mathrm{Var}(X)=\mathrm{Var}(Y)=\mathrm{Var}(Z)=2$；$\rho(X,Y)=0,\rho(Y,Z)=-0.5$，$\rho(Z,X)=0.5$. 记 $W=X-Y+Z$，试求 $E(W)$ 与 $\mathrm{Var}(W)$，并由此计算 $E(W^2)$.

解 由期望及方差的性质，得

$$E(W)=E(X)-E(Y)+E(Z)=-1,$$

$$\begin{aligned}\mathrm{Var}(W)&=\mathrm{Var}(X-Y+Z)\\&=\mathrm{Var}(X)+\mathrm{Var}(Y)+\mathrm{Var}(Z)-2\mathrm{Cov}(X,Y)-2\mathrm{Cov}(Y,Z)+2\mathrm{Cov}(X,Z)\\&=2+2+2-2\rho(X,Y)\sqrt{\mathrm{Var}(X)\mathrm{Var}(Y)}-2\rho(Y,Z)\sqrt{\mathrm{Var}(Y)\mathrm{Var}(Z)}+\\&\quad\ 2\rho(X,Z)\sqrt{\mathrm{Var}(X)\mathrm{Var}(Z)}\\&=6-0-2\times(-0.5)\times2+2\times0.5\times2=10,\end{aligned}$$

则有 $E(W^2) = \mathrm{Var}(W) + [E(W)]^2 = 10 + 1 = 11$.

8. 设 $X_1, X_2, \cdots, X_n(n > 2)$ 相互独立同分布，且 $X_i \sim B(m,p)$，记 $\overline{X} = \dfrac{1}{n}\sum_{i=1}^{n} X_i$，$Y_i = X_i - \overline{X}(i = 1,2,\cdots,n)$. 求：

(1) $\overline{X} = \dfrac{1}{n}\sum_{i=1}^{n} X_i$ 的方差 $\mathrm{Var}(\overline{X})$.

(2) Y_i 的方差 $\mathrm{Var}(Y_i)(i = 1,2,\cdots,n)$.

(3) Y_1 与 Y_n 的协方差 $\mathrm{Cov}(Y_1,Y_n)$ 和相关系数 $\rho(Y_1,Y_n)$.

解　(1) 由方差的性质，得

$$\mathrm{Var}(\overline{X}) = \mathrm{Var}\left(\frac{1}{n}\sum_{i=1}^{n} X_i\right) = \frac{1}{n^2}\sum_{i=1}^{n}\mathrm{Var}(X_i) = \frac{\mathrm{Var}(X_i)}{n} = \frac{mp(1-p)}{n}.$$

(2) 由方差的性质及 $X_1, X_2, \cdots, X_n$ 相互独立，得

$$\mathrm{Var}(Y_i) = \mathrm{Var}(X_i - \overline{X}) = \mathrm{Var}(X_i) + \mathrm{Var}(\overline{X}) - 2\mathrm{Cov}(X_i,\overline{X})$$

$$= \mathrm{Var}(X_i) + \mathrm{Var}(\overline{X}) - 2\mathrm{Cov}\left(X_i,\frac{1}{n}\sum_{i=1}^{n} X_i\right) = \mathrm{Var}(X_i) + \frac{\mathrm{Var}(X_i)}{n} - \frac{2}{n}\mathrm{Cov}(X_i,X_i)$$

$$= \left(1 + \frac{1}{n} - \frac{2}{n}\right)\mathrm{Var}(X_i) = \frac{n-1}{n}\mathrm{Var}(X_i) = \frac{n-1}{n}mp(1-p).$$

(3) 由协方差的性质及 $X_1, X_2, \cdots, X_n$ 相互独立，得

$$\mathrm{Cov}(Y_1,Y_n) = \mathrm{Cov}(X_1 - \overline{X}, X_n - \overline{X})$$

$$= \mathrm{Cov}(X_1,-\overline{X}) + \mathrm{Cov}(-\overline{X},X_n) + \mathrm{Cov}(-\overline{X},-\overline{X})$$

$$= -\frac{1}{n}\mathrm{Var}(X_1) - \frac{1}{n}\mathrm{Var}(X_n) + \frac{1}{n}\mathrm{Var}(X_i)$$

$$= -\frac{1}{n}\mathrm{Var}(X_1) = -\frac{1}{n}mp(1-p).$$

又由相关系数的定义，得

$$\rho(Y_1,Y_n) = \frac{\mathrm{Cov}(Y_1,Y_n)}{\sqrt{\mathrm{Var}(Y_1)\mathrm{Var}(Y_n)}} = \frac{-\dfrac{1}{n}\mathrm{Var}(X_1)}{\dfrac{n-1}{n}\mathrm{Var}(X_i)} = -\frac{1}{n-1}.$$

9. 证明：当 $kl \neq 0$ 时，$|\rho(kX+c,lY+b)| = |\rho(X,Y)|$. 特别地，当 $kl > 0$ 时，$\rho(kX+c,lY+b) = \rho(X,Y)$；当 $kl < 0$ 时，$\rho(kX+c,lY+b) = -\rho(X,Y)$.

证明　因为

$$\mathrm{Cov}(kX+c,lY+b) = kl\mathrm{Cov}(X,Y),$$

$$\mathrm{Var}(kX+c) = k^2\mathrm{Var}(X),\quad \mathrm{Var}(lY+b) = l^2\mathrm{Var}(Y),$$

所以

$$\rho(kX+c,lY+b) = \frac{\mathrm{Cov}(kX+c,lY+b)}{\sqrt{\mathrm{Var}(kX+c)\mathrm{Var}(lY+b)}} = \frac{kl\mathrm{Cov}(X,Y)}{\sqrt{k^2l^2\mathrm{Var}(X)\mathrm{Var}(Y)}}$$

$$= \frac{kl\mathrm{Cov}(X,Y)}{|kl|\sqrt{\mathrm{Var}(X)\mathrm{Var}(Y)}} = \frac{kl}{|kl|}\rho(X,Y).$$

故当 $kl > 0$ 时，$\rho(kX + c, lY + b) = \rho(X, Y)$；当 $kl < 0$ 时，$\rho(kX + c, lY + b) = -\rho(X, Y)$.

习题 4-4 其他数字特征

1. 设 $X \sim N(0, 1)$，给定 $0 < \alpha < 1$，满足 $P(X \leq u_\alpha) = \alpha$. 若 $P(|X| \geq x) = \alpha$，用分位数记号表示 x.

解 因为 $P(|X| \geq x) = \alpha$，所以 $P(X \leq x) = 1 - \dfrac{\alpha}{2}$，得 $x = u_{1 - \frac{\alpha}{2}}$.

2. 设 $X_1, X_2, \cdots, X_n$ 为相互独立同分布的随机变量序列，且 $X_i \sim N(0, 1)$，$i = 1, 2, \cdots, n$，求 $\dfrac{1}{n} \sum\limits_{i=1}^{n} X_i^2$ 的方差.

解 因为 $X_1, X_2, \cdots, X_n$ 是相互独立同分布的随机变量序列，所以

$$\mathrm{Var}\left(\frac{1}{n} \sum_{i=1}^{n} X_i^2 \right) = \frac{\sum\limits_{i=1}^{n} \mathrm{Var}(X_i^2)}{n^2} = \frac{\mathrm{Var}(X_i^2)}{n},$$

而 $\mathrm{Var}(X_i^2) = E(X_i^4) - [E(X_i^2)]^2$，因为 $X_i \sim N(0, 1), E(X_i^4) = 3, E(X_i^2) = 1$，所以 $\mathrm{Var}(X_i^2) = 3 - 1^2 = 2$，则 $\mathrm{Var}\left(\dfrac{1}{n} \sum\limits_{i=1}^{n} X_i^2 \right) = \dfrac{2}{n}$.

3. 设 $X \sim B(3, 0.2)$，求该分布的变异系数和众数.

解 因为 $X \sim B(3, 0.2)$，所以变异系数 $\delta_x = \dfrac{\sqrt{\mathrm{Var}(X)}}{|E(X)|} = \dfrac{\sqrt{3 \times 0.2 \times 0.8}}{|3 \times 0.2|} = \dfrac{2\sqrt{3}}{3}$.

因为 X 的分布律如下所示.

X	0	1	2	3
概率	0.512	0.384	0.096	0.008

所以 $P(X = 0) > P(X = 1) > P(X = 2) > P(X = 3)$，故 $B(3, 0.2)$ 的众数为 0.

4. 证明：正态分布 $N(\mu, \sigma^2)$ 的均值、中位数和众数都为 μ.

证明 当 $X \sim N(\mu, \sigma^2)$ 时，$E(X) = \mu$. 同时 $P(X \leq \mu) = \dfrac{1}{2}$，所以 μ 为 $N(\mu, \sigma^2)$ 的中位数. 而 $f(\mu) \geq f(x)$ 对一切 $-\infty < x < +\infty$ 都成立，则 μ 也为 $N(\mu, \sigma^2)$ 的众数. 得证.

5. 已知 $X \sim N(-3, 3)$，计算 $E[(X+3)^8]$.

解 因为 $X \sim N(-3, 3)$，所以 $\dfrac{X+3}{\sqrt{3}} \sim N(0, 1)$. 由标准正态分布的高阶原点矩，得

$$E[(X+3)^8] = 3^4 E\left[\left(\frac{X+3}{\sqrt{3}} \right)^8 \right] = 81 \times 7!! = 81 \times 7 \times 5 \times 3 \times 1 = 8505.$$

测试题四

1. 设 X 服从标准正态分布. 求：

(1) $Y = X^2$ 的密度函数 $f_Y(y)$.

（2）Y 的数学期望 $E(Y)$ 和方差 $\mathrm{Var}(Y)$．

（3）$E(\mathrm{e}^X)$．

解　（1）因为 $\Omega_Y = [0,+\infty)$，所以当 $y \geqslant 0$ 时，有

$$F_Y(y) = p(X^2 \leqslant y) = p(-\sqrt{y} \leqslant X \leqslant \sqrt{y}) = \Phi(\sqrt{y}) - \Phi(-\sqrt{y}) = 2\Phi(\sqrt{y}) - 1,$$

故

$$f_Y(y) = \begin{cases} 2\varphi(\sqrt{y}) \cdot \dfrac{1}{2\sqrt{y}}, & y > 0, \\ 0, & \text{其他,} \end{cases}$$

即

$$f_Y(y) = \begin{cases} \dfrac{1}{\sqrt{2\pi y}}\mathrm{e}^{-\frac{y}{2}}, & y > 0, \\ 0, & \text{其他.} \end{cases}$$

（2）由期望的定义和标准正态分布的 2 阶、4 阶原点矩分别为 1,3，得

$$E(Y) = \int_0^{+\infty} y \cdot \frac{1}{\sqrt{2\pi y}}\mathrm{e}^{-\frac{y}{2}}\mathrm{d}y \xrightarrow{t = \sqrt{y}} \int_0^{+\infty} \frac{t}{\sqrt{2\pi}}\mathrm{e}^{-\frac{t^2}{2}}2t\mathrm{d}t$$

$$= \int_{-\infty}^{+\infty} t^2 \cdot \frac{1}{\sqrt{2\pi}}\mathrm{e}^{-\frac{t^2}{2}}\mathrm{d}t$$

$$= 1,$$

$$E(Y^2) = \int_0^{+\infty} y^2 \cdot \frac{1}{\sqrt{2\pi y}}\mathrm{e}^{-\frac{y}{2}}\mathrm{d}y \xrightarrow{t = \sqrt{y}} \int_0^{+\infty} \frac{t^3}{\sqrt{2\pi}} \cdot \mathrm{e}^{-\frac{t^2}{2}} \cdot 2t\mathrm{d}t$$

$$= \int_{-\infty}^{+\infty} t^4 \cdot \frac{1}{\sqrt{2\pi}}\mathrm{e}^{-\frac{t^2}{2}}\mathrm{d}t$$

$$= 3,$$

所以 $\mathrm{Var}(Y) = E(Y^2) - [E(Y)]^2 = 2$．

（3）由已知，得

$$E(\mathrm{e}^X) = \int_{-\infty}^{+\infty} \mathrm{e}^x \cdot \frac{1}{\sqrt{2\pi}}\mathrm{e}^{-\frac{x^2}{2}}\mathrm{d}x = \int_{-\infty}^{+\infty} \frac{1}{\sqrt{2\pi}}\mathrm{e}^{-\frac{x^2-2x+1}{2}} \cdot \mathrm{e}^{\frac{1}{2}}\mathrm{d}x = \mathrm{e}^{\frac{1}{2}}.$$

2. 设离散型随机变量 X,Y 均只取 0,1 这两个值．$P(X=0,Y=0) = 0.2$，$P(X=1,Y=1) = 0.3$，且随机事件 $\{X=1\}$ 与 $\{X+Y=1\}$ 相互独立．求：

（1）(X,Y) 的联合分布律．

（2）X,Y 的边缘分布律．

（3）$Z = X^2 + Y^2$ 的分布律和协方差 $\mathrm{Cov}(X,Z)$．

解　（1）由已知，得

$$P(X=1, X+Y=1) = P(X=1)P(X+Y=1),$$

即

$$P(X=1, Y=0) = P(X=1)P(X+Y=1).$$

设 $P(X=1, Y=0) = x$，则

$$P(X=1) = P(X=1, Y=0) + P(X=1, Y=1) = x + 0.3,$$

$$P(X+Y=1) = 1 - P(X=Y=0) - P(X=1, Y=1) = 1 - 0.2 - 0.3 = 0.5,$$

所以有 $x = (x + 0.3) \times 0.5$，得到 $x = 0.3$. 因此 (X, Y) 的联合分布律如下所示.

X	Y		$p_i.$
	0	1	
0	0.2^0	0.2^1	0.4
1	0.3^1	0.3^2	0.6
$p._j$	0.5	0.5	1

(2) 由(1)，得

$$P(X = 1) = P(X = 1, Y = 0) + P(X = 1, Y = 1) = 0.6,$$
$$P(X = 0) = 1 - P(X = 1) = 0.4,$$
$$P(Y = 1) = P(X = 0, Y = 1) + P(X = 1, Y = 1) = 0.5,$$
$$P(Y = 0) = 1 - P(Y = 1) = 0.5,$$

所以 X 与 Y 的边缘分布律分别如下所示.

X	0	1
概率	0.4	0.6

Y	0	1
概率	0.5	0.5

(3) 如(1)中的分布律所示，将 $Z = X^2 + Y^2$ 的取值写入表的每格右上角，将取值相同的对应概率相加得 Z 的分布律如下所示.

Z	0	1	2
概率	0.2	0.5	0.3

写出 (X, Z) 的联合分布律如下所示.

X	Z			$p_i.$
	0	1	2	
0	0.2	0.2	0	0.4
1	0	0.3	0.3	0.6
$p._j$	0.2	0.5	0.3	1

则

$$E(XZ) = 1 \times 1 \times 0.3 + 1 \times 2 \times 0.3 = 0.9, \quad E(X) = 0.6, \quad E(Z) = 1 \times 0.5 + 2 \times 0.3 = 1.1,$$

所以

$$\text{Cov}(X, Z) = E(XZ) - E(X)E(Z) = 0.9 - 0.6 \times 1.1 = 0.24.$$

3. 假设离散型随机变量 X_1 与 X_2 都只取 -1 和 1 这两个值，且满足 $P(X_1 = -1) = 0.5$，

$P(X_2 = -1 \mid X_1 = -1) = P(X_2 = 1 \mid X_1 = 1) = \dfrac{1}{3}$. 求：

(1) (X_1, X_2) 的联合分布律.

(2) 概率 $P(X_1 + X_2 = 0)$.

(3) X_1 与 X_2 的协方差 $\mathrm{Cov}(X_1, X_2)$ 和相关系数 $\rho(X_1, X_2)$.

解　(1) 由已知, 得

$$P(X_2 = -1 \mid X_1 = -1) = \frac{P(X_1 = -1, X_2 = -1)}{P(X_1 = -1)} = \frac{P(X_1 = -1, X_2 = -1)}{0.5} = \frac{1}{3},$$

所以 $P(X_1 = -1, X_2 = -1) = \dfrac{1}{6}$. 而

$$P(X_2 = 1 \mid X_1 = 1) = \frac{P(X_1 = 1, X_2 = 1)}{P(X_1 = 1)} = \frac{P(X_1 = 1, X_2 = 1)}{0.5} = \frac{1}{3},$$

故 $P(X_1 = 1, X_2 = 1) = \dfrac{1}{6}$. 则 (X_1, X_2) 的联合分布律如下所示.

X_1	X_2		$p_{i\cdot}$
	-1	1	
-1	$\dfrac{1}{6}$	$\dfrac{1}{3}$	0.5
1	$\dfrac{1}{3}$	$\dfrac{1}{6}$	0.5
$p_{\cdot j}$	$\dfrac{1}{2}$	$\dfrac{1}{2}$	1

(2) 由(1), 得

$$P(X_1 + X_2 = 0) = P(X_1 = -1, X_2 = 1) + P(X_1 = 1, X_2 = -1) = \frac{2}{3}.$$

(3) 由已知, 得

$$E(X_1 X_2) = (-1) \times (-1) \times \frac{1}{6} + (-1) \times 1 \times \frac{1}{3} + 1 \times (-1) \times \frac{1}{3} + 1 \times 1 \times \frac{1}{6} = -\frac{1}{3},$$

$$E(X_1) = -1 \times 0.5 + 1 \times 0.5 = 0,$$

$$E(X_2) = -1 \times 0.5 + 1 \times 0.5 = 0,$$

所以

$$\mathrm{Cov}(X_1, X_2) = E(X_1 X_2) - E(X_1) E(X_2) = -\frac{1}{3},$$

$$E(X_1^2) = (-1)^2 \times 0.5 + 1^2 \times 0.5 = 1,$$

$$E(X_2^2) = (-1)^2 \times 0.5 + 1^2 \times 0.5 = 1,$$

$$\mathrm{Var}(X_1) = E(X_1^2) - [E(X_1)]^2 = 1,$$

$$\mathrm{Var}(X_2) = E(X_2^2) - [E(X_2)]^2 = 1,$$

则

$$\rho(X_1, X_2) = \frac{\mathrm{Cov}(X_1, X_2)}{\sqrt{\mathrm{Var}(X_1) \mathrm{Var}(X_2)}} = -\frac{1}{3}.$$

4. 设随机变量(X,Y)的联合密度函数为

$$f(x,y) = \begin{cases} e^{-y}, & 0 < x < y, \\ 0, & \text{其他}. \end{cases}$$

(1) 分别求X,Y的边缘密度函数.

(2) X与Y是否相互独立? 请说明理由.

(3) 求条件密度函数$f_{Y|X}(y \mid x)$, 其中$x > 0$.

(4) 求$E(X),E(Y),\text{Cov}(X,Y)$.

解 (1) 由已知, 得$\Omega_X = \Omega_Y = (0,+\infty)$, 当$x > 0$时, 有

$$f_X(x) = \int_{-\infty}^{+\infty} f(x,y)\,dy = \int_x^{+\infty} e^{-y}\,dy = e^{-x}.$$

所以

$$f_X(x) = \begin{cases} e^{-x}, & x > 0, \\ 0, & \text{其他}. \end{cases}$$

当$y > 0$时, 有

$$f_Y(y) = \int_{-\infty}^{+\infty} f(x,y)\,dx = \int_0^y e^{-y}\,dx = ye^{-y}.$$

所以

$$f_Y(y) = \begin{cases} ye^{-y}, & y > 0, \\ 0, & \text{其他}. \end{cases}$$

(2) 因为

$$f(1,2) = e^{-2} \neq f_X(1)f_Y(2) = 2e^{-3},$$

所以X与Y不相互独立.

(3) 由已知, 得当$x > 0$时, $\Omega_{Y|X=x} = (x,+\infty)$, 所以当$x > 0$且$y > x$时,

$$f_{Y|X}(y \mid x) = \frac{f(x,y)}{f_X(x)} = \frac{e^{-y}}{e^{-x}} = e^{-(y-x)}.$$

故当$x > 0$时, $f_{Y|X}(y \mid x) = \begin{cases} e^{-(y-x)}, & y > x, \\ 0, & \text{其他}. \end{cases}$

(4) 由期望的定义及随机变量函数的期望公式, 得

$$E(X) = \int_{-\infty}^{+\infty} x \cdot f_X(x)\,dx = \int_0^{+\infty} x \cdot e^{-x}\,dx = 1,$$

$$E(Y) = \int_{-\infty}^{+\infty} y \cdot f_Y(y)\,dy = \int_0^{+\infty} y \cdot ye^{-y}\,dy = 2,$$

$$E(X^2) = \int_{-\infty}^{+\infty} x^2 \cdot f_X(x)\,dx = \int_0^{+\infty} x^2 \cdot e^{-x}\,dx = 2,$$

$$E(Y^2) = \int_{-\infty}^{+\infty} y^2 \cdot f_Y(y)\,dy = \int_0^{+\infty} y^2 \cdot ye^{-y}\,dy = 6,$$

$$E(XY) = \int_0^{+\infty} dy \int_0^y xy \cdot e^{-y}\,dx = \int_0^{+\infty} \frac{y^2}{2} \cdot ye^{-y}\,dy = \frac{1}{2}\int_0^{+\infty} y^3 \cdot e^{-y}\,dy = 3,$$

所以

$$\text{Cov}(X,Y) = E(XY) - E(X)E(Y) = 1.$$

5. 设随机变量 X 服从参数为 1 的指数分布，随机变量 Y 服从二项分布 $B(2,0.5)$，且 $\text{Cov}(X,Y) = 0.5$. 计算 $E(X-3Y)$，$\text{Var}(X-3Y)$.

解 因为 $X \sim \exp(1)$，$Y \sim B(2,0.5)$，所以

$$E(X) = 1, \ E(Y) = 1, \ \text{Var}(X) = 1, \ \text{Var}(Y) = 0.5,$$

得

$$E(X-3Y) = E(X) - 3E(Y) = 1 - 3 = -2,$$

$$\text{Var}(X-3Y) = \text{Var}(X) + 9\text{Var}(Y) - 6\text{Cov}(X,Y) = 1 + 9 \times 0.5 - 6 \times 0.5 = 2.5.$$

6. 设随机变量 X 与 Y 相互独立，且 X 服从正态分布 $N(2,4)$，Y 服从参数为 0.5 的指数分布. 求方差 $\text{Var}(XY)$ 和协方差 $\text{Cov}(X+Y,X-Y)$.

解 因为 $X \sim N(2,4)$，$Y \sim \exp(0.5)$，所以

$$E(X) = 2, \ E(Y) = 2, \ \text{Var}(X) = 4, \ \text{Var}(Y) = 4$$

$$E(X^2) = \text{Var}(X) + [E(X)]^2 = 4 + 2^2 = 8,$$

$$E(Y^2) = \text{Var}(Y) + [E(Y)]^2 = 4 + 2^2 = 8,$$

$$\text{Var}(XY) = E(X^2 Y^2) - [E(XY)]^2,$$

因为 X 与 Y 相互独立，所以

$$\text{Var}(XY) = E(X^2)E(Y^2) - [E(X)E(Y)]^2 = 8 \times 8 - (2 \times 2)^2 = 48,$$

$$\text{Cov}(X+Y,X-Y) = \text{Cov}(X,X) - \text{Cov}(Y,Y) + \text{Cov}(X,Y) - \text{Cov}(X,Y)$$

$$= \text{Var}(X) - \text{Var}(Y) = 0.$$

7. 设随机变量 $X \sim N(1,4)$，$Y \sim N(0,9)$，且 X 与 Y 的相关系数 $\rho_{XY} = -\dfrac{1}{2}$. 记 $Z = \dfrac{X}{2} + \dfrac{Y}{3}$.
求：$(1) E(Z)$，$\text{Var}(Z)$. $(2) \text{Cov}(X,Z)$.

解 因为 $X \sim N(1,4)$，$Y \sim N(0,9)$，所以

$$E(X) = 1, \ E(Y) = 0, \ \text{Var}(X) = 4, \ \text{Var}(Y) = 9.$$

(1) 由期望和方差的性质，得

$$E(Z) = \frac{1}{2}E(X) + \frac{1}{3}E(Y) = \frac{1}{2},$$

$$\text{Var}(Z) = \frac{1}{4}\text{Var}(X) + \frac{1}{9}\text{Var}(Y) + \frac{1}{3}\text{Cov}(X,Y)$$

$$= \frac{1}{4}\text{Var}(X) + \frac{1}{9}\text{Var}(Y) + \frac{1}{3}\rho(X,Y)\sqrt{\text{Var}(X)\text{Var}(Y)}$$

$$= \frac{1}{4} \times 4 + \frac{1}{9} \times 9 + \frac{1}{3} \times \left(-\frac{1}{2}\right) \times \sqrt{4 \times 9} = 1.$$

(2) 由协方差的性质，得

$$\text{Cov}(X,Z) = \text{Cov}\left(X, \frac{X}{2} + \frac{Y}{3}\right) = \frac{1}{2}\text{Var}(X) + \frac{1}{3}\text{Cov}(X,Y)$$

$$= \frac{1}{2} \times 4 + \frac{1}{3} \times \left(-\frac{1}{2}\right) \times \sqrt{4 \times 9} = 1.$$

8. 设随机变量 X_1 与 X_2 相互独立，它们均服从标准正态分布. 记 $Y_1 = X_1 + X_2$，$Y_2 = X_1 - X_2$. 可以证明 (Y_1, Y_2) 服从二维正态分布.

(1) 求 Y_1 的密度函数 $f_{Y_1}(y_1)$ 和 Y_2 的密度函数 $f_{Y_2}(y_2)$.

（2）计算 Y_1 和 Y_2 的协方差 $\mathrm{Cov}(Y_1,Y_2)$.

（3）求 (Y_1,Y_2) 的联合密度函数 $f(y_1,y_2)$.

（4）求概率 $P(-\sqrt{2} \leqslant Y_1 \leqslant \sqrt{2}, -\sqrt{2} \leqslant Y_2 \leqslant \sqrt{2})$.

解　（1）由已知得 $Y_1 \sim N(0,2)$，$Y_2 \sim N(0,2)$，所以

$$f_{Y_1}(y_1) = \frac{1}{\sqrt{2\pi}\sqrt{2}} \cdot \mathrm{e}^{-\frac{y_1^2}{2\times 2}} = \frac{1}{2\sqrt{\pi}} \cdot \mathrm{e}^{-\frac{y_1^2}{4}}, \quad -\infty < y_1 < +\infty,$$

$$f_{Y_2}(y_2) = \frac{1}{\sqrt{2\pi}\sqrt{2}} \cdot \mathrm{e}^{-\frac{y_2^2}{2\times 2}} = \frac{1}{2\sqrt{\pi}} \cdot \mathrm{e}^{-\frac{y_2^2}{4}}, \quad -\infty < y_2 < +\infty.$$

（2）由协方差的性质，得

$$\begin{aligned}
\mathrm{Cov}(Y_1,Y_2) &= \mathrm{Cov}(X_1+X_2,X_1-X_2)\\
&= \mathrm{Cov}(X_1,X_1) - \mathrm{Cov}(X_2,X_2) + \mathrm{Cov}(X_2,X_1) - \mathrm{Cov}(X_1,X_2)\\
&= \mathrm{Var}(X_1) - \mathrm{Var}(X_2) = 0.
\end{aligned}$$

（3）因为 (Y_1,Y_2) 服从二维正态分布，且由（2）知 Y_1 与 Y_2 线性无关，所以 Y_1 与 Y_2 相互独立，有 $\rho(Y_1,Y_2) = 0$. 因此 $(Y_1,Y_2) \sim N(0,0,2,2,0)$，则

$$\begin{aligned}
f(y_1,y_2) &= f_{Y_1}(y_1) \cdot f_{Y_2}(y_2)\\
&= \frac{1}{\sqrt{2\pi}\sqrt{2}}\mathrm{e}^{-\frac{y_1^2}{4}} \cdot \frac{1}{\sqrt{2\pi}\sqrt{2}}\mathrm{e}^{-\frac{y_2^2}{4}}\\
&= \frac{1}{4\pi}\mathrm{e}^{-\frac{y_1^2+y_2^2}{4}}, \quad -\infty < y_1, \ y_2 < +\infty.
\end{aligned}$$

（4）因为 Y_1 与 Y_2 独立，所以

$$\begin{aligned}
P(-\sqrt{2} \leqslant Y_1 \leqslant \sqrt{2}, -\sqrt{2} \leqslant Y_2 \leqslant \sqrt{2}) &= P(-\sqrt{2} \leqslant Y_1 \leqslant \sqrt{2}) \cdot P(-\sqrt{2} \leqslant Y_2 \leqslant \sqrt{2})\\
&= \left[\Phi\left(\frac{\sqrt{2}}{\sqrt{2}}\right) - \Phi\left(\frac{-\sqrt{2}}{\sqrt{2}}\right) \right]^2\\
&= \{\Phi(1) - [1-\Phi(1)]\}^2\\
&= [2\Phi(1) - 1]^2.
\end{aligned}$$

第五章　大数定律及中心极限定理

一、知识结构

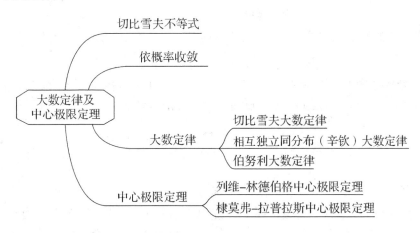

二、归纳总结

本章学习了切比雪夫不等式、随机变量序列依概率收敛的概念及两个极限定理. 极限定理包括大数定律和中心极限定理.

切比雪夫不等式可以用来估计随机变量关于其期望出现大偏差的概率的上界, 同时它也是证明大数定律的工具之一.

依概率收敛是定义随机序列极限的一种方式. 大数定律是随机变量序列的算术平均值依概率收敛到其均值的一类定理, 不同的大数定律有着各不相同的条件. 本章介绍了 3 个大数定律, 包括切比雪夫大数定律、辛钦大数定律和伯努利大数定律. 大数定律在实际中有着非常重要的应用. 在学习中注意理解 3 个大数定律的联系与区别.

中心极限定理是概率论中最为重要的结论, 它解释了许多微小、独立因素的叠加总和可以用正态分布随机变量描述或近似描述. 如同高等数学中, 当 n 较大时, 计算 $\sum\limits_{k=1}^{n} \dfrac{x^k}{k!}$ 很复杂, 那么计算它的极限 $\sum\limits_{k=1}^{\infty} \dfrac{x^k}{k!}$ 就方便多了. 因此, 当 n 较大时, 可以使用极限值 e^x 作为 $\sum\limits_{k=1}^{n} \dfrac{x^k}{k!}$ 的近似值. 同样在实际问题中, 由于随机变量和的分布计算繁杂, 当 n 较大时, 有了中心极限定理, 可以用其极限分布正态分布作为随机变量和的近似分布. 我们就将数量较多的独立随机变量之和近似地当作正态分布的随机变量使用. 这里给出了列维–林德伯格中心极限定理和棣莫弗–拉普拉斯中心极限定理. 在学习中注意这两个中心极限定理的关系.

1. 大数定律

切比雪夫不等式: 设随机变量 X 的数学期望 $E(X)$ 及方差 $\mathrm{Var}(X)$ 存在, 则对于任意的

$\varepsilon > 0$，有

$$P(\,|X - E(X)\,| \geqslant \varepsilon) \leqslant \frac{\mathrm{Var}(X)}{\varepsilon^2}.$$

依概率收敛：设 $X_1, X_2, \cdots$ 是随机变量序列. 如果存在常数 c，使得对任意 $\varepsilon > 0$，总有 $\lim\limits_{n \to \infty} P(\,|X_n - c| < \varepsilon) = 1$. 那么，称随机变量序列 $X_1, X_2, \cdots$ 依概率收敛于 c，记作 $X_n \xrightarrow{P} c$. 即对任意 $\varepsilon > 0$，$P(\,|X_n - c| \geqslant \varepsilon) \to 0$，$n \to \infty$.

依概率收敛的性质：如果 $X_n \xrightarrow{P} a$，$Y_n \xrightarrow{P} b$，且函数 $g(x, y)$ 在 (a, b) 处连续，那么

$$g(X_n, Y_n) \xrightarrow{P} g(a, b).$$

切比雪夫大数定律：设随机变量序列 $X_1, X_2, \cdots$ 两两不相关，若存在常数 c，使得 $\mathrm{Var}(X_i) = \sigma_i^2 \leqslant c < +\infty$，$i = 1, 2, \cdots$. 则对任意 $\varepsilon > 0$，有

$$\lim_{n \to \infty} P\left(\left| \frac{1}{n} \sum_{i=1}^{n} X_i - \frac{1}{n} \sum_{i=1}^{n} E(X_i) \right| < \varepsilon \right) = 1.$$

也可以表示为 $\bar{X} = \dfrac{1}{n} \sum\limits_{i=1}^{n} X_i \xrightarrow{P} \dfrac{1}{n} \sum\limits_{i=1}^{n} E(X_i)$.

相互独立同分布（辛钦）大数定律：设随机变量序列 $X_1, X_2, \cdots$ 相互独立同分布，若 $E(X_i) = \mu < +\infty$，$\mathrm{Var}(X_i) = \sigma^2 < +\infty$，$i = 1, 2, \cdots$. 则对任意 $\varepsilon > 0$，有

$$\lim_{n \to \infty} P\left(\left| \frac{1}{n} \sum_{i=1}^{n} X_i - \mu \right| < \varepsilon \right) = 1.$$

伯努利大数定律：设随机变量序列 $X_1, X_2, \cdots$ 相互独立同分布，且 $X_i \sim B(1, p)$，$i = 1, 2, \cdots$. 则对任意 $\varepsilon > 0$，有

$$\lim_{n \to \infty} P\left(\left| \frac{1}{n} \sum_{i=1}^{n} X_i - p \right| < \varepsilon \right) = 1.$$

2. 中心极限定理

列维–林德伯格中心极限定理：设随机变量序列 $X_1, X_2, \cdots$ 相互独立同分布，若 $E(X_i) = \mu$，$\mathrm{Var}(X_i) = \sigma^2$，且 $0 < \sigma^2 < +\infty$，$i = 1, 2, \cdots$. 则对任意实数 x，有

$$\lim_{n \to \infty} P\left(\frac{\sum\limits_{i=1}^{n} X_i - n\mu}{\sqrt{n}\,\sigma} \leqslant x \right) = \Phi(x).$$

棣莫弗–拉普拉斯中心极限定理：设随机变量序列 $X_1, X_2, \cdots$ 相互独立同分布，且 $X_i \sim B(1, p)$，$i = 1, 2, \cdots$. 则对任何实数 x，有

$$\lim_{n \to \infty} P\left(\frac{\sum\limits_{i=1}^{n} X_i - np}{\sqrt{np(1-p)}} \leqslant x \right) = \Phi(x).$$

三、概念辨析

1. 【判断题】(　　) 设随机变量 X 服从泊松分布 $P(2)$，利用切比雪夫不等式可得

$$P(\,|X - 2| \leqslant 3) \geqslant \frac{2}{9}.$$

解　错误，注意切比雪夫不等式为 $P(|X-E(X)| \geqslant \varepsilon) \leqslant \dfrac{\mathrm{Var}(X)}{\varepsilon^2}$，不等式中事件为 $\{|X-E(X)| \geqslant \varepsilon\}$，不是 $\{|X-E(X)| \leqslant \varepsilon\}$. 因此，由已知，得

$$E(X) = 2, \quad \mathrm{Var}(X) = 2.$$

则由切比雪夫不等式，得

$$P(|X-2| \leqslant 3) \geqslant P(|X-2| < 3) = 1 - P(|X-2| \geqslant 3) \geqslant 1 - \frac{\mathrm{Var}(X)}{3^2} = 1 - \frac{2}{3^2} = \frac{7}{9}.$$

2.【判断题】(　　) 设 $X_1, X_2, \cdots$ 相互独立同分布，且 $X_i \sim \exp(3)$，$i = 1, 2, \cdots$，则当 $n \to \infty$ 时，$Y_n = \dfrac{1}{n} \sum\limits_{i=1}^{n} X_i$ 依概率收敛于 3.

解　错误，由已知，得 $X_1, X_2, \cdots$ 相互独立同分布，且 $E(X_i) = \dfrac{1}{3}$，$i = 1, 2, \cdots$. 根据辛钦大数定律，当 $n \to \infty$ 时，$Y_n = \dfrac{1}{n} \sum\limits_{i=1}^{n} X_i$ 依概率收敛于 $E(X_i) = \dfrac{1}{3}$.

3.【判断题】(　　) 设 $X_1, X_2, \cdots$ 相互独立同分布，且 $X_i \sim P(0.01)$，$i = 1, 2, \cdots$，则当 n 充分大时，$Y_n = \sum\limits_{i=1}^{n} X_i$ 近似服从正态分布 $N(0.01n, 0.01n)$.

解　正确，由已知，得 $X_1, X_2, \cdots, X_n$ 相互独立同分布，且

$$E\left(\sum_{i=1}^{n} X_i\right) = n\lambda = 0.01n, \quad \mathrm{Var}\left(\sum_{i=1}^{n} X_i\right) = n\lambda = 0.01n,$$

则由列维 – 林德伯格中心极限定理，得当 n 充分大时，$\sum\limits_{i=1}^{n} X_i$ 近似服从正态分布 $N(0.01n, 0.01n)$.

4.【判断题】(　　) 设 $X_1, X_2, \cdots$ 相互独立同分布，且 $E(X_i^k) = \alpha_k (k = 1, 2, 3, 4,\ i = 1, 2, \cdots)$，且 $E\left(\sum\limits_{i=1}^{n} X_i^2\right), \mathrm{Var}\left(\sum\limits_{i=1}^{n} X_i^2\right)$ 均存在，则当 n 充分大时，随机变量 $Z_n = \dfrac{1}{n} \sum\limits_{i=1}^{n} X_i^2$ 近似服从正态分布.

解　正确，因为 $X_1, X_2, \cdots$ 相互独立同分布，则 $X_1^2, X_2^2, \cdots, X_n^2$ 也相互独立同分布，且

$$E\left(\sum_{i=1}^{n} X_i^2\right) = \sum_{i=1}^{n} E(X_i^2) = n\alpha_2,$$

$$\mathrm{Var}\left(\sum_{i=1}^{n} X_i^2\right) = \sum_{i=1}^{n} \mathrm{Var}(X_i^2) = n\mathrm{Var}(X_i^2) = n\left[E(X_i^4) - E^2(X_i^2)\right] = n(\alpha_4 - \alpha_2^2),$$

由列维 – 林德伯格中心极限定理得，当 n 充分大时，$\sum\limits_{i=1}^{n} X_i^2$ 近似服从正态分布，则 $Z_n = \dfrac{1}{n} \sum\limits_{i=1}^{n} X_i^2$ 也近似服从正态分布.

5.【判断题】(　　) 设 $X_1, X_2, \cdots$ 相互独立同分布，且 $E(X_i^k) = \alpha_k (k = 1, 2, 3, 4,\ i = 1, 2, \cdots)$，且 $E\left(\sum\limits_{i=1}^{n} X_i^2\right), \mathrm{Var}\left(\sum\limits_{i=1}^{n} X_i^2\right)$ 均存在，则当 n 充分大时，有 $\dfrac{1}{n} \sum\limits_{i=1}^{n} X_i^2 \overset{\text{近似}}{\sim} N(\alpha_2, \alpha_4 - \alpha_2^2)$.

解 错误, 因为 $X_1, X_2, \cdots$ 相互独立同分布, 则 $X_1^2, X_2^2, \cdots$ 也相互独立同分布, 且

$$E\left(\sum_{i=1}^{n} X_i^2\right) = \sum_{i=1}^{n} E(X_i^2) = n\alpha_2,$$

$$\mathrm{Var}\left(\sum_{i=1}^{n} X_i^2\right) = \sum_{i=1}^{n} \mathrm{Var}(X_i^2) = n\mathrm{Var}(X_i^2) = n\left[E(X_i^4) - E^2(X_i^2)\right] = n(\alpha_4 - \alpha_2^2).$$

由列维 – 林德伯格中心极限定理, 得 $\sum_{i=1}^{n} X_i^2 \overset{\text{近似}}{\sim} N(n\alpha_2, n(\alpha_4 - \alpha_2^2))$, 则根据正态分布随机变量的线性函数的分布性质可知

$$\frac{1}{n}\sum_{i=1}^{n} X_i^2 \overset{\text{近似}}{\sim} N\left(\alpha_2, \frac{\alpha_4 - \alpha_2^2}{n}\right),$$

这里

$$\mathrm{Var}\left(\frac{1}{n}\sum_{i=1}^{n} X_i^2\right) = \frac{1}{n^2}\mathrm{Var}\left(\sum_{i=1}^{n} X_i^2\right) = \frac{1}{n}(\alpha_4 - \alpha_2^2),$$

$$\mathrm{Var}\left(\frac{1}{n}\sum_{i=1}^{n} X_i^2\right) \neq \mathrm{Var}(X_i^2) = (\alpha_4 - \alpha_2^2).$$

四、典型例题

例 1 随机变量 X 服从参数为 1 的指数分布, 随机变量 Y 服从二项分布 $B(2, 0.5)$, 且 $\mathrm{Cov}(X, Y) = 0.5$, 则 $E(X - 3Y) = \underline{\qquad}$, $\mathrm{Var}(X - 3Y) = \underline{\qquad}$, 利用切比雪夫不等式可得 $P(|X - 3Y + 2| \leqslant 2) \geqslant \underline{\qquad}$.

微课视频

解 由已知, 得

$$E(X) = 1, \quad \mathrm{Var}(X) = 1, \quad E(Y) = 1, \quad \mathrm{Var}(Y) = 0.5.$$

利用期望和方差的性质, 得

$$E(X - 3Y) = E(X) - 3E(Y) = 1 - 3 \times 1 = -2,$$

$$\mathrm{Var}(X - 3Y) = \mathrm{Var}(X) + 9\mathrm{Var}(Y) - 6\mathrm{Cov}(X, Y) = 1 + 9 \times 0.5 - 6 \times 0.5 = 2.5.$$

由切比雪夫不等式, 得

$$P(|X - 3Y + 2| \leqslant 2) \geqslant 1 - \frac{\mathrm{Var}(X - 3Y)}{2^2} = 1 - \frac{2.5}{4} = \frac{3}{8}.$$

例 2 设随机变量 X 和 Y 服从 $\exp(1)$, $\rho_{XY} = -0.5$. 则根据切比雪夫不等式 $P(|X - Y| \geqslant 1) \leqslant \underline{\qquad}$.

解 $E(X - Y) = E(X) - E(Y) = 1 - 1 = 0$

由 $\rho_{XY} = \dfrac{\mathrm{Cov}(X, Y)}{\sqrt{\mathrm{Var}(X)}\sqrt{\mathrm{Var}(Y)}}$, 知 $\mathrm{Cov}(X, Y) = -0.5$, 又

$$\mathrm{Var}(X - Y) = \mathrm{Var}(X) + \mathrm{Var}(Y) - 2\mathrm{Cov}(X, Y) = 1 + 1 + 1 = 3.$$

故由切比雪夫不等式知

$$P(|X + Y| \geqslant 1) \leqslant \frac{1}{2^2} = \frac{1}{4},$$

所以应填 $\dfrac{1}{4}$.

例 3（**考研真题**　2022 年数学一第 9 题）设随机变量 $X_1, X_2, \cdots, X_n$ 相互独立同分布，且 X_1 的 4 阶原点矩存在，即 $\mu_k = E(X_1^k) < C$，$k = 1, 2, 3, 4$. 则由切比雪夫不等式，对 $\forall \varepsilon > 0$，有 $P\left(\left| \dfrac{1}{n} \sum\limits_{i=1}^{n} X_i^2 - \mu_2 \right| \geqslant \varepsilon \right) \leqslant ($ 　　$).$

A. $\dfrac{\mu_4 - \mu_2^2}{n \varepsilon^2}$ 　　　　　　B. $\dfrac{\mu_4 - \mu_2^2}{\sqrt{n} \varepsilon^2}$ 　　　　　　C. $\dfrac{\mu_2 - \mu_1^2}{n \varepsilon^2}$ 　　　　　　D. $\dfrac{\mu_4 - \mu_1^2}{\sqrt{n} \varepsilon^2}$

解　因为

$$E\left[\frac{1}{n} \sum_{i=1}^{n} X_i^2 \right] = E(X_1^2) = \mu_2,$$

$$\operatorname{Var}\left[\frac{1}{n} \sum_{i=1}^{n} X_i^2 \right] = \frac{1}{n} \operatorname{Var}(X_1^2) = \frac{E(X_1^4) - \left[E(X_1^2) \right]^2}{n} = \frac{\mu_4 - \mu_2^2}{n},$$

则由切比雪夫不等式，对 $\forall \varepsilon > 0$，有 $P\left(\left| \dfrac{1}{n} \sum\limits_{i=1}^{n} X_i^2 - \mu_2 \right| \geqslant \varepsilon \right) \leqslant \dfrac{\operatorname{Var}\left(\dfrac{1}{n} \sum\limits_{i=1}^{n} X_i^2 \right)}{\varepsilon^2} = \dfrac{\mu_4 - \mu_2^2}{n \varepsilon^2}.$

故选 A.

例 4　设 $X_1, X_2, \cdots, X_n$ 是相互独立同分布的随机变量序列，且 $X_i \sim U(-2, 2)$，$i = 1, 2, \cdots, n$，则 $\dfrac{1}{n} \sum\limits_{i=1}^{n} X_i \xrightarrow{P}$ _____，$\dfrac{1}{n} \sum\limits_{i=1}^{n} X_i^2 \xrightarrow{P}$ _____.

解　由辛钦大数定律知

$$\frac{1}{n} \sum_{i=1}^{n} X_i \xrightarrow{P} E\left(\frac{1}{n} \sum_{i=1}^{n} X_i \right) = E(X_i), \quad \frac{1}{n} \sum_{i=1}^{n} X_i^2 \xrightarrow{P} E\left(\frac{1}{n} \sum_{i=1}^{n} X_i^2 \right) = E(X_i^2),$$

当 $X_i \sim U(-2, 2)$ 时，$E(X_i) = 0$，$E(X_i^2) = \operatorname{Var}(X_i) + \left[E(X_i) \right]^2 = \dfrac{4^2}{12} + 0 = \dfrac{4}{3}.$

所以，$\dfrac{1}{n} \sum\limits_{i=1}^{n} X_i \xrightarrow{P} 0$，$\dfrac{1}{n} \sum\limits_{i=1}^{n} X_i^2 \xrightarrow{P} \dfrac{4}{3}.$

例 5（**考研真题**　2003 年数学三第 1(6) 题）设总体 X 服从参数为 2 的指数分布，$X_1, X_2, \cdots, X_n$ 为来自总体 X 的简单随机样本，则当 $n \to \infty$ 时，$Y_n = \dfrac{1}{n} \sum\limits_{i=1}^{n} X_i^2$ 依概率收敛于 _____.（本题在学完教材第六章后练习）

解　根据简单随机样本的性质，$X_1, X_2, \cdots, X_n$ 相互独立都服从参数为 2 的指数分布，因此 $X_1^2, X_2^2, \cdots, X_n^2$ 也相互独立同分布，且它们共同的期望为 $E(X_i^2) = \operatorname{Var}(X_i) + \left[E(X_i) \right]^2 = \dfrac{1}{4} + \left(\dfrac{1}{2} \right)^2 = \dfrac{1}{2}$，根据辛钦大数定律，当 $n \to \infty$ 时，$Y_n = \dfrac{1}{n} \sum\limits_{i=1}^{n} X_i^2$ 依概率收敛于 $E(X_i^2) = \dfrac{1}{2}$，所以应填 $\dfrac{1}{2}.$

微课视频

例 6（**考研真题**　2022 年数学三第 9 题）设随机变量序列 $X_1, X_2, \cdots$ 相互独立同分布，且 X_1 的密度函数为

$$f(x) = \begin{cases} 1 - |x|, & |x| < 1, \\ 0, & \text{其他}. \end{cases}$$

当 $n \to \infty$ 时,$\dfrac{1}{n}\sum\limits_{i=1}^{n} X_i^2$ 依概率收敛于(   ).

A. $\dfrac{1}{8}$ B. $\dfrac{1}{6}$ C. $\dfrac{1}{3}$ D. $\dfrac{1}{2}$

解 因为 X 的任意阶原点矩存在,由大数定律,得 $\dfrac{1}{n}\sum\limits_{i=1}^{n} X_i^2 \xrightarrow{P} E(X_1^2)$,而

$$E(X_1^2) = \int_{-\infty}^{+\infty} x^2 f(x)\,\mathrm{d}x = 2\int_0^1 x^2(1-x)\,\mathrm{d}x = 2\left[\frac{x^3}{3} - \frac{x^4}{4}\right]_0^1 = \frac{1}{6}.$$

故选 B.

例 7 (**考研真题** 2014 年数学一第 23(2) 题)$X_1, X_2, \cdots$ 相互独立同分布,且 X_i 的分布

函数为 $F(x_i) = \begin{cases} 1 - \mathrm{e}^{-\mu x_i^2}, & x_i \geqslant 0, \\ 0, & x_i < 0, \end{cases}$ 其中 $\mu > 0$. 是否存在常数 a,使得对任意的 $\varepsilon > 0$,都有

$\lim\limits_{n\to\infty} P\left\{\left|\dfrac{1}{n}\sum\limits_{i=1}^{n} X_i^2 - a\right| \geqslant \varepsilon\right\} = 0$?

解 由已知得 X_i 的密度函数为

$$f(x_i) = \begin{cases} 2\mu x_i \mathrm{e}^{-\mu x_i^2}, & x_i \geqslant 0, \\ 0, & x_i < 0, \end{cases}$$

$$E(X_i^2) = \int_0^{+\infty} 2\mu x_i^3 \mathrm{e}^{-\mu x_i^2}\,\mathrm{d}x_i = \mu \int_0^{+\infty} x_i^2 \mathrm{e}^{-\mu x_i^2}\,\mathrm{d}x_i^2 \xlongequal{\text{令 } t = x_i^2} \mu \int_0^{+\infty} t \mathrm{e}^{-\mu t}\,\mathrm{d}t = \frac{1}{\mu}.$$

又因为 $X_1, X_2, \cdots$ 相互独立同分布,显然 $X_1^2, X_2^2, \cdots$ 也相互独立同分布,由辛钦大数定律可得

$$\lim_{n\to\infty} P\left\{\left|\frac{1}{n}\sum_{i=1}^{n} X_i^2 - E(X_i^2)\right| \geqslant \varepsilon\right\} = 0,$$

所以存在常数 $a = E(X_i^2) = \dfrac{1}{\mu}$,使得对任意的 $\varepsilon > 0$,都有 $\lim\limits_{n\to\infty} P\left\{\left|\dfrac{1}{n}\sum\limits_{i=1}^{n} X_i^2 - \dfrac{1}{\mu}\right| \geqslant \varepsilon\right\} = 0.$

例 8 设某网店每天接到的订单数服从参数为 20 的泊松分布. 若一年 365 天该网店都营业,且假设每天得到的订单数相互独立. 求该网店一年至少得到 7400 个订单的概率的近似值. (要求用中心极限定理求解,已知 $\Phi(1.170) = 0.8790$).

微课视频

解 设 X_i 为"第 i 天接到的订单数",$i = 1, 2, \cdots, 365$,则 $X_i \sim P(20)$,$i = 1, 2, \cdots, 365$. 则有

$$E\left(\sum_{i=1}^{365} X_i\right) = 365 \times 20 = 7300, \quad \mathrm{Var}\left(\sum_{i=1}^{365} X_i\right) = 365 \times 20 = 7300.$$

由列维-林德伯格中心极限定理知

$$\sum_{i=1}^{365} X_i \overset{\text{近似}}{\sim} N(7300, 7300).$$

该网店一年至少得到 7400 个订单的概率为

$$P\left(\sum_{i=1}^{365} X_i \geqslant 7400\right) \approx 1 - \Phi\left(\frac{7400-7300}{\sqrt{7300}}\right) = 1 - \Phi(1.170) = 1 - 0.8790 = 0.1210.$$

例 9 （**考研真题**　2001 年数学三第十一题）某产品成箱包装，每箱的质量（单位：kg）是随机的. 假设每箱平均质量为 50kg，标准差为 5kg. 现用载重量为 5000kg 的汽车承运. 试问，汽车最多只能装多少箱，才能使不超载的概率大于 0.9772?

微课视频

解　设 $X_i(i=1,2,\cdots,n)$ 为装运的第 i 箱的质量，n 是所求的箱数. 由已知条件可以认为 $X_1,\cdots,X_n$ 是相互独立同分布的随机变量，而 n 箱的总质量 $X = X_1 + \cdots + X_n$ 是相互独立同分布随机变量之和. 由已知，得

$$E(X_i) = 50, \quad \mathrm{Var}(X_i) = 5^2,$$

$$E(X) = E\left(\sum_{i=1}^{n} X_i\right) = 50n,$$

$$\mathrm{Var}(X) = \mathrm{Var}\left(\sum_{i=1}^{n} X_i\right) = 25n,$$

根据列维–林德伯格中心极限定理，$X \overset{近似}{\sim} N(50n, 25n)$. n 需满足

$$P(X \leqslant 5000) \approx \Phi\left(\frac{5000-50n}{\sqrt{25n}}\right) = \Phi\left(\frac{1000-10n}{\sqrt{n}}\right) > 0.9772.$$

查表，得

$$\frac{1000-10n}{\sqrt{n}} > 2.$$

解得 $n < 98.0189$，即最多可装 98 箱才能使不超载的概率大于 0.9772.

例 10 （**考研真题**　2020 年数学一第 8 题）设 $X_1, X_2, \cdots, X_n$ 为 $(n \geqslant 2)$ 取自总体 X 的一个简单随机样本，$P(X=0) = P(X=1) = 0.5$. $\Phi(x)$ 表示标准正态分布函数，则利用中心极限定理可得 $P(\sum_{i=1}^{100} X_i \leqslant 55)$ 的近似值为（　　）.

　A. $1 - \Phi(1)$　　　　B. $\Phi(1)$　　　　C. $1 - \Phi(0.2)$　　　D. $\Phi(0.2)$

解　由已知，得 $E(X) = 0.5, \mathrm{Var}(X) = 0.25$，则

$$E\left(\sum_{i=1}^{100} X_i\right) = 50, \quad \mathrm{Var}\left(\sum_{i=1}^{100} X_i\right) = 25.$$

由中心极限定理可得 $\sum_{i=1}^{100} X_i \overset{近似}{\sim} N(50,25)$，则 $P(\sum_{i=1}^{100} X_i \leqslant 55) \approx \Phi\left(\frac{55-50}{5}\right) = \Phi(1)$. 故选 B.

例 11　有一批钢材，其中 20% 的钢材长度小于 4m，现从中随机取出 100 根钢材，试用中心极限定理求取出的钢材中长度不小于 4m 的钢材数不超过 84 根的概率. 已知 $\Phi(1) = 0.8413$.

解　设 X 为 100 根钢材中长度不小于 4m 的根数，则由已知得 $X \sim B(100, 0.8)$. 由棣莫弗–拉普拉斯中心极限定理，得 $X \overset{近似}{\sim} N(80, 16)$.

微课视频

则取出的钢材中长度不小于 4m 的钢材数不超过 84 根的概率为

$$P(X \leqslant 84) \approx \Phi\left(\frac{84-80}{\sqrt{16}}\right) = \Phi(1) = 0.8413.$$

例 12 某商业中心有甲、乙两家影城,假设现有 1600 位观众去这个商业中心的影城看电影,每位观众随机选择这两家影城中的一家,且各位观众选择哪家影城是相互独立的. 问:影城甲至少应该设多少个座位,才能保证因缺少座位而使观众离影城甲而去的概率小于 0.01. (要求用中心极限定理求解,已知 $u_{0.99} = 2.326.$)

解 设影城甲的座位数为 n,X 为 1600 位观众中选择影城甲的人数,由已知得 $X \sim B(1600, 0.5)$. 由棣莫弗–拉普拉斯中心极限定理得

微课视频

$X \overset{近似}{\sim} N(800, 400)$. 则因缺少座位而使观众离影城甲而去的概率为

$$P(X > n) \approx 1 - \Phi\left(\frac{n-800}{\sqrt{400}}\right) < 0.01$$

$$\Rightarrow \frac{n-800}{\sqrt{400}} > u_{0.99} = 2.326$$

$$\Rightarrow n > 846.52.$$

所以,影城甲至少应该设 847 个座位,才能保证因缺少座位而使观众离影城甲而去的概率小于 0.01.

例 13 设某保险公司开办了一个农业保险项目,农户参加这项保险,每户需交保险费 1060 元,一旦农户因病虫害等因素受到损失可获 1 万元的赔付,假设各农户是否受到损失相互独立. 每个农户因病虫害等因素受到损失的概率为 0.10. 不计营销和管理费用.

(1) 若共有 1 万农户参加了这项保险,求该保险公司在该险种上产生亏损的概率.

(2) 若共有 1 万农户参加了这项保险,求该保险公司在该险种上的盈利不少于 30 万元的概率.

(3) 若要使保险公司在该险种上的盈利不少于 30 万元的概率不小于 90%,则至少需要多少农户参加这项保险. (要求用中心极限定理解题,已知 $\Phi(1) = 0.8413, \Phi(2) = 0.9772, \Phi(1.282) = 0.9$)

解 设 X 为这 1 万农户中因病虫害等因素受到损失的户数,则由已知,得 $X \sim B(10^4, 0.1)$. 由棣莫弗–拉普拉斯中心极限定理得 $X \overset{近似}{\sim} N(1000, 900)$.

(1) 该保险公司在该险种上产生亏损的概率为

$$P(10^4 X > 1060 \times 10^4) = P(X > 1060) \approx 1 - \Phi\left(\frac{1060-1000}{\sqrt{900}}\right)$$

$$= 1 - \Phi(2) = 1 - 0.9772 = 0.0228.$$

(2) 该保险公司在这个险种上的盈利不少于 30 万元的概率为

$$P(1060 \times 10^4 - 10^4 X \geqslant 3 \times 10^5) = P(X \leqslant 1030) \approx \Phi\left(\frac{1030-1000}{\sqrt{900}}\right)$$

$$= \Phi(1) = 0.8413.$$

(3) 设参加该项保险的农户数为 n,X 为其中因病虫害等因素受到损失的户数. 显然 $X \sim B(n, 0.1)$. 由棣莫弗–拉普拉斯中心极限定理,得 $X \overset{近似}{\sim} N(0.1n, 0.09n)$. 有

$$P(1060n - 10^4 X > 3 \times 10^5) = P(X < 0.106n - 30) \approx \Phi\left(\frac{0.106n - 30 - 0.1n}{\sqrt{0.09n}}\right) \geqslant 0.9,$$

由此可得

$$\frac{0.106n - 30 - 0.1n}{\sqrt{0.09n}} \geqslant u_{0.9} = 1.282,$$

$$36n^2 - 507917.16n + 9 \times 10^8 \geqslant 0,$$

解得

$$n \leqslant 2077.998, \quad n \geqslant 12030.8.$$

因为 $n \leqslant 2077.998$ 不满足不等式 $\dfrac{0.106n - 30 - 0.1n}{\sqrt{0.09n}} \geqslant 1.282$，所以舍去. 因此，若要使保险公司在该险种上的盈利不少于 30 万元的概率不小于 90%，至少需要 12031 户农户参加这项保险.

五、习题详解

习题 5-1　大数定律

1. 设 $X_1, X_2, \cdots, X_n$ 是相互独立同分布的随机变量. 试在下列 5 种情形下分别计算 $E(\bar{X}), \mathrm{Var}(\bar{X}), E\left(\sum\limits_{i=1}^{n} X_i\right)$ 与 $\mathrm{Var}\left(\sum\limits_{i=1}^{n} X_i\right)$：

(1) $X_i \sim \exp(\lambda)$，$i = 1, 2, \cdots, n$.

(2) $X_i \sim N(\mu, \sigma^2)$，$i = 1, 2, \cdots, n$.

(3) $X_i \sim P(\lambda)$，$i = 1, 2, \cdots, n$.

(4) $X_i \sim U(a, b)$，$i = 1, 2, \cdots, n$.

(5) $X_i \sim B(m, p)$，$i = 1, 2, \cdots, n$.

解　因为 $X_1, X_2, \cdots, X_n$ 相互独立同分布，利用期望的性质，得

$$E(\bar{X}) = E\left(\frac{X_1 + X_2 + \cdots + X_n}{n}\right) = \frac{E(X_1) + E(X_2) + \cdots + E(X_n)}{n} = E(X_i),$$

$$E\left(\sum_{i=1}^{n} X_i\right) = \sum_{i=1}^{n} E(X_i) = nE(X_i),$$

利用方差的性质，得

$$\mathrm{Var}(\bar{X}) = \mathrm{Var}\left(\frac{X_1 + X_2 + \cdots + X_n}{n}\right) = \frac{\mathrm{Var}(X_1) + \mathrm{Var}(X_2) + \cdots + \mathrm{Var}(X_n)}{n^2} = \frac{\mathrm{Var}(X_i)}{n},$$

$$\mathrm{Var}\left(\sum_{i=1}^{n} X_i\right) = \sum_{i=1}^{n} \mathrm{Var}(X_i) = n\mathrm{Var}(X_i).$$

则有下面的结论：

(1) 因为 $X_i \sim \exp(\lambda)$，所以

$$E(X_i) = \frac{1}{\lambda}, \quad \mathrm{Var}(X_i) = \frac{1}{\lambda^2}, \quad i = 1, 2, \cdots, n.$$

$$E(\bar{X}) = \frac{1}{\lambda}, \quad \mathrm{Var}(\bar{X}) = \frac{1}{n\lambda^2},$$

$$E\left(\sum_{i=1}^{n} X_i\right) = \frac{n}{\lambda}, \quad \operatorname{Var}\left(\sum_{i=1}^{n} X_i\right) = \frac{n}{\lambda^2}.$$

（2）因为 $X_i \sim N(\mu, \sigma^2)$，所以

$$E(X_i) = \mu, \quad \operatorname{Var}(X_i) = \sigma^2, \quad i = 1, 2, \cdots, n.$$

$$E(\bar{X}) = \mu, \quad \operatorname{Var}(\bar{X}) = \frac{\sigma^2}{n},$$

$$E\left(\sum_{i=1}^{n} X_i\right) = n\mu, \quad \operatorname{Var}\left(\sum_{i=1}^{n} X_i\right) = n\sigma^2.$$

（3）因为 $X_i \sim P(\lambda)$，所以

$$E(X_i) = \lambda, \quad \operatorname{Var}(X_i) = \lambda, \quad i = 1, 2, \cdots, n.$$

$$E(\bar{X}) = \lambda, \quad \operatorname{Var}(\bar{X}) = \frac{\lambda}{n},$$

$$E\left(\sum_{i=1}^{n} X_i\right) = n\lambda, \quad \operatorname{Var}\left(\sum_{i=1}^{n} X_i\right) = n\lambda.$$

（4）因为 $X_i \sim U(a, b)$，所以

$$E(X_i) = \frac{a+b}{2}, \quad \operatorname{Var}(X_i) = \frac{(b-a)^2}{12}, \quad i = 1, 2, \cdots, n.$$

$$E(\bar{X}) = \frac{a+b}{2}, \quad \operatorname{Var}(\bar{X}) = \frac{(b-a)^2}{12n},$$

$$E\left(\sum_{i=1}^{n} X_i\right) = \frac{a+b}{2}n, \quad \operatorname{Var}\left(\sum_{i=1}^{n} X_i\right) = \frac{(b-a)^2}{12}n.$$

（5）因为 $X_i \sim B(m, p)$，所以

$$E(X_i) = mp, \quad \operatorname{Var}(X_i) = mp(1-p), \quad i = 1, 2, \cdots, n.$$

$$E(\bar{X}) = mp, \quad \operatorname{Var}(\bar{X}) = \frac{mp(1-p)}{n},$$

$$E\left(\sum_{i=1}^{n} X_i\right) = nmp, \quad \operatorname{Var}\left(\sum_{i=1}^{n} X_i\right) = nmp(1-p).$$

2. 请阐述数列极限的定义与随机变量序列依概率收敛的定义的异同.

解　略.

3. 已知 $X \sim \exp(3)$.

（1）计算概率 $P\left(\left|X - \dfrac{1}{3}\right| \leqslant 2\right)$.

（2）用切比雪夫不等式估计概率 $P\left(\left|X - \dfrac{1}{3}\right| \leqslant 2\right)$ 的下界.

解　（1）因为 $X \sim \exp(3)$，所以

$$P\left(\left|X - \frac{1}{3}\right| \leqslant 2\right) = P\left(-1\frac{2}{3} \leqslant X \leqslant 2\frac{1}{3}\right) = F\left(\frac{7}{3}\right) - F\left(-\frac{5}{3}\right)$$

$$= 1 - e^{-3 \times \frac{7}{3}} = 1 - e^{-7} \approx 0.9991.$$

（2）因为 $X \sim \exp(3)$，所以 $E(X) = \dfrac{1}{3}$，$\operatorname{Var}(X) = \dfrac{1}{9}$. 由切比雪夫不等式，得

$$P\left(\left|X-\frac{1}{3}\right|\leq 2\right)\geq 1-\frac{\mathrm{Var}(X)}{2^2}=1-\frac{1}{36}=\frac{35}{36}\approx 0.9722.$$

4. 设随机变量 X 和 Y 的数学期望分别为 -2 和 2，方差分别为 1 和 4，两者的相关系数为 -0.5. 由切比雪夫不等式估计概率 $P(|X+Y|\geq 6)$ 的上界.

解　由已知，得
$$E(X+Y)=0,$$
$$\begin{aligned}\mathrm{Var}(X+Y)&=\mathrm{Var}(X)+\mathrm{Var}(Y)+2\mathrm{Cov}(X,Y)\\&=\mathrm{Var}(X)+\mathrm{Var}(Y)+2\rho(X,Y)\sqrt{\mathrm{Var}(X)\mathrm{Var}(Y)}\\&=1+4+2\times(-0.5)\times 2\\&=3,\end{aligned}$$

所以
$$P(|X+Y|\geq 6)\leq\frac{\mathrm{Var}(X+Y)}{6^2}=\frac{3}{36}=\frac{1}{12}.$$

5. 设 $X_1,X_2,\cdots$ 是相互独立同分布的随机变量序列. 在下列两种情形下，当 $n\to\infty$ 时，请指出 $\overline{X},\dfrac{1}{n}\sum\limits_{i=1}^{n}X_i^2$ 和 $\dfrac{1}{n}\sum\limits_{i=1}^{n}X_i^k$ 分别依概率收敛于什么值，其中 k 是一正整数.

（1）$X_i\sim U(a,b)$，$i=1,2,\cdots$.

（2）$X_i\sim P(\lambda)$，$i=1,2,\cdots$.

解　由大数定律，知
$$\overline{X}\xrightarrow{P}E(\overline{X})=E(X_i),$$
$$\frac{1}{n}\sum_{i=1}^{n}X_i^2\xrightarrow{P}E\left(\frac{1}{n}\sum_{i=1}^{n}X_i^2\right)=E(X_i^2),$$
$$\frac{1}{n}\sum_{i=1}^{n}X_i^k\xrightarrow{P}E\left(\frac{1}{n}\sum_{i=1}^{n}X_i^k\right)=E(X_i^k),$$

所以（1）当 $X_i\sim U(a,b)$ 时，有
$$E(X_i)=\frac{a+b}{2},$$
$$E(X_i^2)=\mathrm{Var}(X_i)+[E(X_i)]^2=\frac{(b-a)^2}{12}+\frac{(a+b)^2}{4}=\frac{a^2+ab+b^2}{3},$$

则
$$\overline{X}\xrightarrow{P}\frac{a+b}{2},\quad\frac{1}{n}\sum_{i=1}^{n}X_i^2\xrightarrow{P}\frac{a^2+ab+b^2}{3},\quad\frac{1}{n}\sum_{i=1}^{n}X_i^k\xrightarrow{P}E(X_i^k).$$

（2）当 $X_i\sim P(\lambda)$ 时，有
$$E(X_i)=\lambda,\ E(X_i^2)=\lambda^2+\lambda,$$

则
$$\overline{X}\xrightarrow{P}\lambda,\quad\frac{1}{n}\sum_{i=1}^{n}X_i^2\xrightarrow{P}\lambda^2+\lambda,\quad\frac{1}{n}\sum_{i=1}^{n}X_i^k\xrightarrow{P}E(X_i^k).$$

*6. 将 n 个分别带有号码 1 至 n 的球放入 n 个分别编有号码 1 至 n 的盒子，并限制每一个盒子只能放入一球. 设球与盒子的号码一致的个数是 Y_n. 试证明：$\dfrac{Y_n-E(Y_n)}{n}\xrightarrow{P}0$.

提示：设 $X_i = \begin{cases} 1, & \text{号码为 } i \text{ 的球放入号码为 } i \text{ 的盒子}, \\ 0, & \text{号码为 } i \text{ 的球未放入号码为 } i \text{ 的盒子}, \end{cases}$ 则 $X_i \sim B\left(1, \dfrac{1}{n}\right)$.

X_i	X_j		
	0	1	$p_{i\cdot}$
0	$\dfrac{n^2 - 3n + 3}{n(n-1)}$	$\dfrac{n-2}{n(n-1)}$	$1 - \dfrac{1}{n}$
1	$\dfrac{n-2}{n(n-1)}$	$\dfrac{1}{n(n-1)}$	$\dfrac{1}{n}$
$p_{\cdot j}$	$1 - \dfrac{1}{n}$	$\dfrac{1}{n}$	1

$(i \neq j;\ i,j = 1, 2, \cdots, n.\ )$

证明 设 $X_i = \begin{cases} 1, & \text{号码为 } i \text{ 的球放入号码为 } i \text{ 的盒子}, \\ 0, & \text{号码为 } i \text{ 的球未放入号码为 } i \text{ 的盒子}, \end{cases}$ $X_i \sim B\left(1, \dfrac{1}{n}\right)$，$i = 1, 2, \cdots$,

n，令 $Y_n = \displaystyle\sum_{i=1}^{n} X_i$，要证明结论，需验证 $\dfrac{1}{n^2} \mathrm{Var}(Y_n) \to 0$，$n \to \infty$. 由题意，得 (X_i, X_j) 的联合分布律 $(i \neq j)$ 如上所示，则

$$\mathrm{Cov}(X_i, X_j) = \frac{1}{n^2(n-1)}, \quad i \neq j,$$

$$\mathrm{Var}(Y_n) = \sum_{i=1}^{n} \mathrm{Var}(X_i) + 2\sum_{1 \leqslant i < j \leqslant n} \mathrm{Cov}(X_i, X_j)$$

$$= n \cdot \frac{1}{n}\left(1 - \frac{1}{n}\right) + 2 \cdot \frac{n(n-1)}{2} \cdot \frac{1}{n^2(n-1)}$$

$$= 1.$$

由切比雪夫不等式，得

$$P\left(\left|\frac{Y_n - E(Y_n)}{n}\right| \geqslant \varepsilon\right) \leqslant \frac{\mathrm{Var}\left(\dfrac{Y_n}{n}\right)}{\varepsilon^2} = \frac{\dfrac{1}{n^2}\mathrm{Var}(Y_n)}{\varepsilon^2} \to 0, \quad n \to \infty,$$

即

$$\frac{Y_n - E(Y_n)}{n} \xrightarrow{P} 0.$$

注 本题 $X_1, \cdots, X_n$ 既不相互独立，又不线性无关，所以不能使用辛钦大数定律和切比雪夫大数定律.

习题 5-2 中心极限定理

1. 小王自主创业，开了一家蛋糕店，店内有 A，B，C 3 种蛋糕出售，其售价分别为 5 元、10 元、12 元. 顾客购买 A，B，C 3 种蛋糕的概率分别为 0.2，0.3，0.5. 假设今天共有 700 位顾客，每位顾客各买了一个蛋糕，且各位顾客的消费是相互独立的. 用中心极限定理求小王今天的营业额在 7000 元至 7140 元之间的概率的近似值.

解 X_i 为第 i 个顾客的消费金额，则 X_i 的分布律如下所示.

X_i	5	10	12
概率	0.2	0.3	0.5

那么

$$E(X_i) = 5 \times 0.2 + 10 \times 0.3 + 12 \times 0.5 = 10,$$

$$E(X_i^2) = 25 \times 0.2 + 100 \times 0.3 + 144 \times 0.5 = 107,$$

$$\mathrm{Var}(X_i) = E(X_i^2) - E^2(X_i) = 107 - 10^2 = 7, \quad i = 1, 2, \cdots, n.$$

$$E\left(\sum_{i=1}^{700} X_i\right) = \sum_{i=1}^{700} E(X_i) = 7000,$$

$$\mathrm{Var}\left(\sum_{i=1}^{700} X_i\right) = \sum_{i=1}^{700} \mathrm{Var}(X_i) = 4900.$$

由中心极限定理，得

$$\sum_{i=1}^{700} X_i \overset{\text{近似}}{\sim} N(7000, 4900),$$

所以小王今天的营业额在 7000 元至 7140 元之间的概率为

$$P\left(7000 \leqslant \sum_{i=1}^{700} \leqslant 7140\right) \approx \Phi\left(\frac{7140-7000}{\sqrt{4900}}\right) - \Phi\left(\frac{7000-7000}{\sqrt{4900}}\right)$$

$$= \Phi(2) - \Phi(0)$$

$$= 0.9772 - 0.5 = 0.4772.$$

2. 设我校学生概率统计科目的成绩(百分制)X 服从正态分布，平均成绩(即参数 μ 之值)为 72 分，96 分以上的人占考生总数的 2.28%. 今任取 100 个学生的概率统计科目成绩，以 Y 表示成绩在 60 分至 84 分之间的人数. 用中心极限定理求 $P(Y \geqslant 60)$. 假定每个学生的概率统计科目成绩相互独立.

解 由已知，得 $X \sim N(72, \sigma^2)$，则

$$P(X > 96) = 1 - \Phi\left(\frac{96-72}{\sigma}\right) = 0.0228,$$

所以 $\dfrac{96-72}{\sigma} = u_{0.9772} = 2$，得 $\sigma = 12$. 则

$$P(60 < X < 84) = \Phi\left(\frac{84-72}{12}\right) - \Phi\left(\frac{60-72}{12}\right) = \Phi(1) - \Phi(-1) = 2\Phi(1) - 1 = 0.6826.$$

显然 $Y \sim B(100, 0.6826)$，由中心极限定理，知 $Y \overset{\text{近似}}{\sim} N(68.26, 21.67)$. 则

$$P(Y \geqslant 60) \approx 1 - \Phi\left(\frac{60-68.26}{\sqrt{21.67}}\right) = \Phi(1.77) = 0.9616.$$

3. 已知某厂生产的晶体管的寿命服从均值为 100h 的指数分布. 现在从该厂的产品中随机抽取 64 只. 求这 64 只晶体管的寿命总和超过 7000 小时的概率. 假定这些晶体管的寿命是相互独立的.

解 设 X_i(单位：小时)为第 i 只晶体管的寿命，$i = 1, 2, \cdots, 64$，由已知，得 $E(X_i) = \dfrac{1}{\lambda}$

$= 100$, $\lambda = \dfrac{1}{100}$, 则 $X_i \sim \exp\left(\dfrac{1}{100}\right)$. 因为 $E(X_i) = 100$, $\mathrm{Var}(X_i) = 10000$, $i = 1, 2, \cdots, 64$, 所以

$$E\left(\sum_{i=1}^{64} X_i\right) = 6400, \quad \mathrm{Var}\left(\sum_{i=1}^{64} X_i\right) = 640000,$$

由中心极限定理, 知

$$\sum_{i=1}^{64} X_i \overset{\text{近似}}{\sim} N(6400, 640000).$$

则 64 只晶体管的寿命总和超过 7000 小时的概率为

$$P\left(\sum_{i=1}^{64} X_i > 7000\right) \approx 1 - \varPhi\left(\dfrac{7000 - 6400}{\sqrt{640000}}\right) = 1 - \varPhi(0.75) = 1 - 0.7734 = 0.2266.$$

4. 在一次集体登山活动中, 假设每个人意外受伤的概率是 1%, 每个人是否意外受伤是相互独立的.

(1) 为保证没有人意外受伤的概率大于 0.90, 应当如何控制参加登山活动的人数?

(2) 如果有 100 人参加这次登山活动, 求意外受伤的人数小于等于 2 人的概率的近似值. 要求用中心极限定理求解.

解 (1) 设参加登山活动的人数为 n, 同时设

$$X_i = \begin{cases} 1, & \text{第 } i \text{ 人受伤}, \\ 0, & \text{第 } i \text{ 人没有受伤}, \end{cases}$$

则 $X_i \sim B(1, 0.01)$, $i = 1, 2, \cdots, n$. 那么 $\displaystyle\sum_{i=1}^{n} X_i \sim B(n, 0.01)$, 要使 $P\left(\displaystyle\sum_{i=1}^{n} X_i = 0\right) > 0.9$, 即

$$C_n^0 \times 0.01^0 \times 0.99^n > 0.9,$$

则有

$$n < \dfrac{\ln 0.9}{\ln 0.99} = 10.48.$$

所以应控制参加登山活动的人数不超过 10 人, 才能保证没有人意外受伤的概率大于 0.9.

(2) 因为 $\displaystyle\sum_{i=1}^{100} X_i \sim B(100, 0.01)$, 所以由中心极限定理, 得 $\displaystyle\sum_{i=1}^{100} X_i \overset{\text{近似}}{\sim} N(1, 0.99)$, 那么所求概率为

$$P\left(\sum_{i=1}^{100} X_i \leqslant 2\right) \approx \varPhi\left(\dfrac{2 - 1}{\sqrt{0.99}}\right) = \varPhi(1.01) = 0.8438.$$

所以意外受伤人数小于等于 2 的概率近似为 0.8438.

5. 设某供电网有 1 万盏电灯, 夜晚每盏电灯开灯的概率均为 0.1, 并且彼此开闭与否相互独立. 试用切比雪夫不等式和中心极限定理分别估算夜晚同时开灯数在 970 到 1030 之间的概率.

解 设

$$X_i = \begin{cases} 1, & \text{第 } i \text{ 盏灯开}, \\ 0, & \text{第 } i \text{ 盏灯关}, \end{cases} \quad i = 1, 2, \cdots, 10000,$$

由已知, 得 $X_1, X_2, \cdots, X_{10000}$ 相互独立同分布, 且 $X_i \sim B(1, 0.1)$, $i = 1, 2, \cdots, 10000$,

同时开灯数 $\sum\limits_{i=1}^{10000} X_i \sim B(10000,0.1)$，因为 $E\left(\sum\limits_{i=1}^{10000} X_i\right)=1000, \mathrm{Var}\left(\sum\limits_{i=1}^{10000} X_i\right)=900$，由切比雪夫不等式，得

$$P\left(970 \leqslant \sum_{i=1}^{10000} X_i \leqslant 1030\right)$$

$$= P\left(-30 \leqslant \sum_{i=1}^{10000} X_i - 1000 \leqslant 30\right)$$

$$= P\left(\left|\sum_{i=1}^{10000} X_i - 1000\right| \leqslant 30\right)$$

$$= 1 - \frac{\mathrm{Var}\left(\sum\limits_{i=1}^{10000} X_i\right)}{30^2} = 1 - \frac{30^2}{30^2} = 0.$$

由棣莫弗-拉普拉斯中心极限定理，得

$$\sum_{i=1}^{10000} X_i \overset{近似}{\sim} N(1000,900),$$

那么同时开灯数在 970 到 1030 之间的概率为

$$P\left(970 \leqslant \sum_{i=1}^{10000} X_i \leqslant 1030\right) \approx \Phi\left(\frac{1030-1000}{\sqrt{900}}\right) - \Phi\left(\frac{970-1000}{\sqrt{900}}\right)$$

$$= \Phi(1) - \Phi(-1) = 2\Phi(1) - 1$$

$$= 2 \times 0.8413 - 1$$

$$= 0.6826.$$

6. 设 $X_1, X_2, \cdots, X_{100}$ 相互独立且服从相同的分布，$X_i \sim U(0,1)$，$i = 1,2,\cdots,100$. 用中心极限定理计算 $P(\mathrm{e}^{-110} \leqslant X_1 X_2 \cdots X_{100} \leqslant \mathrm{e}^{-90})$.

解　因为

$$P(\mathrm{e}^{-110} \leqslant X_1 X_2 \cdots X_{100} \leqslant \mathrm{e}^{-90}) = P\left(-110 \leqslant \sum_{i=1}^{100} \ln X_i \leqslant -90\right),$$

而

$$E(\ln X_i) = \int_0^1 \ln x_i \mathrm{d}x_i = -1,$$

$$E[(\ln X_i)^2] = \int_0^1 (\ln x_i)^2 \mathrm{d}x_i = [(\ln x_i)^2 x_i]_0^1 - \int_0^1 x_i \mathrm{d}(\ln x_i)^2$$

$$= -\int_0^1 x_i \cdot 2\ln x_i \cdot \frac{1}{x_i} \mathrm{d}x_i = -2\int_0^1 \ln x_i \mathrm{d}x_i = 2,$$

得 $\mathrm{Var}(\ln X_i) = 1$. 由中心极限定理，知 $\sum\limits_{i=1}^{100} \ln X_i \overset{近似}{\sim} N(-100,100)$，所以

$$P(\mathrm{e}^{-110} \leqslant X_1 X_2 \cdots X_{100} \leqslant \mathrm{e}^{-90})$$

$$\approx \Phi\left(\frac{-90+100}{\sqrt{100}}\right) - \Phi\left(\frac{-110+100}{\sqrt{100}}\right)$$

$$= \Phi(+1) - \Phi(-1) = 2\Phi(1) - 1$$

$$= 0.6826.$$

7. 设 $X_1, X_2, \cdots, X_n$ 相互独立且服从相同的分布, $X_1 \sim P(1)$. 求:

(1) $\sum\limits_{i=1}^{n} X_i$ 的分布律.

*(2) 利用中心极限定理求极限 $\lim\limits_{n \to \infty}\left(\mathrm{e}^{-n} + n\mathrm{e}^{-n} + \dfrac{n^2}{2!}\mathrm{e}^{-n} + \cdots + \dfrac{n^n}{n!}\mathrm{e}^{-n}\right)$.

解 (1) 因为 $X_1, X_2, \cdots, X_n$ 相互独立同分布, 且 $X_i \sim P(1)$, 则由泊松分布的可加性知 $\sum\limits_{i=1}^{n} X_i \sim P(n)$, 其分布律为

$$P\left(\sum_{i=1}^{n} X_i = k\right) = \mathrm{e}^{-n}\frac{n^k}{k!}, \quad k = 0, 1, 2, \cdots.$$

(2) 这里 $\mathrm{e}^{-n} + n\mathrm{e}^{-n} + \dfrac{n^2}{2!}\mathrm{e}^{-n} + \cdots + \dfrac{n^n}{n!}\mathrm{e}^{-n} = P\left(\sum\limits_{i=1}^{n} X_i \leqslant n\right)$, 其中 $\sum\limits_{i=1}^{n} X_i \sim P(n)$, 则

$$E\left(\sum_{i=1}^{n} X_i\right) = \mathrm{Var}\left(\sum_{i=1}^{n} X_i\right) = n,$$

由中心极限定理, 知

$$\lim_{n \to \infty}\left(\mathrm{e}^{-n} + n\mathrm{e}^{-n} + \frac{n^2}{2!}\mathrm{e}^{-n} + \cdots + \frac{n^n}{n!}\mathrm{e}^{-n}\right) = \lim_{n \to \infty}P\left(\sum_{i=1}^{n} X_i \leqslant n\right) = \Phi\left(\frac{n-n}{\sqrt{n}}\right) = \Phi(0) = 0.5.$$

测试题五

1. 设随机变量 X 的数学期望 $E(X) = \mu$, 方差 $\mathrm{Var}(X) = \sigma^2$, 请用切比雪夫不等式估计概率 $P(|X - \mu| \geqslant 3\sigma)$ 的上界.

解 由切比雪夫不等式, 得

$$P(|X - \mu| \geqslant 3\sigma) \leqslant \frac{\mathrm{Var}(X)}{(3\sigma)^2} = \frac{\sigma^2}{9\sigma^2} = \frac{1}{9}.$$

所以此概率的上界为 $\dfrac{1}{9}$.

2. 设 $X_1, X_2, \cdots$ 是相互独立同分布的随机变量序列, 且 $X_i \sim \exp(2)$, $i = 1, 2, \cdots$. 则当 $n \to \infty$ 时, $Y_n = \dfrac{1}{n}\sum\limits_{i=1}^{n} X_i^2$ 依概率收敛于什么值?

解 因为 $X_1, X_2, \cdots, X_n$ 相互独立同分布, 且 $X_i \sim \exp(2)$, 则有

$$E\left(\frac{1}{n}\sum_{i=1}^{n} X_i^2\right) = E(X_i^2) = \mathrm{Var}(X_i) + E[(X_i)]^2 = \frac{1}{2^2} + \left(\frac{1}{2}\right)^2 = \frac{1}{2},$$

由大数定律, 知

$$Y_n = \frac{1}{n}\sum_{i=1}^{n} X_i^2 \xrightarrow{P} E\left(\frac{1}{n}\sum_{i=1}^{n} X_i^2\right) = \frac{1}{2}.$$

3. 设 $X_1, X_2, \cdots$ 是相互独立同分布的随机变量序列. X_i 的分布函数为

$$F(x_i) = \begin{cases} 0, & x_i < 0, \\ 1 - \mathrm{e}^{-\frac{x_i^2}{\theta}}, & x_i \geqslant 0, \end{cases} \quad i = 1, 2, \cdots$$

(1) 求 X_i 的密度函数，$i = 1,2,\cdots$；

(2) 求 $E(X_i)$ 与 $E(X_i^2)$，$i = 1,2,\cdots$；

(3) 已知 $\dfrac{1}{n}\sum\limits_{i=1}^{n} X_i^2 \xrightarrow{P} c$，求常数 c 的值.

解　(1) 由已知，得 X_i 的密度函数为 $f(x_i) = \begin{cases} \dfrac{2x_i}{\theta} \cdot \mathrm{e}^{-\frac{x_i^2}{\theta}}, & x_i > 0, \\ 0, & \text{其他}, \ i = 1,2,\cdots. \end{cases}$

(2) 由已知，得

$$E(X_i) = \int_0^{+\infty} x_i \cdot \frac{2x_i}{\theta} \cdot \mathrm{e}^{-\frac{x_i^2}{\theta}}\mathrm{d}x_i = \sqrt{2\pi} \cdot \sqrt{\frac{\theta}{2}} \cdot \frac{1}{\theta} \int_{-\infty}^{+\infty} x_i^2 \cdot \frac{1}{\sqrt{2\pi} \cdot \sqrt{\frac{\theta}{2}}} \cdot \mathrm{e}^{-\frac{x_i^2}{2 \cdot \frac{\theta}{2}}}\mathrm{d}x_i$$

$$= \sqrt{\frac{\pi}{\theta}} \cdot \frac{\theta}{2} = \frac{\sqrt{\pi\theta}}{2},$$

这里利用了服从正态分布 $N\left(0, \dfrac{\theta}{2}\right)$ 的随机变量平方的期望为 $\dfrac{\theta}{2}$.

$$E(X_i^2) = \int_0^{+\infty} x_i^2 \cdot \frac{2x_i}{\theta} \cdot \mathrm{e}^{-\frac{x_i^2}{\theta}}\mathrm{d}x_i, \ 令 \ t = \frac{x_i^2}{\theta}, \ 则 \ E(X_i^2) = \theta \int_0^{+\infty} t\mathrm{e}^{-t}\mathrm{d}t = \theta, \ i = 1,2,\cdots.$$

这里利用了指数分布 $\exp(1)$ 的期望为 1.

(3) 因为 $E(X_i^2) = \theta$，所以由相互独立同分布大数定律，知

$$\frac{1}{n}\sum_{i=1}^{n} X_i^2 \xrightarrow{P} E\left(\frac{1}{n}\sum_{i=1}^{n} X_i^2\right) = E(X_i^2) = \theta.$$

所以 $c = \theta$.

4. 设随机变量序列 $X_1, X_2, \cdots$ 相互独立同分布，且 $E(X_i) = 0$，$\mathrm{Var}(X_i) = \sigma^2$，$i = 1,2,$ $\cdots$. 证明：对任意正数 ε，有 $\lim\limits_{n\to\infty} P\left(\left|\dfrac{1}{n}\sum\limits_{i=1}^{n} X_i^2 - \sigma^2\right| < \varepsilon\right) = 1$.

证明　由相互独立同分布大数定律，得

$$\frac{1}{n}\sum_{i=1}^{n} X_i^2 \xrightarrow{P} E(X_i^2) = \mathrm{Var}(X_i) - E[(X_i)]^2 = \sigma^2.$$

即

$$\lim_{n\to\infty} P\left(\left|\frac{1}{n}\sum X_i^2 - \sigma^2\right| < \varepsilon\right) = 1.$$

5. 设对一个学生而言，来参加家长会的家长人数是一个随机变量，一个学生无家长、有 1 名家长、有 2 名家长来参加家长会的概率分别为 0.05, 0.8, 0.15. 若学校共有 400 名学生，设各学生来参加家长会的家长数相互独立，且服从同一分布. 试求：

(1) 参加家长会的家长数 X 超过 450 的概率.

(2) 有 1 名家长来参加家长会的学生数不多于 340 的概率.

解　设 X_i 为第 i 个学生参加会议的家长数，则 X_i 的分布律如下所示.

X_i	0	1	2
概率	0.05	0.8	0.15

$i = 1, 2, \cdots, 400$, 且 $X_1, X_2, \cdots, X_{400}$ 相互独立同分布. 那么

$$E(X_i) = 0 \times 0.05 + 1 \times 0.8 + 2 \times 0.15 = 1.1,$$

$$E(X_i^2) = 0^2 \times 0.05 + 1^2 \times 0.8 + 2^2 \times 0.15 = 1.4,$$

$$\mathrm{Var}(X_i) = E(X_i^2) - E[(X_i)]^2 = 1.4 - 1.1^2 = 0.19,$$

$$E\left(\sum_{i=1}^{400} X_i\right) = 440, \quad \mathrm{Var}\left(\sum_{i=1}^{400} X_i\right) = 76.$$

由列维-林德伯格中心极限定理, 得 $\sum_{i=1}^{400} X_i \overset{\text{近似}}{\sim} N(440, 76)$, 所以

$$P\left(\sum_{i=1}^{400} X_i > 450\right) \approx 1 - \Phi\left(\frac{450 - 440}{\sqrt{76}}\right) = 1 - \Phi(1.147) = 1 - 0.8743 = 0.1257.$$

设 $Y_i = \begin{cases} 1, & \text{第 } i \text{ 个学生只有 1 名家长参加家长会}, \\ 0, & \text{其他}, \end{cases}$ $i = 1, 2, \cdots, 400$, 显然 $Y_i \sim B(1, 0.8)$, $i = 1, 2, \cdots, 400$, 且 $Y_1, Y_2, \cdots, Y_{400}$ 相互独立同分布.

由棣莫弗-拉普拉斯中心极限定理, 得只有 1 名家长参加家长会的学生数不多于 340 的概率为

$$P\left(\sum_{i=1}^{400} Y_i \leqslant 340\right) \approx \Phi\left(\frac{340 - 400 \times 0.8}{\sqrt{400 \times 0.8 \times 0.2}}\right) = \Phi(2.5) = 0.9938.$$

6. 已知男孩的出生率为 51.5%. 试求刚出生的 10000 个婴儿中男孩多于女孩的概率.

解 设 $X_i = \begin{cases} 1, & \text{第 } i \text{ 个婴儿为男婴}, \\ 0, & \text{其他}, \end{cases}$ $i = 1, 2, \cdots, 10000$. 由已知, 得 $X_1, X_2, \cdots, X_{10000}$ 相互独立同分布, 且 $X_i \sim B(1, 0.515)$. 则由棣莫弗-拉普拉斯中心极限定理得男孩多于女孩的概率为

$$P\left(\sum_{i=1}^{10000} X_i > 5000\right) \approx 1 - \Phi\left(\frac{5000 - 10000 \times 0.515}{\sqrt{10000 \times 0.515 \times 0.485}}\right) = 1 - \Phi(-3.001) = 0.9987.$$

7. 推动经济社会发展绿色化、低碳化是实现高质量发展的关键环节. 共享单车就是这样一种绿色低碳的生活方式. 某共享单车企业为更好地提供服务, 欲优化单车投放点和投放数量, 现对某投放点的单车使用量 X 进行统计分析, 预测得 $X \sim P(100)$, 求某观测日该投放点单车使用量超过 120 的概率.

解 $X \sim P(100)$, 由于泊松分布具有可加性, 因此不妨假设有 $X_1, X_2, \cdots, X_{100}$ 相互独立且都服从参数为 1 的泊松分布 $P(1)$, 则 $X = \sum_{i=1}^{100} X_i \sim P(100)$. 由 $E\left(\sum_{i=1}^{100} X_i\right) = 100$,

$\mathrm{Var}\left(\sum_{i=1}^{100} X_i\right) = 100$, 利用中心极限定理可得

$$P(X > 120) = 1 - P\left(\sum_{i=1}^{100} X_i \leqslant 120\right)$$

$$\approx 1 - P\left(\frac{\sum_{i=1}^{100} X_i - 100}{\sqrt{100}} \leqslant \frac{120 - 100}{\sqrt{100}}\right) = 1 - \Phi(2) = 0.0228.$$

8. 为了测定一台机床的质量，把它分解成若干部件来称重. 假定每个部件的称重误差（单位：kg）服从区间 $[-2,2]$ 上的均匀分布. 问：最多把这台机床分解成多少个部件，才能以不低于 99% 的概率保证总质量误差的绝对值不超过 10kg.

解　设最多分解为 n 个部件才能满足要求，又设 X_i 为第 i 个部件的称重误差，$i=1,2,\cdots,n$. 由已知得 $X_1,X_2,\cdots,X_n$ 相互独立同分布，且 $X_i \sim U(-2,2)$，$i=1,2,\cdots,n$，则

$$E(X_i)=0,\quad \mathrm{Var}(X_i)=\frac{4}{3},$$

由棣莫弗-拉普拉斯中心极限定理，得 $\displaystyle\sum_{i=1}^{n}X_i \overset{近似}{\sim} N\left(0,\frac{4}{3}n\right)$，则总质量误差的绝对值不超过 10kg 的概率要满足不等式

$$P\left(\left|\sum_{i=1}^{n}X_i\right|\leqslant 10\right)\geqslant 0.99,$$

即

$$P\left(-10\leqslant \sum_{i=1}^{n}X_i \leqslant 10\right)\geqslant 0.99 \Rightarrow \Phi\left(\frac{10-0}{\sqrt{\frac{4}{3}n}}\right)-\Phi\left(\frac{-10-0}{\sqrt{\frac{4}{3}n}}\right)\geqslant 0.99$$

$$\Rightarrow 2\Phi\left(\frac{10}{\sqrt{\frac{4}{3}n}}\right)-1\geqslant 0.99$$

$$\Rightarrow \Phi\left(\frac{10}{\sqrt{\frac{4}{3}n}}\right)\geqslant 0.995,$$

有

$$\frac{10}{\sqrt{\frac{4}{3}n}}\geqslant u_{0.995}=2.575,$$

即 $n\leqslant 11.31$.

故最多把这台机床分解成 11 个部件，才能以不低于 99% 的概率保证总质量误差的绝对值不超过 10kg.

9. 为确定某市成年男子中喜欢喝咖啡者的比例 p，准备调查这个城市中的 n 个成年男子，记这 n 个成年男子中喜欢喝咖啡的人数为 X.

（1）n 至少为多大才能使 $P\left(\left|\dfrac{X}{n}-p\right|<0.02\sqrt{p(1-p)}\right)\geqslant 0.95$？要求用中心极限定理).

（2）证明：对于（1）中求得的 n，$P\left(\left|\dfrac{X}{n}-p\right|<0.01\right)\geqslant 0.95$ 成立.

解　（1）由已知得 $X\sim B(n,p)$，利用棣莫弗-拉普拉斯中心极限定理得

$$P\left(\left|\frac{X}{n}-p\right|<0.02\sqrt{p(1-p)}\right)=P\left(\left|\frac{X-np}{\sqrt{np(1-p)}}\right|<\frac{0.02n\sqrt{p(1-p)}}{\sqrt{np(1-p)}}\right)$$

$$\approx 2\Phi(0.02\sqrt{n})-1\geqslant 0.95,$$

则

$$\Phi(0.02\sqrt{n}) \geq 0.975 \Rightarrow 0.02\sqrt{n} \geq u_{0.975} = 1.96,$$

即 $n \geq 9604$. 所以 n 至少为 9604 才能满足要求.

(2) 当 $n \geq 9604$ 时, 有

$$P\left(\left|\frac{X}{n}-p\right| < 0.01\right) = P\left(\left|\frac{X-np}{\sqrt{np(1-p)}}\right| < \frac{0.01n}{\sqrt{np(1-p)}}\right) \approx 2\Phi\left(\frac{0.01\sqrt{n}}{\sqrt{p(1-p)}}\right) - 1$$

因为 $4p(1-p) \leq [p+(1-p)]^2 = 1$, 所以 $\sqrt{p(1-p)} \leq \frac{1}{2}$, 有

$$2\Phi\left(\frac{0.01\sqrt{n}}{\sqrt{p(1-p)}}\right) - 1 \geq 2\Phi(0.02\sqrt{n}) - 1 \geq 2\Phi(0.02\sqrt{9604}) - 1$$

$$= 2\Phi(1.96) - 1 = 2 \times 0.975 - 1 = 0.95.$$

所以当 $n \geq 9604$ 时, 有

$$P\left(\left|\frac{X}{n}-p\right| < 0.01\right) \geq 0.95.$$

10. 设 $X_1, X_2, \cdots, X_n, \cdots$ 为相互独立同分布的随机变量序列, 且均服从参数为 $\lambda(>1)$ 的指数分布, 记 $\Phi(x)$ 为标准正态分布的分布函数, 则下面正确的是(   ).

A. $\lim\limits_{n\to\infty} P\left\{\dfrac{\sum\limits_{i=1}^{n} X_i - n\lambda}{\lambda\sqrt{n}} \leq x\right\} = \Phi(x)$　　　　B. $\lim\limits_{n\to\infty} P\left\{\dfrac{\sum\limits_{i=1}^{n} X_i - n\lambda}{\sqrt{n\lambda}} \leq x\right\} = \Phi(x)$

C. $\lim\limits_{n\to\infty} P\left\{\dfrac{\lambda\sum\limits_{i=1}^{n} X_i - n}{\sqrt{n}} \leq x\right\} = \Phi(x)$　　　　D. $\lim\limits_{n\to\infty} P\left\{\dfrac{\sum\limits_{i=1}^{n} X_i - \lambda}{\sqrt{n\lambda}} \leq x\right\} = \Phi(x)$

解　因为 $X_i \sim \exp(\lambda)$, $i = 1, 2, \cdots$, 且 $X_1, X_2, \cdots$ 相互独立同分布, $E(X_i) = \dfrac{1}{\lambda}$,

$\mathrm{Var}(X_i) = \dfrac{1}{\lambda^2}$. 则由相互独立同分布的中心极限定理, 得

$$\lim\limits_{n\to\infty} P\left(\dfrac{\sum\limits_{i=1}^{n} X_i - \dfrac{n}{\lambda}}{\sqrt{\dfrac{n}{\lambda^2}}} \leq x\right) = \Phi(x),$$

即

$$\lim\limits_{n\to\infty} P\left(\dfrac{\lambda\sum\limits_{i=1}^{n} X_i - n}{\sqrt{n}} \leq x\right) = \Phi(x).$$

故应选 C.

第六章 统计量和抽样分布

一、知识结构

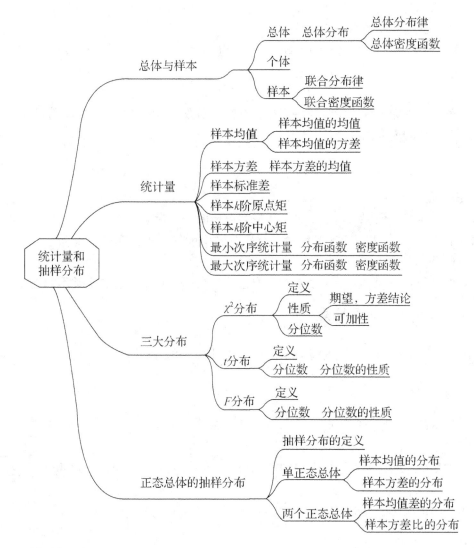

二、归纳总结

1. 总体与样本

总体：研究对象的全体，特指研究对象的统计指标全体．一般设总体指标 $X \sim f(x;\theta)$．

（1）若总体 X 为离散型总体，$f(x;\theta) \hat{=} P(X = x;\theta)$ 即为总体的分布律．

（2）若总体 X 为连续型总体，$f(x;\theta)$ 即为总体的密度函数．

样本：总体中按一定规则选取的一些个体的统计指标．其中，样本所包含的个体个数称为样本容量．

简单随机样本：总体中每个个体都有相同的被选概率，用这种抽样方案得到的样本.（不特别说明，本书中所提的样本即为简单随机样本.）

设 $(X_1, X_2, \cdots, X_n)$ 为取自总体 $f(x; \theta)$ 的一个简单随机样本，具有以下两个特征：

(1) $X_1, X_2, \cdots, X_n$ 相互独立.

(2) X_i 同总体分布 $(X_i \sim f(x_i; \theta))$.

样本的联合分布：

(1) 若总体指标 X 为离散型随机变量，有分布律 $X \sim f(x; \theta) = P(X = x; \theta)$，则简单随机样本 $(X_1, X_2, \cdots, X_n)$ 的联合分布律为

$$f(x_1, x_2, \cdots, x_n; \theta) = P(X_1 = x_1; \theta) P(X_2 = x_2; \theta) \cdots P(X_n = x_n; \theta)$$

$$= \prod_{i=1}^{n} P(X_i = x_i; \theta).$$

(2) 若总体指标 X 为连续型随机变量，有密度函数 $X \sim f(x; \theta)$，则简单随机样本 $(X_1, X_2, \cdots, X_n)$ 的联合密度函数为

$$f(x_1, x_2, \cdots, x_n; \theta) = f(x_1; \theta) f(x_2; \theta) \cdots f(x_n; \theta) = \prod_{i=1}^{n} f(x_i; \theta).$$

2. 统计量

统计量的定义：设 $(X_1, X_2, \cdots, X_n)$ 为取自总体的一个样本，样本 $(X_1, X_2, \cdots, X_n)$ 的函数 $g(X_1, X_2, \cdots, X_n)$，若 g 中不直接包含总体分布中的任何未知参数，则称 $g(X_1, X_2, \cdots, X_n)$ 为统计量.

常用统计量：设 $(X_1, X_2, \cdots, X_n)$ 为取自总体 X 的一个样本，有如下常用的统计量.

(1) 样本均值：$\overline{X} = \dfrac{1}{n} \sum_{i=1}^{n} X_i$.

(2) 样本方差：$S^2 = \dfrac{1}{n-1} \sum_{i=1}^{n} (X_i - \overline{X})^2 = \dfrac{1}{n-1} \left(\sum_{i=1}^{n} X_i^2 - n \overline{X}^2 \right)$.

(3) 样本标准差：$S = \sqrt{S^2}$.

(4) 样本的 k 阶原点矩：$A_k = \dfrac{1}{n} \sum_{i=1}^{n} X_i^k, \quad k = 1, 2, 3, \cdots$.

(5) 常用的有一阶原点矩（即为样本均值），$\overline{X} = \dfrac{1}{n} \sum_{i=1}^{n} X_i$，二阶原点矩 $A_2 = \dfrac{1}{n} \sum_{i=1}^{n} X_i^2$.

(6) 样本的 k 阶中心矩：$M_k = \dfrac{1}{n} \sum_{i=1}^{n} (X_i - \overline{X})^k, \quad k = 1, 2, 3, \cdots$.

(7) 常用的有二阶中心矩 $M_2 = \dfrac{1}{n} \sum_{i=1}^{n} (X_i - \overline{X})^2 \triangleq S_n^2$.

(8) 最小次序统计量：$X_{(1)} = \min(X_1, X_2, \cdots, X_n)$，表示样本中取值最小的一个. $X_{(1)}$ 的分布函数 $F_{X_{(1)}}(v) = 1 - [1 - F_X(v)]^n$，$X_{(1)}$ 的密度函数 $f_{X_{(1)}}(v) = n(1 - F_X(v))^{n-1} f_X(v)$，其中，$f_X(x)$ 为总体 X 的密度函数，$F_X(x)$ 为总体 X 的分布函数.

(9) 最大次序统计量：$X_{(n)} = \max(X_1, X_2, \cdots, X_n)$，表示样本中取值最大的一个. $X_{(n)}$ 的密度函数 $f_{X_{(n)}}(u) = n(F_X(u))^{n-1} f_X(u)$，其中，$f_X(x)$ 为总体 X 的密度函数，$F_X(x)$ 为总体 X 的分布函数.

（10）第 i 个次序统计量：$X_{(i)}$，$i=1,2,\cdots,n$，满足 $X_{(1)} \leqslant X_{(2)} \leqslant \cdots \leqslant X_{(n-1)} \leqslant X_{(n)}$.

定理（样本均值及样本方差的性质） 总体 X 的均值 $E(X)=\mu$，方差 $\mathrm{Var}(X)=\sigma^2$，设 $(X_1,X_2,\cdots,X_n)$ 为取自总体 X 的一个样本，则

（1）$E(\bar{X})=\mu$，$\mathrm{Var}(\bar{X})=\dfrac{\sigma^2}{n}$.

（2）$E(S^2)=\sigma^2$，$E(S_n^2)=\dfrac{n-1}{n}\sigma^2$.

（3）$\bar{X} \xrightarrow{P} \mu$，$S^2 = \dfrac{1}{n-1}\sum_{i=1}^{n}(X_i-\bar{X})^2 \xrightarrow{P} \sigma^2$，$S_n^2 \hat{=} \dfrac{1}{n}\sum_{i=1}^{n}(X_i-\bar{X})^2 \xrightarrow{P} \sigma^2$.

3. 三大分布

三大分布都是从正态总体中衍生出来的，是后续分析正态总体的抽样分布的基础，因此必须熟练掌握三大分布的定义、性质及它们的分位数的定义.

（1）χ^2 分布

① χ^2 分布的定义

设 $X_1,X_2,\cdots,X_n$ 为相互独立的标准正态分布随机变量，称随机变量 $Y=X_1^2+X_2^2+\cdots+X_n^2$ 服从自由度为 n 的 χ^2 分布，记为 $Y \sim \chi^2(n)$.

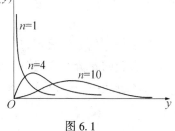

$\chi^2(n)$ 分布的密度函数图形如图 6.1 所示.

② χ^2 分布的性质

（a）当 $Y \sim \chi^2(n)$ 时，$E(Y)=n$，$\mathrm{Var}(Y)=2n$.

（b）χ^2 分布具有可加性：设 $X \sim \chi^2(m)$，$Y \sim \chi^2(n)$，且 X 与 Y 相互独立，则 $X+Y \sim \chi^2(m+n)$.

图 6.1

③ χ^2 分布的分位数

χ^2 分布的 α 分位数记作 $\chi_\alpha^2(n)$，它表示：对于给定的 $\alpha(0<\alpha<1)$，当 $X \sim \chi^2(n)$ 时，有 $P(X \leqslant \chi_\alpha^2(n))=\alpha$. $\chi_\alpha^2(n)$ 的值可以查教材附录 7 得到.

（2）t 分布

① t 分布的定义

设随机变量 X 与 Y 相互独立，且 $X \sim N(0,1)$，$Y \sim \chi^2(n)$，则称 $T=\dfrac{X}{\sqrt{Y/n}}$ 服从自由度为 n 的 t 分布（又称为学生氏分布），记为 $T \sim t(n)$.

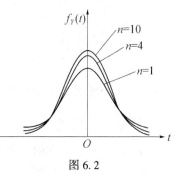

t 分布的密度函数图形如图 6.2 所示.

② t 分布的分位数

t 分布的 α 分位数记作 $t_\alpha(n)$，它表示：对于给定的 $\alpha(0<\alpha<1)$，当 $T \sim t(n)$ 时，有

$$P(T \leqslant t_\alpha(n))=\alpha.$$

由 $t(n)$ 密度函数图形的对称性，知

$$t_\alpha(n)=-t_{1-\alpha}(n).$$

图 6.2

$t_\alpha(n)$ 的值可以查教材附录8得到, 在实际中, 当 $n > 45$ 时, 对于常用的 α 的值, 就用标准正态分布的分位数近似, 即

$$t_\alpha(n) \approx u_\alpha.$$

(3) F 分布

①F 分布的定义

设随机变量 X 与 Y 相互独立, $X \sim \chi^2(m)$, $Y \sim \chi^2(n)$, 则称 $F = \dfrac{X/m}{Y/n}$ 服从自由度为 (m,n) 的 F 分布, 记为 $F \sim F(m,n)$, 其中 m 称为第一自由度, n 称为第二自由度.

$F(m,n)$ 分布的密度函数图形如图6.3所示.

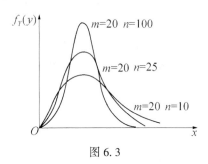

图6.3

②F 分布的分位数

F 分布的 α 分位数记作 $F_\alpha(m,n)$, 它表示: 对于给定的 $\alpha(0 < \alpha < 1)$, 当 $F \sim F(m,n)$ 时, 有 $P(F \leqslant F_\alpha(m,n)) = \alpha$. $F_\alpha(m,n)$ 的值可以查教材附录9得到, 且有

$$F_\alpha(m,n) = \frac{1}{F_{1-\alpha}(n,m)}.$$

4. 正态总体的抽样分布

正态总体的抽样分布即是在正态总体中的一些常用统计量的分布, 正态总体的抽样分布是后续章节中求解置信区间和假设检验的关键.

(1) 单正态总体的抽样分布

设 $(X_1, X_2, \cdots, X_n)$ 是取自正态总体 $N(\mu, \sigma^2)$ 的一个样本, 样本均值 $\overline{X} = \dfrac{1}{n} \sum_{i=1}^{n} X_i$ 和样本方差 $S^2 = \dfrac{1}{n-1} \sum_{i=1}^{n} (X_i - \overline{X})^2$, 则有

① $\overline{X} \sim N\left(\mu, \dfrac{\sigma^2}{n}\right)$, 即 $\dfrac{\overline{X} - \mu}{\sigma} \sqrt{n} \sim N(0,1)$.

② $\dfrac{\sum\limits_{i=1}^{n} (X_i - \overline{X})^2}{\sigma^2} \sim \chi^2(n-1)$, 即 $\dfrac{(n-1)S^2}{\sigma^2} = \dfrac{nS_n^2}{\sigma^2} \sim \chi^2(n-1)$.

③ $\overline{X}$ 与 S^2 (或 S_n^2) 相互独立.

④ $\dfrac{\overline{X} - \mu}{S} \sqrt{n} \sim t(n-1)$.

(2) 两个正态总体的抽样分布

设 $(X_1, X_2, \cdots, X_m)$ 为取自正态总体 $X \sim N(\mu_1, \sigma_1^2)$ 的一组样本, 设 $(Y_1, Y_2, \cdots, Y_n)$ 为取自正

态总体 $Y \sim N(\mu_2, \sigma_2^2)$ 的一组样本，且总体 X 与总体 Y 相互独立，记 $\bar{X} = \dfrac{1}{m}\sum\limits_{i=1}^{m} X_i$，$\bar{Y} =$

$\dfrac{1}{n}\sum\limits_{i=1}^{n} Y_i$，$S_X^2 = \dfrac{1}{m-1}\sum\limits_{i=1}^{m}(X_i - \bar{X})^2$，$S_Y^2 = \dfrac{1}{n-1}\sum\limits_{i=1}^{n}(Y_i - \bar{Y})^2$，$S_w^2 = \dfrac{1}{m+n-2}\left[\sum\limits_{i=1}^{m}(X_i - \bar{X})^2 + \right.$

$\left.\sum\limits_{i=1}^{n}(Y_i - \bar{Y})^2\right] = \dfrac{(m-1)S_X^2 + (n-1)S_Y^2}{m+n-2}$，则有

① $\bar{X} - \bar{Y} \sim N\left(\mu_1 - \mu_2, \dfrac{\sigma_1^2}{m} + \dfrac{\sigma_2^2}{n}\right)$，即 $\dfrac{\bar{X} - \bar{Y} - (\mu_1 - \mu_2)}{\sqrt{\dfrac{\sigma_1^2}{m} + \dfrac{\sigma_2^2}{n}}} \sim N(0,1)$；

② $\dfrac{\sum\limits_{i=1}^{m}(X_i - \bar{X})^2}{\sigma_1^2} + \dfrac{\sum\limits_{i=1}^{n}(Y_i - \bar{Y})^2}{\sigma_2^2} \sim \chi^2(m+n-2)$；

③ $\dfrac{S_X^2/\sigma_1^2}{S_Y^2/\sigma_2^2} \sim F(m-1, n-1)$；

④ 当 $\sigma_1^2 = \sigma_2^2 = \sigma^2$ 时，$\dfrac{\bar{X} - \bar{Y} - (\mu_1 - \mu_2)}{S_w\sqrt{\dfrac{1}{m} + \dfrac{1}{n}}} \sim t(m+n-2)$。

三、概念辨析

1.【判断题】(　　) 总体是研究对象的全体，样本是总体中固定抽取的一部分个体.

　　解　错误，总体是研究对象的全体，样本是从总体中随机抽取的部分个体.

2.【判断题】(　　) 设 $(X_1, X_2, \cdots, X_n)$ 为取自总体的一个简单随机样本，则样本中的 $X_1, X_2, \cdots, X_n$ 相互独立同分布.

　　解　正确，根据简单随机样本的定义可得.

3.【判断题】(　　) 设 $(X_1, X_2, \cdots, X_n)$ 为取自总体的一个简单随机样本，则 $X_{(1)} = \min(X_1, \cdots, X_n)$ 是统计量.

　　解　正确，根据统计量的定义，不包含未知参数的样本的函数称为统计量.

4.【判断题】(　　) 设 $(X_1, X_2, \cdots, X_n)$ 为取自总体 X 的一个样本，该总体的均值 $E(X) = \mu$，方差 $\mathrm{Var}(X) = \sigma^2$，则样本均值 $\bar{X} = \dfrac{1}{n}\sum\limits_{i=1}^{n} X_i$ 的期望为 μ，方差为 σ^2.

　　解　错误，根据教材第六章第二节定理可知，样本均值 $\bar{X}$ 的方差 $\mathrm{Var}(\bar{X}) = \dfrac{\sigma^2}{n}$.

5.【单选题】设 $(X_1, X_2, \cdots, X_n)$ 为取自总体 X 的一个样本，该总体的均值 $E(X) = \mu$，方差 $\mathrm{Var}(X) = \sigma^2$，则样本方差 $S^2 = \dfrac{1}{n-1}\sum\limits_{i=1}^{n}(X_i - \bar{X})^2$ 的期望为(　　).

A. σ^2 　　　　　　B. $\dfrac{\sigma^2}{n}$ 　　　　　　C. $\dfrac{(n-1)\sigma^2}{n}$ 　　　　　　D. $\dfrac{\sigma^2}{n-1}$

　　解　根据教材第六章第二节定理可知，样本方差 S^2 的期望 $E(S^2) = \mathrm{Var}(x) = \sigma^2$，故选 A.

6.【单选题】设$(X_1, X_2, \cdots, X_n)$是取自正态总体$N(\mu, 1)$的一个样本，样本均值$\overline{X} = \frac{1}{n}\sum_{i=1}^{n} X_i$，则（　　）.

A. $\overline{X} \sim N(\mu, 1)$　　　　B. $\overline{X} \sim N\left(\mu, \frac{1}{n}\right)$　　　　C. $\overline{X} \sim N\left(\frac{\mu}{n}, 1\right)$　　　　D. $\overline{X} \sim N\left(\frac{\mu}{n}, \frac{1}{n}\right)$

解　根据教材第六章第四节定理 1 可知，当总体$X \sim N(\mu, \sigma^2)$时，样本均值$\overline{X} \sim N\left(\mu, \frac{\sigma^2}{n}\right)$，故选 B.

7.【单选题】设$(X_1, X_2, \cdots, X_n)$是取自正态总体$N(\mu, \sigma^2)$的一个样本，$\overline{X} = \frac{1}{n}\sum_{i=1}^{n} X_i$，$S = \sqrt{\frac{1}{n-1}\sum_{i=1}^{n} (X_i - \overline{X})^2}$，则（　　）.

A. $\sqrt{n}\,\dfrac{\overline{X}-\mu}{S} \sim t(n)$　　　　　　　　　B. $\sqrt{n-1}\,\dfrac{\overline{X}-\mu}{S} \sim t(n)$

C. $\sqrt{n}\,\dfrac{\overline{X}-\mu}{S} \sim t(n-1)$　　　　　　　D. $\dfrac{\overline{X}-\mu}{S} \sim t(n-1)$

解　根据教材第六章第四节定理 2 可知，当总体$X \sim N(\mu, \sigma^2)$时，$\sqrt{n}\,\dfrac{\overline{X}-\mu}{S} \sim t(n-1)$，故选 C.

8.【单选题】设$(X_1, X_2, \cdots, X_m)$为取自正态总体$X \sim N(\mu_1, \sigma_1^2)$的一组样本，设$(Y_1, Y_2, \cdots, Y_n)$为取自正态总体$Y \sim N(\mu_2, \sigma_2^2)$的一组样本，且总体$X$与总体$Y$相互独立，记$\overline{X} = \frac{1}{m}\sum_{i=1}^{m} X_i$，$\overline{Y} = \frac{1}{n}\sum_{i=1}^{n} Y_i$，$S_X^2 = \frac{1}{m-1}\sum_{i=1}^{m} (X_i - \overline{X})^2$，$S_Y^2 = \frac{1}{n-1}\sum_{i=1}^{n} (Y_i - \overline{Y})^2$，则（　　）.

A. $\overline{X} - \overline{Y} \sim N(\mu_1 - \mu_2, \sigma_1^2 + \sigma_2^2)$　　　　　　B. $\overline{X} - \overline{Y} \sim N(\mu_1 - \mu_2, \sigma_1^2 - \sigma_2^2)$

C. $\overline{X} - \overline{Y} \sim N\left(\mu_1 - \mu_2, \dfrac{\sigma_1^2}{m} - \dfrac{\sigma_2^2}{n}\right)$　　　D. $\overline{X} - \overline{Y} \sim N\left(\mu_1 - \mu_2, \dfrac{\sigma_1^2}{m} + \dfrac{\sigma_2^2}{n}\right)$

解　根据教材第六章第四节定理 3 可知，$\overline{X} - \overline{Y} \sim N\left(\mu_1 - \mu_2, \dfrac{\sigma_1^2}{m} + \dfrac{\sigma_2^2}{n}\right)$，故选 D.

四、典型例题

例 1　（考研真题　2016 年数学一第 8 题）【单选题】设总体$X \sim B(m, \theta)$，$(X_1, X_2, \cdots, X_n)$为来自该总体的简单随机样本，$\overline{X}$为样本均值，则$E\left[\sum_{i=1}^{n} (X_i - \overline{X})^2\right] = （　　）$.

A. $(m-1)n\theta(1-\theta)$　　　　　　　B. $m(n-1)\theta(1-\theta)$

C. $(m-1)(n-1)\theta(1-\theta)$　　　　　D. $mn\theta(1-\theta)$

解　这是一个关于常用统计量样本方差性质的问题. 根据教材第六章第二节中的定理可得

$$E\left[\frac{1}{n-1}\sum_{i=1}^{n} (X_i - \overline{X})^2\right] = E(S^2) = \mathrm{Var}(X) = m\theta(1-\theta)$$

微课视频

$$\Rightarrow E\left[\sum_{i=1}^{n}(X_i-\bar{X})^2\right]=m(n-1)\theta(1-\theta),$$

故选 B.

例2 （**考研真题** 2001 年数学一第十二题）设 $(X_1,X_2,\cdots,X_{2n})(n\geqslant2)$ 是取自正态总体 $N(\mu,\sigma^2)$ 的一个简单随机样本，样本均值 $\bar{X}=\dfrac{1}{2n}\sum_{i=1}^{2n}X_i$，$Y=\sum_{i=1}^{n}(X_i+X_{n+i}-2\bar{X})^2$，求 $E(Y)$.

解 这是一个关于巧算统计量数字特征的问题.

定义新的变量 $Z_i=X_i+X_{n+i}$，$i=1,\cdots,n$，显然 $Z_1,\cdots,Z_n$ 相互独立且都服从正态分布 $N(2\mu,2\sigma^2)$，

$$定义\bar{Z}=\frac{1}{n}\sum_{i=1}^{n}(X_i+X_{n+i})=\frac{1}{n}\sum_{i=1}^{2n}X_i=2\bar{X},$$

$$S_Z^2=\frac{1}{n-1}\sum_{i=1}^{n}(Z_i-\bar{Z})^2=\frac{1}{n-1}\sum_{i=1}^{n}(X_i+X_{n+i}-2\bar{X})^2=\frac{1}{n-1}Y,$$

根据教材第六章第二节中的定理，可知 $E(S_Z^2)=E\left(\dfrac{1}{n-1}Y\right)=2\sigma^2$，即 $E(Y)=2(n-1)\sigma^2$.

例3 （**考研真题** 2016 年数学三第 23 题）设总体 X 的概率密度函数为

$$f(x,\theta)=\begin{cases}\dfrac{3x^2}{\theta^3},&0<x<\theta,\\[2mm]0,&其他,\end{cases}$$

其中，$\theta\in(0,+\infty)$ 为未知参数，(X_1,X_2,X_3) 为取自该总体 X 的一个简单随机样本，令 $T=\max(X_1,X_2,X_3)$.

（1）求 T 的概率密度函数.

（2）当 a 为何值时，aT 的数学期望为 θ？

解 这是一个关于求解最大次序统计量概率密度函数及数字特征的问题.

微课视频

首先，求解总体 X 的分布函数.

当 $x<0$ 时，$F_X(x)=0$.

当 $0\leqslant x<\theta$ 时，$F_X(x)=\displaystyle\int_0^x\frac{3t^2}{\theta^3}\mathrm{d}t=\frac{x^3}{\theta^3}$.

当 $x\geqslant\theta$ 时，$F_X(x)=1$.

整理，可得总体 X 的分布函数为

$$F_X(x)=\begin{cases}0,&x<0,\\[2mm]\dfrac{x^3}{\theta^3},&0\leqslant x<\theta,\\[2mm]1,&x\geqslant\theta.\end{cases}$$

（1）根据题意，X_1,X_2,X_3 相互独立同分布，$T=\max(X_1,X_2,X_3)$ 的分布函数为
$$F_T(t)=P(\max(X_1,X_2,X_3)\leqslant t)=P(X_1\leqslant t,X_2\leqslant t,X_3\leqslant t)$$
$$=P(X_1\leqslant t)P(X_2\leqslant t)P(X_3\leqslant t)=[P(X\leqslant t)]^3=[F_X(t)]^3$$

$$= \begin{cases} 0, & t < 0, \\ \left(\dfrac{t^3}{\theta^3}\right)^3 = \dfrac{t^9}{\theta^9}, & 0 \le t < \theta, \\ 1, & t \ge \theta, \end{cases}$$

所以 $T = \max(X_1, X_2, X_3)$ 的概率密度函数为 $f_T(t) = F'_T(t) = \begin{cases} \dfrac{9t^8}{\theta^9}, & 0 < t < \theta, \\ 0, & \text{其他}, \end{cases}$

也可直接根据 $T = \max(X_1, X_2, X_3)$ 的概率密度函数公式得到

$$f_T(t) = 3[F_X(t)]^2 f_X(t) = \begin{cases} 3 \times \left[\dfrac{t^3}{\theta^3}\right]^2 \dfrac{3t^2}{\theta^3} = \dfrac{9t^8}{\theta^9}, & 0 < t < \theta, \\ 0, & \text{其他}. \end{cases}$$

(2) 由(1)可知 $E(aT) = aET = a \int_0^\theta t \dfrac{9t^8}{\theta^9} dt = \dfrac{9}{10} a\theta$,又根据题意,有

$$E(aT) = \frac{9}{10} a\theta = \theta,$$

所以 $a = \dfrac{10}{9}$.

例 4 (考研真题 2012 年数学三第 8 题) 设 (X_1, X_2, X_3, X_4) 为取自正态总体 $N(1, \sigma^2)$ 的简单随机样本,则统计量 $\dfrac{X_1 - X_2}{|X_3 + X_4 - 2|}$ 服从的分布为( ).

A. $N(0,1)$　　　　　　 B. $t(1)$　　　　　　 C. $\chi^2(1)$　　　　　　 D. $F(1,1)$

解 本题考查的是正态分布的性质及 t 分布的定义. 由正态分布的性质可知 $X_1 - X_2 \sim N(0, 2\sigma^2)$,标准化后可得 $\dfrac{X_1 - X_2}{\sqrt{2}\sigma} \sim N(0,1)$. 同理,可得 $\dfrac{X_3 + X_4 - 2}{\sqrt{2}\sigma} \sim N(0,1)$. 由 χ^2 分布的定义,得 $\left(\dfrac{X_3 + X_4 - 2}{\sqrt{2}\sigma}\right)^2 \sim$

$\chi^2(1)$,显然这里 $\dfrac{X_1 - X_2}{\sqrt{2}\sigma}$ 与 $\left(\dfrac{X_3 + X_4 - 2}{\sqrt{2}\sigma}\right)^2$ 相互独立,由 t 分布的定

义,有 $\dfrac{(X_1 - X_2)/\sqrt{2}\sigma}{\sqrt{\left(\dfrac{X_3 + X_4 - 2}{\sqrt{2}\sigma}\right)^2 \Big/ 1}} = \dfrac{X_1 - X_2}{|X_3 + X_4 - 2|} \sim t(1)$,因此选 B.

2014 年数学三第 8 题是一道与之类似的考研真题.

例 5 (考研真题 2013 年数学一第 8 题) 设随机变量 $X \sim t(n)$,$Y \sim F(1, n)$,给定 $\alpha(0 < \alpha < 0.5)$,常数 c 满足 $P(X > c) = \alpha$,则 $P(Y > c^2) = $ ( ).

A. α　　　　　　　　　　　　　　 B. $1 - \alpha$

C. 2α　　　　　　　　　　　　　　 D. $1 - 2\alpha$

解 这是一个关于 t 分布与 F 分布之间相互关系的问题.

微课视频

当 $X \sim t(n)$ 时, 不妨设 $X = \dfrac{X_1}{\sqrt{X_2/n}}$, 其中, 随机变量 X_1 与 X_2 相互独立, $X_1 \sim N(0,1)$,

$X_2 \sim \chi^2(n)$. 则 $Y = X^2 = \left(\dfrac{X_1}{\sqrt{X_2/n}}\right)^2 = \dfrac{X_1^2/1}{X_2/n}, X_1^2 \sim \chi^2(1)$, 且 X_1^2 与 X_2 相互独立, 故由 F 分布的

定义可知 $Y \sim F(1,n)$.

因此 $P(Y > c^2) = P(X^2 > c^2) = P(X > c) + P(X < -c) = 2\alpha$, 故选 C.

例6　(**考研真题**　2005 年数学一第 14 题) 设 $(X_1, X_2, \cdots, X_n)(n \geqslant 2)$ 取自总体 $N(0,1)$
的一个简单随机样本, $\overline{X}$ 为样本均值, S^2 为样本方差, 则(　　　).

A. $n\overline{X} \sim N(0,1)$　　　　　　　　　　　B. $nS^2 \sim \chi^2(n-1)$

C. $\dfrac{(n-1)\overline{X}}{S} \sim t(n-1)$　　　　　　　D. $\dfrac{(n-1)X_1^2}{\displaystyle\sum_{i=2}^{n} X_i^2} \sim F(1,n-1)$

解　这是一道关于正态总体抽样分布应用的问题.

由总体 $X \sim N(0,1)$ 可知, 样本中每个个体 $X_i \sim N(0,1)$, 由教材

第六章第四节定理 1 中结论(1) 可知, $\overline{X} \sim N\left(0, \dfrac{1}{n}\right)$, 标准化后得

微课视频

$\sqrt{n}\,\overline{X} \sim N(0,1)$, 因此选项 A 错误.

由教材第六章第四节定理 1 中结论(2) 可知, $(n-1)S^2 \sim \chi^2(n-1)$, 因此选项 B 错误.

由教材第六章第四节定理 2 中结论(2) 可知, $\dfrac{\overline{X}}{S}\sqrt{n} \sim t(n-1)$, 因此选项 C 错误.

另外, $X_1^2 \sim \chi^2(1)$, $\displaystyle\sum_{i=2}^{n} X_i^2 \sim \chi^2(n-1)$, 随机变量 X_1^2 与 $\displaystyle\sum_{i=2}^{n} X_i^2$ 独立, 由 F 分布定义可得

$\dfrac{X_1^2/1}{\displaystyle\sum_{i=2}^{n} X_i^2 \Big/ n-1} = \dfrac{(n-1)X_1^2}{\displaystyle\sum_{i=2}^{n} X_i^2} \sim F(1,n-1)$, 因此选项 D 正确. 故选 D.

例7　(**考研真题**　2017 年数学一第 8 题) 设 $(X_1, X_2, \cdots, X_n)(n \geqslant 2)$ 为取自总体 $N(\mu,$

$1)$ 的简单随机样本, 记 $\overline{X} = \dfrac{1}{n}\displaystyle\sum_{i=1}^{n} X_i$, 则下列结论中不正确的是(　　　).

A. $\displaystyle\sum_{i=1}^{n} (X_i - \mu)^2$ 服从 χ^2 分布　　　　　B. $2(X_n - X_1)^2$ 服从 χ^2 分布

C. $\displaystyle\sum_{i=1}^{n} (X_i - \overline{X})^2$ 服从 χ^2 分布　　　　　D. $n(\overline{X} - \mu)^2$ 服从 χ^2 分布

解　这是一个关于正态总体抽样分布应用的问题.

由总体 $X \sim N(\mu,1)$ 可知, 样本中每个个体 $X_i - \mu \sim N(0,1)$, 根据

微课视频

χ^2 分布的定义可得 $\displaystyle\sum_{i=1}^{n} (X_i - \mu)^2 \sim \chi^2(n)$, 因此选项 A 中结论正确.

由教材第六章第四节定理 1 中结论(2) 可知,

$\dfrac{(n-1)S^2}{\sigma^2} = \sum\limits_{i=1}^{n} (X_i - \bar{X})^2 \sim \chi^2(n-1)$，因此选项 C 中结论正确.

由教材第六章第四节定理1中结论(1)可知，$\bar{X} \sim N\left(\mu, \dfrac{1}{n}\right)$，标准化后得 $\sqrt{n}(\bar{X}-\mu) \sim N(0,$

$1)$，根据 χ^2 分布的定义可得 $n(\bar{X}-\mu)^2 \sim \chi^2(1)$，因此选项 D 中结论正确.

而 $X_n - X_1 \sim N(0,2)$ 标准化后，得 $\dfrac{X_n - X_1}{\sqrt{2}} \sim N(0,1)$，根据 χ^2 分布的定义，可得

$\dfrac{(X_n - X_1)^2}{2} \sim \chi^2(1)$，因此选项 B 中结论不正确，故选 B.

五、习题详解

习题 6-1 总体与样本

1. 某视频网站要了解某个节目收视人群的特征，于是进行了问卷调查，请问该项调查的总体是什么？个体是什么？样本是什么？

解 总体是所有观看该节目的观众，个体是每个观看该节目的观众，样本是被调查的那些观众.

2. 保险协会每年需要调整车险的基础保费，为此需要对投保车辆的实际损失进行统计建模预测，现从某地区上一个保险会计年度内的理赔记录中抽取 1000 份材料进行分析. 请问该项调查的总体和样本分别是什么？

解 总体是全部该地区在册运行的车辆，样本是 1000 份被抽取到的车辆理赔记录.

3. 某品牌高钙牛奶声称其每 100mL 牛奶含钙量超过 120mg，研究人员对其进行调查，从不同批次生产的牛奶中随机抽取了 10 盒进行检测，请问该项检测的总体和样本分别是什么？

解 总体是该品牌所有高钙牛奶，样本是随机抽取的 10 盒牛奶.

4. 设 $(X_1, X_2, \cdots, X_n)$ 是取自总体 X 的一个样本，在以下 3 种情况下，分别写出样本 $(X_1, X_2, \cdots, X_n)$ 的联合分布律或联合密度函数.

(1) 总体 $X \sim Ge(p)$，其分布律为 $P(X=k) = p(1-p)^{k-1}$，$0<p<1$，$k=1,2,\cdots,n,\cdots$.

(2) 总体 X 的分布律如下所示.

X	-1	0	1
概率	$\dfrac{\theta}{2}$	$1-\theta$	$\dfrac{\theta}{2}$

其中，θ 未知，$0<\theta<1$.

(3) 总体 X 的密度函数为 $f(x) = \dfrac{\lambda}{2} e^{-\lambda|x|}$，$-\infty < x < +\infty$.

解 $(1) P(X_1=x_1, X_2=x_2, \cdots, X_n=x_n; p) = P(X_1=x_1)P(X_2=x_2)\cdots P(X_n=x_n) = p^n(1-$

$p)^{\sum\limits_{i=1}^{n} x_i - n}$，$x_i = 1, 2, \cdots$；$i=1,\cdots,n$.

$(2) P(X_1=x_1, X_2=x_2, \cdots, X_n=x_n; \theta) = P(X_1=x_1)P(X_2=x_2)\cdots P(X_n=x_n) =$

$\left(\dfrac{\theta}{2}\right)^{\sum\limits_{i=1}^{n}|x_i|} (1-\theta)^{n-\sum\limits_{i=1}^{n}|x_i|}$，$x_i = -1, 0, 1$；$i=1,\cdots,n$.

$(3)f(x_1,x_2,\cdots,x_n;\lambda)=f(x_1)f(x_2)\cdots f(x_n)=\left(\dfrac{\lambda}{2}\right)^n\mathrm{e}^{-\lambda\sum\limits_{i=1}^{n}|x_i|}$，$-\infty<x<+\infty$，$i=1,2,$ $\cdots,n.$

习题 6-2 统计量

1. 设 $(X_1,X_2,\cdots,X_n)$ 是取自总体 X 的一个样本，$\bar{X}$ 与 S^2 分别为样本均值与样本方差，在下列两种总体分布的假定下，分别求 $E(\bar{X})$，$\mathrm{Var}(\bar{X})$ 及 $E(S^2)$.

$(1)X\sim Ge(p).$

$(2)X\sim N(\mu,\sigma^2).$

解 这是一个关于常用统计量数字特征性质的问题. 根据教材第六章第二节定理可知，设总体 X 的均值 $E(X)=\mu$，方差 $\mathrm{Var}(X)=\sigma^2$，则有 $E(\bar{X})=\mu$，$\mathrm{Var}(\bar{X})=\dfrac{\sigma^2}{n}$，$E(S^2)=\sigma^2.$

(1) 总体 $X\sim Ge(p)$，则 $E(X)=\dfrac{1}{p}$，$\mathrm{Var}(X)=\dfrac{1-p}{p^2}$，故 $E(\bar{X})=\dfrac{1}{p}$，$\mathrm{Var}(\bar{X})=\dfrac{1-p}{np^2}$，

$E(S^2)=\dfrac{1-p}{p^2}.$

(2) 总体 $X\sim N(\mu,\sigma^2)$，则 $E(X)=\mu$，$\mathrm{Var}(X)=\sigma^2$，故 $E(\bar{X})=\mu$，$\mathrm{Var}(\bar{X})=\dfrac{\sigma^2}{n}$，

$E(S^2)=\sigma^2.$

2. 设 $(X_1,X_2,\cdots,X_n)$ 是取自正态总体 $N(1,\sigma^2)$ 的一个样本，求：

$(1)E\left[\sum\limits_{i=1}^{n}(X_i-1)^2\right]$，$\mathrm{Var}\left[\sum\limits_{i=1}^{n}(X_i-1)^2\right].$

$(2)E\left[\left(\sum\limits_{i=1}^{n}X_i-n\right)^2\right]$，$\mathrm{Var}\left[\left(\sum\limits_{i=1}^{n}X_i-n\right)^2\right].$

解 这是一个关于 χ^2 分布应用的问题.

(1) 由总体 $X\sim N(1,\sigma^2)$ 可知，样本中每个个体 $X_i\sim N(1,\sigma^2)$ 标准化后，得 $\dfrac{X_i-1}{\sigma}\sim$ $N(0,1)$，根据 χ^2 分布的定义，可得 $\sum\limits_{i=1}^{n}\left(\dfrac{X_i-1}{\sigma}\right)^2\sim\chi^2(n)$，又根据 χ^2 分布的性质，可得

$$E\left[\sum\limits_{i=1}^{n}(X_i-1)^2\right]=n\sigma^2,\quad \mathrm{Var}\left[\sum\limits_{i=1}^{n}(X_i-1)^2\right]=2n\sigma^4.$$

(2) 由教材第三章第五节定理 3 可知，$\sum\limits_{i=1}^{n}X_i\sim N(n,n\sigma^2)$ 标准化后，得 $\dfrac{\sum\limits_{i=1}^{n}X_i-n}{\sqrt{n\sigma^2}}\sim N(0,$

$1)$，根据 χ^2 分布的定义，$\dfrac{\left(\sum\limits_{i=1}^{n}X_i-n\right)^2}{n\sigma^2}\sim\chi^2(1)$，又根据 χ^2 分布的性质，可得

$$E\left[\left(\sum\limits_{i=1}^{n}X_i-n\right)^2\right]=n\sigma^2,\quad \mathrm{Var}\left[\left(\sum\limits_{i=1}^{n}X_i-n\right)^2\right]=2n^2\sigma^4.$$

3. 设 $(X_1, X_2, \cdots, X_n)$ 是取自总体 X 的一个样本，总体 X 的密度函数为 $f(x; \theta) = \begin{cases} \dfrac{2x}{3\theta^2}, & \theta < x < 2\theta, \\ 0, & \text{其他.} \end{cases}$ 其中，θ 是未知参数，若 $E\left(c\sum\limits_{i=1}^{n} X_i^2\right) = \theta^2$，求 c 的值.

解 $E(X^2) = \int_{\theta}^{2\theta} x^2 \cdot \dfrac{2x}{3\theta^2} \mathrm{d}x = \dfrac{5}{2}\theta^2$, $E\left(c\sum\limits_{i=1}^{n} X_i^2\right) = cnE(X_i^2) = cn\dfrac{5}{2}\theta^2 = \theta^2$, $c = \dfrac{2}{5n}$.

4. 设总体 $X \sim N(40, 5^2)$. (1) 抽取容量为 36 的样本，求 $P(38 \leqslant \overline{X} \leqslant 43)$. (2) 样本容量 n 多大时，才能使 $P(|\overline{X} - 40| < 1) = 0.95$.

解 (1) 由教材第六章第四节定理 1 中结论(1)可知，$\overline{X} \sim N\left(40, \dfrac{5^2}{36}\right)$，因此

$$P(38 \leqslant \overline{X} \leqslant 43) = \Phi\left(\dfrac{43-40}{5} \times \sqrt{36}\right) - \Phi\left(\dfrac{38-40}{5} \times \sqrt{36}\right) = 0.9916.$$

(2) 设样本容量为 n 时，$\overline{X} \sim N\left(45, \dfrac{5^2}{n}\right)$，

$$P(|\overline{X} - 40| < 1) = P(39 \leqslant \overline{X} \leqslant 41) = \Phi\left(\dfrac{41-40}{5}\sqrt{n}\right) - \Phi\left(\dfrac{39-40}{5}\sqrt{n}\right) = 0.95,$$

计算可得 $\dfrac{1}{5}\sqrt{n} = u_{0.975} = 1.96$, $n = 96$.

5. 设 $(X_1, X_2, \cdots, X_n)$ 为取自正态总体 $N(\mu, \sigma^2)$ 的一个样本，试求：统计量 $U = \sum\limits_{i=1}^{n} c_i X_i$ 的分布，其中 $c_1, c_2, \cdots, c_n$ 是不全为零的常数.

解 由教材第二章第四节定理 2 可知，$c_i X_i \sim N(c_i \mu, c_i^2 \sigma^2)$, $c_1 X_1, c_2 X_2, \cdots, c_n X_n$ 相互独立，由教材第三章第五节定理 3 正态分布的可加性可知，统计量

$$U = \sum_{i=1}^{n} c_i X_i \sim N\left(\sum_{i=1}^{n} c_i \mu, \sum_{i=1}^{n} c_i^2 \sigma^2\right).$$

*6. 设 $(X_1, X_2, \cdots, X_n)$ 是取自总体 X 的一个样本，总体 $X \sim N(0, 1)$, $\overline{X}$ 为样本均值，记 $Y_i = X_i - \overline{X}$, $i = 1, 2, \cdots, n$. 求：

(1) Y_i 的方差 $\mathrm{Var}(Y_i)$, $i = 1, 2, \cdots, n$.

(2) Y_1 与 Y_n 的协方差 $\mathrm{Cov}(Y_1, Y_n)$.

解 这是一个关于巧算统计量数字特征的问题.

(1) 由方差的性质可将 $\mathrm{Var}(Y_i)$ 分解成如下形式

$$\mathrm{Var}(Y_i) = \mathrm{Var}(X_i - \overline{X}) = \mathrm{Var}(X_i) + \mathrm{Var}(\overline{X}) - 2\mathrm{Cov}(X_i, \overline{X})$$

其中，根据教材第四章第三节中定理 1 协方差的性质(4)，可得

$$\mathrm{Cov}(X_i, \overline{X}) = \mathrm{Cov}\left(X_i, \dfrac{1}{n}\sum_{i=1}^{n} X_i\right) = \dfrac{1}{n}\mathrm{Cov}\left(X_i, \sum_{i=1}^{n} X_i\right)$$

$$= \dfrac{1}{n}\left[\mathrm{Cov}(X_i, X_1) + \mathrm{Cov}(X_i, X_2) + \cdots + \mathrm{Cov}(X_i, X_i) + \cdots + \mathrm{Cov}(X_i, X_n)\right]$$

$$= \dfrac{1}{n}\mathrm{Cov}(X_i, X_i) = \dfrac{1}{n}\mathrm{Var}(X_i),$$

因此

$$\text{Var}(Y_i) = \text{Var}(X_i) + \text{Var}(\bar{X}) - 2\frac{1}{n}\text{Var}(X_i) = 1 + \frac{1}{n} - 2\frac{1}{n} = 1 - \frac{1}{n}.$$

（2）同理，根据教材第四章第三节中定理 1 协方差的性质（4），可得

$$\text{Cov}(Y_1, Y_n) = \text{Cov}(X_1, X_n) - \text{Cov}(X_1, \bar{X}) - \text{Cov}(X_n, \bar{X}) + \text{Cov}(\bar{X}, \bar{X})$$

$$= 0 - \frac{1}{n}\text{Var}(X_1) - \frac{1}{n}\text{Var}(X_n) + \text{Var}(\bar{X}) = -\frac{1}{n}.$$

7. 设 (X_1, X_2, X_3) 是取自离散型总体 X 的一个样本，总体 X 的分布律如下.

X	-1	0	1
概率	$\frac{1}{3}$	$\frac{1}{3}$	$\frac{1}{3}$

求 $X_{(1)}$ 和 $X_{(3)}$ 的分布律.

解 $P(X_{(1)} = -1) = 1 - P(X_1 > -1, X_2 > -1, X_3 > -1) = 1 - \left(\frac{2}{3}\right)^3 = \frac{19}{27};$

$$P(X_{(1)} = 1) = P(X_1 = 1, X_2 = 1, X_3 = 1) = \frac{1}{27};$$

$$P(X_{(1)} = 0) = 1 - P(X_{(1)} = -1) - P(X_{(1)} = 1) = \frac{7}{27}.$$

因此 $X_{(1)}$ 的分布律如下.

$X_{(1)}$	-1	0	1
概率	$\frac{19}{27}$	$\frac{7}{27}$	$\frac{1}{27}$

$$P(X_{(3)} = -1) = P(X_1 = -1, X_2 = -1, X_3 = -1) = \frac{1}{27};$$

$$P(X_{(3)} = 1) = 1 - P(X_1 < 1, X_2 < 1, X_3 < 1) = 1 - \left(\frac{2}{3}\right)^3 = \frac{19}{27};$$

$$P(X_{(3)} = 0) = 1 - P(X_{(3)} = -1) - P(X_{(3)} = 1) = \frac{7}{27}.$$

因此 $X_{(3)}$ 的分布律如下.

$X_{(3)}$	-1	0	1
概率	$\frac{1}{27}$	$\frac{7}{27}$	$\frac{19}{27}$

8. 设 $(X_1, X_2, \cdots, X_n)$ 是取自总体 X 的一个样本，总体 X 的密度函数为 $f(x;\theta) = \begin{cases} e^{-(x-\theta)}, & x \geq \theta, \\ 0, & \text{其他.} \end{cases}$ 其中，$\theta > 0$. 求：

（1）总体 X 的分布函数 $F_X(x)$.

（2）最小次序统计量 $X_{(1)}$ 的均值和方差.

解 这是一个关于求解最小次序统计量密度函数及数字特征的问题.

$(1) F_X(x) = P(X \leq x) = \begin{cases} 0, & x < \theta, \\ \int_\theta^x e^{-(t-\theta)} dt = 1 - e^{-(x-\theta)}, & x \geq \theta. \end{cases}$

(2) 方法一 根据最小次序统计量 $X_{(1)}$ 的密度函数公式得到

$$f_{X_{(1)}}(x) = n(1 - F_X(x))^{n-1} f_X(x) = \begin{cases} 0, & \text{其他}, \\ ne^{-n(x-\theta)}, & x \geq \theta, \end{cases}$$

所以

$$E(X_{(1)}) = \int_\theta^{+\infty} x \cdot ne^{-n(x-\theta)} dx = \int_0^{+\infty} (y+\theta) \cdot ne^{-ny} dy = \theta + \frac{1}{n},$$

$$E(X_{(1)}^2) = \int_\theta^{+\infty} x^2 \cdot e^{-n(x-\theta)} dx = \theta^2 + \frac{2}{n}\theta + \frac{2}{n^2},$$

$$\text{Var}(X_{(1)}) = E(X_{(1)}^2) - (EX_{(1)})^2 = \theta^2 + \frac{2}{n}\theta + \frac{2}{n^2} - \left(\theta + \frac{1}{n}\right)^2 = \frac{1}{n^2}.$$

方法二 设 $Y = X_{(1)} - \theta$, 由教材第二章第四节定理 1 可以求得 $f_Y(y) = \begin{cases} e^{-ny}, & y \geq 0, \\ 0, & \text{其他}, \end{cases}$ 即

$Y = X_{(1)} - \theta \sim E(n)$,

$$E(X_{(1)}) = E(Y+\theta) = E(Y) + \theta = \frac{1}{n} + \theta, \quad \text{Var}(X_{(1)}) = \text{Var}(X_{(1)} - \theta) = \text{Var}(Y) = \frac{1}{n^2}.$$

习题 6-3 三大分布

1. 查表(见教材附录 7~附录 9) 写出如下分位数的值: $\chi_{0.95}^2(10), \chi_{0.05}^2(10), t_{0.975}(8),$ $t_{0.025}(8), F_{0.95}(3,7), F_{0.05}(3,7)$.

解 查教材附录 7, 可得 $\chi_{0.95}^2(10) = 18.3070, \chi_{0.05}^2(10) = 3.9403$.

查教材附录 8, 可得 $t_{0.975}(8) = 2.3060, t_{0.025}(8) = -2.3060$.

查教材附录 9, 可得 $F_{0.95}(3,7) = 4.35, F_{0.05}(3,7) = \dfrac{1}{F_{0.95}(7,3)} = 0.1125$.

2. (1) 设 $X \sim \chi^2(8)$, 求常数 a, c, 使 $P(X \leq a) = 0.05, P(X > c) = 0.05$.

(2) 设 $T \sim t(5)$, 求常数 c 使 $P(|T| \leq c) = 0.9$.

(3) 设 $F \sim F(6,9)$, 求常数 a, c, 使 $P(X \leq a) = 0.05, P(X > c) = 0.05$.

解 (1) 查教材附录 7, 可得 $a = \chi_{0.05}^2(8) = 2.7326, c = \chi_{0.95}^2(8) = 15.5073$.

(2) 查教材附录 8, 可得 $c = t_{0.95}(5) = 2.0150$.

(3) 查教材附录 9, 可得 $a = F_{0.05}(6,9) = \dfrac{1}{F_{0.95}(9,6)} = 0.2440, c = F_{0.95}(6,9) = 3.3738$.

3. 设 $(X_1, X_2, \cdots, X_6)$ 是取自正态总体 $N(0, \sigma^2)$ 的一个样本, 问:

$(1) k \dfrac{X_1 + X_2 + X_3 + X_4}{\sqrt{X_5^2 + X_6^2}}$ 服从什么分布? 自由度是多少? k 是多少?

$(2) c \dfrac{X_4^2 + X_5^2}{(X_2 + X_3)^2}$ 服从什么分布? 自由度是多少? c 是多少?

解　这是一个关于如何构造三大分布的问题.

（1）由总体 $X \sim N(0,\sigma^2)$ 可知，样本中每个个体相互独立且 $X_i \sim N(0,\sigma^2)$，由教材第三章第五节定理 3 可知，$X_1 + X_2 + X_3 + X_4 \sim N(0,4\sigma^2)$ 标准化后，得 $\dfrac{X_1 + X_2 + X_3 + X_4}{2\sigma} \sim N(0,$

$1)$．另一方面，根据 χ^2 分布的定义可得 $\left[\left(\dfrac{X_5}{\sigma}\right)^2 + \left(\dfrac{X_6}{\sigma}\right)^2\right] \sim \chi^2(2)$．显然 $\dfrac{X_1 + X_2 + X_3 + X_4}{2\sigma}$ 与

$\dfrac{X_5^2 + X_6^2}{\sigma^2}$ 相互独立，根据 t 分布的定义可得

$$\frac{\dfrac{X_1 + X_2 + X_3 + X_4}{2\sigma}}{\sqrt{\dfrac{X_5^2 + X_6^2}{\sigma^2} \Big/ 2}} = \frac{1}{\sqrt{2}} \frac{X_1 + X_2 + X_3 + X_4}{\sqrt{X_5^2 + X_6^2}} \sim t(2),$$

即 $k = \dfrac{1}{\sqrt{2}}$.

（2）根据 χ^2 分布的定义可得 $\left(\dfrac{X_4}{\sigma}\right)^2 + \left(\dfrac{X_5}{\sigma}\right)^2 \sim \chi^2(2)$．又 $\left(\dfrac{X_2 + X_3}{\sqrt{2}\,\sigma}\right)^2 \sim \chi^2(1)$，且 $\left(\dfrac{X_4}{\sigma}\right)^2 +$

$\left(\dfrac{X_5}{\sigma}\right)^2$ 与 $\left(\dfrac{X_2 + X_3}{\sqrt{2}\,\sigma}\right)^2$ 相互独立，根据 F 分布的定义可得

$$\frac{\dfrac{X_4^2 + X_5^2}{\sigma^2} \Big/ 2}{\left(\dfrac{X_2 + X_3}{\sqrt{2}\,\sigma}\right)^2 \Big/ 1} = \frac{X_4^2 + X_5^2}{(X_2 + X_3)^2} \sim F(2,1),$$

即 $c = 1$.

4. 设 $(X_1, X_2, \cdots, X_5)$ 是取自正态总体 $X \sim N(0,4)$ 的一个样本，

（1）求常数 a，使 $a(X_1^2 + X_2^2)$ 服从 χ^2 分布，并指出它的自由度.

（2）求常数 b，使 $b(X_1 + X_2)^2$ 服从 χ^2 分布，并指出它的自由度.

（3）求常数 c，使 $c\dfrac{X_1^2 + X_2^2}{X_3^2 + X_4^2}$ 服从 F 分布，并指出它的自由度.

（4）求常数 d，使 $d\left(\dfrac{X_1 - X_2}{X_3 - X_4}\right)^2$ 服从 F 分布，并指出它的自由度.

解　这是一个关于如何构造三大分布的问题.

（1）由总体 $X \sim N(0,4)$ 可知，样本中每个个体相互独立且 $X_i \sim N(0,4)$，$i = 1,2,3,4$，标准化后得 $\dfrac{X_i}{2} \sim N(0,1)$，根据 χ^2 分布的定义可得 $\left(\dfrac{X_1}{2}\right)^2 + \left(\dfrac{X_2}{2}\right)^2 \sim \chi^2(2)$，即 $a = \dfrac{1}{4}$，自由度为 2.

（2）由根据教材第三章第五节定理 3 可知，$X_1 + X_2 \sim N(0,8)$ 标准化后，得 $\dfrac{X_1 + X_2}{\sqrt{8}} \sim$

$N(0,1)$．又根据 χ^2 分布的定义可得 $\left(\dfrac{X_1 + X_2}{\sqrt{8}}\right)^2 \sim \chi^2(1)$，即 $b = \dfrac{1}{8}$，自由度为 1.

(3) 由(1)可知 $\dfrac{X_1^2+X_2^2}{4}\sim\chi^2(2)$，同理 $\dfrac{X_3^2+X_4^2}{4}\sim\chi^2(2)$，显然 $\dfrac{X_1^2+X_2^2}{4}$ 与 $\dfrac{X_3^2+X_4^2}{4}$ 相互独立，根据 F 分布的定义可得 $\dfrac{(X_1^2+X_2^2)/2}{(X_3^2+X_4^2)/2}\sim F(2,2)$，即 $c=1$，第一自由度为 2，第二自由度为 2.

(4) 易知 $\left(\dfrac{X_1-X_2}{\sqrt{8}}\right)^2\sim\chi^2(1)$，同理 $\left(\dfrac{X_3-X_4}{\sqrt{8}}\right)^2\sim\chi^2(1)$，显然 $\left(\dfrac{X_1-X_2}{\sqrt{8}}\right)^2$ 与 $\left(\dfrac{X_3-X_4}{\sqrt{8}}\right)^2$ 相互独立，根据 F 分布的定义可得 $\dfrac{\left(\dfrac{X_1-X_2}{\sqrt{8}}\right)^2\Big/1}{\left(\dfrac{X_3-X_4}{\sqrt{8}}\right)^2\Big/1}\sim F(1,1)$，即 $d=1$，第一自由度为 1，第二自由度为 1.

5. 设 $(X_1,X_2,\cdots,X_n)$ 是取自总体 $\chi^2(n)$ 的一个样本，$\bar{X}$ 为样本均值，试求：$E(\bar{X})$，$\mathrm{Var}(\bar{X})$.

解 这是一个关于常用统计量数字特征性质的问题.

根据教材第六章第二节定理结论可知，设总体 X 的均值 $E(X)=\mu$，方差 $\mathrm{Var}(X)=\sigma^2$，有 $E(\bar{X})=\mu,\mathrm{Var}(\bar{X})=\dfrac{\sigma^2}{n}$. 总体 $X\sim\chi^2(n)$，则 $E(X)=n,\mathrm{Var}(X)=2n$. 故 $E(\bar{X})=n,\mathrm{Var}(\bar{X})=2$.

6. 设 $(X_1,X_2,\cdots,X_5)$ 是取自正态总体 $N(0,\sigma^2)$ 的一个样本，$a\dfrac{X_1+X_2}{|X_3-X_4-X_5|}$ 服从什么分布？a 的值是多少？

解 易得 $\dfrac{X_1+X_2}{\sqrt{2}\sigma}\sim N(0,1)$，又 $\left(\dfrac{X_3-X_4-X_5}{\sqrt{3}\sigma}\right)^2\sim\chi^2(1)$，且 $\dfrac{X_1+X_2}{\sqrt{2}\sigma}$ 与 $\left(\dfrac{X_3-X_4-X_5}{\sqrt{3}\sigma}\right)^2$ 相互独立，根据 t 分布的定义，可得 $\dfrac{\dfrac{X_1+X_2}{\sqrt{2}\sigma}}{\sqrt{\left(\dfrac{X_3-X_4-X_5}{\sqrt{3}\sigma}\right)^3\Big/1}}=\dfrac{\sqrt{6}}{2}\dfrac{X_1+X_2}{|X_3-X_4-X_5|}\sim t(1)$，$a=\dfrac{\sqrt{6}}{2}$.

习题 6-4 正态总体的抽样分布

1. 设 $(X_1,X_2,\cdots,X_n)$ 是取自正态总体 $N(\mu,\sigma^2)$ 的一个样本，求 $\dfrac{\sum\limits_{i=1}^{n}(X_i-\mu)^2}{\sigma^2}$ 的分布.

解 由总体 $X\sim N(\mu,\sigma^2)$ 可知，样本中每个个体相互独立且 $X_i\sim N(\mu,\sigma^2)$ 标准化后，得 $\dfrac{X_i-\mu}{\sigma}\sim N(0,1)$，根据 χ^2 分布的定义，可得 $\sum\limits_{i=1}^{n}\left(\dfrac{X_i-\mu}{\sigma}\right)^2=\dfrac{\sum\limits_{i=1}^{n}(X_i-\mu)^2}{\sigma^2}\sim\chi^2(n)$.

2. 设 $(X_1, X_2, \cdots, X_n)$ 是取自正态总体 $N(0,1)$ 的一个样本，求：
(1) $\mathrm{Var}(\bar{X}^2)$. (2) $\mathrm{Var}(S^2)$.

解 (1) 由教材第六章第四节定理 1 中结论 (1) 可知，$\bar{X} \sim$ $N\left(0, \dfrac{1}{n}\right)$，即 $\sqrt{n}\,\bar{X} \sim N(0,1)$，根据 χ^2 分布的定义，可得 $(\sqrt{n}\,\bar{X})^2 \sim$ $\chi^2(1)$，由 χ^2 分布的性质 1 可知，$\mathrm{Var}(n\bar{X}^2) = 2$，即 $\mathrm{Var}(\bar{X}^2) = \dfrac{2}{n^2}$.

微课视频

(2) 由教材第六章第四节定理 1 中结论 (2) 可知，$(n-1)S^2 \sim \chi^2(n-1)$，同理，由 χ^2 分布的性质 1 可知，$\mathrm{Var}((n-1)S^2) = 2(n-1)$，即 $\mathrm{Var}(S^2) = \dfrac{2}{n-1}$.

3. 设 (X_1, X_2, X_3, X_4) 是取自正态总体 $N(\mu, 1)$ 的简单随机样本，记 $\bar{X}$ 为样本均值，$S^2 = \dfrac{1}{3}\sum\limits_{i=1}^{4}(X_i - \bar{X})^2$ 为样本方差，求下列统计量的分布：

(1) $\sum\limits_{i=1}^{4}(X_i - \bar{X})^2$. (2) $\dfrac{2(\bar{X}-\mu)}{S}$. (3) $\dfrac{(n-1)X_1^2}{\sum\limits_{i=2}^{n}X_i^2}$.

解 (1) 根据教材第六章第四节定理 1 中结论 (2) 可知，$\dfrac{(n-1)S^2}{\sigma^2} \sim \chi^2(n-1)$，即 $\sum\limits_{i=1}^{4}(X_i - \bar{X})^2 \sim \chi^2(3)$.

(2) 根据教材第六章第四节定理 2 可知，$\dfrac{2(\bar{X}-\mu)}{S} \sim t(3)$.

(3) 根据 χ^2 分布的定义，可得 $X_1^2 \sim \chi^2(1)$，$\sum\limits_{i=2}^{n}X_i^2 \sim \chi^2(n-1)$，且 X_1^2 与 $\sum\limits_{i=2}^{n}X_i^2$ 独立，由 F 分布的定义可得

$$\dfrac{\dfrac{X_1^2}{1}}{\dfrac{\sum\limits_{i=2}^{n}X_i^2}{n-1}} = \dfrac{(n-1)X_1^2}{\sum\limits_{i=2}^{n}X_i^2} \sim F(1, n-1).$$

4. 设 $(X_1, X_2, \cdots, X_8)$ 是取自正态总体 $N(\mu_1, \sigma^2)$ 的一个样本，设 $(Y_1, Y_2, \cdots, Y_9)$ 是取自正态总体 $N(\mu_2, \sigma^2)$ 的一个样本，两个总体相互独立，且 $\bar{X} = \dfrac{1}{8}\sum\limits_{i=1}^{8}X_i$，$\bar{Y} = \dfrac{1}{9}\sum\limits_{j=1}^{9}Y_j$，$S_w^2 = \dfrac{1}{15}\left[\sum\limits_{i=1}^{8}(X_i - \bar{X})^2 + \sum\limits_{j=1}^{9}(Y_j - \bar{Y})^2\right]$，证明：$T = \dfrac{\bar{X} - \bar{Y} - (\mu_1 - \mu_2)}{S_w\sqrt{\dfrac{1}{8} + \dfrac{1}{9}}} \sim t(15)$.

证明 本题即为教材第六章第四节定理 3 中结论 (4).

首先 $\dfrac{\bar{X} - \bar{Y} - (\mu_1 - \mu_2)}{\sigma\sqrt{\dfrac{1}{8} + \dfrac{1}{9}}} \sim N(0,1)$，其次 $\dfrac{(8+9-2)S_w^2}{\sigma^2} \sim \chi^2(15)$，又 $\bar{X} - \bar{Y}$ 与 S_w^2 相互独立，根据 t 分布的定义，可得

$$T = \frac{\dfrac{\overline{X} - \overline{Y} - (\mu_1 - \mu_2)}{\sigma \sqrt{\dfrac{1}{8} + \dfrac{1}{9}}}}{\sqrt{\dfrac{15S_w^2}{\sigma^2} \Big/ 15}} = \frac{\overline{X} - \overline{Y} - (\mu_1 - \mu_2)}{S_w \sqrt{\dfrac{1}{8} + \dfrac{1}{9}}} \sim t(15).$$

5. 设 $(X_1, X_2, \cdots, X_{10})$ 是取自正态总体 $N(0, \sigma^2)$ 的一个样本，求下列统计量的抽样分布：

$$(1)\, Y = \frac{1}{\sigma^2} \sum_{i=1}^{10} X_i^2. \quad (2)\, T = \frac{\sqrt{6} \sum\limits_{i=1}^{4} X_i}{2 \sqrt{\sum\limits_{i=5}^{10} X_i^2}}. \quad (3)\, F = \frac{3 \sum\limits_{i=1}^{4} X_i^2}{2 \sum\limits_{i=5}^{10} X_i^2}.$$

解 (1) 由总体 $X \sim N(0, \sigma^2)$ 可知，样本中每个个体相互独立且 $X_i \sim N(0, \sigma^2)$ 标准化后，得 $\dfrac{X_i}{\sigma} \sim N(0, 1)$，根据 χ^2 分布的定义，可得

$$Y = \frac{1}{\sigma^2} \sum_{i=1}^{10} X_i^2 = \sum_{i=1}^{10} \left(\frac{X_i}{\sigma}\right)^2 \sim \chi^2(10).$$

(2) 显然由正态分布的可加性，可得 $\dfrac{\sum\limits_{i=1}^{4} X_i}{2\sigma} \sim N(0, 1)$，由 χ^2 分布的定义，可得

$\sum\limits_{i=5}^{10} \left(\dfrac{X_i}{\sigma}\right)^2 \sim \chi^2(6)$，且 $\dfrac{\sum\limits_{i=1}^{4} X_i}{2\sigma}$ 与 $\sum\limits_{i=5}^{10} \left(\dfrac{X_i}{\sigma}\right)^2$ 相互独立，由 t 分布的定义，可得

$$T = \frac{\dfrac{\sum\limits_{i=1}^{4} X_i}{2\sigma}}{\sqrt{\sum\limits_{i=5}^{10} \left(\dfrac{X_i}{\sigma}\right)^2 \Big/ 6}} = \frac{\sqrt{6} \sum\limits_{i=1}^{4} X_i}{2 \sqrt{\sum\limits_{i=5}^{10} X_i^2}} \sim t(6).$$

(3) 由 χ^2 分布的定义，可得 $\sum\limits_{i=1}^{4} \left(\dfrac{X_i}{\sigma}\right)^2 \sim \chi^2(4)$，$\sum\limits_{i=5}^{10} \left(\dfrac{X_i}{\sigma}\right)^2 \sim \chi^2(6)$，且 $\sum\limits_{i=1}^{4} \left(\dfrac{X_i}{\sigma}\right)^2$ 与

$\sum\limits_{i=5}^{10} \left(\dfrac{X_i}{\sigma}\right)^2$ 相互独立，由 F 分布的定义，可得

$$F = \frac{\sum\limits_{i=1}^{4} \left(\dfrac{X_i}{\sigma}\right)^2 \Big/ 4}{\sum\limits_{i=5}^{10} \left(\dfrac{X_i}{\sigma}\right)^2 \Big/ 6} = \frac{3 \sum\limits_{i=1}^{4} X_i^2}{2 \sum\limits_{i=5}^{10} X_i^2} \sim F(4, 6).$$

6. 设 $(X_1, X_2, \cdots, X_7)$ 是取自正态总体 $N(\mu, \sigma^2)$ 的一个样本，$T = \dfrac{X_7 - \overline{X_6}}{S_6} \sqrt{\dfrac{6}{7}}$，其中，

$\overline{X}_6 = \dfrac{1}{6}\sum\limits_{i=1}^{6}X_i, S_6 = \sqrt{\dfrac{1}{5}\sum\limits_{i=1}^{6}(X_i - \overline{X}_6)^2}$，证明：$T \sim t(5)$.

证明　由教材第六章第四节定理1中结论（1）可知，$\overline{X}_6 = \dfrac{1}{6}\sum\limits_{i=1}^{6}X_i \sim N\left(0, \dfrac{\sigma^2}{6}\right)$，显然 X_7

与 $\overline{X}_6$ 相互独立，由正态分布的可加性，可得 $X_7 - \overline{X}_6 \sim N\left(0, \dfrac{7}{6}\sigma^2\right)$，又由教材第六章第四节

定理1中结论（2）可知，$\dfrac{5S_6^2}{\sigma^2} \sim \chi^2(5)$，且 $X_7 - \overline{X}_6$ 与 $\dfrac{5S_6^2}{\sigma^2}$ 相互独立，故由 t 分布的定义，可得

$$T = \frac{X_7 - \overline{X}_6 \Big/ \sqrt{\dfrac{7}{6}}\,\sigma}{\sqrt{\dfrac{5S_6^2}{\sigma^2}\Big/5}} = \frac{X_7 - \overline{X}_6}{S_6}\sqrt{\frac{6}{7}} \sim t(5).$$

7. 设 $(X_1, X_2, \cdots, X_n)$ 是取自正态总体 $N(0, \sigma^2)$ 的一个样本，$\sigma^2 > 0$ 且 σ^2 未知. 若令

统计量 $Y = \dfrac{\sqrt{n}\,\overline{X}}{S}$，其中 $\overline{X} = \dfrac{1}{n}\sum\limits_{i=1}^{n}X_i, S = \sqrt{\dfrac{1}{n-1}\sum\limits_{i=1}^{n}(X_i - \overline{X})^2}$，那么 Y^2 服从什么分布？

解　方法一　由教材第六章第四节定理1中结论（1）可知，$\dfrac{\sqrt{n}\,\overline{X}}{\sigma} \sim N(0,1)$，根据 χ^2 分

布的定义，可得 $\left(\dfrac{\sqrt{n}\,\overline{X}}{\sigma}\right)^2 \sim \chi^2(1)$；又由教材第六章第四节定理 1 中结论（2）可知，

$\dfrac{(n-1)S^2}{\sigma^2} \sim \chi^2(n-1)$，且它们相互独立，由 F 分布的定义可知

$$Y^2 = \frac{\left(\dfrac{\sqrt{n}\,\overline{X}}{\sigma}\right)^2 \Big/ 1}{\dfrac{(n-1)S^2}{\sigma^2}\Big/(n-1)} = \left(\frac{\sqrt{n}\,\overline{X}}{S}\right)^2 \sim F(1, n-1).$$

方法二　由教材第六章第四节定理2可知，$Y = \dfrac{\sqrt{n}\,\overline{X}}{S} \sim t(n-1)$，由本章典型例题中的例

5 分析可知

$$Y^2 = \left(\frac{\sqrt{n}\,\overline{X}}{S}\right)^2 \sim F(1, n-1).$$

测试题六

1. 设 $(X_1, X_2, \cdots, X_5)$ 是取自正态总体 $N(0,4)$ 的一个样本，令 $Y = c_1(X_1 + 2X_2)^2 + c_2(X_3$

$+ 3X_4 - 2X_5)^2$，求 Y 的分布和常数 c_1, c_2 的值.

解　$\dfrac{X_1 + 2X_2}{\sqrt{20}} \sim N(0,1)$，又 $\dfrac{X_3 + 3X_4 - 2X_5}{\sqrt{56}} \sim N(0,1)$ 且相互独立，根据 χ^2 分布的定义，可得

$$\left(\frac{X_1 + 2X_2}{\sqrt{20}}\right)^2 + \left(\frac{X_3 + 3X_4 - 2X_5}{\sqrt{56}}\right)^2 \sim \chi^2(2),$$

即 $c_1 = \dfrac{1}{20}, c_2 = \dfrac{1}{56}, Y \sim \chi^2(2)$.

2. 设 $(X_1, X_2, \cdots, X_{10})$ 是取自正态总体 $N(\mu, 0.5^2)$ 的一个样本，其中 μ 未知. 求概率 $P\left(\sum\limits_{i=1}^{10}(X_i - \mu)^2 \geqslant 4\right)$ 及 $P\left(\sum\limits_{i=1}^{10}(X_i - \overline{X})^2 \geqslant 2.85\right)$.

解 $P\left(\sum\limits_{i=1}^{10}(X_i - \mu)^2 \geqslant 4\right) = P\left(\sum\limits_{i=1}^{10} \dfrac{(X_i - \mu)^2}{0.5^2} \geqslant \dfrac{4}{0.5^2}\right)$,

微课视频

$\sum\limits_{i=1}^{10} \dfrac{(X_i - \mu)^2}{0.5^2} \sim \chi^2(10)$. 查教材附录7，可得

$$P\left(\sum\limits_{i=1}^{10} \dfrac{(X_i - \mu)^2}{0.5^2} \geqslant 16\right) \approx 0.1.$$

$P\left(\sum\limits_{i=1}^{10}(X_i - \overline{X})^2 \geqslant 2.85\right) = P\left(\dfrac{\sum\limits_{i=1}^{10}(X_i - \overline{X})^2}{0.5^2} \geqslant \dfrac{2.85}{0.5^2}\right)$, $\dfrac{\sum\limits_{i=1}^{10}(X_i - \overline{X})^2}{0.5^2} \sim \chi^2(9)$. 查教材附

录7，可得 $P\left(\dfrac{\sum\limits_{i=1}^{10}(X_i - \overline{X})^2}{0.5^2} \geqslant 11.4\right) \approx 0.25$.

3. 设 $(X_1, X_2, \cdots, X_6)$ 是取自正态总体 $N(0, \sigma^2)$ 的一个样本，记 $Y = \dfrac{c(X_1 + X_3 + X_5)}{\sqrt{X_2^2 + X_4^2 + X_6^2}}$，其中，$c$ 为不等于零的常数，求 Y 的分布和常数 c 的值.

解 $X_1 + X_3 + X_5 \sim N(0, 3\sigma^2)$，则 $\dfrac{X_1 + X_3 + X_5}{\sqrt{3}\sigma} \sim N(0, 1)$. 又 $\dfrac{X_2^2 + X_4^2 + X_6^2}{\sigma^2} \sim \chi^2(3)$，

$\dfrac{X_1 + X_3 + X_5}{\sqrt{3}\sigma}$ 与 $\dfrac{X_2^2 + X_4^2 + X_6^2}{\sigma^2}$ 相互独立，则根据 t 分布的定义，有

$$\dfrac{(X_1 + X_3 + X_5)/\sqrt{3}}{\sqrt{(X_2^2 + X_4^2 + X_6^2)/3}} \sim t(3),$$

且 $c = 1$.

4. 设 X_1, X_2 相互独立且服从相同的分布，都服从正态分布 $N(1, \sigma^2)$，求 $\dfrac{X_1 - 1}{|X_2 - 1|}$ 的分布.

解 $\dfrac{X_1 - 1}{\sigma} \sim N(0, 1)$，同理 $\dfrac{X_2 - 1}{\sigma} \sim N(0, 1)$，则 $\left(\dfrac{X_2 - 1}{\sigma}\right)^2 \sim \chi^2(1)$；且 $\dfrac{X_1 - 1}{\sigma}$ 与 $\left(\dfrac{X_2 - 1}{\sigma}\right)^2$ 相互独立，由 t 分布的定义可知，$\dfrac{X_1 - 1}{|X_2 - 1|} \sim t(1)$.

5. 设随机变量 $X \sim t(n), Y \sim F(1, n)$，给定 $a(0 < a < 0.5)$，常数 c 满足 $P\{X > c\} = a$，求 $P\{Y > c^2\}$ 的值.

解 $P\{Y > c^2\} = P\{X^2 > c^2\} = P\{X > c\} + P\{X < -c\} = 2a$.

6. 设 (X_1, X_2, X_3, X_4) 为取自总体 X 的一个样本，总体 $X \sim N(0, \sigma^2)$，确定常数 c，使

$$P\left(\frac{(X_1+X_2)^2}{(X_1+X_2)^2+(X_3-X_4)^2} > c\right) = 0.05.$$

解 $\dfrac{X_1+X_2}{\sqrt{2\sigma^2}} \sim N(0,1)$，$\left(\dfrac{X_1+X_2}{\sqrt{2\sigma^2}}\right)^2 \sim \chi^2(1)$，同理可知 $\left(\dfrac{X_3-X_4}{\sqrt{2\sigma^2}}\right)^2 \sim \chi^2(1)$. 又 X_3-X_4 与 X_1+X_2 相互独立，则

$$\left(\frac{X_3-X_4}{\sqrt{2\sigma^2}}\right)^2 \bigg/ \left(\frac{X_1+X_2}{\sqrt{2\sigma^2}}\right)^2 \sim F(1,1),$$

即 $\dfrac{(X_3-X_4)^2}{(X_1+X_2)^2} \sim F(1,1)$.

$$P\left(\frac{(X_1+X_2)^2}{(X_1+X_2)^2+(X_3-X_4)^2} > c\right) = P\left(\frac{(X_3-X_4)^2}{(X_1+X_2)^2} < \frac{1}{c}-1\right) = 0.9,$$

$$c = \frac{1}{1+F_{0.05}(1,1)} = \frac{1}{1+\dfrac{1}{F_{0.95}(1,1)}} = \frac{1}{1+\dfrac{1}{161}} = \frac{161}{162}.$$

7. 设 $(X_1, X_2, \cdots, X_{36})$ 为取自总体 X 的一个样本，总体 $X \sim N(\mu, \sigma^2)$，$\overline{X}, S^2$ 分别为样本均值和样本方差，求常数 k，使 $P(\overline{X} > \mu + kS) = 0.95$.

解
$$P(\overline{X} > \mu + kS) = P\left(\sqrt{36}\frac{\overline{X}-\mu}{S} > \sqrt{36}k\right) = 0.95$$

$$\sqrt{36}k = t_{0.05}(35) = -1.6896, \quad k = -0.2816.$$

8. 设 $(X_1, X_2, \cdots, X_9)$ 和 $(Y_1, Y_2, \cdots, Y_{16})$ 分别是 $X \sim N(a, 4)$ 和 $Y \sim N(b, 4)$ 的两个相互独立的样本. 记 $\theta_1 = \sum\limits_{i=1}^{9}(X_i-\overline{X})^2$，$\theta_2 = \sum\limits_{i=1}^{16}(Y_i-\overline{Y})^2$，求满足下列条件的常数 $\alpha_i, \beta_i, \gamma_i (i=1, 2)$：$P(\theta_1 < \alpha_1) = 0.9$；$P(|\overline{X}-a| < \beta_1) = 0.9$；$P\left(\dfrac{|\overline{Y}-b|}{\sqrt{\theta_2}} < \beta_2\right) = 0.9$；$P\left(\gamma_1 < \dfrac{\theta_2}{\theta_1} < \gamma_2\right) = 0.9$. （注：$\gamma_1$ 和 γ_2 的解只需写出一组满足条件的答案即可. ）

解 $P\left(\dfrac{1}{4}\sum\limits_{i=1}^{9}(X_i-\overline{X})^2 < \dfrac{1}{4}\alpha_1\right) = 0.9$，$\dfrac{1}{4}\sum\limits_{i=1}^{9}(X_i-\overline{X})^2 \sim \chi^2(8)$，$\alpha_1 = 4\chi^2_{0.9}(8) = 53.4464$；

$$P(|\overline{X}-a| < \beta_1) = P\left(\left|\sqrt{9}\frac{\overline{X}-a}{2}\right| < \frac{\sqrt{9}}{2}\beta_1\right) = 0.9, \quad \sqrt{9}\frac{\overline{X}-a}{2} \sim N(0,1), \quad \beta_1 = \frac{2}{3}u_{0.95} = 1.0967;$$

$$P\left(\frac{|\overline{Y}-b|}{\sqrt{\theta_2}} < \beta_2\right) = P\left(\sqrt{16}\frac{|\overline{Y}-b|}{\sqrt{\frac{1}{15}\theta_2}} < 4\sqrt{15}\beta_2\right) = 0.9, \quad \sqrt{16}\frac{|\overline{Y}-b|}{\sqrt{\frac{1}{15}\theta_2}} \sim t(15), \quad \beta_2 = \frac{1}{4\sqrt{15}}t_{0.95}(15)$$

$= 0.1132$；

$$P\left(\frac{8}{15}\gamma_1 < \frac{\frac{1}{15}\theta_2}{\frac{1}{8}\theta_1} < \frac{8}{15}\gamma_2\right) = 0.9, \quad \frac{\frac{1}{15}\theta_2}{\frac{1}{8}\theta_1} \sim F(15,8), \quad \gamma_1 = \frac{15}{8}F_{0.05}(15,8) = 0.71, \quad \gamma_2 =$$

$\dfrac{15}{8}F_{0.95}(15,8) = 6.0345$(此答案不唯一).

9. 设$(X_1,X_2,\cdots,X_n)$是取自总体X的一个样本,$f(x) = \begin{cases} \dfrac{2x}{\theta^2}, & 0 \leqslant x \leqslant \theta, \\ 0, & \text{其他}, \end{cases}$ 求最大次序统计量$X_{(n)}$的均值和方差.

解 这是一个关于求解最大次序统计量密度函数及数字特征的问题. 与习题 6-2 第 8 题相似.

首先求解总体X的分布函数为$F_X(x) = \begin{cases} 0, & x < 0, \\ \dfrac{x^2}{\theta^2}, & 0 \leqslant x < \theta, \\ 1, & x \geqslant \theta. \end{cases}$

根据题意,最大次序统计量$X_{(n)}$的密度函数为

$$f_{X_{(n)}}(x) = n[F_X(t)]^{n-1}f_X(t) = \begin{cases} n\left[\dfrac{x^2}{\theta^2}\right]^{n-1}\dfrac{2x}{\theta^2} = 2n\dfrac{x^{2n-1}}{\theta^{2n}}, & 0 < x < \theta, \\ 0, & \text{其他}. \end{cases}$$

所以

$$E(X_{(n)}) = \int_0^\theta x \cdot \frac{2nx^{2n-1}}{\theta^{2n}}\mathrm{d}x = \frac{2n}{2n+1}\theta, \quad E(X_{(n)}^2) = \int_0^\theta x^2 \cdot \frac{2nx^{2n-1}}{\theta^{2n}}\mathrm{d}x = \frac{2n}{2n+2}\theta^2,$$

$$\mathrm{Var}(X_{(n)}) = E(X_{(n)}^2) - (EX_{(n)})^2 = \frac{2n}{2n+2}\theta^2 - \left(\frac{2n}{2n+1}\theta\right)^2 = \frac{n\theta^2}{(n+1)(2n+1)^2}.$$

第七章 参数估计

一、知识结构

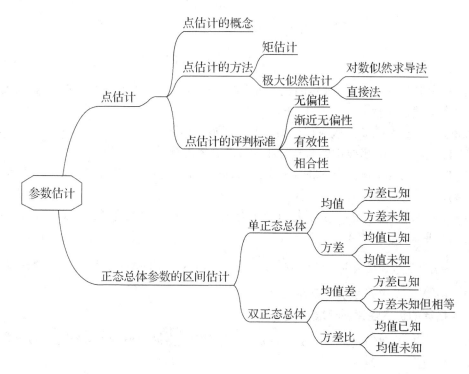

二、归纳总结

1. 点估计

矩估计的思想就是替换思想：用样本原点矩替换总体原点矩. 设总体 X 的 k 阶原点矩

$\mu_k = E(X^k)$，样本的 k 阶原点矩为 $A_k = \dfrac{1}{n}\sum\limits_{j=1}^{n} X_j^k$，$k = 1, 2, 3, \cdots$. 如果未知参数 $\theta = \varphi(\mu_1, \mu_2, \cdots, \mu_m)$，则 θ 的矩估计量为 $\hat{\theta} = \varphi(A_1, A_2, \cdots, A_m)$.

定理(总体均值及方差的估计量结论) 设一个总体 X 的均值 $E(X) = \mu$ 和方差 $\mathrm{Var}(X) = \sigma^2$ 都未知，$(X_1, X_2, \cdots, X_n)$ 为取自该总体的一个样本，则 $\overline{X}$ 是 μ 的矩估计量，S_n^2 是 σ^2 的矩估计量，S_n 是 σ 的矩估计量.

极大似然估计量：设总体 X 有分布律 $P(X = x; \theta)$ 或密度函数 $f(x; \theta)$（其中，θ 为一个未知参数或几个未知参数组成的向量 $\theta = (\theta_1, \theta_2, \cdots, \theta_k)$），已知 $\theta \in \Theta$，Θ 是参数空间. $(x_1, x_2, \cdots, x_n)$ 为取自总体 X 的一个样本 $(X_1, X_2, \cdots, X_n)$ 的观测值，将样本的联合分布律或联合密度函数看成 θ 的函数，用 $L(\theta)$ 表示，又称为 θ 的似然函数，则似然函数

$$L(\theta) = \prod_{i=1}^{n} P(X_i = x_i; \theta)，\text{ 或 } L(\theta) = \prod_{i=1}^{n} f(x_i; \theta)，$$

称满足关系式 $L(\hat{\theta}) = \max\limits_{\theta \in \Theta} L(\theta)$ 的解 $\hat{\theta}$ 为 θ 的极大似然估计量.

当 $L(\theta)$ 是可微函数时,求导是求极大似然估计最常用的方法. 此时又因 $L(\theta)$ 与 $\ln L(\theta)$ 在同一个 θ 处取到极值,且对对数似然函数 $\ln L(\theta)$ 求导更简单,故我们常用如下对数似然方程(组)

$$\frac{\mathrm{d}}{\mathrm{d}\theta} \ln L(\theta) = 0 \quad \text{或} \quad \begin{cases} \dfrac{\partial}{\partial \theta_1} \ln L(\theta) = 0, \\ \cdots\cdots\cdots\cdots \\ \dfrac{\partial}{\partial \theta_k} \ln L(\theta) = 0. \end{cases}$$

求得 θ 的极大似然估计量. 当似然函数不可微时,也可以直接寻求使得 $L(\theta)$ 达到最大的解来求得极大似然估计量.

求解总体未知参数 θ 的极大似然估计的一般步骤如下.

(1) 由总体分布写出样本的联合分布律或联合密度函数.

(2) 把 θ 看成自变量,样本联合分布律(或联合密度函数)看成是 θ 的函数,即为似然函数 $L(\theta)$.

(3) 求似然函数 $L(\theta)$ 的最大值点(有时转化为求对数似然函数的最大值点) $\max\limits_{1 \leqslant i \leqslant n} L(\theta)$(或 $\max\limits_{1 \leqslant i \leqslant n} \ln L(\theta)$).

(4) 令 $L(\theta)$ 达到最大时 θ 的取值 $\hat{\theta} = \hat{\theta}(x_1, x_2, \cdots, x_n)$,即为 θ 的极大似然估计值,$\hat{\theta} = \hat{\theta}(X_1, X_2, \cdots, X_n)$ 为 θ 的极大似然估计量.

2. 点估计的优良性评判标准

无偏性:设 $\hat{\theta} = \hat{\theta}(X_1, X_2, \cdots, X_n)$ 是 θ 的一个估计量,θ 取值的参数空间为 Θ,若对任意的 $\theta \in \Theta$,有

$$E_\theta[\hat{\theta}(X_1, X_2, \cdots, X_n)] = \theta,$$

则称 $\hat{\theta} = \hat{\theta}(X_1, X_2, \cdots, X_n)$ 是 θ 的一个无偏估计(量),否则称为有偏估计(量).

渐近无偏性:如果有 $\lim\limits_{n \to \infty} E_\theta[\hat{\theta}(X_1, X_2, \cdots, X_n)] = \theta$,则称 $\hat{\theta} = \hat{\theta}(X_1, X_2, \cdots, X_n)$ 是 θ 的一个渐近无偏估计(量).

定理(总体均值及方差估计量无偏性结论) 设总体 X 的均值 μ、方差 $\sigma^2 > 0$ 均未知,$(X_1, X_2, \cdots, X_n)$ 为取自该总体的一组样本,则样本均值 $\overline{X}$ 是 μ 的无偏估计量,样本方差 S^2 是 σ^2 的无偏估计量,S_n^2 不是 σ^2 的无偏估计量,S_n 与 S 都不是 σ 的无偏估计量.

有效性:设 $\hat{\theta}_1, \hat{\theta}_2$ 是 θ 的两个无偏估计,若对任意的 $\theta \in \Theta$,有 $\mathrm{Var}(\hat{\theta}_1) \leqslant \mathrm{Var}(\hat{\theta}_2)$,且至少有一个 $\theta \in \Theta$ 使得上述不等式严格成立,则称 $\hat{\theta}_1$ 比 $\hat{\theta}_2$ 有效.

相合性:设 $\hat{\theta} = \hat{\theta}(X_1, X_2, \cdots, X_n)$ 是 θ 的一个估计量,若对 $\forall \varepsilon > 0$,

$$\lim\limits_{n \to \infty} P(|\hat{\theta} - \theta| \geqslant \varepsilon) = 0,$$

则称估计量 $\hat{\theta}$ 具有相合性(一致性),即 $\hat{\theta} \xrightarrow{P} \theta$,或称 $\hat{\theta}$ 是 θ 的相合(一致)估计量.

若 $\hat{\theta}$ 是 θ 的一个无偏估计,且 $\lim\limits_{n \to \infty} \mathrm{Var}(\hat{\theta}) = 0$,则 $\hat{\theta}$ 是 θ 的一个相合估计量.

3. 区间估计

双侧置信区间估计：设 $(X_1,X_2,\cdots,X_n)$ 是取自总体 X 的一个样本，总体 $X\sim f(x,\theta)$，$\theta\in\Theta$ 未知，对于 $\forall\,0<\alpha<1$，若统计量 $\underline{\theta}=\underline{\theta}(X_1,X_2,\cdots,X_n)<\overline{\theta}(X_1,X_2,\cdots,X_n)=\overline{\theta}$，使得

$$P(\underline{\theta}\leqslant\theta\leqslant\overline{\theta})=1-\alpha,\ \theta\in\Theta,$$

则称 $[\underline{\theta},\overline{\theta}]$ 为 θ 的双侧 $1-\alpha$ 置信区间，$\underline{\theta},\overline{\theta}$ 分别称为 θ 的双侧 $1-\alpha$ 置信区间的置信下限和置信上限，$1-\alpha$ 为置信水平.

单侧置信区间估计：

若有统计量 $\overline{\theta}=\overline{\theta}(X_1,X_2,\cdots,X_n)$，使得

$$P_\theta(\theta\leqslant\overline{\theta})=1-\alpha,\ \theta\in\Theta,$$

则称 $(-\infty,\overline{\theta}(X_1,X_2,\cdots,X_n)]$ 为 θ 的单侧 $1-\alpha$ 置信区间，$\overline{\theta}(X_1,X_2,\cdots,X_n)$ 为 θ 的单侧 $1-\alpha$ 置信区间的置信上限.

若有统计量 $\underline{\theta}=\underline{\theta}(X_1,X_2,\cdots,X_n)$，使得

$$P_\theta(\theta\geqslant\underline{\theta})=1-\alpha,\ \theta\in\Theta,$$

则称 $[\underline{\theta}(X_1,X_2,\cdots,X_n),+\infty)$ 为 θ 的单侧 $1-\alpha$ 置信区间，$\underline{\theta}(X_1,X_2,\cdots,X_n)$ 为 θ 的单侧 $1-\alpha$ 置信区间的置信下限.

构造未知参数 θ 的置信区间的步骤如下.

(1) 先求出 θ 的一个点估计(通常为极大似然估计或无偏估计)$\hat\theta=\hat\theta(X_1,X_2,\cdots,X_n)$.

(2) 构造 $\hat\theta$ 和 θ 的一个函数

$$G=G(\hat\theta,\theta),$$

其中，G 除包含未知参数 θ 以外，不再有其他的未知参数，且 G 的分布完全已知或分位数可以确定.

(3) 确定 $a<b$，使得

$$P(a\leqslant G(\hat\theta,\theta)\leqslant b)=1-\alpha.$$

(4) 将 $a\leqslant G(\hat\theta,\theta)\leqslant b$ 等价变形为 $\underline{\theta}\leqslant\theta\leqslant\overline{\theta}$，其中 $\underline{\theta}(X_1,X_2,\cdots,X_n)$ 和 $\overline{\theta}(X_1,X_2,\cdots,X_n)$ 仅是样本的函数，则 $[\underline{\theta}(X_1,X_2,\cdots,X_n),\overline{\theta}(X_1,X_2,\cdots,X_n)]$ 就是 θ 的双侧 $1-\alpha$ 置信区间.

等尾置信区间：在置信区间求解的过程中满足 $P(a\leqslant G(\hat\theta,\theta)\leqslant b)=1-\alpha$，选择 a，b，使得左右两个尾部的概率各为 $\dfrac{\alpha}{2}$，即 $P(G(\hat\theta,\theta)>b)=P(G(\hat\theta,\theta)<a)=\dfrac{\alpha}{2}$，这样得到的置信区间称为等尾置信区间.

4. 单正态总体下未知参数的置信区间

设 $(X_1,X_2,\cdots,X_n)$ 是取自总体 $X\sim N(\mu,\sigma^2)$ 的一个样本，置信水平为 $1-\alpha$，样本均值 $\overline{X}=\dfrac{1}{n}\sum_{i=1}^n X_i$，样本方差 $S^2=\dfrac{1}{n-1}\sum_{i=1}^n(X_i-\overline{X})^2$，则均值 μ 和方差 σ^2 的双侧 $1-\alpha$ 置信区间可

整理如表 7.1 所示.

表 7.1　均值 μ 和方差 σ^2 的双侧 $1-\alpha$ 置信区间

待估参数		$G(\hat{\theta},\theta)$	双侧置信区间
均值 μ	σ^2 已知	$G=\dfrac{\sqrt{n}\,(\overline{X}-\mu)}{\sigma}\sim N(0,1)$	$\left[\overline{X}-u_{1-\frac{\alpha}{2}}\dfrac{\sigma}{\sqrt{n}},\overline{X}+u_{1-\frac{\alpha}{2}}\dfrac{\sigma}{\sqrt{n}}\right]$
	σ^2 未知	$G=\dfrac{\sqrt{n}\,(\overline{X}-\mu)}{S}\sim t(n-1)$	$\left[\overline{X}-t_{1-\frac{\alpha}{2}}(n-1)\dfrac{S}{\sqrt{n}},\overline{X}+t_{1-\frac{\alpha}{2}}(n-1)\dfrac{S}{\sqrt{n}}\right]$
方差 σ^2	μ 已知	$G=\dfrac{1}{\sigma^2}\displaystyle\sum_{i=1}^{n}(X_i-\mu)^2\sim\chi^2(n)$	$\left[\dfrac{\displaystyle\sum_{i=1}^{n}(X_i-\mu)^2}{\chi^2_{1-\frac{\alpha}{2}}(n)},\dfrac{\displaystyle\sum_{i=1}^{n}(X_i-\mu)^2}{\chi^2_{\frac{\alpha}{2}}(n)}\right]$
	μ 未知	$G=\dfrac{(n-1)S^2}{\sigma^2}\sim\chi^2(n-1)$	$\left[\dfrac{(n-1)S^2}{\chi^2_{1-\frac{\alpha}{2}}(n-1)},\dfrac{(n-1)S^2}{\chi^2_{\frac{\alpha}{2}}(n-1)}\right]$

5. 两个正态总体下未知参数的置信区间

设 $(X_1,X_2,\cdots,X_m)$ 是取自正态总体 $X\sim N(\mu_1,\sigma_1^2)$ 的一个样本，$(Y_1,Y_2,\cdots,Y_n)$ 是取自正态总体 $Y\sim N(\mu_2,\sigma_2^2)$ 的一个样本，且总体 X 与 Y 相互独立，置信水平为 $1-\alpha$，记 $\overline{X}=\dfrac{1}{m}\displaystyle\sum_{i=1}^{m}X_i$，$\overline{Y}=\dfrac{1}{n}\displaystyle\sum_{i=1}^{n}Y_i$，$S_X^2=\dfrac{1}{m-1}\displaystyle\sum_{i=1}^{m}(X_i-\overline{X})^2$，$S_Y^2=\dfrac{1}{n-1}\displaystyle\sum_{i=1}^{n}(Y_i-\overline{Y})^2$，

$$S_w^2=\dfrac{1}{m+n-2}\Big[\sum_{i=1}^{m}(X_i-\overline{X})^2+\sum_{i=1}^{n}(Y_i-\overline{Y})^2\Big]=\dfrac{1}{m+n-2}\big[(m-1)S_X^2+(n-1)S_Y^2\big],$$

则均值差 $\mu_1-\mu_2$ 和方差比 $\dfrac{\sigma_1^2}{\sigma_2^2}$ 的双侧 $1-\alpha$ 置信区间可整理如表 7.2 所示.

表 7.2　均值差 $\mu_1-\mu_2$ 和方差比 $\dfrac{\sigma_1^2}{\sigma_2^2}$ 的双侧 $1-\alpha$ 置信区间

待估参数		$G(\hat{\theta},\theta)$	双侧置信区间
均值差 $\mu_1-\mu_2$	σ_1^2,σ_2^2 已知	$G=\dfrac{\overline{X}-\overline{Y}-(\mu_1-\mu_2)}{\sqrt{\dfrac{\sigma_1^2}{m}+\dfrac{\sigma_2^2}{n}}}\sim N(0,1)$	$\left[\overline{X}-\overline{Y}-u_{1-\frac{\alpha}{2}}\sqrt{\dfrac{\sigma_1^2}{m}+\dfrac{\sigma_2^2}{n}},\right.$ $\left.\overline{X}-\overline{Y}+u_{1-\frac{\alpha}{2}}\sqrt{\dfrac{\sigma_1^2}{m}+\dfrac{\sigma_2^2}{n}}\right]$
	$\sigma_1^2=\sigma_2^2$ $=\sigma^2$ 未知	$G=\dfrac{\overline{X}-\overline{Y}-(\mu_1-\mu_2)}{S_w\sqrt{\dfrac{1}{m}+\dfrac{1}{n}}}\sim t(m+n-2)$	$\left[\overline{X}-\overline{Y}-t_{1-\frac{\alpha}{2}}(m+n-2)S_w\sqrt{\dfrac{1}{m}+\dfrac{1}{n}},\right.$ $\left.\overline{X}-\overline{Y}+t_{1-\frac{\alpha}{2}}(m+n-2)S_w\sqrt{\dfrac{1}{m}+\dfrac{1}{n}}\right]$

续表

待估参数	$G(\hat{\theta},\theta)$	双侧置信区间
方差比 $\dfrac{\sigma_1^2}{\sigma_2^2}$	μ_1,μ_2 已知 $G = \dfrac{\hat{\sigma}_1^2/\hat{\sigma}_2^2}{\sigma_1^2/\sigma_2^2} \sim F(m,n)$ 其中 $\hat{\sigma}_1^2 = \dfrac{1}{m}\sum\limits_{i=1}^{m}(X_i-\mu_1)^2$ $\hat{\sigma}_2^2 = \dfrac{1}{n}\sum\limits_{i=1}^{n}(Y_i-\mu_2)^2$	$\left[\dfrac{\hat{\sigma}_1^2/\hat{\sigma}_2^2}{F_{1-\frac{\alpha}{2}}(m,n)}, \dfrac{\hat{\sigma}_1^2/\hat{\sigma}_2^2}{F_{\frac{\alpha}{2}}(m,n)}\right]$
	μ_1,μ_2 未知 $G = \dfrac{S_X^2/S_Y^2}{\sigma_1^2/\sigma_2^2} \sim F(m-1,\ n-1)$	$\left[\dfrac{S_X^2/S_Y^2}{F_{1-\frac{\alpha}{2}}(m-1,\ n-1)},\ \dfrac{S_X^2/S_Y^2}{F_{\frac{\alpha}{2}}(m-1,n-1)}\right]$

三、概念辨析

1.【判断题】(　　) 矩估计的核心就是用样本矩 $A_k = \dfrac{1}{n}\sum\limits_{j=1}^{n} X_j^k$ 估计总体矩 $E(X^k)$. 例如，用样本均值 $\overline{X}$ 估计总体期望 $E(X)$.

解 正确，这是矩估计的替换原理.

2.【判断题】(　　) 设 $(X_1,X_2,\cdots,X_n)$ 为取自总体 X 的一个样本，总体 X 的均值 $E(X)=\mu$，方差 $\text{Var}(X)=\sigma^2$ 均未知，则样本均值 $\overline{X}$ 是 μ 的矩估计量，样本方差 $S^2 = \dfrac{1}{n-1}\sum\limits_{i=1}^{n}(X_i-\overline{X})^2$ 是 σ^2 的矩估计量.

解 错误，$S_n^2 = \dfrac{1}{n}\sum\limits_{i=1}^{n}(X_i-\overline{X})^2$ 是 σ^2 的矩估计量，样本方差 S^2 不是 σ^2 的矩估计量.

3.【判断题】(　　) 设 $(X_1,X_2,\cdots,X_n)$ 为取自总体 $X \sim N(\mu_0,\sigma^2)$ 的一个样本，其中 μ_0 已知，$\sigma^2 > 0$ 未知. 则样本方差 S^2 是总体方差 σ^2 的极大似然估计.

解 错误，当总体均值 μ_0 已知时，总体方差 σ^2 的极大似然估计为 $\dfrac{1}{n}\sum\limits_{i=1}^{n}(X_i-\mu_0)^2$.

4.【判断题】(　　) 设 $(X_1,X_2,\cdots,X_n)$ 为取自总体 X 的一个样本，总体 X 的均值 $E(X)=\mu$，则样本均值 $\overline{X}$ 是 μ 的无偏估计.

解 正确，$E(\overline{X})=\mu$.

5.【判断题】(　　) 设 $(X_1,X_2,\cdots,X_n)$ 为取自总体 X 的一个样本，总体 X 的均值 $E(X)=\mu$，方差 $\text{Var}(X)=\sigma^2$ 均未知，则 σ^2 的矩估计量是 σ^2 的无偏估计量.

解 错误，σ^2 的矩估计量是 $S_n^2 = \dfrac{1}{n}\sum\limits_{i=1}^{n}(X_i-\overline{X})^2$，$E(S_n^2) = \dfrac{n-1}{n}\sigma^2 \neq \sigma^2$，所以 S_n^2 不是 σ^2 的无偏估计量，是渐近无偏估计量.

6.【判断题】(　　) 设 $(X_1,X_2,\cdots,X_n)$ 为取自总体 $X \sim N(\mu,\sigma^2)$ 的一个样本，μ 的双侧

$1-\alpha$ 置信区间为 $\left[\bar{X}-\dfrac{\sigma}{\sqrt{n}}u_{1-\frac{\alpha}{2}},\bar{X}+\dfrac{\sigma}{\sqrt{n}}u_{1-\frac{\alpha}{2}}\right]$.

解 错误,当 σ^2 已知时,μ 的双侧 $1-\alpha$ 置信区间为 $\left[\bar{X}-\dfrac{\sigma}{\sqrt{n}}u_{1-\frac{\alpha}{2}},\bar{X}+\dfrac{\sigma}{\sqrt{n}}u_{1-\frac{\alpha}{2}}\right]$;当 σ^2 未知时,μ 的双侧 $1-\alpha$ 置信区间为 $\left[\bar{X}-\dfrac{S}{\sqrt{n}}t_{1-\frac{\alpha}{2}}(n-1),\bar{X}+\dfrac{S}{\sqrt{n}}t_{1-\frac{\alpha}{2}}(n-1)\right]$. 因此构造正态总体均值的置信区间时,需预先了解总体方差 σ^2 是否已知. 在实际中,总体方差 σ^2 通常是未知的.

7.【判断题】( ) 设 $(X_1,X_2,\cdots,X_m)$ 是取自正态总体 $N(\mu_1,\sigma_1^2)$ 的一个样本,$(Y_1,Y_2,\cdots,Y_n)$ 是取自正态总体 $N(\mu_2,\sigma_2^2)$ 的一个样本,且 $(X_1,X_2,\cdots,X_m)$ 与 $(Y_1,Y_2,\cdots,Y_n)$ 相互独立,记 $\bar{X}=\dfrac{1}{m}\sum\limits_{i=1}^{m}X_i,\bar{Y}=\dfrac{1}{n}\sum\limits_{i=1}^{n}Y_i,S_X^2=\dfrac{1}{m-1}\sum\limits_{i=1}^{m}(X_i-\bar{X})^2,S_Y^2=\dfrac{1}{n-1}\sum\limits_{i=1}^{n}(Y_i-\bar{Y})^2,S_w^2=\dfrac{1}{m+n-2}\left[\sum\limits_{i=1}^{m}(X_i-\bar{X})^2+\sum\limits_{i=1}^{n}(Y_i-\bar{Y})^2\right]=\dfrac{1}{m+n-2}\left[(m-1)S_X^2+(n-1)S_Y^2\right]$,则均值差 $\mu_1-\mu_2$ 的双侧 $1-\alpha$ 置信区间为

$$\left[\bar{X}-\bar{Y}-t_{1-\frac{\alpha}{2}}(m+n-2)S_w\sqrt{\frac{1}{m}+\frac{1}{n}},\bar{X}-\bar{Y}+t_{1-\frac{\alpha}{2}}(m+n-2)S_w\sqrt{\frac{1}{m}+\frac{1}{n}}\right].$$

解 错误,只有当 $\sigma_1^2=\sigma_2^2=\sigma^2$ 且 σ^2 未知时,结论才成立.

四、典型例题

例 1 (考研真题 2015 年数学一第 23 题) 设总体 X 的概率密度函数为

$$f(x;\theta)=\begin{cases}\dfrac{1}{1-\theta}, & \theta\leqslant x\leqslant 1,\\ 0, & \text{其他},\end{cases}$$

微课视频

其中,θ 为未知参数,$(x_1,x_2,\cdots,x_n)$ 为取自该总体的一个样本.

(1) 求 θ 的矩估计量.

(2) 求 θ 的极大似然估计量.

解 (1) $E(X)=\displaystyle\int_{-\infty}^{+\infty}xf(x;\theta)\mathrm{d}x=\int_{\theta}^{1}x\frac{1}{1-\theta}\mathrm{d}x=\frac{1}{1-\theta}\times\frac{x^2}{2}\bigg|_{\theta}^{1}=\frac{1+\theta}{2}$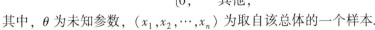

$$\Rightarrow\theta=2E(X)-1\Rightarrow\hat{\theta}=2\bar{X}-1.$$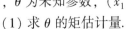

(2) 设 $(x_1,x_2,\cdots,x_n)$ 为样本观测值,则

$$L(\theta)=\prod_{i=1}^{n}f(x_i;\theta)=\begin{cases}\displaystyle\prod_{i=1}^{n}\frac{1}{1-\theta}=\frac{1}{(1-\theta)^n}, & \theta\leqslant x_i\leqslant 1,\ i=1,2,\cdots,n,\\ 0, & \text{其他}.\end{cases}$$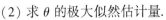

$\ln L(\theta)=-n\ln(1-\theta),\ \theta<x_i<1,\ i=1,2,\cdots,n,\ \dfrac{\mathrm{d}\ln L(\theta)}{\mathrm{d}\theta}=-n\dfrac{-1}{1-\theta}=\dfrac{n}{1-\theta}>0,$

$\dfrac{\mathrm{d}\ln L(\theta)}{\mathrm{d}\theta}$ 不等于 0. 因此对数似然求导法在这一个问题里不适用. 究其原因,$L(\theta)$ 在 $\theta=$

$x_{(1)}$ 处间断，因此只能直接求函数 $L(\theta)$ 的最大值点. 注意到 $L(\theta) \geqslant 0$，且当 $\theta \leqslant x_{(1)}$ 时，$L(\theta) = \dfrac{1}{(1-\theta)^n}$ 随 θ 递增而递增，当 $\theta = x_{(1)}$ 时，$L(\theta)$ 达到最大. 因此，$\hat{\theta} = X_{(1)}$ 是 θ 的极大似然估计量.

例2 （考研真题 2017年数学一第23题）某工程师为了解一台天平的精度，用该天平对一物体的质量做了 n 次测量，该物体的质量 μ 是已知的，设 n 次测量结果 $X_1, X_2, \cdots, X_n$ 相互独立且均服从正态分布 $N(\mu, \sigma^2)$. 该工程师记录的是 n 次测量的绝对误差 $Z_i = |X_i - \mu|\,(i = 1, 2, \cdots, n)$，利用 $(Z_1, Z_2, \cdots, Z_n)$ 估计参数 σ.

（1）求 Z_i 的概率密度函数.

（2）利用一阶矩求 σ 的矩估计量.

（3）求参数 σ 的极大似然估计量.

解 （1）易得 $Z_i = |X_i - \mu|$ 的取值范围为区间 $[0, +\infty)$，且 Z_i 仍然是一个连续型随机变量. Z_i 的分布函数为 $F_{Z_i}(z) = P(Z_i \leqslant z) = P(|X_i - \mu| \leqslant z)$.

当 $z < 0$ 时，$F_{Z_i}(z) = 0$.

当 $z \geqslant 0$ 时，$F_{Z_i}(z) = P(-z \leqslant X_i - \mu \leqslant z) = 2\Phi\left(\dfrac{z}{\sigma}\right) - 1$.

所以 Z_i 的概率密度函数为 $f_{Z_i}(z) = F'_{Z_i}(z) = \begin{cases} \dfrac{2}{\sqrt{2\pi}\,\sigma} \mathrm{e}^{-\frac{z^2}{2\sigma^2}}, & z \geqslant 0, \\ 0, & z < 0. \end{cases}$

（2）不妨假设 $(Z_1, Z_2, \cdots, Z_n)$ 是取自总体 Z 的一个样本，总体 Z 的密度函数为

$$f_Z(z; \sigma^2) = \begin{cases} \dfrac{2}{\sqrt{2\pi}\,\sigma} \mathrm{e}^{-\frac{z^2}{2\sigma^2}}, & z \geqslant 0, \\ 0, & z < 0, \end{cases}$$

则总体 Z 的一阶原点矩 $E(Z) = \displaystyle\int_0^{+\infty} z f(z)\,\mathrm{d}z = \int_0^{+\infty} \dfrac{2}{\sqrt{2\pi}\,\sigma} z \mathrm{e}^{-\frac{z^2}{2\sigma^2}}\mathrm{d}z = \dfrac{2\sigma}{\sqrt{2\pi}}$，即 $\sigma = \dfrac{\sqrt{2\pi}}{2}E(Z)$. 用样本的一阶原点矩替换总体的一阶原点矩，得 σ 的矩估计量

$$\hat{\sigma} = \dfrac{\sqrt{2\pi}}{2}\overline{Z} = \dfrac{\sqrt{2\pi}}{2n}\sum_{i=1}^{n} Z_i.$$

（3）设 $Z_1, Z_2, \cdots, Z_n$ 的观测值为 $z_1, z_2, \cdots, z_n$. 当 $z_i > 0$，$i = 1, 2, \cdots, n$ 时，似然函数为

$$L(\sigma) = \prod_{i=1}^{n} f(z_i, \sigma) = \dfrac{2^n}{(\sqrt{2\pi}\,\sigma)^n} \mathrm{e}^{-\frac{1}{2\sigma^2}\sum\limits_{i=1}^{n} z_i^2},$$

对数似然函数

$$\ln L(\sigma) = n\ln 2 - \dfrac{n}{2}\ln(2\pi) - n\ln\sigma - \dfrac{1}{2\sigma^2}\sum_{i=1}^{n} z_i^2,$$

对数似然方程

$$\dfrac{\mathrm{d}\ln L(\sigma)}{\mathrm{d}\sigma} = -\dfrac{n}{\sigma} + \dfrac{1}{\sigma^3}\sum_{i=1}^{n} z_i^2 = 0,$$

计算可得 σ 的极大似然估计量为

$$\sigma = \sqrt{\frac{1}{n}\sum_{i=1}^{n} Z_i^2}.$$

例 3 （**考研真题** 2014 年数学一第 14 题）设总体 X 的密度函数为

$$f(x;\theta) = \begin{cases} \dfrac{2x}{3\theta^2}, & \theta < x < 2\theta, \\ 0, & \text{其他}, \end{cases}$$

微课视频

其中，θ 是未知参数，$(X_1, X_2, \cdots, X_n)$ 是来自该总体的简单样本，若 $C\sum_{i=1}^{n} X_i^2$ 是 θ^2 的无偏估计，则常数 $C = \underline{\qquad}$.

解 因为总体的二阶原点矩 $E(X^2) = \int_{\theta}^{2\theta} x^2 \dfrac{2x}{3\theta^2}dx = \dfrac{5}{2}\theta^2$，所以 $E\left(C\sum_{i=1}^{n} X_i^2\right) = Cn\dfrac{5}{2}\theta^2$.

根据题意，知 $C\sum_{i=1}^{n} X_i^2$ 是 θ^2 的无偏估计，故 $Cn\dfrac{5}{2} = 1$，因此 $C = \dfrac{2}{5n}$.

例 4 （**考研真题** 2014 年数学一第 23 题）设总体 X 的分布函数为

$$F(x;\theta) = \begin{cases} 1 - e^{-\frac{x^2}{\theta}}, & x \geq 0, \\ 0, & x < 0, \end{cases}$$

微课视频

其中，θ 为未知的大于零的参数，$(X_1, X_2, \cdots, X_n)$ 是来自该总体的简单随机样本.

(1) 求 $E(X)$，$E(X^2)$.

(2) 求 θ 的极大似然估计量.

(3) 是否存在常数 a，使得对任意的 $\varepsilon > 0$，都有 $\lim_{n \to \infty} P\{|\hat{\theta}_n - a| \geq \varepsilon\} = 0$?

解 （1）先求出总体 X 的密度函数

$$f(x;\theta) = \begin{cases} \dfrac{2x}{\theta}e^{-\frac{x^2}{\theta}}, & x \geq 0, \\ 0, & x < 0, \end{cases}$$

$$E(X) = \int_0^{+\infty} \frac{2x^2}{\theta}e^{-\frac{x^2}{\theta}}dx = -\int_0^{+\infty} x de^{-\frac{x^2}{\theta}} = -xe^{-\frac{x^2}{\theta}}\Big|_0^{+\infty} + \int_0^{+\infty} e^{-\frac{x^2}{\theta}}dx = \sqrt{\pi\theta},$$

$$E(X^2) = \int_0^{+\infty} \frac{2x^3}{\theta}e^{-\frac{x^2}{\theta}}dx = \frac{1}{\theta}\int_0^{+\infty} x^2 e^{-\frac{x^2}{\theta}}dx^2 = \frac{1}{\theta}\int_0^{+\infty} t e^{-\frac{t}{\theta}}dt = \theta.$$

（2）似然函数为 $L(\theta) = \prod_{i=1}^{n} f(x_i, \theta) = \begin{cases} \dfrac{2^n}{\theta^n}\prod_{i=1}^{n} x_i e^{-\frac{\sum_{i=1}^{n} x_i^2}{\theta}}, & x_i \geq 0, \\ 0, & \text{其他}. \end{cases}$

当所有的观测值都大于零时，对数似然函数 $\ln L(\theta) = n\ln 2 + \sum_{i=1}^{n} \ln x_i - n\ln\theta - \dfrac{1}{\theta}\sum_{i=1}^{n} x_i^2$，对

数似然方程 $\dfrac{d\ln L(\theta)}{d\theta} = -\dfrac{n}{\theta} + \dfrac{1}{\theta^2}\sum_{i=1}^{n} x_i^2 = 0$，得 θ 的极大似然估计量为 $\hat{\theta} = \dfrac{1}{n}\sum_{i=1}^{n} X_i^2$.

（3）因为 $X_1, X_2, \cdots, X_n$ 相互独立同分布，显然对应的 $X_1^2, X_2^2, \cdots, X_n^2$ 也相互独立同分

布，又由(1)可知 $E(X_i^2) = \theta$，由教材第五章第一节辛钦大数定律，可得

$$\lim_{n \to \infty} P\left\{\left| \frac{1}{n} \sum_{i=1}^{n} X_i^2 - E(X_i^2) \right| \geq \varepsilon \right\} = 0.$$

由前两问可知，$\hat{\theta}_n = \frac{1}{n} \sum_{i=1}^{n} X_i^2, E(X_i^2) = \theta$，所以存在常数 $a = \theta$，使得对任意的 $\varepsilon > 0$，都有

$$\lim_{n \to \infty} P\left\{ |\hat{\theta}_n - a| \geq \varepsilon \right\} = 0.$$

例5 （**考研真题**　2022年数学一第22题）设 $(X_1, X_2, \cdots, X_m)$ 为取自 $X \sim \exp\left(\dfrac{1}{\theta}\right)$ 的一组样本，设 $(Y_1, Y_2, \cdots, Y_n)$ 为取自正态总体 $Y \sim \exp\left(\dfrac{1}{2\theta}\right)$ 的一组样本，且总体 X 与总体 Y 相互独立，其中 $\theta > 0$ 未知，求 θ 的极大似然估计量 $\hat{\theta}$，并求 $\mathrm{Var}(\hat{\theta})$.

解　似然函数

$$\begin{aligned}
L(\theta) &= \prod_{i=1}^{m} f_X(x_i; \theta) \prod_{j=1}^{n} f_Y(y_j; \theta) \\
&= \prod_{i=1}^{m} \frac{1}{\theta} \mathrm{e}^{-\frac{x_i}{\theta}} \prod_{j=1}^{n} \frac{1}{2\theta} \mathrm{e}^{-\frac{y_j}{2\theta}} \\
&= \frac{1}{2^n} \frac{1}{\theta^{m+n}} \mathrm{e}^{-\frac{1}{\theta}\left[\sum\limits_{i=1}^{m} x_i + \frac{1}{2} \sum\limits_{j=1}^{n} y_j \right]}.
\end{aligned}$$

取对数似然函数

$$\ln L(\theta) = -n\ln 2 - (m+n)\ln\theta - \frac{1}{\theta}\left[\sum_{i=1}^{m} x_i + \frac{1}{2} \sum_{j=1}^{n} y_j \right].$$

对数似然方程

$$\frac{\partial \ln L(\theta)}{\partial \theta} = -(m+n)\frac{1}{\theta} + \frac{1}{\theta^2}\left[\sum_{i=1}^{m} x_i + \frac{1}{2} \sum_{j=1}^{n} y_j \right] = 0.$$

解得

$$\theta = \frac{1}{m+n}\left[\sum_{i=1}^{m} x_i + \frac{1}{2} \sum_{j=1}^{n} y_j \right].$$

θ 的极大似然估计量

$$\hat{\theta} = \frac{1}{m+n}\left[\sum_{i=1}^{m} X_i + \frac{1}{2} \sum_{j=1}^{n} Y_j \right].$$

$$\mathrm{Var}(\hat{\theta}) = \frac{1}{(m+n)^2}\left[\sum_{i=1}^{m} \mathrm{Var}(X_i) + \frac{1}{4} \sum_{j=1}^{n} \mathrm{Var}(Y_j) \right] = \frac{1}{(m+n)^2}\left[m\theta^2 + \frac{1}{4}n(2\theta)^2 \right] = \frac{\theta^2}{m+n}.$$

例6 （**考研真题**　2011年数学一第23题）设 $(X_1, X_2, \cdots, X_n)$ 是来自正态总体 $N(\mu_0, \sigma^2)$ 的简单随机样本，其中 μ_0 已知，$\sigma^2 > 0$ 未知. $\overline{X}, S^2$ 为样本均值和样本方差.

（1）求参数 σ^2 的极大似然估计 $\hat{\sigma}^2$. （2）计算 $E(\hat{\sigma}^2)$ 和 $\mathrm{Var}(\hat{\sigma}^2)$.

解　（1）似然函数

微课视频

$$L(\sigma^2) = \prod_{i=1}^{n} \frac{1}{\sqrt{2\pi}\,\sigma} \exp\left(-\frac{(x_i-\mu_0)^2}{2\sigma^2}\right)$$

$$= \frac{1}{(2\pi)^{\frac{n}{2}}\sigma^n} \exp\left(\sum_{i=1}^{n} -\frac{(x_i-\mu_0)^2}{2\sigma^2}\right),$$

对数似然函数

$$\ln L = -\frac{n}{2}\ln 2\pi - \frac{n}{2}\ln\sigma^2 - \sum_{i=1}^{n} \frac{(x_i-\mu_0)^2}{2\sigma^2}$$

$$= -\frac{n}{2}\ln 2\pi - \frac{n}{2}\ln\sigma^2 - \frac{1}{\sigma^2}\sum_{i=1}^{n} \frac{(x_i-\mu_0)^2}{2},$$

对数似然方程

$$\frac{\mathrm{d}\ln L}{\mathrm{d}\sigma^2} = -\frac{n}{2\sigma^2} + \frac{1}{(\sigma^2)^2}\sum_{i=1}^{n} \frac{(x_i-\mu_0)^2}{2} = 0,$$

得 σ^2 的极大似然估计值 $\hat{\sigma}^2 = \sum_{i=1}^{n} \frac{(x_i-\mu_0)^2}{n}$，极大似然估计量 $\hat{\sigma}^2 = \sum_{i=1}^{n} \frac{(X_i-\mu_0)^2}{n}$.

（2）由随机变量数字特征的计算公式，可得

$$E(\hat{\sigma}^2) = E\left[\sum_{i=1}^{n} \frac{(X_i-\mu_0)^2}{n}\right] = \frac{1}{n}\sum_{i=1}^{n} E(X_i-\mu_0)^2 = E(X_1-\mu_0)^2 = \mathrm{Var}(X_1) = \sigma^2,$$

$$\mathrm{Var}(\hat{\sigma}^2) = \mathrm{Var}\left[\sum_{i=1}^{n} \frac{(X_i-\mu_0)^2}{n}\right] = \frac{1}{n^2}\sum_{i=1}^{n} \mathrm{Var}(X_i-\mu_0)^2 = \frac{1}{n}\mathrm{Var}(X_1-\mu_0)^2.$$

由于 $X_1-\mu_0 \sim N(0,\sigma^2)$，由正态分布的性质，可知 $\frac{X_1-\mu_0}{\sigma} \sim N(0,1)$，因此 $\left(\frac{X_1-\mu_0}{\sigma}\right)^2 \sim$ $\chi^2(1)$. 由 χ^2 分布的性质，可知 $\mathrm{Var}\left(\frac{X_1-\mu_0}{\sigma}\right)^2 = 2$，因此 $\mathrm{Var}(X_1-\mu_0)^2 = 2\sigma^4$，故 $\mathrm{Var}(\hat{\sigma}^2)$ $= \frac{2\sigma^4}{n}$.

分析　与教材第七章第一节中例8比较，我们发现，当正态分布均值和方差都未知时，它们的极大似然估计的结论要熟记（结论见教材第七章第一节例8），它们是讨论置信区间和假设检验的基础. 此外，当 μ_0 已知时，σ^2 的极大似然估计的结论会发生变化，见本例的结论.

例7　（**考研真题**　2006年数学一第23题）设总体 X 的概率密度函数为

$$f(x) = \begin{cases} \theta, & 0 \le x < 1, \\ 1-\theta, & 1 \le x \le 2, \\ 0 & \text{其他.} \end{cases}$$

其中，θ 是未知参数（$0 < \theta < 1$），$(X_1, X_2, \cdots, X_n)$ 为来自总体 X 的简单随机样本，记 N 为样本观测值 $x_1, x_2, \cdots, x_n$ 中小于1的个数，求 θ 的极大似然估计量.

解　似然函数 $L(\theta) = \prod_{i=1}^{n} f(x_i;\theta) = \theta^N (1-\theta)^{n-N}$，

微课视频

对数似然函数 $\ln L = N\ln\theta + (n-N)\ln(1-\theta)$，似然方程为 $\dfrac{\mathrm{d}\ln L}{\mathrm{d}\theta} = 0 \Rightarrow \dfrac{N}{\theta} - \dfrac{n-N}{1-\theta} = 0 \Rightarrow \theta = \dfrac{N}{n}$，

故其极大似然估计量为 $\hat{\theta} = \dfrac{N}{n}$.

例 8　（**考研真题**　2007 年数学一第 24 题）设总体 X 的概率密度函数为

$$f(x,\ \theta) = \begin{cases} \dfrac{1}{2\theta}, & 0 < x < \theta, \\[2mm] \dfrac{1}{2(1-\theta)}, & \theta \leqslant x < 1, \\[2mm] 0, & \text{其他}. \end{cases}$$

$(X_1, X_2, \cdots, X_n)$ 是来自总体 X 的简单随机样本，$\overline{X}$ 是样本均值.

（1）求参数 θ 的矩估计量 $\hat{\theta}$.

（2）判断 $4\overline{X}^2$ 是否为 θ^2 的无偏估计量，并说明理由.

解　（1）$E(X) = \displaystyle\int_{-\infty}^{+\infty} xf(x;\theta)\,\mathrm{d}x = \int_0^{\theta} \dfrac{x}{2\theta}\,\mathrm{d}x + \int_{\theta}^1 \dfrac{x}{2(1-\theta)}\,\mathrm{d}x = \dfrac{\theta}{4} + \dfrac{1}{4}(1+\theta) = \dfrac{\theta}{2} + \dfrac{1}{4}$.

即 $\theta = 2E(x) - \dfrac{1}{2}$，因此 θ 的矩估计量为 $\hat{\theta} = 2\overline{X} - \dfrac{1}{2}$.

（2）$E(4\overline{X}^2) = 4E(\overline{X}^2) = 4\left[\mathrm{Var}(\overline{X}) + E^2(\overline{X})\right] = 4\left[\dfrac{\mathrm{Var}(X)}{n} + E^2(X)\right]$，

而

$$E(X^2) = \int_{-\infty}^{+\infty} x^2 f(x;\theta)\,\mathrm{d}x = \int_0^{\theta} \dfrac{x^2}{2\theta}\,\mathrm{d}x + \int_{\theta}^1 \dfrac{x^2}{2(1-\theta)}\,\mathrm{d}x = \dfrac{\theta^2}{3} + \dfrac{1}{6}\theta + \dfrac{1}{6}.$$

$$\mathrm{Var}(X) = E(X^2) - E^2(X) = \dfrac{\theta^2}{3} + \dfrac{1}{6}\theta + \dfrac{1}{6} - \left(\dfrac{1}{2}\theta + \dfrac{1}{4}\right)^2 = \dfrac{1}{12}\theta^2 - \dfrac{1}{12}\theta + \dfrac{5}{48},$$

故

$$E(4\overline{X}^2) = 4\left[\dfrac{\mathrm{Var}(X)}{n} + E^2(X)\right] = \dfrac{3n+1}{3n}\theta^2 + \dfrac{3n-1}{3n}\theta + \dfrac{3n+5}{12n} \neq \theta^2,$$

所以 $4\overline{X}^2$ 不是 θ^2 的无偏估计量.

例 9　（**考研真题**　2021 年数学一第 9 题）设 $(X_1, Y_1), (X_2, Y_2), \cdots, (X_n, Y_n)$ 是取自二

维正态总体 $N(\mu_1, \mu_2, \sigma_1^2, \sigma_2^2, \rho)$ 的一个简单随机样本，令 $\theta = \mu_1 - \mu_2$，$\overline{X} = \dfrac{1}{n}\displaystyle\sum_{i=1}^n X_i$，$\overline{Y} =$

$\dfrac{1}{n}\displaystyle\sum_{i=1}^n Y_i$，$\hat{\theta} = \overline{X} - \overline{Y}$. 则（　　　）.

A. $\hat{\theta}$ 是 θ 的无偏估计，$\mathrm{Var}(\hat{\theta}) = \dfrac{\sigma_1^2 + \sigma_2^2}{n}$

B. $\hat{\theta}$ 不是 θ 的无偏估计，$\mathrm{Var}(\hat{\theta}) = \dfrac{\sigma_1^2 + \sigma_2^2}{n}$

C. $\hat{\theta}$ 是 θ 的无偏估计，$\mathrm{Var}(\hat{\theta}) = \dfrac{\sigma_1^2 + \sigma_2^2 - 2\rho\sigma_1\sigma_2}{n}$

D. $\hat{\theta}$ 不是 θ 的无偏估计，$\mathrm{Var}(\hat{\theta}) = \dfrac{\sigma_1^2 + \sigma_2^2 - 2\rho\sigma_1\sigma_2}{n}$

解 本题综合考查了二维正态分布的性质，统计量的数字特征和估计量无偏性的定义，是一道综合性的问题.

由二维正态总体的性质可知，若 $(X,Y) \sim N(\mu_1, \mu_2, \sigma_1^2, \sigma_2^2, \rho)$，则 $X \sim N(\mu_1, \sigma_1^2)$，$Y \sim N(\mu_2, \sigma_2^2)$，$\mathrm{Cov}(X, Y) = \rho\sigma_1\sigma_2$.

$$\overline{X} = \frac{1}{n}\sum_{i=1}^{n}X_i, \ E(\overline{X}) = \mu_1, \ \mathrm{Var}(\overline{X}) = \frac{\sigma_1^2}{n}; \ \overline{Y} = \frac{1}{n}\sum_{i=1}^{n}Y_i, \ E(\overline{Y}) = \mu_2, \ \mathrm{Var}(\overline{Y}) = \frac{\sigma_2^2}{n},$$

$$\mathrm{Cov}(\overline{X}, \overline{Y}) = \mathrm{Cov}\left(\frac{1}{n}\sum_{i=1}^{n}X_i, \frac{1}{n}\sum_{i=1}^{n}Y_i\right) = \frac{1}{n^2}\sum_{i=1}^{n}\sum_{j=1}^{n}\mathrm{Cov}(X_i, Y_j) = \frac{1}{n^2}\sum_{i=1}^{n}\mathrm{Cov}(X_i, Y_i),$$

当 $i \neq j$ 时，X_i 与 Y_j 相互独立，故 $\mathrm{Cov}(X_i, Y_j) = 0, \mathrm{Cov}(X_i, Y_i) = \rho\sigma_1\sigma_2$. 因此 $\mathrm{Cov}(\overline{X}, \overline{Y})$

$$= \frac{1}{n^2}\sum_{i=1}^{n}\mathrm{Cov}(X_i, Y_i) = \frac{\rho\sigma_1\sigma_2}{n}.$$

因为 $E(\hat{\theta}) = E(\overline{X} - \overline{Y}) = E(\overline{X}) - E(\overline{Y}) = \mu_1 - \mu_2 = \theta$，所以 $\hat{\theta}$ 是 θ 的无偏估计.

$$\mathrm{Var}(\hat{\theta}) = \mathrm{Var}(\overline{X} - \overline{Y}) = \mathrm{Var}(\overline{X}) + \mathrm{Var}(\overline{Y}) - 2\mathrm{Cov}(\overline{X}, \overline{Y}) = \frac{\sigma_1^2}{n} + \frac{\sigma_2^2}{n} - \frac{2\rho\sigma_1\sigma_2}{n}.$$

因此选 C.

五、习题详解

习题 7-1 点估计

1. 设 $(X_1, X_2, \cdots, X_n)$ 是取自总体 X 的一个样本，X 的密度函数为

$$f(x;\theta) = \begin{cases} \theta x^{\theta-1}, & 0 < x < 1, \\ 0, & \text{其他}. \end{cases}$$

其中，θ 为未知参数且 $\theta > 0$. 求 θ 的矩估计量.

解 $E(X) = \displaystyle\int_0^1 \theta x^{\theta}\mathrm{d}x = \frac{\theta}{\theta+1}$，则 $\theta = \dfrac{E(X)}{1-E(X)}$，故 θ 的矩估计量 $\hat{\theta} = \dfrac{\overline{X}}{1-\overline{X}}$.

2. 设 $(X_1, X_2, \cdots, X_n)$ 是取自总体 X 的一个样本，其中总体 X 服从参数为 λ 的泊松分布，λ 未知且 $\lambda > 0$. (1) 求 λ 的矩估计量与极大似然估计量. (2) 现得到如下一组样本观测值，求 λ 的矩估计值与极大似然估计值.

X	0	1	2	3	4
频数	17	20	10	2	1

解 (1) 由于 $E(X) = \lambda$，因此 λ 的矩估计量为 $\hat{\lambda} = \overline{X}$，似然函数

$$L(\lambda) = \begin{cases} \mathrm{e}^{-n\lambda}\dfrac{\lambda^{\sum\limits_{i=1}^{n}x_i}}{x_1!\ x_2!\ \cdots x_n!}, & x_i = 0,1,2,\cdots, \ i = 1,2,\cdots,n, \\ 0, & \text{其他}. \end{cases}$$

微课视频

当 $L(\lambda) > 0$ 时，取对数似然函数 $\ln L(\lambda) = -n\lambda + \left(\sum\limits_{i=1}^{n} x_i\right)\ln\lambda - \ln(x_1!\ x_2!\ \cdots x_n!\ )$，对

数似然方程为 $\dfrac{\mathrm{d}\ln L(\lambda)}{\mathrm{d}\lambda} = -n + \left(\sum\limits_{i=1}^{n} x_i\right)\dfrac{1}{\lambda} = 0$，解得 λ 的极大似然估计量为 $\hat\lambda = \overline{X}$.

（2）将数据代入估计量，可得 λ 的矩估计值与极大似然估计值都为 1.

3. 设 $(X_1, X_2, \cdots, X_n)$ 是取自总体 X 的一个样本，X 的分布函数为

$$F(x;\theta) = \begin{cases} 0, & x < 1, \\ 1 - x^{-\theta}, & x \geq 1. \end{cases}$$

其中，θ 未知，$\theta > 1$. 试求：θ 的矩估计量和极大似然估计量.

解　$f(x) = F'(x) = \begin{cases} \theta x^{-\theta-1}, & x \geq 1, \\ 0, & x < 1, \end{cases}$　计算可得

$$E(X) = \int_1^{+\infty} x \cdot \theta x^{-\theta-1}\mathrm{d}x = \frac{\theta}{\theta-1}, \quad \theta = \frac{E(X)}{E(X)-1},$$

用样本的一阶原点矩替换总体的一阶原点矩，即得 θ 的矩估计量为 $\hat\theta = \dfrac{\overline{X}}{\overline{X}-1}$.

似然函数

$$L(\theta) = \begin{cases} \theta^n (x_1 x_2 \cdots x_n)^{-\theta-1}, & x_i \geq 1, \\ 0, & 其他. \end{cases}$$

当 $L(\theta) > 0$ 时，对数似然函数 $\ln L(\theta) = n\ln\theta - (\theta+1)\ln(x_1 x_2 \cdots x_n)$，对数似然方程为 $\dfrac{\mathrm{d}\ln L(\theta)}{\mathrm{d}\theta} = \dfrac{n}{\theta} - \ln(x_1 x_2 \cdots x_n) = 0$，解得 θ 的极大似然估计量为 $\hat\theta = \dfrac{n}{\sum\limits_{i=1}^{n}\ln X_i}$.

4. 设 $(X_1, X_2, \cdots, X_n)$ 是取自总体 X 的一个样本，X 的密度函数为

$$f(x,\theta) = \begin{cases} \theta c^{\theta} x^{-(\theta+1)}, & x > c, \\ 0, & 其他. \end{cases}$$

其中，$c > 0$ 且 c 为已知常数，$\theta > 1$ 且 θ 为未知参数，$(x_1, x_2, \cdots, x_n)$ 是样本的一组观测值. 求 θ 的矩估计量 $\hat\theta_1$ 和极大似然估计量 $\hat\theta_2$.

解　$E(X) = \int_c^{+\infty} x \cdot \theta c^{\theta} x^{-\theta-1}\mathrm{d}x = \dfrac{c\theta}{\theta-1}$，则 $\theta = \dfrac{E(X)}{E(X)-c}$，故 θ 的矩估计量 $\hat\theta_1 = \dfrac{\overline{X}}{\overline{X}-c}$.

似然函数 $L(\theta) = \theta^n c^{n\theta}(x_1 x_2 \cdots x_n)^{-\theta-1}$，取对数似然函数

$$\ln L(\theta) = n\ln\theta + n\theta\ln c - (\theta+1)\ln(x_1 x_2 \cdots x_n),$$

对数似然方程

$$\frac{\partial\ln L(\theta)}{\partial\theta} = \frac{n}{\theta} + n\ln c - \ln(x_1 x_2 \cdots x_n) = 0,$$

解得 $\theta = \dfrac{n}{\ln(x_1 x_2 \cdots x_n) - n\ln c}$. 故 θ 的极大似然估计量 $\hat\theta_2 = \dfrac{n}{\ln(X_1 X_2 \cdots X_n) - n\ln c}$.

5. 设 $(X_1, X_2, \cdots, X_n)$ 是取自总体 X 的一个样本，X 的密度函数为

$$f(x;\theta) = \begin{cases} \dfrac{x}{\theta}\mathrm{e}^{-\frac{x^2}{2\theta}}, & x > 0, \\ 0, & x \leq 0, \end{cases}$$

其中, θ 未知, $\theta > 0$, 求 θ 的矩估计量和极大似然估计量.

    解 由于

$$E(X) = \int_0^\infty x \cdot \frac{x}{\theta} e^{-\frac{x^2}{2\theta}} dx = \int_0^\infty x d(-e^{-\frac{x^2}{2\theta}}) = -x e^{-\frac{x^2}{2\theta}} \Big|_0^\infty + \int_0^\infty e^{-\frac{x^2}{2\theta}} dx$$

$$= \frac{1}{2} \sqrt{2\pi\theta} \int_{-\infty}^\infty \frac{1}{\sqrt{2\pi\theta}} e^{-\frac{x^2}{2\theta}} dx = \frac{1}{2} \sqrt{2\pi\theta},$$

$$\theta = \frac{2}{\pi} [E(X)]^2,$$

因此易得 θ 的矩估计量为 $\hat{\theta} = \frac{2}{\pi}(\bar{X})^2$.

$$似然函数\ L(\theta) = \begin{cases} \dfrac{x_1 x_2 \cdots x_n}{\theta^n} e^{-\frac{\sum\limits_{i=1}^n x_i^2}{2\theta}}, & x_i > 0, \\ 0, & x_i \le 0. \end{cases}$$

当 $L(\theta) > 0$ 时, 对数似然函数 $\ln L(\theta) = \ln(x_1 x_2 \cdots x_n) - n\ln\theta - \dfrac{\sum\limits_{i=1}^n x_i^2}{2\theta}$, 对数似然方程

$\dfrac{d\ln L(\theta)}{d\theta} = \dfrac{-n}{\theta} + \dfrac{\sum\limits_{i=1}^n x_i^2}{2\theta^2} = 0$, 解得 θ 的极大似然估计量为 $\hat{\theta} = \dfrac{\sum\limits_{i=1}^n X_i^2}{2n}$.

    6. 设 $(X_1, X_2, \cdots, X_n)$ 是取自总体 X 的一个样本, 总体 X 服从几何分布, 其分布律为

$$P(X = x; p) = p(1-p)^{x-1}. \quad (x = 1, 2, \cdots)$$

其中, p 未知, $0 < p < 1$, 试求: p 的矩估计量.

    解 由于 $E(X) = \sum\limits_{x=1}^{+\infty} x \cdot p(1-p)^{x-1} = \dfrac{1}{p}$, 因此易得 p 的矩估计量为 $\hat{p} = \dfrac{1}{\bar{X}}$.

    7. 设 $(X_1, X_2, \cdots, X_n)$ 是取自总体 X 的一个样本, 总体 X 的分布律如下所示.

X	-1	0	1
概率	$\dfrac{\theta}{2}$	$1-\theta$	$\dfrac{\theta}{2}$

其中, θ 未知, $0 < \theta < 1$, 试求: θ 的矩估计量和极大似然估计量.

    解 易得 $E(X) = 0$, 可见 θ 无法表达成总体的一阶矩的函数, 因此进一步计算 $E(X^2)$ $= \dfrac{\theta}{2} + 0 + \dfrac{\theta}{2} = \theta$, 用样本的二阶原点矩替换总体的二阶原点矩, 即得 θ 的矩估计量为 $\hat{\theta} = \dfrac{1}{n} \sum\limits_{i=1}^n X_i^2$.

似然函数 $L(\theta) = \left(\dfrac{\theta}{2}\right)^{\sum\limits_{i=1}^n |x_i|} (1-\theta)^{n - \sum\limits_{i=1}^n |x_i|}$, 对数似然函数 $\ln L(\theta) = \sum\limits_{i=1}^n |x_i| \ln \dfrac{\theta}{2} +$

$\left(n - \sum\limits_{i=1}^{n} |x_i|\right) \ln(1-\theta)$，对数似然方程 $\dfrac{\mathrm{dln}L(\theta)}{\mathrm{d}\theta} = \dfrac{\sum\limits_{i=1}^{n} |x_i|}{\theta} - \dfrac{n - \sum\limits_{i=1}^{n} |x_i|}{1-\theta} = 0$，解得 θ 的极大似

然估计量为 $\hat{\theta} = \dfrac{\sum\limits_{i=1}^{n} |X_i|}{n}$.

8. 设 $(X_1, X_2, \cdots, X_n)$ 是取自总体 X 的一个样本，总体 X 的密度函数为

$$f(x; \theta, \lambda) = \begin{cases} \dfrac{1}{\lambda} \mathrm{e}^{-\frac{x-\theta}{\lambda}}, & x \geqslant \theta, \\ 0, & \text{其他.} \end{cases}$$

其中，$\lambda > 0$，求 θ 及 λ 的极大似然估计量.

解 似然函数

$$L(\lambda, \theta) = \begin{cases} \dfrac{1}{\lambda^n} \mathrm{e}^{-\frac{1}{\lambda}\sum\limits_{i=1}^{n}(x_i-\theta)}, & x_i \geqslant \theta, \\ 0, & \text{其他.} \end{cases}$$

当 $L(\lambda, \theta) > 0$ 时，作为 θ 的函数是单调增加的，所以 θ 要尽可能大，同时 $\theta \leqslant x_i$，$i = 1, 2, \cdots, n$，所以 θ 的极大似然估计量为 $\hat{\theta} = X_{(1)}$.

另一方面，对数似然函数 $\mathrm{ln}L(\lambda) = -n\mathrm{ln}\lambda - \dfrac{1}{\lambda}\sum\limits_{i=1}^{n}(x_i-\theta)$，对数似然方程 $\dfrac{\mathrm{dln}L(\lambda)}{\mathrm{d}\lambda} = -\dfrac{n}{\lambda}$ $+ \dfrac{1}{\lambda^2}\sum\limits_{i=1}^{n}(x_i-\theta) = 0$，解得 λ 的极大似然估计量为 $\hat{\lambda} = \overline{X} - X_{(1)}$.

9. 设 $(X_1, X_2, \cdots, X_n)$ 是取自总体 X 的一个样本，总体 $X \sim U(\theta, 1)$，其中 θ 未知，$\theta < 1$，求 θ 的矩估计量和极大似然估计量.

解 由于 $E(X) = \dfrac{\theta+1}{2}$，即 $\theta = 2E(X) - 1$，因此易得 θ 的矩估计量为 $\hat{\theta} = 2\overline{X} - 1$.

X 的密度函数为

$$f(x) = \begin{cases} \dfrac{1}{1-\theta}, & \theta \leqslant x \leqslant 1, \\ 0, & \text{其他.} \end{cases}$$

因此似然函数

$$L(\theta) = \begin{cases} \dfrac{1}{(1-\theta)^n}, & \theta \leqslant x_i \leqslant 1, \\ 0, & \text{其他.} \end{cases}$$

当 $L(\theta) > 0$ 时函数单调增加，所以 θ 要尽可能大，同时 $\theta \leqslant x_i$，$i = 1, 2, \cdots, n$，所以 $\theta = \min(x_i)$，θ 的极大似然估计量为 $\hat{\theta} = X_{(1)}$.

10. 设 $(X_1, X_2, \cdots, X_n)$ 是取自总体 X 的一个样本，总体 X 的密度函数为 $f(x; \theta) = \dfrac{|x|}{2\theta} \mathrm{e}^{-\frac{|x|}{\theta}}$，$-\infty < x < +\infty$. 其中，$\theta$ 未知，$\theta > 0$，求 θ 的矩估计量和极大似然估计量.

解　由于 $E(X) = \int_{-\infty}^{+\infty} x \cdot \dfrac{|x|}{2\theta} e^{-\frac{|x|}{\theta}} \mathrm{d}x = 0$，与 θ 无关，因此进一步计算 $E(X^2) = \int_{-\infty}^{+\infty} x^2 \cdot$

$\dfrac{|x|}{2\theta} e^{-\frac{|x|}{\theta}} \mathrm{d}x = \int_0^{+\infty} \dfrac{x^3}{\theta} e^{-\frac{x}{\theta}} \mathrm{d}x = 6\theta^3$，即 $\theta = \sqrt[3]{\dfrac{E(X^2)}{6}}$，用样本的二阶原点矩替换总体的二阶原

点矩，解得 θ 的矩估计量

$$\hat{\theta} = \sqrt[3]{\dfrac{\dfrac{1}{n}\sum\limits_{i=1}^{n} X_i^2}{6}}.$$

似然函数

$$L(\theta) = \dfrac{|x_1 x_2 \cdots x_n|}{2^n \theta^n} e^{-\frac{\sum\limits_{i=1}^{n}|x_i|}{\theta}},$$

对数似然函数

$$\ln L(\theta) = \ln \dfrac{|x_1 x_2 \cdots x_n|}{2^n} - n\ln\theta - \dfrac{\sum\limits_{i=1}^{n}|x_i|}{\theta},$$

对数似然方程

$$\dfrac{\mathrm{d}\ln L(\theta)}{\mathrm{d}\theta} = -\dfrac{n}{\theta} + \dfrac{\sum\limits_{i=1}^{n}|x_i|}{\theta^2} = 0,$$

解得 θ 的极大似然估计量

$$\hat{\theta} = \dfrac{\sum\limits_{i=1}^{n}|X_i|}{n}.$$

11. 设 $(X_1, X_2, \cdots, X_n)$ 是取自总体 X 的一个样本，X 的分布函数为

$$F(x;\theta) = \begin{cases} 0, & x < \theta, \\ 1 - \dfrac{\theta}{x}, & x \geqslant \theta. \end{cases}$$

其中，θ 未知，$\theta > 0$. 试求：θ 的极大似然估计量.

解　由于 $f(x;\theta) = F'(x;\theta) = \begin{cases} 0, & x < \theta, \\ \dfrac{\theta}{x^2}, & x \geqslant \theta, \end{cases}$　因此似然函数 $L(\theta) = \begin{cases} 0, & x_i < 0, \\ \dfrac{\theta^n}{(x_1 x_2 \cdots x_n)^2}, & x_i \geqslant \theta. \end{cases}$

当 $L(\theta) > 0$ 时函数单调增加，所以 θ 要尽可能大，同时 $\theta \leqslant x_i$，$i = 1,2,\cdots,n$,
θ 的极大似然估计量为 $\hat{\theta} = X_{(1)}$.

12. 设 $(X_1, X_2, \cdots, X_n)$ 是取自总体 X 的一个样本，总体 X 的密度函数为

$$f(x) = \begin{cases} \theta, & 0 \leqslant x < 1, \\ 1-\theta, & 1 \leqslant x \leqslant 2, \\ 0, & \text{其他}. \end{cases}$$

其中，θ 是未知参数($0 < \theta < 1$)，记 N 为样本观测值 $(x_1, x_2, \cdots, x_n)$ 中位于 $[0,1)$ 的个数，

位于 $[1,2]$ 的个数为 $n-N$，求 θ 的极大似然估计量.

解 似然函数 $L(\theta) = \theta^N (1-\theta)^{n-N}$，对数似然函数 $\ln L(\theta) = N\ln\theta + (n-N)\ln(1-\theta)$，对数似然方程 $\dfrac{\mathrm{d}\ln L(\theta)}{\mathrm{d}\theta} = \dfrac{N}{\theta} - \dfrac{n-N}{1-\theta} = 0$，解得 θ 的极大似然估计量为 $\hat{\theta} = \dfrac{N}{n}$.

写出似然函数是本题的关键. 由于本题中总体的密度函数在不同区域有两个不同的非零表达式，因此构造似然函数比较麻烦，需引入一个新的统计量 N 才能正确地表示出似然函数.

习题 7-2 点估计的优良性评判标准

1. 设 $(X_1, X_2, \cdots, X_n)$ 是来自总体 X 的一个样本，总体 $X \sim B(1,p)$，其中 p 未知，$0 < p < 1$. 证明：（1）X_1 是 p 的无偏估计.（2）X_1^2 不是 p^2 的无偏估计.（3）当 $n \geqslant 2$ 时，$X_1 X_2$ 是 p^2 的无偏估计.

证明 （1）显然 X_1 作为 p 的一个估计，有 $E(X_1) = E(X) = p$，根据无偏估计的定义可知，X_1 是 p 的无偏估计.

（2）同理，X_1^2 作为 p^2 的一个估计，有

$$E(X_1^2) = E(X^2) = \mathrm{Var}(X) + [E(X)]^2 = p(1-p) + p^2 = p \neq p^2,$$

不满足无偏估计的定义，所以 X_1^2 不是 p^2 的无偏估计.

（3）当 $n \geqslant 2$ 时，$X_1 X_2$ 作为 p^2 的一个估计，有

$$E(X_1 X_2) = E(X_1) E(X_2) = [E(X)]^2 = p^2,$$

根据无偏估计的定义可知，$X_1 X_2$ 是 p^2 的无偏估计.

2. 设 $(X_1, X_2, \cdots, X_n)$ 是取自总体 X 的一个样本，总体 X 的密度函数为

$$f(x;\mu) = \begin{cases} \mathrm{e}^{-(x-\mu)}, & x > \mu, \\ 0, & \text{其他}. \end{cases}$$

其中，$-\infty < \mu < +\infty$，μ 未知，易知 μ 的极大似然估计量 $\hat{\mu}_1 = X_{(1)}$.

（1）$\hat{\mu}_1$ 是 μ 的无偏估计吗？若不是，请修正.

（2）μ 的矩估计量 $\hat{\mu}_2$ 是 μ 的无偏估计吗？是相合估计吗？

解 （1）由习题 6-2 中第 8 题的求解可知，$E(\hat{\mu}_1) = E(X_{(1)}) = \dfrac{1}{n} + \theta \neq \theta$，根据无偏估计的定义可知，$\hat{\mu}_1$ 不是 μ 的无偏估计.

$$E\left(X_{(1)} - \dfrac{1}{n}\right) = E(X_{(1)}) - \dfrac{1}{n} = \dfrac{1}{n} + \theta - \dfrac{1}{n} = \theta,$$

所以将 $\hat{\mu}_1$ 修正为 $\hat{\mu}_1^* = X_{(1)} - \dfrac{1}{n}$，则 $\hat{\mu}_1^*$ 是 μ 的无偏估计.

（2）由于 $E(X) = \displaystyle\int_\theta^\infty x \cdot \mathrm{e}^{-(x-\mu)} \mathrm{d}x = \int_0^\infty (y+\mu) \cdot \mathrm{e}^{-y} \mathrm{d}y = 1 + \mu$，因此易得 μ 的矩估计量 $\hat{\mu}_2 = \bar{X} - 1$. 又由于 $E(\hat{\mu}_2) = E(\bar{X} - 1) = EX - 1 = 1 + \mu - 1 = \mu$，因此 $\hat{\mu}_2$ 是 μ 的无偏估计. 类似于习题 6-2 的第 8 题（2）中方差的求解，可得 $\mathrm{Var}(\hat{\mu}_2) = \mathrm{Var}(\bar{X} - 1) = \mathrm{Var}(\bar{X}) = \dfrac{\mathrm{Var}(X)}{n} = \dfrac{1}{n}$，再由教材第七章第二节中定理 2，可知 $\hat{\mu}_2$ 是 μ 的相合估计.

3. 设总体 X 服从均匀分布 $U(\theta, \theta+1)$，$(X_1, X_2, \cdots, X_n)$ 是取自该总体的一个样本，证明：$\hat{\theta}_1 = \overline{X} - \dfrac{1}{2}, \hat{\theta}_2 = X_{(n)} - \dfrac{n}{n+1}, \hat{\theta}_3 = X_{(1)} - \dfrac{1}{n+1}$ 都是 θ 的无偏估计.

证明 由于 $E(\hat{\theta}_1) = E\left(\overline{X} - \dfrac{1}{2}\right) = \dfrac{2\theta+1}{2} - \dfrac{1}{2} = \theta$，因此 $\hat{\theta}_1 = \overline{X} - \dfrac{1}{2}$ 是 θ 的无偏估计.

又由于 $X_{(n)}$ 的密度函数为

$$f_{X_{(n)}}(x) = \begin{cases} n(x-\theta)^{n-1}, & \theta < x < \theta+1, \\ 0, & \text{其他}, \end{cases}$$

$$E(\hat{\theta}_2) = E\left(X_{(n)} - \dfrac{n}{n+1}\right) = E(X_{(n)}) - \dfrac{n}{n+1} = \int_\theta^{\theta+1} x \cdot n(x-\theta)^{n-1}\,dx - \dfrac{n}{n+1} = \theta,$$

因此 $\hat{\theta}_2 = X_{(n)} - \dfrac{n}{n+1}$ 是 θ 的无偏估计.

又由于 $X_{(1)}$ 的密度函数为

$$f_{X_{(1)}}(x) = \begin{cases} n(1+\theta-x)^{n-1}, & \theta < x < \theta+1, \\ 0, & \text{其他}, \end{cases}$$

$$E(\hat{\theta}_3) = E\left(X_{(1)} - \dfrac{1}{n+1}\right) = E(X_1) - \dfrac{1}{n+1} = \int_\theta^{\theta+1} x \cdot n(1+\theta-x)^{n-1}\,dx - \dfrac{1}{n+1} = \theta,$$

因此 $\hat{\theta}_3 = X_{(1)} - \dfrac{1}{n+1}$ 是 θ 的无偏估计.

4. 设 $(X_1, X_2, \cdots, X_n)$ 是取自总体 $X \sim N(\mu, \sigma^2)$ 的一个样本，选适当的值 c，使 $\hat{\sigma}^2 = c\sum\limits_{i=1}^{n-1}(X_{i+1}-X_i)^2$ 是 σ^2 的无偏估计.

解 由于

$$\begin{aligned}
E(\hat{\sigma}^2) &= cE\left[\sum_{i=1}^{n-1}(X_{i+1}-X_i)^2\right] = c\sum_{i=1}^{n-1}E(X_{i+1}-X_i)^2 \\
&= c\sum_{i=1}^{n-1}E[X_{i+1}-\mu-(X_i-\mu)]^2 \\
&= c\sum_{i=1}^{n-1}\left[E(X_{i+1}-\mu)^2 + E(X_i-\mu)^2 - 2E(X_{i+1}-\mu)(X_i-\mu)\right] \\
&= c\sum_{i=1}^{n-1}\left[\mathrm{Var}(X_{i+1}) + \mathrm{Var}(X_i) - 2\mathrm{Cov}(X_{i+1}, X_i)\right] \\
&= c\sum_{i=1}^{n-1}(\sigma^2 + \sigma^2 - 0) \\
&= c\sum_{i=1}^{n-1}2\sigma^2 = c \cdot (n-1) \cdot 2\sigma^2,
\end{aligned}$$

也可通过如下方法求解：

$$X_{i+1} - X_i \sim N(0, 2\sigma^2),$$

因此易得 $E(X_{i+1}-X_i)^2 = \mathrm{Var}(X_{i+1}-X_i) = 2\sigma^2$. 由题意，可知 $\hat{\sigma}^2 = c\sum\limits_{i=1}^{n-1}(X_{i+1}-X_i)^2$ 是 σ^2 的无偏估计，即

$$E(\hat{\sigma}^2) = c \cdot (n-1) \cdot 2\sigma^2 = \sigma^2,$$

计算可得 $c = \dfrac{1}{2(n-1)}$.

5.（习题 7-1 第 7 题）设 $(X_1, X_2, \cdots, X_n)$ 是取自总体 X 的一个样本，总体 X 的分布律如下所示.

X	-1	0	1
概率	$\dfrac{\theta}{2}$	$1-\theta$	$\dfrac{\theta}{2}$

其中，θ 未知，$0 < \theta < 1$. 讨论 θ 的矩估计量 $\hat{\theta}_1$ 和极大似然估计量 $\hat{\theta}_2$ 的无偏性.

解 由习题 7-1 可知，θ 的矩估计量为 $\hat{\theta}_1 = \dfrac{1}{n}\sum_{i=1}^{n} X_i^2$，则

$$E(\hat{\theta}_1) = E\left(\frac{1}{n}\sum_{i=1}^{n} X_i^2\right) = E(X_i^2) = 1 \cdot \frac{\theta}{2} + 0 \cdot (1-\theta) + 1 \cdot \frac{\theta}{2} = \theta,$$

因此 θ 的矩估计量 $\hat{\theta}_1 = \dfrac{1}{n}\sum_{i=1}^{n} X_i^2$ 是 θ 的无偏估计.

θ 的极大似然估计量为 $\hat{\theta}_2 = \dfrac{\sum_{i=1}^{n} |X_i|}{n}$，则

$$E(\hat{\theta}_2) = E\left(\frac{\sum_{i=1}^{n} |X_i|}{n}\right) = E(|X|) = |-1| \cdot \frac{\theta}{2} + 0 \cdot (1-\theta) + |1| \cdot \frac{\theta}{2} = \theta,$$

因此 θ 的极大似然估计量 $\hat{\theta}_2 = \dfrac{\sum_{i=1}^{n} |X_i|}{n}$ 也是 θ 的无偏估计.

6. 设 $(X_1, X_2, \cdots, X_n)$ 是取自总体 X 的一个样本，总体 $X \sim B(n,p)$，$\overline{X}$ 和 S^2 分别为样本均值和样本方差. 若 $\overline{X} + kS^2$ 为 np^2 的无偏估计量，求 k 的值.

解 根据题意，可知 $\overline{X} + kS^2$ 为 np^2 的无偏估计，即 $E(\overline{X} + kS^2) = np^2$，由教材第六章第二节定理结论(1) 和(2) 计算，可得 $E(\overline{X} + kS^2) = np + knp(1-p) = np^2$，即 $k = -1$.

7. 设总体 X 的分布律如下所示.

X	1	2	3
概率	$1-\theta$	$\theta-\theta^2$	θ^2

其中，$\theta \in (0,1)$ 未知，以 N_i 表示取自总体 X 的简单随机样本(样本容量为 n) 中等于 i 的个体个数 $(i = 1,2,3)$，试求：常数 a_1, a_2, a_3，使 $T = \sum_{i=1}^{3} a_i N_i$ 为 θ 的无偏估计量，并求 T 的方差.

解 根据 N_i 的定义，可知 $N_1 \sim B(n, 1-\theta)$，于是有 $E(N_1) = n(1-\theta)$，$\mathrm{Var}(N_1) = n(1-\theta)\theta$；$N_2 \sim B(n, \theta-\theta^2)$，因此 $E(N_2) = n(\theta-\theta^2)$，$\mathrm{Var}(N_2) = n(\theta-\theta^2)(1-\theta+\theta^2)$；$N_3 \sim B(n,$

θ^2），因此 $E(N_3) = n\theta^2, \mathrm{Var}(N_3) = n\theta^2(1-\theta^2)$.

$$E(T) = E\left(\sum_{i=1}^{3} a_i N_i\right) = \sum_{i=1}^{3} a_i E(N_i) = a_1 n(1-\theta) + a_2 n(\theta - \theta^2) + a_3 n\theta^2 = \theta,$$

故
$$a_1 = 0, \ \ a_2 = a_3 = \frac{1}{n},$$

$$\mathrm{Var}(T) = \mathrm{Var}\left(\frac{1}{n}(N_2 + N_3)\right) = \mathrm{Var}\left(\frac{1}{n}(n - N_1)\right) = \mathrm{Var}\left(\frac{1}{n}N_1\right) = \frac{\theta - \theta^2}{n}.$$

本题的关键在于能发现并理解每个 N_i 都服从二项分布.

8. 设 (X_1, X_2, X_3) 为总体 $X \sim N(\mu, \sigma^2)$ 的一个样本，证明：

$$\hat{\mu}_1 = \frac{1}{6}X_1 + \frac{1}{3}X_2 + \frac{1}{2}X_3,$$

$$\hat{\mu}_2 = \frac{2}{5}X_1 + \frac{1}{5}X_2 + \frac{2}{5}X_3$$

都是总体均值 μ 的无偏估计，并进一步判断哪一个估计更有效.

证明 $E(\hat{\mu}_1) = E\left(\dfrac{1}{6}X_1 + \dfrac{1}{3}X_2 + \dfrac{1}{2}X_3\right) = \dfrac{1}{6}E(X_1) + \dfrac{1}{3}E(X_2) + \dfrac{1}{2}E(X_3)$

$$= \frac{1}{6}\mu + \frac{1}{3}\mu + \frac{1}{2}\mu = \mu,$$

$E(\hat{\mu}_2) = E\left(\dfrac{2}{5}X_1 + \dfrac{1}{5}X_2 + \dfrac{2}{5}X_3\right) = \dfrac{2}{5}E(X_1) + \dfrac{1}{5}E(X_2) + \dfrac{2}{5}E(X_3)$

$$= \frac{2}{5}\mu + \frac{1}{5}\mu + \frac{2}{5}\mu = \mu,$$

因此得证 $\hat{\mu}_1$ 和 $\hat{\mu}_2$ 都是总体均值 μ 的无偏估计.

又通过计算可得

$$\mathrm{Var}(\hat{\mu}_1) = \mathrm{Var}\left(\frac{1}{6}X_1 + \frac{1}{3}X_2 + \frac{1}{2}X_3\right) = \frac{1}{36}\mathrm{Var}(X_1) + \frac{1}{9}\mathrm{Var}(X_2) + \frac{1}{4}\mathrm{Var}(X_3)$$

$$= \frac{1}{36}\sigma^2 + \frac{1}{9}\sigma^2 + \frac{1}{4}\sigma^2 = \frac{7}{18}\sigma^2,$$

$$\mathrm{Var}(\hat{\mu}_2) = \mathrm{Var}\left(\frac{2}{5}X_1 + \frac{1}{5}X_2 + \frac{2}{5}X_3\right) = \frac{4}{25}\mathrm{Var}(X_1) + \frac{1}{25}\mathrm{Var}(X_2) + \frac{4}{25}\mathrm{Var}(X_3)$$

$$= \frac{4}{25}\sigma^2 + \frac{1}{25}\sigma^2 + \frac{4}{25}\sigma^2 = \frac{9}{25}\sigma^2 < \frac{7}{18}\sigma^2,$$

所以 $\hat{\mu}_2$ 比 $\hat{\mu}_1$ 更有效.

注意：有效性是针对无偏估计而言的，换句话说，判断有效性之前必须先确认估计量都是无偏的.

9. 设 $(X_1, X_2, \cdots, X_n)$ 是取自总体 X 的一个样本，总体 X 服从区间 $[1, \theta]$ 上的均匀分布，$\theta > 1$ 且 θ 未知，证明：θ 的矩估计量是 θ 的相合估计.

证明 由于 $E(X) = \dfrac{1+\theta}{2}$，即 $\theta = 2E(X) - 1$，因此 θ 的矩估计量为 $\hat{\theta} = 2\bar{X} - 1$. 显然 $E(\hat{\theta})$

$= 2E(\bar{X}) - 1 = 2 \times \dfrac{1+\theta}{2} - 1 = \theta$，因此 $\hat{\theta} = 2\bar{X} - 1$ 是 θ 的无偏估计.

又通过计算，可得 $\mathrm{Var}(\hat{\theta}) = \mathrm{Var}(2\overline{X}-1) = 4\mathrm{Var}(\overline{X}) = \dfrac{4}{n} \times \dfrac{(\theta-1)^2}{12} \xrightarrow{n\to+\infty} 0$，由教材第七章第二节定理 2，得证.

10. 设 $(X_1, X_2, \cdots, X_n)$ 是取自总体 X 的一个样本，$E(X) = \mu, \mathrm{Var}(X) = \sigma^2$. 试证：$\dfrac{2}{n(n+1)}\sum\limits_{i=1}^{n} iX_i$ 是未知参数 μ 的无偏估计量，也是一个相合估计量.

证明　由于

$$E\left(\frac{2}{n(n+1)}\sum_{i=1}^{n} iX_i\right) = \frac{2}{n(n+1)}\sum_{i=1}^{n} iE(X_i) = \frac{2\mu}{n(n+1)}\sum_{i=1}^{n} i = \frac{2\mu}{n(n+1)} \times \frac{(1+n)n}{2} = \mu,$$

因此 $\dfrac{2}{n(n+1)}\sum\limits_{i=1}^{n} iX_i$ 是未知参数 μ 的无偏估计量.

又

$$\mathrm{Var}\left(\frac{2}{n(n+1)}\sum_{i=1}^{n} iX_i\right) = \left[\frac{2}{n(n+1)}\right]^2 \sum_{i=1}^{n} i^2 \mathrm{Var}(X_i)$$

$$= \left[\frac{2}{n(n+1)}\right]^2 \times \frac{1}{6}n(n+1)(2n+1)\sigma^2 \xrightarrow{n\to+\infty} 0,$$

由教材第七章第二节定理 2 可知，$\dfrac{2}{n(n+1)}\sum\limits_{i=1}^{n} iX_i$ 是未知参数 μ 的相合估计.

习题 7-4　单正态总体下未知参数的置信区间

1. 从应届高中毕业生中随机抽取了 9 人，其体重（单位：kg）分别为

$$65,\ 78,\ 52,\ 63,\ 84,\ 79,\ 77,\ 54,\ 60.$$

设体重 X 服从正态分布 $N(\mu, 49)$，求平均体重 μ 的双侧 0.95 置信区间.

解　已知 $n = 9, 1-\alpha = 0.95, \overline{x} = \dfrac{1}{n}\sum\limits_{i=1}^{n} x_i = 68, \sigma^2 = 49$，因此 μ 的双侧 $1-\alpha$ 置信区间为 $\left[\overline{X} - \dfrac{\sigma}{\sqrt{n}}u_{1-\frac{\alpha}{2}}, \overline{X} + \dfrac{\sigma}{\sqrt{n}}u_{1-\frac{\alpha}{2}}\right]$，代入数据得 μ 的双侧 0.95 置信区间观测值为 $(63.427, 72.573)$.

2. 假设某感冒药的药效时间（单位：h）X 服从正态分布 $N(\mu, \sigma^2)$，μ, σ^2 均未知. 现随机检测 9 位服用该感冒药的患者，得到药效时间为 $x_1, x_2, \cdots, x_9$，并由此算出样本均值 $\overline{x} = 5.70$，样本标准差 $s = \dfrac{1}{1.8595}$. 求 μ 和 σ^2 的双侧 0.90 置信区间.

解　已知 $n = 9, 1-\alpha = 0.90, t_{0.95}(8) = 1.8595, \chi^2_{0.95}(8) = 15.5073, \chi^2_{0.05}(8) = 2.7326, \overline{x} = 5.7, s = 0.3$. μ, σ^2 均未知，因此 μ 的双侧 $1-\alpha$ 置信区间为 $\left[\overline{X} - \dfrac{S}{\sqrt{n}}t_{1-\frac{\alpha}{2}}(n-1), \overline{X} + \dfrac{S}{\sqrt{n}}t_{1-\frac{\alpha}{2}}(n-1)\right]$. 代入数据，得 μ 的双侧 0.90 置信区间观测值为 $[5.5140, 5.8860]$. σ^2 的双侧 $1-\alpha$ 置信区间为 $\left[\dfrac{\sum\limits_{i=1}^{n}(X_i-\overline{X})^2}{\chi^2_{1-\frac{\alpha}{2}}(n-1)}, \dfrac{\sum\limits_{i=1}^{n}(X_i-\overline{X})^2}{\chi^2_{\frac{\alpha}{2}}(n-1)}\right]$，代入数据，得 σ^2 的双侧 0.90 置信区间观测值为 $[0.0464, 0.2635]$.

3. 为研究某种汽车轮胎的磨损情况, 随机选取 16 个轮胎, 每个轮胎行驶到磨损为止, 记录所行驶的里程(单位: km), 算出 $\bar{x} = 41000, s_n = 1352$, 假设汽车轮胎的行驶里程服从正态分布, 均值和方差均未知. 求 μ 和 σ^2 的双侧 0.99 置信区间.

解 已知 $n = 16, 1-\alpha = 0.99, \dfrac{S}{\sqrt{n}} = \dfrac{S_n}{\sqrt{n-1}}, (n-1)S^2 = nS_n^2$. 由于 μ, σ^2 均未知, 因此 μ 的

双侧 $1-\alpha$ 置信区间为 $\left[\bar{X} - \dfrac{S_n}{\sqrt{n-1}} t_{1-\frac{\alpha}{2}}(n-1), \bar{X} + \dfrac{S_n}{\sqrt{n-1}} t_{1-\frac{\alpha}{2}}(n-1) \right]$, 代入数据, 得 μ 的双

侧 0.99 置信区间观测值为 $[39971.35, 42028.65]$. σ^2 的双侧 $1-\alpha$ 置信区间为

$\left[\dfrac{nS_n^2}{\chi_{1-\frac{\alpha}{2}}^2(n-1)}, \dfrac{nS_n^2}{\chi_{\frac{\alpha}{2}}^2(n-1)} \right]$, 代入数据, 得 σ^2 的双侧 0.99 置信区间观测值为

$[944.26, 2521.25]$.

4. 设某种新型塑料的抗压力(单位: 10MPa) X 服从正态分布 $N(\mu, \sigma^2)$. 现对 4 个试验件做压力试验, 得到试验数据, 并由此算出 $\sum\limits_{i=1}^{4} x_i = 32, \sum\limits_{i=1}^{4} x_i^2 = 268$, 分别求 μ 和 σ 的双侧 0.90 置信区间.

微课视频

解 已知 $n = 4, 1-\alpha = 0.90, \bar{x} = \dfrac{1}{n}\sum\limits_{i=1}^{n} x_i = 8, \sum\limits_{i=1}^{n}(x_i - \bar{x})^2 = \sum\limits_{i=1}^{n} x_i^2 -$

$n\bar{x}^2 = 12$, 可得样本标准差观测值 $s = \sqrt{\dfrac{1}{n-1}\sum\limits_{i=1}^{n}(x_i - \bar{x})^2} = 2$. 由于 μ, σ^2 均未知, 因此 μ 的

双侧 $1-\alpha$ 置信区间为 $\left[\bar{X} - \dfrac{S}{\sqrt{n}} t_{1-\frac{\alpha}{2}}(n-1), \bar{X} + \dfrac{S}{\sqrt{n}} t_{1-\frac{\alpha}{2}}(n-1) \right]$, 代入数据, 得 μ 的双侧 0.9 置信

区间观测值为 $[5.6466, 10.3534]$. σ^2 的双侧 $1-\alpha$ 置信区间为 $\left[\dfrac{\sum\limits_{i=1}^{n}(X_i - \bar{X})^2}{\chi_{1-\frac{\alpha}{2}}^2(n-1)}, \dfrac{\sum\limits_{i=1}^{n}(X_i - \bar{X})^2}{\chi_{\frac{\alpha}{2}}^2(n-1)} \right]$,

代入数据, 得 σ 的双侧 0.9 置信区间观测值为 $[1.2392, 5.8404]$.

5. 设 $(X_1, X_2, \cdots, X_n)$ 是取自总体 $X \sim N(\mu, \sigma^2)$ 的一个样本, 均值 μ 未知, 方差 σ^2 已知. 为使 μ 的双侧 $1-\alpha$ 置信区间长度不超过 l, 至少需要多大的样本量才能达到?

解 由于方差 σ^2 已知, 因此 μ 的双侧 $1-\alpha$ 置信区间为 $\left[\bar{X} - \dfrac{\sigma}{\sqrt{n}} u_{1-\frac{\alpha}{2}}, \bar{X} + \dfrac{\sigma}{\sqrt{n}} u_{1-\frac{\alpha}{2}} \right]$, 区间

长度为 $2\dfrac{\sigma}{\sqrt{n}} u_{1-\frac{\alpha}{2}}$, 根据题意, 可得 $2\dfrac{\sigma}{\sqrt{n}} u_{1-\frac{\alpha}{2}} \leqslant l$, $n \geqslant \left(\dfrac{2\sigma u_{1-\alpha/2}}{l} \right)^2$.

习题 7-5 两个正态总体下未知参数的置信区间

1. 某灌装加工厂有甲、乙两条灌装生产线. 设灌装质量(单位: g)服从正态分布并假设甲生产线与乙生产线互不影响. 从甲生产线抽取 10 盒罐头, 测得其平均质量 $\bar{x} = 501$, 已知其总体标准差 $\sigma_1 = 5$; 从乙生产线抽取 20 盒罐头, 测得其平均质量 $\bar{y} = 498$, 已知其总体标准差 $\sigma_2 = 4$, 求甲、乙两条灌装生产线生产罐头质量的均值差 $\mu_1 - \mu_2$ 的双侧 0.90 置信区间.

解　已知 $m=10, n=20, 1-\alpha=0.9, \bar{x}=501, \bar{y}=498, \sigma_1=5, \sigma_2=4$，因此 $\mu_1-\mu_2$ 的双侧

$1-\alpha$ 置信区间为 $\left[\bar{X}-\bar{Y}-u_{1-\frac{\alpha}{2}}\sqrt{\dfrac{\sigma_1^2}{m}+\dfrac{\sigma_2^2}{n}}, \bar{X}-\bar{Y}+u_{1-\frac{\alpha}{2}}\sqrt{\dfrac{\sigma_1^2}{m}+\dfrac{\sigma_2^2}{n}} \right]$，代入数据，得 $\mu_1-\mu_2$ 的

双侧 0.90 置信区间观测值为 $[0.0117, 5.9883]$。

2. 为了比较两种数学教学方法的有效性，分别从实施这两种教学方法的班级中随机抽取若干学生的期末考试成绩（单位：分），得数据 $x_1, \cdots, x_{16}$ 和 $y_1, \cdots, y_9$，且由此算得 $\bar{x}=$ $78, \bar{y}=81, \sum_{i=1}^{16}(x_i-\bar{x})^2=57, \sum_{i=1}^{9}(y_i-\bar{y})^2=35$，假定成绩都服从正态分布.

（1）求 $\dfrac{\sigma_1^2}{\sigma_2^2}$ 的双侧 0.90 置信区间.

（2）假设两个总体的方差相等，求两个总体均值之差 $\mu_1-\mu_2$ 的双侧 0.95 置信区间.

解　已知 $m=16, n=9, 1-\alpha=0.9, F_{0.05}(15,8)=\dfrac{1}{2.6408}, F_{0.95}(15,8)=3.2184,$ $t_{0.975}(23)=2.0687, \bar{x}=78, \bar{y}=81, S_X^2=3.8, S_Y^2=4.375, s_w^2=4.$

（1）根据题意，μ_1 和 μ_2 都未知，因此 $\dfrac{\sigma_1^2}{\sigma_2^2}$ 的双侧 $1-\alpha$ 置信区间为 $\left[\dfrac{S_X^2/S_Y^2}{F_{1-\frac{\alpha}{2}}(m-1,n-1)}, \right.$

$\left. \dfrac{S_X^2/S_Y^2}{F_{\frac{\alpha}{2}}(m-1,n-1)} \right]$，代入数据，得 $\dfrac{\sigma_1^2}{\sigma_2^2}$ 的双侧 0.90 置信区间观测值为 $[0.2702, 2.2937]$。

（2）根据题意，知两个总体的方差相等但是未知，因此 $\mu_1-\mu_2$ 的双侧 $1-\alpha$ 置信区间为

$\left[\bar{X}-\bar{Y}-t_{1-\frac{\alpha}{2}}(m+n-2)S_w\sqrt{\dfrac{1}{m}+\dfrac{1}{n}}, \bar{X}-\bar{Y}+t_{1-\frac{\alpha}{2}}(m+n-2)S_w\sqrt{\dfrac{1}{m}+\dfrac{1}{n}} \right]$，代入数据，得 μ_1-

μ_2 的双侧 0.95 置信区间观测值为 $[-4.7239, -1.2761]$。

3. 从总体 $N(\mu_1, \sigma_1^2)$ 和总体 $N(\mu_2, \sigma_2^2)$ 中分别抽取 $(X_1, X_2, \cdots, X_9)$ 和 $(Y_1, Y_2, \cdots, Y_{16})$ 两组相互独立样本，计算得 $\bar{x}=81, \bar{y}=72, s_X^2=56, s_Y^2=52$.

（1）若已知 $\sigma_1^2=64, \sigma_2^2=49$，求 $\mu_1-\mu_2$ 的双侧 0.99 置信区间.

（2）若 $\sigma_1^2=\sigma_2^2$ 未知，求 $\mu_1-\mu_2$ 的双侧 0.99 置信区间.

（3）若 μ_1 和 μ_2 都未知，求 $\dfrac{\sigma_1^2}{\sigma_2^2}$ 的双侧 0.99 置信区间.

解　已知 $m=9, n=16, 1-\alpha=0.99, \bar{x}=81, \bar{y}=72, s_X^2=56, s_Y^2=52.$

（1）根据题意，$\sigma_1^2=64, \sigma_2^2=49$ 已知，因此 $\mu_1-\mu_2$ 的双侧 $1-\alpha$ 置信区间为

$$\left[\bar{X}-\bar{Y}-u_{1-\frac{\alpha}{2}}\sqrt{\dfrac{\sigma_1^2}{m}+\dfrac{\sigma_2^2}{n}}, \bar{X}-\bar{Y}+u_{1-\frac{\alpha}{2}}\sqrt{\dfrac{\sigma_1^2}{m}+\dfrac{\sigma_2^2}{n}} \right],$$

代入数据，得 $\mu_1-\mu_2$ 的双侧 0.99 置信区间观测值为 $[0.7836, 17.2164]$。

（2）根据题意，$\sigma_1^2=\sigma_2^2$ 未知，因此 $\mu_1-\mu_2$ 的双侧 $1-\alpha$ 置信区间为

$$\left[\bar{X}-\bar{Y}-t_{1-\frac{\alpha}{2}}(m+n-2)S_w\sqrt{\dfrac{1}{m}+\dfrac{1}{n}}, \bar{X}-\bar{Y}+t_{1-\frac{\alpha}{2}}(m+n-2)S_w\sqrt{\dfrac{1}{m}+\dfrac{1}{n}} \right],$$

代入数据，得 $s_w^2=\dfrac{(m-1)s_X^2+(n-1)s_Y^2}{m+n-2}=\dfrac{1228}{23}$，所以 $\mu_1-\mu_2$ 的双侧 0.99 置信区间观测值为

$[0.0851, 17.9149]$.

（3）根据题意，μ_1 和 μ_2 都未知，因此 $\dfrac{\sigma_1^2}{\sigma_2^2}$ 的双侧 $1-\alpha$ 置信区间为

$$\left[\frac{S_X^2/S_Y^2}{F_{1-\frac{\alpha}{2}}(m-1,n-1)},\frac{S_X^2/S_Y^2}{F_{\frac{\alpha}{2}}(m-1,n-1)}\right],$$

代入数据，得 $\dfrac{\sigma_1^2}{\sigma_2^2}$ 的双侧 0.99 置信区间观测值为 $[0.2430, 7.7398]$.

测试题七

1. 设 $(X_1, X_2, \cdots, X_n)$ 是取自总体 X 的一个简单随机样本，X 的密度函数为

$$f(x;\theta) = \begin{cases} \lambda e^{-\lambda(x-\theta)}, & x \geq \theta, \\ 0, & \text{其他}. \end{cases}$$

其中，θ 未知，λ 是一个指定的正数. 证明：

（1）θ 的极大似然估计量为 $X_{(1)}$.

（2）$X_{(1)}$ 不是 θ 的无偏估计，是 θ 的渐近无偏估计，而 $X_{(1)} - \dfrac{1}{n\lambda}$ 是 θ 的无偏估计.

（3）$X_{(1)} - \dfrac{1}{n\lambda}$ 是 θ 的相合估计.

证明 （1）$L(\theta) = \begin{cases} \lambda^n e^{-\lambda\sum\limits_{i=1}^{n}(x_i-\theta)}, & x_i \geq \theta, \\ 0, & \text{其他}, \end{cases} = \begin{cases} \lambda^n e^{\lambda n\theta - \lambda n\bar{x}}, & x_i \geq \theta, \\ 0, & \text{其他}. \end{cases}$

因为当 $L(\theta) > 0$ 时，函数单调增加，所以 θ 要尽可能大，又因为 $\theta \leq x_i$，$i = 1, 2, \cdots, n$，所以 θ 的极大似然估计量 $\hat{\theta} = X_{(1)}$.

（2）由于最小次序统计量 $X_{(1)}$ 的密度函数为 $f_{X_{(1)}}(X) = \begin{cases} n\lambda e^{-n\lambda(x-\theta)}, & x \geq \theta, \\ 0, & \text{其他}. \end{cases}$ 因此

$E(X_{(1)}) = \displaystyle\int_{\theta}^{\infty} x \cdot n\lambda e^{-n\lambda(x-\theta)}\,\mathrm{d}x = \int_{0}^{\infty}(y+\theta) \cdot n\lambda e^{-n\lambda y}\,\mathrm{d}y = \dfrac{1}{n\lambda} + \theta \neq \theta$，又因为 $\lim\limits_{n\to\infty} E(X_{(1)}) = \theta$，所以 $X_{(1)}$ 不是 θ 的无偏估计，是 θ 的渐近无偏估计. 又因为有 $E\left(X_{(1)} - \dfrac{1}{n\lambda}\right) = E(X_{(1)}) - \dfrac{1}{n\lambda} = \dfrac{1}{n\lambda} + \theta - \dfrac{1}{n\lambda} = \theta$，所以 $X_{(1)} - \dfrac{1}{n\lambda}$ 是 θ 的无偏估计.

（3）$\qquad \mathrm{Var}\left(X_{(1)} - \dfrac{1}{n\lambda}\right) = \mathrm{Var}(X_{(1)}) = E(X_{(1)}^2) - [E(X_{(1)})]^2$，

$$E(X_{X_{(1)}}^2) = \int_{\theta}^{\infty} x^2 \cdot n\lambda e^{-n\lambda(x-\theta)}\,\mathrm{d}x = \frac{2}{(n\lambda)^2} + \frac{2\theta}{n\lambda} + \theta^2,$$

$$\mathrm{Var}\left(X_{(1)} - \frac{1}{n\lambda}\right) = \mathrm{Var}(X_{(1)}) = \frac{2}{(n\lambda)^2} + \frac{2\theta}{n\lambda} + \theta^2 - \left(\theta + \frac{1}{n\lambda}\right)^2 = \frac{1}{(n\lambda)^2},$$

由教材第七章第二节定理 2 可知，$X_{(1)} - \dfrac{1}{n\lambda}$ 是 θ 的相合估计.

2. 设 $(X_1, X_2, \cdots, X_n)$ 是取自总体 X 的一个简单随机样本，X 的密度函数为

$$f(x;\theta) = \begin{cases} \dfrac{kx^{k-1}}{\theta^k}, & 0 \leqslant x \leqslant \theta, \\ 0, & \text{其他}. \end{cases}$$

其中，θ 未知，$\theta > 1$，k 是一个指定的正整数. 求：

(1) θ 的矩估计量.

(2) θ 的极大似然估计并讨论其无偏性.

(3) 常数 c，使得 $c\displaystyle\sum_{i=1}^{n} X_i^2$ 成为 θ^2 的无偏估计.

(4) $P(X < \sqrt{\theta})$ 的矩估计量，并证明当 $n = 1$ 时它不具有无偏性.

解 (1) 由于 $E(X) = \displaystyle\int_0^\theta x \cdot \dfrac{kx^{k-1}}{\theta^k}\mathrm{d}x = \dfrac{k}{k+1}\theta$，即 $\theta = \dfrac{k+1}{k}E(X)$，因此用样本的一阶原点

矩替换总体的一阶原点矩，可得 θ 的矩估计量 $\hat{\theta}_1 = \dfrac{k+1}{k}\overline{X}$.

(2) 似然函数 $L(\theta) = \begin{cases} \dfrac{k^n(x_1 x_2 \cdots x_n)^{k-1}}{\theta^{nk}}, & \theta \geqslant x_{(n)}, \\ 0, & \text{其他}. \end{cases}$

其中，$x_{(n)} = \max\limits_{1 \leqslant i \leqslant n}(x_i)$，由 $L(\theta)$ 的表达式，有 $x_{(n)} \leqslant \theta$，θ 越小时，$L(\theta)$ 越大，又 $\theta \geqslant$

$x_{(n)}$，故取 $\hat{\theta} = x_{(n)}$ 时，$L(\hat{\theta})$ 达到最大，即 θ 的极大似然估计量为 $\hat{\theta}_2 = X_{(n)}$.

最大次序统计量 $X_{(n)}$ 的密度函数为 $f_{X_{(n)}}(X) = \begin{cases} \dfrac{nkx^{nk-1}}{\theta^{nk}}, & 0 \leqslant x \leqslant \theta, \\ 0, & \text{其他}. \end{cases}$ 因此 $E(X_{(n)}) =$

$\displaystyle\int_0^\theta x \cdot \dfrac{nkx^{nk-1}}{\theta^{nk}}\mathrm{d}x = \dfrac{nk}{nk+1}\theta \neq \theta$，由无偏性的定义可知，$\theta$ 的极大似然估计量 $\hat{\theta}_2 = X_{(n)}$ 不是 θ

的无偏估计.

(3) 根据题意，计算 $E\left(c\displaystyle\sum_{i=1}^{n} X_i^2\right) = cnE(X^2) = cn\displaystyle\int_0^\theta x^2 \cdot \dfrac{kx^{k-1}}{\theta^k}\mathrm{d}x = \dfrac{kcn}{k+2}\theta^2 = \theta^2$，因此可得

$c = \dfrac{k+2}{kn}$.

(4) 由于 $P(X < \sqrt{\theta}) = \displaystyle\int_0^{\sqrt{\theta}} \dfrac{kx^{k-1}}{\theta^k}\mathrm{d}x = \theta^{-\frac{k}{2}}$，因此 $P(X < \sqrt{\theta})$ 的矩估计量 $\widehat{P(X < \sqrt{\theta})} =$

$\left(\dfrac{k+1}{k}\overline{X}\right)^{-\frac{k}{2}}$. 当 $n = 1$ 时，$\overline{X} = X_1$，$E\left(\widehat{P(X < \sqrt{\theta})}\right) = E\left(\left(\dfrac{k+1}{k}X_1\right)^{-\frac{k}{2}}\right) = \left(\dfrac{k+1}{k}\right)^{-\frac{k}{2}}\displaystyle\int_0^\theta x^{-\frac{k}{2}} \cdot$

$\dfrac{kx^{k-1}}{\theta^k}\mathrm{d}x = 2\left(\dfrac{k+1}{k}\right)^{-\frac{k}{2}} \cdot \theta^{-\frac{k}{2}} \neq \theta^{-\frac{k}{2}}$. 因此不具有无偏性.

3. 设随机变量 X 与 Y 相互独立且分别服从正态分布 $N(\mu, \sigma^2)$ 与 $N(\mu, 2\sigma^2)$. 其中，σ

是未知参数且 $\sigma > 0$，设 $Z = X - Y$.

(1) 求 Z 的概率密度函数 $f(z; \sigma^2)$.

(2) 设 $(Z_1, Z_2, \cdots, Z_n)$ 为取自总体 Z 的一个简单随机样本, 求 σ^2 的极大似然估计量 $\hat{\sigma}^2$.

(3) 证明: $\hat{\sigma}^2$ 为 σ^2 的无偏估计量.

解 (1) 由正态分布的性质可知, $Z \sim N(0, 3\sigma^2)$, 因此 Z 的概率密度函数 $f(z; \sigma^2) = \dfrac{1}{\sqrt{6\pi\sigma^2}} e^{-\frac{z^2}{6\sigma^2}}$, $z \in \mathbf{R}$.

(2) 似然函数 $L(\sigma^2) = \dfrac{1}{(6\pi\sigma^2)^{\frac{n}{2}}} \exp\left(-\dfrac{1}{6\sigma^2} \sum\limits_{i=1}^{n} z_i^2\right)$, 对数似然函数 $\ln L(\sigma^2) = -\dfrac{n}{2}\ln 6\pi - \dfrac{n}{2}\ln\sigma^2 - \dfrac{1}{6\sigma^2}\sum\limits_{i=1}^{n} z_i^2$, 对数似然方程 $\dfrac{\mathrm{d}\ln L}{\mathrm{d}\sigma^2} = -\dfrac{n}{2\sigma^2} + \dfrac{1}{6(\sigma^2)^2}\sum\limits_{i=1}^{n} z_i^2 = 0$, 计算可得 σ^2 的极大似然估计量为 $\hat{\sigma}^2 = \dfrac{1}{3n}\sum\limits_{i=1}^{n} Z_i^2$.

(3) $E(\hat{\sigma}^2) = \dfrac{1}{3n}\sum\limits_{i=1}^{n} E(Z_i^2) = \dfrac{1}{3n}\sum\limits_{i=1}^{n} \mathrm{Var}(Z_i) = \dfrac{1}{3n} \cdot n \cdot 3\sigma^2 = \sigma^2$, 由无偏性的定义可知, $\hat{\sigma}^2$ 为 σ^2 的无偏估计量.

4. 设 $(X_1, X_2, \cdots, X_n)$ 是取自总体 X 的一个简单随机样本, X 服从对数正态分布, 即 X 的概率密度函数为

$$f(x; \mu, \sigma^2) = \begin{cases} \dfrac{1}{\sqrt{2\pi\sigma^2}\, x} e^{-(\ln x - \mu)^2/(2\sigma^2)}, & x > 0, \\ 0, & \text{其他}. \end{cases}$$

其中, μ, σ^2 未知, 求:

(1) 未知参数 μ 和 σ^2 的极大似然估计量.

(2) 在(1) 中求得的 μ 的极大似然估计量是否为 μ 的无偏估计量? 请说明理由.

解 (1) 似然函数

$$L(\mu, \sigma^2) = \dfrac{1}{(2\pi\sigma^2)^{\frac{n}{2}} x_1 x_2 \cdots x_n} \exp\left(\sum_{i=1}^{n} -\dfrac{(\ln x_i - \mu)^2}{2\sigma^2}\right),$$

对数似然函数

$$\ln L(\mu, \sigma^2) = -\dfrac{n}{2}\ln 2\pi - \dfrac{n}{2}\ln\sigma^2 - \ln x_1 x_2 \cdots x_n - \sum_{i=1}^{n} \dfrac{(\ln x_i - \mu)^2}{2\sigma^2},$$

对数似然方程组

$$\begin{cases} \dfrac{\partial \ln L(\mu, \sigma^2)}{\partial \mu} = \dfrac{1}{\sigma^2}\sum\limits_{i=1}^{n}(\ln x_i - \mu) = 0, \\ \dfrac{\partial \ln L(\mu, \sigma^2)}{\partial \sigma^2} = -\dfrac{n}{2\sigma^2} + \dfrac{1}{(\sigma^2)^2}\sum\limits_{i=1}^{n}\dfrac{(\ln x_i - \mu)^2}{2} = 0, \end{cases}$$

计算可得 μ 和 σ^2 的极大似然估计量分别为

$$\hat{\mu} = \dfrac{1}{n}\sum_{i=1}^{n}\ln X_i, \quad \hat{\sigma}^2 = \dfrac{1}{n}\sum_{i=1}^{n}(\ln X_i - \hat{\mu})^2.$$

(2) 不妨设 $Y_i = \ln X_i$, 由教材第二章第四节定理 1 可知, $Y_i = \ln X_i \sim N(\mu, \sigma^2)$, 因此 $E(\hat{\mu}) = E\left(\dfrac{1}{n}\sum\limits_{i=1}^{n} Y_i\right) = \mu$, $\hat{\mu} = \dfrac{1}{n}\sum\limits_{i=1}^{n}\ln X_i$ 是 μ 的无偏估计量.

5. 设 $(X_1, X_2, \cdots, X_n)$ 是取自总体 $N(\mu, \sigma^2)$ 的一个简单随机样本. 记 $\overline{X} = \dfrac{1}{n}\sum_{i=1}^{n} X_i, S^2 = \dfrac{1}{n-1}\sum_{i=1}^{n}(X_i - \overline{X})^2, T = \overline{X}^2 - \dfrac{1}{n}S^2$, 证明: T 是 μ^2 的无偏估计量.

证明 计算 $E(T) = E(\overline{X}^2) - \dfrac{1}{n}ES^2 = \text{Var}(\overline{X}) + (E\overline{X})^2 - \dfrac{1}{n}ES^2 = \dfrac{1}{n}\sigma^2 + \mu^2 - \dfrac{1}{n}\sigma^2 = \mu^2$ 对一切 μ, σ 成立. 因此 T 是 μ^2 的无偏估计量.

6. 已知为了得到某种鲜牛奶的冰点(单位: ℃), 对其冰点进行了 21 次相互独立重复测量, 得到数据 $x_1, x_2, \cdots, x_{21}$. 并由此算出样本均值的观测值 $\overline{x} = -0.546$, 样本方差的观测值 $s^2 = 0.0015$. 设鲜牛奶的冰点服从正态分布 $N(\mu, \sigma^2)$. (计算结果保留 4 位小数.)

(1) 若已知 $\sigma^2 = 0.0048$, 求 μ 的双侧 0.95 置信区间.

(2) 若 σ^2 未知, 分别求 μ 和 σ^2 的双侧 0.95 置信区间.

解 已知 $n = 21, 1 - \alpha = 0.95, \overline{x} = -0.546, s^2 = 0.0015$.

(1) 已知 $\sigma^2 = 0.0048$, 因此 μ 的双侧 $1-\alpha$ 置信区间为 $\left[\overline{X} - \dfrac{\sigma}{\sqrt{n}}u_{1-\frac{\alpha}{2}}, \overline{X} + \dfrac{\sigma}{\sqrt{n}}u_{1-\frac{\alpha}{2}}\right]$, 代入数据, 得 μ 的双侧 0.95 置信区间观测值为 $[-0.5756, -0.5164]$.

(2) 由于 σ^2 未知, 因此 μ 的双侧 $1-\alpha$ 置信区间为 $\left[\overline{X} - \dfrac{S}{\sqrt{n}}t_{1-\frac{\alpha}{2}}(n-1), \overline{X} + \dfrac{S}{\sqrt{n}}t_{1-\frac{\alpha}{2}}(n-1)\right]$, 代入数据, 得 μ 的双侧 0.95 置信区间观测值为 $[-0.5669, -0.5251]$. σ^2 的双侧 $1-\alpha$ 置信区间为 $\left[\dfrac{(n-1)S^2}{\chi^2_{1-\frac{\alpha}{2}}(n-1)}, \dfrac{(n-1)S^2}{\chi^2_{\frac{\alpha}{2}}(n-1)}\right]$, 代入数据, 得 σ 的双侧 0.9 置信区间观测值为 $[0.0009, 0.0031]$.

7. 设 $(0.5, 1.25, 0.8, 2)$ 是取自总体 X 的一组简单随机样本观测值, 已知 $Y = \ln X$ 服从正态总体 $N(\mu, 1)$.

(1) 求 X 的数学期望 $E(X) = b$.

(2) 求 μ 的双侧 0.95 置信区间.

(3) 利用上述结果求 b 的双侧 0.95 置信区间.

解 (1) $X = e^Y$, $b = E(X) = \displaystyle\int_{-\infty}^{+\infty} e^y \dfrac{1}{\sqrt{2\pi}}e^{-\frac{(y-\mu)^2}{2}}dy = e^{\frac{1+2\mu}{2}}\int_{-\infty}^{+\infty}\dfrac{1}{\sqrt{2\pi}}e^{-\frac{(y-(1+\mu))^2}{2}}dy = e^{\frac{1+2\mu}{2}}$.

(2) $Y = \ln X$ 服从正态总体 $N(\mu, 1)$, $(\ln 0.5, \ln 1.25, \ln 0.8, \ln 2)$ 可视为取自总体 Y 的一组简单随机样本观测值, 计算可得 $\overline{y} = \dfrac{1}{4}(\ln 0.5 + \ln 1.25 + \ln 0.8 + \ln 2) = 0$. 根据题意, 已知 $\sigma^2 = 1$, 因此 μ 的双侧 $1-\alpha$ 置信区间为 $\left[\overline{X} - \dfrac{\sigma}{\sqrt{n}}u_{1-\frac{\alpha}{2}}, \overline{X} + \dfrac{\sigma}{\sqrt{n}}u_{1-\frac{\alpha}{2}}\right]$, 代入数据, 得 μ 的双侧 0.95 置信区间观测值为 $[-0.98, 0.98]$.

(3) 因为 $b = e^{\frac{1+2\mu}{2}}$ 是 μ 的严格单增函数, 所以 b 的双侧 0.95 的置信区间观测值为 $\left[e^{\frac{1}{2}-0.98}, e^{\frac{1}{2}+0.98}\right] = [0.6188, 4.3929]$.

8. 从正态总体 $N(4,36)$ 中抽取容量为 n 的样本,如果要求其样本均值位于区间 $(2,6)$ 内的概率不小于 0.95,问样本容量 n 至少应取多大?

解 由教材第六章第四节定理 1(1),可得 $\overline{X} \sim N\left(4, \dfrac{36}{n}\right)$,因此

$$P(2 \leqslant \overline{X} \leqslant 6) = \Phi\left(\sqrt{n}\,\frac{6-4}{6}\right) - \Phi\left(\sqrt{n}\,\frac{2-4}{6}\right) = 2\Phi\left(\frac{1}{3}\sqrt{n}\right) - 1 \geqslant 0.95,$$

由标准正态分布的分位数定义可知,$\dfrac{1}{3}\sqrt{n} \geqslant u_{0.975} = 1.96$,$n \geqslant 35$.

9. 设 $(X_1, X_2, \cdots, X_n)$ 为取自总体 $X \sim N(\mu, \sigma^2)$ 的一个简单随机样本,样本均值观测值 $\overline{x} = 9.5$,参数 μ 的双侧 0.95 置信区间的上限为 10.8,求 μ 的双侧 0.95 置信区间观测值.

解 首先来观测参数 μ 的双侧 0.95 置信区间.

当 σ^2 已知时,μ 的双侧 $1-\alpha$ 置信区间为

$$\left[\overline{X} - \frac{\sigma}{\sqrt{n}}u_{1-\frac{\alpha}{2}},\ \overline{X} + \frac{\sigma}{\sqrt{n}}u_{1-\frac{\alpha}{2}}\right],$$

当 σ^2 未知时,μ 的双侧 $1-\alpha$ 置信区间为

$$\left[\overline{X} - \frac{S}{\sqrt{n}}t_{1-\frac{\alpha}{2}}(n-1),\ \overline{X} + \frac{S}{\sqrt{n}}t_{1-\frac{\alpha}{2}}(n-1)\right].$$

微课视频

不管是哪个置信区间,都是以 $\overline{X}$ 为中心的一个对称区间,即可视作为 $[\overline{X} - d, \overline{X} + d]$. 因此,根据题意,计算 $d = 10.8 - 9.5 = 1.3$,故 μ 的双侧 0.95 置信区间观测值为 $[9.5 - 1.3, 9.5 + 1.3]$,即为 $[8.2, 10.8]$.

第八章　假设检验

一、知识结构

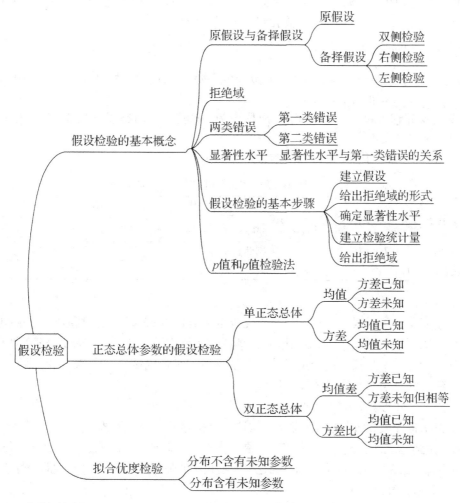

二、归纳总结

1. 检验的基本原理

（1）原假设与备择假设

对要检验的问题提出原假设 H_0 和备择假设 H_1，在参数假设检验问题中原假设 H_0 一般是关于总体未知参数 θ 等于某个特殊常数值，即

$$H_0 : \theta = \theta_0.$$

备择假设 H_1 是关于 θ 的不同于 H_0 的假设，通常备择假设有下列 3 种常用的形式：

①$H_1 : \theta \neq \theta_0$. 在 θ_0 的两侧讨论与 θ 的可能不同，这样的检验问题也成为双侧检验.

②$H_1 : \theta > \theta_0$. 在 θ_0 的右侧讨论与 θ 的可能不同，这样的检验问题也成为单侧（右侧）检验.

③$H_1 : \theta < \theta_0$. 在 θ_0 的左侧讨论与 θ 的可能不同，这样的检验问题也成为单侧（左侧）检验.

(2) 拒绝域

样本取值的一个区间范围,记为 W.

若检验是参数的双侧检验 $H_0 : \theta = \theta_0 \leftrightarrow H_1 : \theta \neq \theta_0$. 则拒绝域 $W = \{|\hat{\theta} - \theta_0| > c\}$.

若检验是参数的右侧检验 $H_0 : \theta = \theta_0 \leftrightarrow H_1 : \theta > \theta_0$. 则拒绝域 $W = \{\hat{\theta} - \theta_0 > c\}$.

若检验是参数的左侧检验 $H_0 : \theta = \theta_0 \leftrightarrow H_1 : \theta < \theta_0$. 则拒绝域 $W = \{\hat{\theta} - \theta_0 < c\}$.

其中, $\hat{\theta}$ 是 θ 的一个点估计,临界值 c 待定. 当有了具体的样本观测值 $(x_1, x_2, \cdots, x_n)$ 后:

① 如果 $(x_1, x_2, \cdots, x_n) \in W$($W$ 为拒绝域),则拒绝 H_0.

② 如果 $(x_1, x_2, \cdots, x_n) \in \overline{W}$($\overline{W}$ 为接受域),则不拒绝 H_0.

(3) 两类错误

① 第一类错误概率(弃真概率):原假设 H_0 成立,而最终错误地拒绝 H_0 的概率,即 $P((X_1, X_2, \cdots, X_n) \in W \mid H_0 \text{ 成立})$.

② 第二类错误概率(采伪概率):原假设 H_0 不成立,而错误地接受 H_0 的概率,即 $P((X_1, X_2, \cdots, X_n) \in \overline{W} \mid H_1 \text{ 成立})$.

假设检验的结论与两类错误概率的关系如表 8.1 所示.

表 8.1　假设检验的结论与两类错误概率的关系

假设检验带来的后果		根据样本观测值所得的结论	
		当 $(x_1, x_2, \cdots, x_n) \in \overline{W}$ 时,接受 H_0	当 $(x_1, x_2, \cdots, x_n) \in W$ 时,拒绝 H_0
总体分布的实际情况(未知)	H_0 成立	判断正确	犯第一类错误
	H_0 不成立	犯第二类错误	判断正确

(4) 显著性水平

仅限制犯第一类错误的概率不超过事先设定的值 $\alpha (0 < \alpha < 1$,通常很小),再尽量减小犯第二类错误的概率,称该拒绝域所代表的检验为显著性水平 α 的检验,称 α 为显著性水平.

假设检验的基本步骤:在给定显著性水平 α 下,求拒绝域 W 的一般步骤如下.

(1) 建立针对未知参数 θ 的某个假设.

(2) 给出未知参数 θ 的一个点估计.

(3) 根据备择假设 H_1 的实际意义,构造一个拒绝域的表达形式.

(4) 构造检验统计量 $\varphi(X_1, X_2, \cdots, X_n)$,要求当 $\theta = \theta_0$ 时易求得 $\varphi(X_1, X_2, \cdots, X_n)$ 的分位数.

(5) 以 $\varphi(X_1, X_2, \cdots, X_n)$ 为基础,确定拒绝域 W 中的临界值 c,要求 W 满足显著性水平 α.

(5) p 值和 p 值检验法

在原假设 H_0 成立的条件下,检验统计量出现给定观测值或者比之更极端值的概率值为 p,也称 p 值为拟合优度.

① 如果 $p \leqslant \alpha$,则在显著性水平 α 下拒绝原假设 H_0.

② 如果 $p > \alpha$,则在显著性水平 α 下接受原假设 H_0.

2. 正态总体参数的假设检验

(1) 单正态总体参数的假设检验

设 $(X_1, X_2, \cdots, X_n)$ 是取自总体 $X \sim N(\mu, \sigma^2)$ 的一个样本,显著性水平为 α,样本均值 $\overline{X} = \frac{1}{n} \sum_{i=1}^{n} X_i$,样本方差 $S^2 = \frac{1}{n-1} \sum_{i=1}^{n} (X_i - \overline{X})^2$. 则均值 μ 和方差 σ^2 的假设检验问题及拒绝域可分别整理为表 8.2 和表 8.3.

表 8.2　均值 μ 的假设检验问题及拒绝域

检验参数		原假设与备择假设	检验统计量	拒绝域 W
均值 μ	σ^2 已知	$H_0:\mu=\mu_0 \leftrightarrow H_1:\mu\neq\mu_0$	当 $\mu=\mu_0$ 时，$$Z=\dfrac{\sqrt{n}(\overline{X}-\mu_0)}{\sigma}\sim N(0,1)$$	$\left\lvert\sqrt{n}\,\dfrac{\overline{x}-\mu_0}{\sigma}\right\rvert>u_{1-\frac{\alpha}{2}}$
		$H_0:\mu=\mu_0 \leftrightarrow H_1:\mu>\mu_0$		$\sqrt{n}\,\dfrac{\overline{x}-\mu_0}{\sigma}>u_{1-\alpha}$
		$H_0:\mu=\mu_0 \leftrightarrow H_1:\mu<\mu_0$		$\sqrt{n}\,\dfrac{\overline{x}-\mu_0}{\sigma}<-u_{1-\alpha}$
	σ^2 未知	$H_0:\mu=\mu_0 \leftrightarrow H_1:\mu\neq\mu_0$	当 $\mu=\mu_0$ 时，$$T=\dfrac{\sqrt{n}(\overline{X}-\mu_0)}{S}\sim t(n-1)$$	$\left\lvert\sqrt{n}\,\dfrac{\overline{x}-\mu_0}{s}\right\rvert>t_{1-\frac{\alpha}{2}}(n-1)$
		$H_0:\mu=\mu_0 \leftrightarrow H_1:\mu>\mu_0$		$\sqrt{n}\,\dfrac{\overline{x}-\mu_0}{s}>t_{1-\alpha}(n-1)$
		$H_0:\mu=\mu_0 \leftrightarrow H_1:\mu<\mu_0$		$\sqrt{n}\,\dfrac{\overline{x}-\mu_0}{s}<-t_{1-\alpha}(n-1)$

表 8.3　方差 σ^2 的假设检验问题及拒绝域

检验参数		原假设与备择假设	检验统计量	拒绝域 W
方差 σ^2	μ 已知	$H_0:\sigma^2=\sigma_0^2 \leftrightarrow$ $H_1:\sigma^2\neq\sigma_0^2$	当 $\sigma^2=\sigma_0^2$ 时，$$\chi^2=\dfrac{\sum\limits_{i=1}^{n}(X_i-\mu)^2}{\sigma_0^2}\sim\chi^2(n)$$	$\dfrac{\sum\limits_{i=1}^{n}(x_i-\mu)^2}{\sigma_0^2}<\chi^2_{\frac{\alpha}{2}}(n)$ 或 $\dfrac{\sum\limits_{i=1}^{n}(x_i-\mu)^2}{\sigma_0^2}>\chi^2_{1-\frac{\alpha}{2}}(n)$
		$H_0:\sigma^2=\sigma_0^2 \leftrightarrow$ $H_1:\sigma^2>\sigma_0^2$		$\dfrac{\sum\limits_{i=1}^{n}(x_i-\mu)^2}{\sigma_0^2}>\chi^2_{1-\alpha}(n)$
		$H_0:\sigma^2=\sigma_0^2 \leftrightarrow$ $H_1:\sigma^2<\sigma_0^2$		$\dfrac{\sum\limits_{i=1}^{n}(x_i-\mu)^2}{\sigma_0^2}<\chi^2_{\alpha}(n)$
	μ 未知	$H_0:\sigma^2=\sigma_0^2 \leftrightarrow$ $H_1:\sigma^2\neq\sigma_0^2$	当 $\sigma^2=\sigma_0^2$ 时，$$\chi^2=\dfrac{\sum\limits_{i=1}^{n}(X_i-\overline{X})^2}{\sigma_0^2}\sim\chi^2(n-1)$$	$\dfrac{\sum\limits_{i=1}^{n}(x_i-\overline{x})^2}{\sigma_0^2}<\chi^2_{\frac{\alpha}{2}}(n-1)$ 或 $\dfrac{\sum\limits_{i=1}^{n}(x_i-\overline{x})^2}{\sigma_0^2}>\chi^2_{1-\frac{\alpha}{2}}(n-1)$
		$H_0:\sigma^2=\sigma_0^2 \leftrightarrow$ $H_1:\sigma^2>\sigma_0^2$		$\dfrac{\sum\limits_{i=1}^{n}(x_i-\overline{x})^2}{\sigma_0^2}>\chi^2_{1-\alpha}(n-1)$
		$H_0:\sigma^2=\sigma_0^2 \leftrightarrow$ $H_1:\sigma^2<\sigma_0^2$		$\dfrac{\sum\limits_{i=1}^{n}(x_i-\overline{x})^2}{\sigma_0^2}<\chi^2_{\alpha}(n-1)$

（2）两个正态总体参数的假设检验

设 $(X_1,X_2,\cdots,X_m)$ 是取自正态总体 $X\sim N(\mu_1,\sigma_1^2)$ 的一个样本，$(Y_1,Y_2,\cdots,Y_n)$ 是

取自正态总体 $Y \sim N(\mu_2, \sigma_2^2)$ 的一个样本，且 X 与 Y 相互独立，显著性水平为 α，记 $\overline{X} = \frac{1}{m} \sum_{i=1}^{m} X_i$，$\overline{Y} = \frac{1}{n} \sum_{i=1}^{n} Y_i$，$S_X^2 = \frac{1}{m-1} \sum_{i=1}^{m} (X_i - \overline{X})^2$，$S_Y^2 = \frac{1}{n-1} \sum_{i=1}^{n} (Y_i - \overline{Y})^2$，$S_w^2 = \frac{1}{m+n-2} \left[\sum_{i=1}^{m} (X_i - \overline{X})^2 + \sum_{i=1}^{n} (Y_i - \overline{Y})^2 \right] = \frac{1}{m+n-2} \left[(m-1)S_X^2 + (n-1)S_Y^2 \right]$. 则均值差 $\mu_1 - \mu_2$ 和方差比 $\dfrac{\sigma_1^2}{\sigma_2^2}$ 的假设检验问题及拒绝域可分别整理为表 8.4 和表 8.5.

表 8.4 均值差 $\mu_1 - \mu_2$ 的假设检验问题及拒绝域

检验参数		原假设与备择假设	检验统计量	拒绝域 W
均值差 $\mu_1 - \mu_2$	σ_1^2, σ_2^2 已知	$H_0: \mu_1 = \mu_2$ $\leftrightarrow H_1: \mu_1 \neq \mu_2$	当 $\mu_1 = \mu_2$ 时，$Z = \dfrac{\overline{X} - \overline{Y}}{\sqrt{\dfrac{\sigma_1^2}{m} + \dfrac{\sigma_2^2}{n}}} \sim N(0,1)$	$\|\bar{x} - \bar{y}\| > u_{1-\frac{\alpha}{2}} \sqrt{\dfrac{\sigma_1^2}{m} + \dfrac{\sigma_2^2}{n}}$
		$H_0: \mu_1 = \mu_2$ $\leftrightarrow H_1: \mu_1 > \mu_2$		$\bar{x} - \bar{y} > u_{1-\alpha} \sqrt{\dfrac{\sigma_1^2}{m} + \dfrac{\sigma_2^2}{n}}$
		$H_0: \mu_1 = \mu_2$ $\leftrightarrow H_1: \mu_1 < \mu_2$		$\bar{x} - \bar{y} < -u_{1-\alpha} \sqrt{\dfrac{\sigma_1^2}{m} + \dfrac{\sigma_2^2}{n}}$
	$\sigma_1^2 = \sigma_2^2 = \sigma^2$ 未知	$H_0: \mu_1 = \mu_2$ $\leftrightarrow H_1: \mu_1 \neq \mu_2$	当 $\mu_1 = \mu_2$ 时，$T = \dfrac{\overline{X} - \overline{Y}}{S_w \sqrt{\dfrac{1}{m} + \dfrac{1}{n}}} \sim t(m+n-2)$	$\left\| \dfrac{\bar{x} - \bar{y}}{s_w \sqrt{\dfrac{1}{m} + \dfrac{1}{n}}} \right\| > t_{1-\frac{\alpha}{2}}(m+n-2)$
		$H_0: \mu_1 = \mu_2$ $\leftrightarrow H_1: \mu_1 > \mu_2$		$\dfrac{\bar{x} - \bar{y}}{s_w \sqrt{\dfrac{1}{m} + \dfrac{1}{n}}} > t_{1-\alpha}(m+n-2)$
		$H_0: \mu_1 = \mu_2$ $\leftrightarrow H_1: \mu_1 < \mu_2$		$\dfrac{\bar{x} - \bar{y}}{s_w \sqrt{\dfrac{1}{m} + \dfrac{1}{n}}} < -t_{1-\alpha}(m+n-2)$

表 8.5 方差比 $\dfrac{\sigma_1^2}{\sigma_2^2}$ 的假设检验问题及拒绝域

检验参数		原假设与备择假设	检验统计量	拒绝域 W
方差比 $\dfrac{\sigma_1^2}{\sigma_2^2}$	μ_1, μ_2 已知	$H_0: \sigma_1^2 = \sigma_2^2$ $\leftrightarrow H_1: \sigma_1^2 \neq \sigma_2^2$	当 $\sigma_1^2 = \sigma_2^2$ 时，$F = \dfrac{\sum_{i=1}^{m} (X_i - \mu_1)^2 / m}{\sum_{i=1}^{n} (Y_i - \mu_2)^2 / n} \sim F(m,n)$	$\dfrac{\sum_{i=1}^{m} (x_i - \mu_1)^2 / m}{\sum_{i=1}^{n} (y_i - \mu_2)^2 / n} > F_{1-\frac{\alpha}{2}}(m,n)$ 或 $\dfrac{\sum_{i=1}^{m} (x_i - \mu_1)^2 / m}{\sum_{i=1}^{n} (y_i - \mu_2)^2 / n} < F_{\frac{\alpha}{2}}(m,n)$
		$H_0: \sigma_1^2 = \sigma_2^2$ $\leftrightarrow H_1: \sigma_1^2 > \sigma_2^2$		$\dfrac{\sum_{i=1}^{m} (x_i - \mu_1)^2 / m}{\sum_{i=1}^{n} (y_i - \mu_2)^2 / n} > F_{1-\alpha}(m,n)$
		$H_0: \sigma_1^2 = \sigma_2^2$ $\leftrightarrow H_1: \sigma_1^2 < \sigma_2^2$		$\dfrac{\sum_{i=1}^{m} (x_i - \mu_1)^2 / m}{\sum_{i=1}^{n} (y_i - \mu_2)^2 / n} < F_{\alpha}(m,n)$

检验参数	原假设与备择假设	检验统计量	拒绝域 W
方差比 $\dfrac{\sigma_1^2}{\sigma_2^2}$	μ_1,μ_2 未知	$H_0:\sigma_1^2=\sigma_2^2$ $\leftrightarrow H_1:\sigma_1^2\neq\sigma_2^2$	当 $\sigma_1^2=\sigma_2^2$ 时， $F=\dfrac{\displaystyle\sum_{i=1}^{m}(X_i-\bar{X})^2/(m-1)}{\displaystyle\sum_{i=1}^{n}(Y_i-\bar{Y})^2/(n-1)}$ $=\dfrac{S_X^2}{S_Y^2}\sim F(m-1,n-1)$	$\dfrac{\displaystyle\sum_{i=1}^{m}(x_i-\bar{x})^2/(m-1)}{\displaystyle\sum_{i=1}^{n}(y_i-\bar{y})^2/(n-1)}>F_{1-\frac{\alpha}{2}}(m-1,n-1)$ 或 $\dfrac{\displaystyle\sum_{i=1}^{m}(x_i-\bar{x})^2/(m-1)}{\displaystyle\sum_{i=1}^{n}(y_i-\bar{y})^2/(n-1)}<F_{\frac{\alpha}{2}}(m-1,n-1)$
		$H_0:\sigma_1^2=\sigma_2^2$ $\leftrightarrow H_1:\sigma_1^2>\sigma_2^2$		$\dfrac{\displaystyle\sum_{i=1}^{m}(x_i-\bar{x})^2/(m-1)}{\displaystyle\sum_{i=1}^{n}(y_i-\bar{y})^2/(n-1)}>F_{1-\alpha}(m-1,n-1)$
		$H_0:\sigma_1^2=\sigma_2^2$ $\leftrightarrow H_1:\sigma_1^2<\sigma_2^2$		$\dfrac{\displaystyle\sum_{i=1}^{m}(x_i-\bar{x})^2/(m-1)}{\displaystyle\sum_{i=1}^{n}(y_i-\bar{y})^2/(n-1)}<F_{\alpha}(m-1,n-1)$

3. 拟合优度检验

设原假设 $H_0:P(X=x_i)=p_i$, $i=1,2,\cdots,k$ 成立，记样本量为 n.

理论频率：H_0 成立的假定下的 p_i 称为总体 X 取 x_i 的理论频率.

理论频数：H_0 成立的假定下的 np_i 称为总体 X 取 x_i 的理论频数.

实际频数：n 个样本观测值中实际出现 x_i 的频数，记为 N_i.

拟合优度检验：H_0 成立的假定下，若样本 $(X_1,X_2,\cdots,X_n)$ 的观测值落入拒绝域

$W=\left\{\displaystyle\sum_{i=1}^{k}\dfrac{(n_i-np_i)^2}{np_i}>\chi_{1-\alpha}^2(k-r-1)\right\}$ 内，则拒绝原假设 H_0，认为总体分布不符合原假设

中的表述. 其中，k 表示总体分布取值分组的组数，r 表示总体分布中有 r 个未知参数通过样本来估计，若总体分布中没有未知参数，则 $r=0$.

三、概念辨析

1.【判断题】（　　）假设检验问题的第一类错误是指原假设成立，而错误地拒绝了原假设.

解　正确，根据第一类错误的定义可知.

2.【判断题】（　　）假设检验问题的第二类错误是指原假设不成立，而错误地接受了原假设.

解　正确，根据第二类错误的定义可知.

3.【判断题】( ) 假设检验问题的拒绝域能同时使两类错误概率都不超过显著性水平 α.

解 错误,假设检验问题构造的拒绝域只能使第一类错误概率不超过显著性水平 α,对第二类错误概率没有作出任何数量上的约束.

4.【判断题】( ) 一个假设检验问题的显著性水平 α 表示当原假设成立时,错误地拒绝原假设的第一类错误概率不超过 α.

解 正确,根据假设检验拒绝域构造的定义可知.

5.【判断题】( ) 若一个假设检验问题的显著性水平为 α,则当检验统计量的 p 值小于 α 时,拒绝原假设.

解 正确,根据假设检验 p 值检验法的定义可知.

6.【判断题】( ) 假设检验的原假设 H_0 和备择假设 H_1 可以互换.

解 错误,显著性水平 α 表示当原假设成立时,错误地拒绝原假设的概率不超过显著性水平 α,而对备择假设成立时,错误地接受原假设的概率没有作出任何数量上的约束,因此互换原假设和备择假设,可能会得到截然相反的结论,所以不能互换,要根据实际情况确定.

7.【判断题】( ) 拟合优度检验是对总体参数的检验.

解 错误,拟合优度检验可应用于对总体分布假设的检验,不能应用于对总体参数的检验.

四、典型例题

例1 假定某特殊行业的小时工资(单位:元) 服从均值为100,标准差为16的正态分布. 一个该行业的公司雇佣了40位工人,这些工人的平均小时工资为90元,请问这家公司支付的报酬是不是低于行业平均水平?显著性水平 α 取为0.05.

微课视频

解 根据题意,可建立检验假设 $H_0:\mu = 100 \leftrightarrow H_1:\mu < 100$,这是一个单正态总体关于均值的左侧检验,且已知标准差为16,因此拒绝域为

$$W = \left\{ \frac{\sqrt{n}\,(\bar{x}-\mu_0)}{\sigma} < -u_{1-\alpha} \right\} = \left\{ \frac{\sqrt{40}\,(\bar{x}-100)}{16} < -1.645 \right\}.$$

经计算,可得

$$\frac{\sqrt{40}\,(\bar{x}-100)}{16} = \frac{\sqrt{40}\,(90-100)}{16} = -3.953 < -1.645,$$

说明样本观测值确实落在拒绝域内,因此拒绝原假设,认为该公司支付的报酬确实低于行业平均水平.

例2 设从两个正态总体 $X \sim N(\mu_1,\sigma_1^2)$,$Y \sim N(\mu_2,\sigma_2^2)$ 中分别抽取样本 $(X_1,X_2,\cdots,X_m)$ $(Y_1,Y_2,\cdots Y_n)$,其中 $\mu_1,\mu_2,\sigma_1^2,\sigma_2^2$ 均未知. 在显著性水平 α 下,假定 $\sigma_1^2 = \sigma_2^2$ 未知,检验 $H_0:\mu_1 = \mu_2 + \mu_0 \leftrightarrow H_1:\mu_1 \neq \mu_2 + \mu_0$,其中,$\mu_0$ 是已知常数. 试求:拒绝域 W.

微课视频

解 记 $\theta = \mu_1 - \mu_2$,要检验 $H_0:\theta = \mu_0 \leftrightarrow H_1:\theta \neq \mu_0$,$\theta$ 的极大似然

估计是 $\bar{X} - \bar{Y}$，构造检验统计量 $T = \dfrac{(\bar{x} - \bar{y}) - \mu_0}{s_w \sqrt{\dfrac{1}{m} + \dfrac{1}{n}}}$，当 H_0 成立时，$T \sim t(m+n-2)$，因此拒绝域

$$W = \left\{ \dfrac{|(\bar{x} - \bar{y}) - \mu_0|}{s_w \sqrt{\dfrac{1}{m} + \dfrac{1}{n}}} > t_{1-\frac{\alpha}{2}}(m+n-2) \right\}.$$

例3（**考研真题** 2018 数学一第 8 题）设 $(X_1, X_2, \cdots, X_m)$ 是取自总体 $X \sim N(\mu, \sigma^2)$ 的一个简单随机样本，对总体均值 μ 进行检验，令 $H_0: \mu = \mu_0 \leftrightarrow H_1: \mu \neq \mu_0$，则（　　　）.

A. 如果在显著性水平 $\alpha = 0.05$ 下拒绝 H_0，那么在显著性水平 $\alpha = 0.01$ 下必拒绝 H_0

B. 如果在显著性水平 $\alpha = 0.05$ 下拒绝 H_0，那么在显著性水平 $\alpha = 0.01$ 下必接受 H_0

C. 如果在显著性水平 $\alpha = 0.05$ 下接受 H_0，那么在显著性水平 $\alpha = 0.01$ 下必拒绝 H_0

D. 如果在显著性水平 $\alpha = 0.05$ 下接受 H_0，那么在显著性水平 $\alpha = 0.01$ 下必接受 H_0

解 假设检验问题 $H_0: \mu = \mu_0 \leftrightarrow H_1: \mu \neq \mu_0$. 不妨假设总体方差 σ^2 未知，拒绝域为 $W = \left\{ \dfrac{\sqrt{n}|\bar{x} - \mu_0|}{s} > t_{1-\alpha/2}(n-1) \right\}$，如图 8.1 所示，易知 $t_{0.975}(n-1) < t_{0.995}(n-1)$.

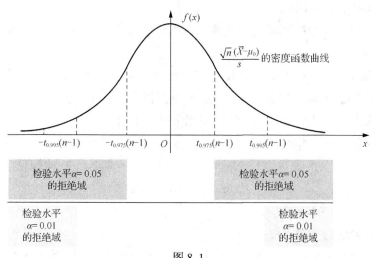

图 8.1

如果在显著性水平 $\alpha = 0.01$ 下拒绝 H_0，则检验统计量的观测值 $\dfrac{\sqrt{n}|\bar{x} - \mu_0|}{s} > t_{0.995}(n-1)$，可得 $\dfrac{\sqrt{n}|\bar{x} - \mu_0|}{s} > t_{0.975}(n-1)$，即在显著性水平 $\alpha = 0.05$ 下必拒绝 H_0.

如果在显著性水平 $\alpha = 0.05$ 下接受 H_0，则检验统计量的观测值 $\dfrac{\sqrt{n}|\bar{x} - \mu_0|}{s} < t_{0.975}(n-1)$，可得 $\dfrac{\sqrt{n}|\bar{x} - \mu_0|}{s} < t_{0.995}(n-1)$，即在显著性水平 $\alpha = 0.01$ 下必接受 H_0.

故选 D.

例 4 （考研真题 2021 年数学一第 10 题）设 $(X_1, X_2, \cdots, X_{16})$ 是取自正态总体 $X \sim N(\mu, 4)$ 的一个简单随机样本，考虑假设检验问题 $H_0: \mu \leqslant 10 \leftrightarrow H_1: \mu > 10$. $\Phi(x)$ 表示标准正态分布函数. 若该检验问题的拒绝域为 $W = \{\bar{x} \geqslant 11\}$，其中样本均值 $\bar{X} = \dfrac{1}{16}\sum_{i=1}^{16} X_i$，则 $\mu = 11.5$ 时，该检验犯第二类错误的概率为(　　).

A. $1 - \Phi(0.5)$　　　　B. $1 - \Phi(1)$　　　　C. $1 - \Phi(1.5)$　　　　D. $1 - \Phi(2)$

解　第二类错误是指原假设 H_0 不成立，即 H_1 成立时，数据落在接受域内而做出不拒绝原假设的错误决策的概率. 已知拒绝域为 $W = \{\bar{x} \geqslant 11\}$，则接受域为 $\bar{W} = \{\bar{x} < 11\}$，当 H_1 成立时，$\bar{X} \sim N(\mu = 11.5, 0.25)$，因此犯第二类错误的概率为 $P_{H_1}(\bar{X} < 11) = \Phi\left(\dfrac{11 - 11.5}{\sqrt{0.25}}\right) = 1 - \Phi(1)$. 故选 B.

五、习题详解

习题 8-1　检验的基本原理

1. 为了探究是否真如大家所说"建筑学院的学生睡眠时间比其他学院的学生少"，就此问题建立一个假设检验问题

H_0：建筑学院的学生睡眠时间和其他学院的学生无差异 $\leftrightarrow H_1$：建筑学院的学生睡眠时间比其他学院的学生少.

数学学院某统计学习小组随机抽取 12 名非建筑学院学生和 10 名建筑学院学生，通过手环记录他们的睡眠时间. 根据统计结果，拒绝原假设，而事实上，建筑学院的学生睡眠时间和其他学院的学生无差异，请问该决策犯了哪一类错误？

解　犯第一类错误. 当实际原假设 H_0 成立时，拒绝原假设是犯第一类错误.

2. 设 (X_1, X_2, X_3, X_4) 是取自正态分布 $N(\mu, 1)$ 的一个样本，检验假设

$$H_0: \mu = 0 \leftrightarrow H_1: \mu = 1$$

拒绝域为 $W = \{\bar{x} \geqslant 0.98\}$.

(1) 求此检验的两类错误概率.

(2) 如果要使检验犯第一类错误的概率小于或等于 0.01，样本容量最少取多少？

(3) 该检验的 p 值有多大？

解　(1) 第一类错误是指实际原假设 H_0 成立时，由于数据落在拒绝域内而做出拒绝原假设的决策，当 H_0 成立时，$\bar{X} \sim N(0, 0.25)$，因此犯第一类错误的概率可表达为

$$P_{H_0}(\bar{X} \geqslant 0.98) = 1 - \Phi\left(\dfrac{0.98 - 0}{\sqrt{0.25}}\right) = 1 - \Phi(1.96) = 0.0250.$$

微课视频

第二类错误是指实际原假设 H_0 不成立即 H_1 成立时，由于数据落在接受域内而做出不拒绝原假设的决策，当 H_1 成立时，$\bar{X} \sim N(1, 0.25)$，因此犯第二类错误的概率为

$$P_{H_1}(\bar{X} < 0.98) = \Phi\left(\dfrac{0.98 - 1}{\sqrt{0.25}}\right) = 1 - \Phi(0.04) = 0.4840.$$

（2）设样本容量为 k，则当 H_0 成立时，$\bar{X} \sim N\left(0, \dfrac{1}{k}\right)$，犯第一类错误的概率 $P_{H_0}(\bar{X} \geqslant 0.98) =$

$1 - \Phi\left(\dfrac{0.98 - 0}{\sqrt{\dfrac{1}{k}}}\right) = 1 - \Phi(0.98\sqrt{k}) \leqslant 0.01$，计算可得 $k \geqslant 5.635$，因此样本容量最少取 6.

（3）设样本均值观测值为 $\bar{x}$，则 p 值表示在 H_0 成立的条件下，检验统计量出现给定观测值或者比之更极端值的概率. 因此 $p = P_{H_0}(\bar{X} \geqslant \bar{x}) = 1 - \Phi\left(\dfrac{\bar{x} - 0}{\sqrt{0.25}}\right) = 1 - \Phi(2\bar{x})$，因此基于抽样前的角度可得 $p = 1 - \Phi(2\bar{X})$.

3. 第一类错误概率与显著性水平的关系是怎样的？

解　一个检验问题，可以给出若干个不同的拒绝域，拒绝域给定后计算当原假设 H_0 成立时，样本落在该拒绝域内的概率，这个就是犯第一类错误的概率值，这个概率可大可小. 如果说一个拒绝域所表达的检验方案具有显著性水平 α，即表示不管拒绝域表达式有无差异，犯第一类错误的概率一定是不超过显著性水平 α 的. 显然，第一类错误的概率与显著性水平不是一个概念.

此外，显著性水平 α 可以认为是一个"小概率"的定义，即例如 $\alpha = 0.1$，则表示一个事件发生的概率如果小于 0.1，则认为这个事件为小概率事件. 根据实际推断原理，小概率事件在实际的一次试验中是不会发生的. 所以说，如果在原假设 H_0 成立的条件下，检验统计量出现给定观测值或者比之更极端值的概率 p 值小于 $\alpha = 0.1$，则表示一个小概率事件居然发生了，违背了实际推断原理，所以认为原假设 H_0 不成立，拒绝原假设.

4. p 值和显著性水平有什么区别？

解　p 值是指在 H_0 成立的条件下，检验统计量出现给定观测值或者比之更极端值的概率. 若 p 值小于等于显著性水平 α，则拒绝 H_0；反之，则不拒绝 H_0.

5. 求证：设 $(X_1, X_2, \cdots, X_n)$ 是取自正态分布 $N(\mu, 1)$ 的一个样本，对于假设 $H_0: \mu = 0 \leftrightarrow H_1: \mu > 0$，显著性水平 α 下的拒绝域可表示为 $W = \left\{\displaystyle\sum_{i=1}^{n} x_i > \sqrt{n}\mu_{1-\alpha}\right\}$，其中 $\mu_{1-\alpha}$ 满足 $\Phi(\mu_{1-\alpha}) = 1 - \alpha$，$\Phi(\cdot)$ 为标准正态分布的分布函数.

证明　当原假设 H_0 成立时，第一类错误的概率为

$$P\left(\sum_{i=1}^{n} X_i > \sqrt{n} u_{1-\alpha} \mid \mu = 0\right) = P(\sqrt{n}\,\bar{X} > u_{1-\alpha} \mid \mu = 0) = \alpha.$$

因此该拒绝域 $W = \left\{\displaystyle\sum_{i=1}^{n} x_i > \sqrt{n}\mu_{1-\alpha}\right\}$ 检验有显著性水平 α.

6. 计算第 5 题的检验在备择假设为"$\mu = \mu_1 (>0)$"时的第二类错误的概率，并证明此概率小于 $1 - \alpha$.

解　第二类错误的概率：当备择假设 H_1 成立时，$P\left(\displaystyle\sum_{i=1}^{n} X_i \leqslant \sqrt{n} u_{1-\alpha} \mid \mu = \mu_1\right)$.

$$P\left(\sum_{i=1}^{n} X_i \leqslant \sqrt{n}\, u_{1-\alpha} \mid \mu = \mu_1\right) = P(\sqrt{n}\, \overline{X} \leqslant u_{1-\alpha} \mid \mu = \mu_1)$$

$$= P(\sqrt{n}\,(\overline{X} - \mu_1) \leqslant u_{1-\alpha} - \sqrt{n}\,\mu_1 \mid \mu = \mu_1)$$

$$< P(\sqrt{n}\,(\overline{X} - \mu_1) \leqslant u_{1-\alpha} \mid \mu = \mu_1) = 1 - \alpha.$$

得证.

习题 8−2 正态总体参数的假设检验

1. 设总体 X 服从正态分布 $N(\mu, 1)$，其中 μ 为未知参数，$(X_1, X_2, \cdots, X_n)$ 是取自该总体的一个样本，对于假设检验问题 $H_0: \mu = 0 \leftrightarrow H_1: \mu > 0$. 求在显著性水平 $\alpha = 0.1$ 下，该检验问题的拒绝域.

解 这是一个单正态总体均值的右侧检验，因此可从表 8.3 中查得

$$W = \left\{\frac{\sqrt{n}\,(\overline{x} - \mu_0)}{\sigma} > u_{1-\alpha}\right\} = \left\{\sum_{i=1}^{n} x_i > 1.282\sqrt{n}\right\}.$$

2. 某市为落实国家"双减"政策，规定小学生完成每天的作业时间平均不超过 90min，为检测某小学是否达到这个标准，随机从该校抽取 17 名学生，记录他们完成作业所需的时间(单位：min)，如下所示.

112 113 111 108 89 83 89 104 111 76 95 99 104 91 90 112 88.

请问能否认为该校达到了"完成作业时间平均不超过 90min"这个标准？显著性水平取为 0.05.

解 建立假设检验问题 H_0:完成作业时间平均不超过 90min$\leftrightarrow H_1$:完成作业时间平均超过 90min，即 $H_0: \mu \leqslant 90 \leftrightarrow H_1: \mu > 90$. 已知 $\mu_0 = 90, n = 17, 1 - \alpha = 0.95, t_{0.95}(16) = 1.7459$, $\overline{x} = 98.5294, s^2 = 138.5147$. 当 $\sigma^2 > 0$ 未知时，拒绝域为 $W = \left\{\dfrac{\sqrt{n}\,(\overline{x} - \mu_0)}{s} > t_{1-\alpha}(n-1)\right\}$，计算可得 $\dfrac{\sqrt{n}\,(\overline{x} - \mu_0)}{s} = 0.1758 < 1.7459$，即样本观测值没有落在拒绝域内，因此不能拒绝原假设，可认为该校严格落实了国家"双减"政策.

3. 在正态总体 $N(\mu, 1)$ 中抽取了 100 个样品，计算得 $\overline{x} = 5.2$.

(1) 试检验假设 $H_0: \mu = 5 \leftrightarrow H_1: \mu < 5$(取显著性水平 $\alpha = 0.01$).

(2) 计算上述检验在 $\mu = 4.8$ 时犯第二类错误的概率.

解 (1) 这是一个已知单正态总体 $\sigma^2 = 1$ 时的关于均值的左侧检验问题，取显著性水平 $\alpha = 0.01$，则拒绝域为

$$W = \left\{\frac{\sqrt{n}\,(\overline{x} - \mu_0)}{\sigma} < -u_{1-\alpha}\right\} = \{10(\overline{x} - 5) < -u_{0.99}\},$$

计算可得 $10(\overline{x} - 5) = 10 \times (5.2 - 5) = 2 > -u_{0.99} = -2.326$，即样本观测值没有落在拒绝域内，因此不能拒绝原假设.

（2）犯第二类错误的概率为当原假设 H_0 不成立而 H_1 成立时，

$$P(10(\bar{X}-5) \geqslant -u_{0.99} \mid \mu = 4.8) = P(10(\bar{X}-4.8) \geqslant -u_{0.99}+2 \mid \mu = 4.8)$$

$$\approx 1 - \Phi(-0.326) \approx 0.6278.$$

4. 某灯泡厂对某批试制灯泡的使用寿命（单位：h）进行抽样测定，假定灯泡的使用寿命服从正态分布，现共抽取了 81 只灯泡，其平均使用寿命为 2990h，标准差为 54h. 假设该灯泡厂商声称其生产的灯泡平均使用寿命至少为 3000h. 试检验该厂商的说法是否合理（显著性水平 $\alpha = 0.05$）.

解　根据题意，可设检验问题为 $H_0:\mu = 3000 \leftrightarrow H_1:\mu < 3000$，这是一个单正态总体关于均值的左侧检验，且方差未知，因此拒绝域为

$$W = \left\{ \frac{\sqrt{n}(\bar{x}-\mu_0)}{S} < -t_{1-\alpha}(n-1) \right\},$$

经计算，可得

$$\frac{\sqrt{n}(\bar{x}-\mu_0)}{s} = \frac{9 \times (2990-3000)}{54} = -\frac{5}{3} < -t_{0.95}(80) = -1.664,$$

说明样本观测值确实落在了拒绝域内，因此拒绝原假设，即认为该厂商的说法不合理.

5. 设某次考试考生的成绩（单位：分）服从分布 $N(\mu, \sigma^2)$，从中随机抽取 36 位考生的成绩，算得 $\bar{x} = 66.5, s = 15$，在显著性水平 $\alpha = 0.05$ 下分别检验：

（1）$H_0:\mu = 70 \leftrightarrow H_1:\mu \neq 70$.

（2）$H_0:\sigma = 18 \leftrightarrow H_1:\sigma \neq 18$.

解　（1）这是一个单正态总体关于均值的双侧检验，且方差未知，因此拒绝域为

微课视频

$$W = \left\{ \sqrt{n} \frac{|\bar{x}-\mu_0|}{s} > t_{1-\alpha/2}(n-1) \right\},$$

经计算，可得

$$\left| \frac{\sqrt{n}(\bar{x}-\mu_0)}{s} \right| = \left| \frac{6 \times (66.5-70)}{15} \right| = 1.4 < t_{0.975}(35) = 2.0301,$$

说明样本观测值不落在拒绝域内，因此不能拒绝原假设，即仍然可以认为考生的平均成绩 $\mu = 70$.

（2）这是一个单正态总体关于方差的双侧检验，且均值未知，因此拒绝域为

$$W = \left\{ \frac{\sum_{i=1}^{n}(x_i-\bar{x})^2}{\sigma_0^2} < \chi_{\alpha/2}^2(n-1) \text{ 或 } \frac{\sum_{i=1}^{n}(x_i-\bar{x})^2}{\sigma_0^2} > \chi_{1-\alpha/2}^2(n-1) \right\},$$

经计算，可得

$$\chi_{0.025}^2(35) \approx 20.57 < \frac{(n-1)s^2}{\sigma_0^2} = \frac{35 \times 15^2}{18^2} \approx 24.31 < \chi_{0.975}^2(35) \approx 53.20.$$

说明样本观测值不落在拒绝域内，因此不能拒绝原假设.

6. 某钢筋的抗拉强度（单位：kg）$X \sim N(\mu, \sigma^2)$，μ, σ^2 均未知，现从一批钢筋中随机

抽出10根, 测得$\bar{x} = 140, s_n = 30$, 按标准当抗拉强度大于或等于120时为合格, 试检验该批钢筋是否合格(显著性水平 $\alpha = 0.05$).

解 根据题意, 可设检验问题为 $H_0 : \mu \geq 120 \leftrightarrow H_1 : \mu < 120$, 这是一个单正态总体关于均值的左侧检验, 且方差未知, 因此拒绝域为

$$W = \left\{ \frac{\sqrt{n}(\bar{x} - \mu_0)}{s} < -t_{1-\alpha}(n-1) \right\},$$

经计算, 可得

$$\frac{\sqrt{n}(\bar{x} - \mu_0)}{s} = \frac{\sqrt{n-1}(\bar{x} - \mu_0)}{s_n} = \frac{\sqrt{9} \times (140 - 120)}{30} = 2 > -t_{0.95}(9) = -1.833.$$

说明样本观测值不落在拒绝域内, 因此不能拒绝原假设, 即认为该批钢筋合格.

*7. 某农场对甜瓜的培育引入了新方法, 声称其培育出来的甜瓜平均含糖量(单位: g/100g)达到了6. 有人从该农场一批成熟的甜瓜中随机抽取了25个进行了含糖量测试. 由测试结果算得 $\bar{x} = 5.7$, $s = 1.2$, 假定甜瓜的含糖量服从分布 $N(\mu, \sigma^2)$, μ 和 σ^2 均未知, 在下列两种情况下, 能否断言这种培育是有效的?

(1) 如果你是农场主, 要求第一类错误的概率不超过5%.

(2) 如果你是消费者, 要求第一类错误的概率不超过5%.

解 (1) 根据题意, 可设检验问题为 $H_0 : \mu \geq 6 \leftrightarrow H_1 : \mu < 6$, 只有这样定义, 才能保证第一类错误的概率, 即当含糖量达到了6而错误地否认没有达到6这个错误概率不超过5%. 这是一个单正态总体关于均值的左侧检验, 且方差未知, 因此拒绝域为

$$W = \left\{ \frac{\sqrt{n}(\bar{x} - \mu_0)}{s} < -t_{1-\alpha}(n-1) \right\},$$

经计算, 可得

$$\frac{\sqrt{n}(\bar{x} - \mu_0)}{s} = \frac{5 \times (5.7 - 6)}{1.2} = -1.25 > -t_{0.95}(24) = -1.711.$$

说明样本观测值不落在拒绝域内, 因此不能拒绝原假设, 即认为这种培育是有效的.

(2) 根据题意, 可设检验问题为 $H_0 : \mu \leq 6 \leftrightarrow H_1 : \mu > 6$, 这样的原假设控制了当含糖量没有明显达到6而错误地否认已经达到了6这个错误概率不超过5%. 这是一个单正态总体关于均值的右侧检验, 且方差未知, 因此拒绝域为

$$W = \left\{ \frac{\sqrt{n}(\bar{x} - \mu_0)}{s} > t_{1-\alpha}(n-1) \right\},$$

经计算, 可得

$$\frac{\sqrt{n}(\bar{x} - \mu_0)}{s} = \frac{5 \times (5.7 - 6)}{1.2} = -1.25 < t_{0.95}(24) = 1.711.$$

因此不能拒绝原假设, 即认为这种培育是无效的.

从这个例题可以看出, 用相同的一组数据, 但是由于原假设设立的角度不同, 最终得到了两个截然相反的结论. 因此可以看出建立原假设与备择假设对分析问题很关键. 通常, 都将想要保护的结论设立为原假设, 这样可以由显著性水平来控制第一类错误的概率值.

8. 某研究所为了研究某种化肥对农作物的效力，在若干小区进行试验，得到单位面积农作物的产量(单位：kg) 如下.

施肥	34	35	39	32	33	34
未施肥	29	27	32	33	28	31

设施肥和未施肥时单位面积农作物的产量分别服从正态分布 $N(\mu_1, \sigma^2)$ 和 $N(\mu_2, \sigma^2)$. 试在显著性水平 $\alpha = 0.05$ 下检验假设

$$H_0 : \mu_1 \leqslant \mu_2 + 1 \leftrightarrow H_1 : \mu_1 > \mu_2 + 1.$$

解 根据题意，可将检验问题转化为 $H_0 : \mu_1 - \mu_2 \leqslant 1 \leftrightarrow H_1 : \mu_1 - \mu_2 > 1$. 这是两个正态总体均值差的右侧检验问题，且方差相等但都未知，因此拒绝域为

$$W = \left\{ \frac{\bar{x} - \bar{y}}{s_w \sqrt{\dfrac{1}{m} + \dfrac{1}{n}}} > t_{1-\alpha}(m+n-2) \right\},$$

经计算，可得

$$\frac{\bar{x} - \bar{y}}{s_w \sqrt{\dfrac{1}{m} + \dfrac{1}{n}}} = \frac{34.5 - 30}{\sqrt{\dfrac{29.5 + 28}{10}} \sqrt{\dfrac{1}{6} + \dfrac{1}{6}}} \approx 3.25 > t_{0.95}(10) = 1.8125.$$

说明样本观测值确实落在了拒绝域内，因此拒绝原假设，认为 $\mu_1 > \mu_2 + 1$.

9. 设随机变量 X 与 Y 相互独立，都服从正态分布，分别为 $N(\mu_1, \sigma_1^2), N(\mu_2, \sigma_2^2)$，其中 $\mu_1, \mu_2, \sigma_1^2, \sigma_2^2$ 都未知，现有样本观测值 $(x_1, x_2, \cdots, x_{16})$ 和 $(y_1, y_2, \cdots, y_{10})$，由数据算得 $\sum_{i=1}^{16} x_i = 84, \sum_{i=1}^{10} y_i = 18, \sum_{i=1}^{16} x_i^2 = 563, \sum_{i=1}^{10} y_i^2 = 72$，在显著性水平 $\alpha = 0.05$ 下，检验 $H_0 : \sigma_1^2 = \sigma_2^2 \leftrightarrow H_1 : \sigma_1^2 > \sigma_2^2$.

解 这是一个两个正态总体方差比的右侧检验问题.
因此拒绝域为

$$W = \left\{ \frac{\sum\limits_{i=1}^{m} (x_i - \bar{x})^2 \big/ (m-1)}{\sum\limits_{i=1}^{n} (y_i - \bar{y})^2 \big/ (n-1)} > F_{1-\alpha}(m-1, n-1) \right\},$$

经计算，可得

$$\frac{(n-1)\left(\sum\limits_{i=1}^{m} x_i^2 - m\bar{x}^2 \right)}{(m-1)\left(\sum\limits_{i=1}^{n} y_i^2 - n\bar{y}^2 \right)} \approx 1.85 < F_{0.95}(15, 9) = 3.0061.$$

说明样本观测值不落在拒绝域内，因此不能拒绝原假设，即认为 $\sigma_1^2 = \sigma_2^2$.

习题 8-3　拟合优度检验

1. 一开心农场 10 年前在鱼塘里按比例 20∶15∶40∶25 投放了 4 种鱼:鲑鱼、鲈鱼、多宝鱼和鲢鱼的鱼苗,现从鱼塘里获得一样本如下所示。

种类	鲑鱼	鲈鱼	多宝鱼	鲢鱼
数量 / 条	132	100	200	168

在显著性水平 0.05 下,检验各类鱼数量的比例较 10 年前有无显著改变.

解　根据题意,可建立假设检验为 H_0:4 种鱼的比例无显著改变 $\leftrightarrow H_1$:4 种鱼的比例有显著改变. 因此拒绝域为

$$W = \left\{ \sum_{i=1}^{k} \frac{(n_i - np_i)^2}{np_i} > \chi_{1-\alpha}^2 (k-r-1) \right\}.$$

经计算,可得检验统计量 $\chi^2 = \sum_{i=1}^{4} \dfrac{(n_i - np_i)^2}{np_i} = \dfrac{(132-120)^2}{120} + \dfrac{(90-100)^2}{100} + \dfrac{(200-240)^2}{240} +$

$\dfrac{(168-150)^2}{150} \approx 11.138 > \chi_{0.95}^2(3) \approx 7.815$,说明样本观测值确实落在拒绝域内,因此拒绝原假设,即认为 4 种鱼的比例有显著改变.

2. 按孟德尔的遗传定律,让开粉红花的豌豆(单位:株) 随机交配,子代可开红花、粉红花和白花,其比例为 1∶2∶1,为检验这一理论,安排了一个试验:100 株开粉红花的豌豆随机交配后的子代中,开红花的 30,粉红花的 48,白花的 22. 在显著性水平 $\alpha = 0.05$ 下检验孟德尔遗传定律是否成立.

解　根据题意,可建立假设检验为 H_0:孟德尔遗传定律成立 $\leftrightarrow H_1$:孟德尔遗传定律不成立.

由于检验统计量观测值 $\chi^2 = \sum_{i=1}^{3} \dfrac{(n_i - np_i)^2}{np_i} = \dfrac{(30-25)^2}{25} + \dfrac{(48-50)^2}{50} + \dfrac{(22-25)^2}{25} \approx 1.44$

$< \chi_{0.95}^2(2) \approx 5.991$,说明样本观测值不落在拒绝域内,因此不能拒绝原假设,即认为孟德尔遗传定律成立.

3. 为了确定维修工人的人数,某小区物业要了解一天内的维修次数,该小区共有住户 1000 户,假设每户一天至多报修一次,现随机地抽取了 50 天的维修次数记录,数据(单位:次) 如下.

1	2	2	2	2
1	1	0	1	0
2	0	2	4	1
5	5	3	4	3
2	5	3	5	3
0	2	5	0	1

1	1	2	3	3
4	3	2	3	3
4	1	1	2	0
2	2	1	2	3

问：在显著性水平 $\alpha = 0.05$ 下，能否认为维修次数服从二项分布？

解　根据题意，可建立假设检验为 H_0：维修次数服从二项分布 $\leftrightarrow H_1$：维修次数不服从二项分布.

根据数据，估计二项分布的 p 值为 $0.00833\left(\hat{p} = \dfrac{\overline{X}}{n}\right)$，由于检验统计量

$$\chi^2 = \sum_{i=1}^{6} \frac{(n_i - np_i)^2}{np_i} \approx 9272.391 > \chi_{0.95}^2(4) \approx 9.488.$$

说明样本观测值确实落在拒绝域内，因此拒绝原假设，即不能认为维修次数服从二项分布.

4. 在一批灯泡中抽取了 300 只进行寿命试验，结果如下所示。

寿命 /h	< 100	$[100,200)$	$[200,300)$	$\geqslant 300$
灯泡数	120	80	40	60

问：在显著性水平 $\alpha = 0.05$ 下，能否认为灯泡寿命服从指数分布？

解　根据题意，可建立假设检验为 H_0：服从指数分布 $\leftrightarrow H_1$：不服从指数分布.

根据样本观测值估计指数分布的参数 $\hat{\lambda} = \overline{X}$，计算出检验统计量观测值为

$$\chi^2 = \sum_{i=1}^{4} \frac{(n_i - np_i)^2}{np_i} < \chi_{0.95}^2(2) \approx 5.991.$$

说明样本观测值不落在拒绝域内，因此不能拒绝原假设，即可以认为灯泡寿命服从指数分布.

测试题八

1. 设总体 $X \sim N(\mu, \sigma^2)$，$(X_1, X_2, \cdots, X_n)$ 是取自该总体的一个样本，具有 $H_0:\mu = \mu_0 \leftrightarrow H_1:\mu > \mu_0$，其中 μ_0 是已知常数.

(1) 当 σ^2 已知时，写出拒绝域 W.　(2) 当 σ^2 未知时，写出拒绝域 W.

解　这是一个正态总体均值的右侧检验.

(1) 当 σ^2 已知时，拒绝域 $W = \left\{ \sqrt{n}\,\dfrac{\overline{x} - \mu_0}{\sigma} > u_{1-\alpha} \right\}$.

(2) 当 σ^2 未知时，拒绝域 $W = \left\{ \sqrt{n}\,\dfrac{\overline{x} - \mu_0}{s} > t_{1-\alpha}(n-1) \right\}$.

2. 设某次考试学生的成绩（单位：分）服从分布 $N(\mu, \sigma^2)$，从中随机抽取 36 位考生的成绩，算得 $\overline{x} = 66.5, s = 15$，问：在显著性水平 $\alpha = 0.05$ 下，能否认为考生的平均成绩 $\mu = 70$？

解　根据题意，可建立假设检验为 $H_0:\mu = 70 \leftrightarrow H_1:\mu \neq 70$. 这是一个单正态总体关于

均值的双侧检验, 且 σ^2 未知, 因此拒绝域 $W = \left\{ \left| \sqrt{n}\dfrac{\bar{x}-\mu_0}{s} \right| > t_{1-\alpha/2}(n-1) \right\}$, 经计算可得

$$\left| \frac{\sqrt{n}(\bar{x}-\mu_0)}{s} \right| = \left| \frac{6\times(66.5-70)}{15} \right| = 1.4 < t_{0.975}(35) = 2.0301.$$ 说明样本观测值不落在拒绝域

内, 因此不能拒绝 H_0, 即可以认为考生的平均成绩为 70.

3. 某化工厂为了提高化工产品的产出率, 提出甲、乙两种方案, 为比较它们的好坏, 分别用两种方案各进行了 10 次试验, 得到如下数据.

甲方案产出率/%	68.1	62.4	64.3	64.7	68.4	66.0	65.5	66.7	67.3	66.2
乙方案产出率/%	69.1	71.0	69.1	70.0	69.1	69.1	67.3	70.2	72.1	67.3

假设产出率服从正态分布, 问: 方案乙的产出率相较方案甲是否有显著提高? (显著性水平 $\alpha = 0.01$.)

解 先要做一个关于两个总体的方差相等的假设检验, 即检验

$$H_0: \sigma_1^2 = \sigma_2^2 \leftrightarrow H_1: \sigma_1^2 \neq \sigma_2^2,$$

取显著性水平 $\alpha = 0.5$, 拒绝域

$$W = \left\{ \frac{S_X^2}{S_Y^2} < F_{\frac{\alpha}{2}}(m-1,n-1) \text{ 或 } \frac{S_X^2}{S_Y^2} > F_{1-\frac{\alpha}{2}}(m-1,n-1) \right\}.$$

现计算 F 检验统计量观测值 $\dfrac{s_X^2}{s_Y^2} \approx 1.5066$ 介于 $F_{0.25}(9,9) = 0.6286$ 和 $F_{0.75}(9,9) = 1.5909$ 之间, 因此不能拒绝 H_0, 即可以认为 $\sigma_1^2 = \sigma_2^2$.

然后, 根据题意, 可建立假设检验为 $H_0: \mu_1 \leq \mu_2 \leftrightarrow H_1: \mu_1 > \mu_2$, 这是一个两个正态总体关于均值差的右侧检验. 由于 $\sigma_1^2 = \sigma_2^2$ 未知, 因此拒绝域

$$W = \left\{ \left| \frac{\bar{x}-\bar{y}}{s_w\sqrt{\dfrac{1}{m}+\dfrac{1}{n}}} \right| > t_{1-\frac{\alpha}{2}}(m+n-2) \right\}.$$

计算, 得 $\dfrac{\bar{x}-\bar{y}}{\sqrt{\dfrac{(m-1)s_X^2+(n-1)s_Y^2}{m+n-2}}\sqrt{\dfrac{1}{m}+\dfrac{1}{n}}}$ 的观测值

$$\frac{65.96-69.43}{\sqrt{\dfrac{30.164+20.021}{18}}\sqrt{\dfrac{1}{10}+\dfrac{1}{10}}} < 0 < t_{0.95}(18) = 1.7341,$$

因此不能拒绝原假设, 即可以认为方案乙比方案甲的产出率有显著提高.

4. 设样本 X(容量为 1) 取自具有概率密度函数 $f(x)$ 的总体, 现有关于总体的假设

$$H_0: f(x) = \begin{cases} 1, & 0 < x < 1, \\ 0, & \text{其他}, \end{cases} \leftrightarrow H_1: f(x) = \begin{cases} 2x, & 0 < x < 1, \\ 0, & \text{其他}. \end{cases}$$

检验的拒绝域 $W = \left\{ x > \dfrac{2}{3} \right\}$, 试求该检验的第一类错误概率 P_{I} 及第二类错误概率 P_{II}.

解　第一类错误概率 P_{I} 为当原假设 H_0 成立时，样本落在拒绝域 W 内的概率值，即

$$P_{I} = P\left(X > \frac{2}{3} \,\middle|\, H_0 \text{ 成立}\right) = \int_{\frac{2}{3}}^{1} 1 \mathrm{d}x = \frac{1}{3};$$

第二类错误概率 P_{II} 为当备择假设 H_1 成立时，样本落在接受域内的概率值，即

$$P_{II} = P\left(X \leqslant \frac{2}{3} \,\middle|\, H_1 \text{ 成立}\right) = \int_{0}^{\frac{2}{3}} 2x \mathrm{d}x = \frac{4}{9}.$$

5. 设 $(X_1, X_2, \cdots, X_n)$ 是取自总体 $X \sim B(1, p)$ 的一个样本，p 未知，对于检验 $H_0: p \geqslant p_0 \leftrightarrow H_1: p < p_0$. （1）若显著性水平为 α，写出拒绝域 W. （2）对于给定的一组样本观测值 $(x_1, x_2, \cdots, x_n)$，若在显著性水平 $\alpha = 0.05$ 下不能拒绝 H_0，则在显著性水平 $\alpha = 0.01$ 下能否拒绝 H_0？请说明理由.

解　（1）不妨取 $\hat{p} = \bar{X}$，拒绝域 $W = \{\bar{x} < c\}$，其中 c 满足 $p(\bar{X} < c \mid H_0 \text{ 成立}) \leqslant \alpha_0$. 根据二项分布的可加性，可得 $\sum_{i=1}^{n} X_i \sim B(n, p)$，因此拒绝域 $W = \left\{\sum_{i=1}^{n} X_i < B_{\alpha}(n, p_0)\right\}$，其中 $B_{\alpha}(n, p_0)$ 表示二项分布 $B(n, p_0)$ 的 α 分位数.

（2）若在显著性水平 $\alpha = 0.05$ 下不能拒绝 H_0，说明检验统计量的 $p \geqslant 0.05$，那么也一定大于 0.01，因此在水平 $\alpha = 0.01$ 下不能拒绝 H_0.